教育部高等学校材料类专业教学指导委员会规划教材

江苏省高等学校重点教材　编号：2021-2-164

混凝土材料

储洪强　蒋林华　主编
徐　怡　副主编

化学工业出版社

·北　京·

内容简介

《混凝土材料》针对新时代对专业人才提出的新要求，紧密结合工程发展，反映科技前沿，拓宽国际视野，将近年来混凝土科学与技术的新发现、新观点、新成果、新规范等编写入本书。前十章内容为混凝土基础知识，具体包括混凝土的定义、分类、发展概况、技术标准，混凝土组成及各组成材料的作用、基本要求、技术标准、检验方法及应用，混凝土配合比设计方法，混凝土拌合物的和易性，硬化混凝土的结构、物理力学、变形性能及耐久性能等。第十一章介绍专用混凝土，重点介绍了水工混凝土和海工混凝土原材料要求、配合比设计。第十二章介绍新型混凝土，主要聚焦混凝土科技前沿。在内容层次上，遵循从共性到特性、从静态到动态、从宏观到微观，循序渐进地介绍混凝土的组成、制备、结构、性能、应用，将科学与工程融为一体。

本书是高等学校材料科学与工程、无机非金属材料工程、土木工程、水利水电工程、港口航道工程等专业的本科生和研究生教学用书，也可供相关领域技术人员参考。

图书在版编目（CIP）数据

混凝土材料/储洪强，蒋林华主编；徐怡副主编．—北京：化学工业出版社，2022.10（2024.11重印）
ISBN 978-7-122-42296-5

Ⅰ.①混… Ⅱ.①储…②蒋…③徐… Ⅲ.①混凝土-建筑材料-高等学校-教材 Ⅳ.①TU528

中国版本图书馆 CIP 数据核字（2022）第 181248 号

责任编辑：陶艳玲　　装帧设计：史利平
责任校对：田睿涵

出版发行：化学工业出版社（北京市东城区青年湖南街 13 号　邮政编码 100011）
印　　装：北京机工印刷厂有限公司
787mm×1092mm　1/16　印张 17　字数 425 千字　　2024 年 11 月北京第 1 版第 2 次印刷

购书咨询：010-64518888　　售后服务：010-64518899
网　　址：http://www.cip.com.cn
凡购买本书，如有缺损质量问题，本社销售中心负责调换。

定　　价：59.00 元

前言

混凝土材料是现代土木、水利工程中应用最广泛的工程材料，发挥着其他材料无法替代的作用和功能。近年来中国经济快速发展，基础建设投资巨大，混凝土技术取得了很大的进步与变革。河海大学在混凝土材料的教学和科研方面已有七十年的历史，积累了丰富的教学和科研经验。河海大学是国内最早开展钢纤维混凝土、聚合物混凝土和全级配混凝土研究的单位之一，在混凝土材料特别是水工混凝土材料方面取得了可喜的研究成果，先后承担过国家“七五”“八五”和“九五”攻关项目、国家自然科学基金重大重点项目、国家科技支撑计划、国家重点研发计划课题以及三峡、二滩、东风等重大水利水电工程的混凝土研究项目，其中“高强度大体积混凝土材料研究”等 3 项成果获国家科技进步奖，另有 12 项成果获省部级科技进步奖。目前，河海大学正在工程新材料、混凝土材料的物理力学性能和耐久性、温控防裂、环境功能材料与固体废弃物利用、修复新材料新技术、高性能混凝土、墙体与节能材料等方面开展研究。

本书被列入 2021 年江苏省高等学校重点建设教材，为配合河海大学“材料科学与工程”国家级一流本科专业建设，同时满足材料科学与工程专业课程教学要求而编写。编者根据长期的混凝土材料教学和科研经验，将近年来混凝土科学与技术的新发现、新观点、新成果、新规范等编写入教材，主要讲述了混凝土材料的基本理论和基本知识，同时力求反映当今国际、国内混凝土材料的最新技术成果。

教材内容设置上，前十章内容为混凝土基础知识，主要介绍混凝土组成材料、配合比设计、拌合物性能、硬化混凝土结构及物理力学性能、耐久性等混凝土基础知识。第十一章介绍专用混凝土，重点介绍水工混凝土和海工混凝土原材料要求、配合比设计。第十二章为新型混凝土专题，主要聚焦混凝土科技前沿，介绍超高性能混凝土、自密实混凝土、水下不分散混凝土、纤维混凝土、喷射混凝土、碾压混凝土、生态混凝土、再生混凝土、3D 打印混凝土、智能混凝土的组成、性能及应用等。

本书可作为高等学校材料科学与工程、无机非金属材料工程等专业的本科生、研究生教学用书，也可供材料科学、土木工程、水利水电工程、港口航道工程、海洋工程等领域的技术人员培训和参考使用。

全书由河海大学储洪强、蒋林华教授担任主编，徐怡副教授担任副主编。具体编写分工为：第一章由蒋林华编写，第二章由张风臣、蒋林华编写，第三章由徐怡、储洪强编写，第四章由刘小艳编写，第五章由储洪强、张风臣编写，第六章由徐怡、储洪强编写，第七章由储洪强、徐怡编写，第八章由赵素晶、蒋林华编写，第九章由蒋林华、刘小艳、赵素晶编写，第十章由宋子健、储洪强编写，第十一章由顾越、宋子健编写，第十二章由刘小艳、赵素晶、顾越编写，全书由徐怡副教授负责统稿。

在编写过程中，编者学习和参考了已出版的多种混凝土材料的专著和规范标准。这些文献的丰富内容给予编者很大的帮助，在此，谨向这些文献的作者表示衷心的感谢。

限于编者水平，本书不足与不妥之处在所难免，恳请使用本书的读者批评指正。

编者

2022 年 5 月

目录

第一章 概　论

第一节 混凝土的定义与分类

一、混凝土的定义

混凝土是指由水泥、石灰、石膏等无机胶凝材料和水，或沥青、树脂等有机胶凝材料的胶状物与集料，必要时加入化学外加剂和矿物外加剂，按一定比例拌合，并在一定条件下硬化而成的人造石材。

新拌的未硬化的混凝土，通常称为混凝土的拌合物或新拌混凝土。经硬化有一定强度的混凝土称硬化混凝土。

普通水泥混凝土一般由水泥、砂、石和水四种基本材料组成。为节约水泥或改善混凝土的一些性能，水泥混凝土中常掺入化学外加剂和矿物外加剂。普通水泥混凝土的结构如图 1-1 所示。

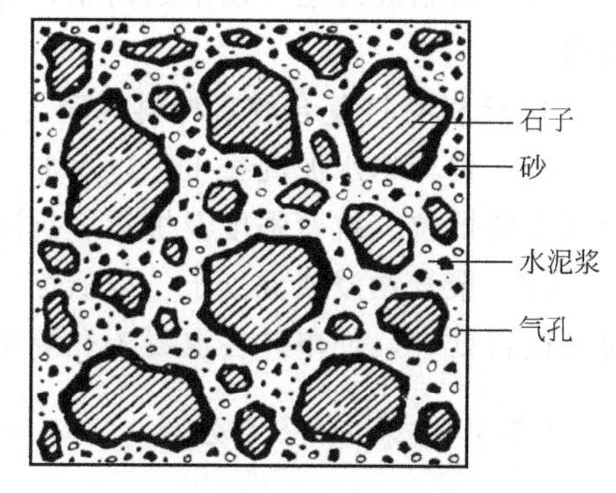

图 1-1　普通水泥混凝土的结构

普通水泥混凝土中，水和水泥构成水泥浆，在混凝土中有以下作用。

(1) 填充作用　水泥浆填充砂、石集料之间的空隙，从而使混凝土具有足够的密实性。

(2) 润滑作用　水泥浆包裹在砂、石集料的表面，从而使其在混凝土拌合物中起润滑作用，降低集料之间的摩擦力，提高拌合物的流动性。

(3) 胶结作用　在硬化混凝土中起胶结作用，把散粒的砂、石胶结成为一个整体。

普通水泥混凝土中，水泥浆和砂组成砂浆，在混凝土中起以下作用。

(1) 填充作用　砂浆在混凝土中填充石子之间的空隙。

(2) 黏聚作用　砂浆在混凝土拌合物中起黏聚作用（使混凝土在施工过程中不离析）和保水作用。

（3）骨架作用　砂是细集料，在混凝土中起骨架和抑制体积变形的作用。

石子在普通水泥混凝土中主要起骨架和抑制体积变形作用，同时还能起降低混凝土成本的经济作用。

二、混凝土的分类

混凝土材料种类繁多，可按胶凝材料、表观密度、强度等级、施工工艺、用途及配筋方式等进行分类，主要分类方式如下。

（一）按胶凝材料分类

1. 无机胶凝材料混凝土

（1）水泥混凝土　以硅酸盐水泥及其他各种水泥为胶凝材料，可用于各种混凝土结构。

（2）石灰混凝土　石灰与各种含硅原料以一定的工艺方法制得的人造石材，亦称硅酸盐混凝土。

（3）石膏混凝土　以天然石膏或工业废料石膏为胶凝材料，可做天花板及内隔墙等。

（4）硫磺混凝土　以硫磺为胶凝材料，硫磺加热熔化，冷却后硬化，可作黏结剂及低温防腐层。

（5）水玻璃混凝土　以钠水玻璃或钾水玻璃为胶凝材料，可做耐酸结构。

（6）碱矿渣混凝土　以磨细矿渣及碱溶液为胶凝材料，是一种新型混凝土，可做各种结构。

2. 有机胶凝材料混凝土

（1）沥青混凝土　用天然或人造沥青为胶凝材料，可做路面及耐酸、碱地面。

（2）树脂混凝土　以聚酯树脂、环氧树脂、尿醛树脂等为胶凝材料，适合在侵蚀介质中使用。

3. 无机有机复合胶凝材料混凝土

（1）聚合物水泥混凝土　以水泥为主要胶凝材料，掺入少量乳胶或水溶性树脂，能提高混凝土的抗拉、抗弯强度及抗渗、抗冻、耐磨性能。

（2）聚合物浸渍混凝土　以低黏度的聚合物单体浸渍水泥混凝土，然后用热催化法或辐射法进行处理，使单体在混凝土孔隙中聚合，能改善混凝土的各种性能。

（二）按表观密度分类

1. 重混凝土

混凝土的干表观密度大于2600kg/m^3，用钢球、铁矿石、重晶石等做集料，用于防辐射混凝土工程。

2. 普通混凝土

混凝土的干表观密度为1950～2600kg/m^3，用普通砂、石做集料，可用于各种结构。

3. 轻集料混凝土

混凝土的干表观密度小于1950kg/m^3，用天然或人造轻集料。

（三）按强度等级分类

1. 低强混凝土

强度等级低于 C20 的混凝土。

2. 普通混凝土

强度等级为 C20～C50 的混凝土。

3. 高强混凝土

强度等级为 C60～C100 的混凝土。

4. 超高强混凝土

强度等级高于 C100 的混凝土。

（四）按用途分类

1. 水工混凝土

用于大坝等水工构筑物，多数为大体积混凝土工程，要求具有抗冲刷、耐磨及抗腐蚀等性能。

2. 海工混凝土

用于海洋工程（海岸及离岸工程），要求具有抗海水腐蚀性、抗冻性及抗渗性等性能。

3. 防水混凝土

能承受 0.6MPa 以上水压而不透水的混凝土，要求具有高密实性及抗渗性，多用于地下工程及贮水构筑物。

4. 道路混凝土

用于道路路面，可用水泥及沥青做胶凝材料，要求有足够的耐候性及耐磨性。

5. 耐热混凝土

以铬铁矿、镁砖或耐火砖碎块等为集料，以硅酸盐水泥、矾土水泥及水玻璃等为胶凝材料的混凝土，可在 350～1700℃高温下使用。

6. 耐酸混凝土

以水玻璃为胶凝材料，加入固化剂和耐酸集料配制而成的混凝土，具有优良的耐酸及耐热性能。

7. 防辐射混凝土

能屏蔽 X 射线、γ 射线及中子射线的重混凝土，又称屏蔽混凝土或重混凝土，是原子能反应堆、粒子加速器等常用的防护材料。

（五）按施工工艺分类

1. 普通浇筑混凝土

按照普通浇筑工艺浇筑的混凝土。

2. 喷射混凝土

用压缩空气喷射施工的混凝土，多用于井巷及隧道衬砌工程，包括干喷和湿喷等工艺。

3. 泵送混凝土

用混凝土泵浇灌的流动性混凝土。

4. 灌浆混凝土

先铺好粗集料，然后强制注入水泥砂浆的混凝土，适用于大型基础等大体积混凝土工程。

5. 真空吸水混凝土

用真空泵将混凝土中多余水分吸出，从而提高其密实性，可用于屋面、楼面、飞机跑道等工程。

6. 碾压混凝土

以适宜干稠的混凝土拌合物，薄层铺筑，碾压密实的混凝土，适用于大坝、道路等工程。

7. 振压混凝土

用于振动加压工艺，制作混凝土板类构件。

8. 挤压混凝土

以挤压机成型，用于长线台座法的空心楼板、小型梁等构件生产。

9. 离心混凝土

以离心机成型，用于混凝土管、电杆等管状构件的生产。

（六）按配筋方式分类

1. 素混凝土

用于基础或垫层的无筋低强度等级混凝土。

2. 钢筋混凝土

用普通钢筋加强的混凝土，其用途最广。

3. 纤维混凝土

用各种纤维改性的混凝土，如钢纤维混凝土、聚丙烯纤维混凝土等。

4. 预应力混凝土

用先张法、后张法或其他方法使混凝土预加应力，以提高其抗裂性能的配筋混凝土，可用于各种构筑物，特别是大跨度结构等。

此外，混凝土还可以按拌合物的稠度、工程部位等进行分类。

第二节 混凝土在工程建设中的重要性

工程材料是一切工程建设的物质基础。在任何一项基本建设工程中，用于工程材料的费用在工程总造价中都占很大的比重。混凝土材料虽然只有200年左右的历史，但混凝土材料是现代土木建筑工程——房屋、道路、水利、水运、桥梁等工程中用量最大、用途最广的工程材料，发挥着其他材料无法替代的作用和功能。美国在新建筑物所用的全部工程材料中，混凝土制品约占76%。种种迹象表明，21世纪的主要土木工程材料仍为混凝土材料。

由混凝土材料与增强或改性材料组合而成的钢筋混凝土、预应力混凝土及其他新型混凝土，更加扩展了混凝土的应用领域。2021年我国水泥产量达23.6281亿t，占世界水泥产量的一半以上，位居世界第一。混凝土材料在各项工程中能够得到如此广泛的应用是因为混凝土材料具有以下特点。

一、混凝土的优点

混凝土作为土木工程材料主要具有以下优点。

1. 较为经济

混凝土材料中80%左右是砂石料，可以就地取材，减少运输，节省费用。组成材料中只有水泥相对贵些。混凝土的维护费用也较少。

2. 可塑性好

混凝土拌合物具有良好的可塑性，可以浇筑成各种形状的构件或整体结构。

3. 性能可设计

通过调整材料组成和配合比，可以使混凝土具有不同的物理力学性能，以满足各种工程的不同要求。

4. 耐久性较好

混凝土材料对自然气候的冷热变化、冻融循环、干湿交替、化学侵蚀以及冲刷、渗透、磨损等都具有较强的抵抗力。

5. 耐火性好

混凝土材料导热较慢，可以容纳环境中的大量热量，在火中能维持6～8h，可作为钢结构的防护层。

6. 复合能力强

混凝土材料可与钢筋复合制成钢筋混凝土结构，可与各种纤维、聚合物复合制成纤维混凝土、聚合物混凝土等。

7. 利用废弃物能力强

很多工业废弃物如粉煤灰、矿渣、废橡胶粉等可作为掺合料或集料再生利用，用于制造混凝土。

二、混凝土的缺点

混凝土作为土木工程材料主要具有以下缺点。

1. 抗拉强度低

混凝土的抗拉强度较低，只有其抗压强度的1/10左右。

2. 抗裂性差

混凝土的抗拉强度低、极限拉伸值小、脆性大，易开裂。

3. 自重大、比强度低

普通混凝土的表观密度为2400kg/m^{3}左右，不宜用于高层建筑、大跨度桥梁等结构。

4. 质量波动大

影响混凝土材料质量的因素多，原材料品质、配合比波动以及各施工工艺环节等多方面的因素均会对混凝土的质量产生影响。因此施工过程中，必须要有严格的质量控制。

5. 施工期长

混凝土材料凝结硬化慢，需经过一定龄期的养护才能达到所需要的强度，生产周期较长。

混凝土材料用量大、用途广，特别是混凝土材料的质量优劣、选用得当与否直接关系到工程质量和使用寿命。因此，无论是从事混凝土材料生产、科研，还是工程勘测、设计、施工、质量检验、管理人员，都必须具备必要的混凝土材料知识，熟悉常用混凝土材料的品种、规格、性能及使用范围，做到合理用材、节约用材，以充分发挥混凝土的特点，提高工程质量，减少工程投资。

第三节 混凝土的发展概况

混凝土材料可追溯到很古老的年代，古罗马在为生产砂浆开采石灰石时无意中发现，一种铝硅矿物材料与石灰石混合并燃烧后，产生出一种胶凝材料，该胶凝材料在水和空气中具有独特的硬化性能，比他们当时习惯使用的胶凝材料更硬、更强、更黏。但当时这种砂浆在建筑上并没有得到优先使用，也没有改变古罗马建筑的特征，仅用来建造扶壁、墙和拱的表面。现在我们知道这种砂浆含有现代波特兰水泥的基本成分，罗马人被认定为混凝土建筑的发明者。

混凝土建筑知识随罗马帝国的衰亡而丢失，直到18世纪后叶才被重新获得。1824年英国Leeds的砖瓦工Joseph Aspdin通过煅烧石灰石和土的混合物得到了波特兰水泥并获得专利。此后，水泥与混凝土的生产技术得到迅速发展，混凝土的用量大幅增加，使用范围逐渐扩大。至今，混凝土材料已成为世界上用量最多、用途最广泛的人造石材。

为克服混凝土材料抗拉强度、抗折强度低，脆性大，易开裂的缺点，19世纪50年代几个人几乎同时开发出了钢筋混凝土，包括法国人J. L. Lambot和美国人Thaddeus Hyatt等。Lambot于1854年在巴黎建造了几条钢筋混凝土小船。Thaddeus Hyatt制作和试验了大量钢筋混凝土梁。但钢筋混凝土并没有得到广泛应用。1867年法国人Joseph Monier获得了钢筋混凝土花盆的专利，并用这种新材料建造了钢筋混凝土水箱和桥梁。之后，钢筋混凝土的应用日益广泛。1887年M. Koenen首先发表了钢筋混凝土的计算方法。19世纪末出现了钢筋混凝土结构工程设计方法并进行了最早的预应力混凝土试验。

纤维混凝土能改善混凝土的脆性，提高混凝土的抗拉、抗弯、抗爆、抗裂等性能。1910年Porter发表了有关钢纤维混凝土的第一篇论文。1911年美国的Graham提出将钢纤维加入普通钢筋混凝土中。20世纪60年代，纤维混凝土进入实用化研究。20世纪70年代，碳、玻璃等高弹纤维混凝土及尼龙、聚丙烯、植物等低弹纤维混凝土的研究引起各国学者的关注。

1918年D. A. Abrams发表了著名的计算混凝土本身强度的水灰比理论。

19世纪20年代E. Freyssinet提出了混凝土的收缩和徐变理论，建立了预应力混凝土结构的科学基础。预应力混凝土的出现是混凝土技术的一次飞跃。通过外部条件对混凝土进行改性，可大大拓展混凝土的应用范围。预应力混凝土可广泛地应用到大跨度建筑、高层建筑以及有抗震、防裂等方面要求的工程中。

从1930年开始就有人将塑料用于混凝土，到1950年它的潜在用途引起了人们的重视。1975年在英国伦敦召开了第一届国际聚合物混凝土会议。聚合物混凝土的出现使混凝土由单一的无机材料进入了无机与有机材料复合的新阶段，混凝土的物理力学性能大大提高。

1936年法国的H. Lossier发明了膨胀水泥。利用膨胀水泥或膨胀剂生产补偿收缩混凝土和自应力混凝土是混凝土技术的另一成就。补偿收缩混凝土是一种适度膨胀的混凝土，就是用膨胀来抵消混凝土的全部或大部分收缩，因而可避免或大大减轻混凝土的开裂。此外，补偿收缩混凝土还具有良好的抗渗性和较高的强度，可广泛地应用于地下建筑、屋面、路面、机场、接缝和接头等工程中。

为有效减轻混凝土的自重，轻质混凝土得到了迅速发展。轻质混凝土主要是指轻集料混凝土和多孔混凝土。近30年来，随着新的建筑结构体系的建立和高层建筑的发展，轻质混凝土的应用愈加广泛。

20世纪80年代我国改革开放以来，特别在90年代，我国推行大规模的经济建设和基础设施建设，混凝土生产产量飞速发展，混凝土生产技术有了长足的进步，主要表现在以下几个方面。

1. 高性能混凝土的发展

1990年5月，美国国家标准技术研究院（NIST）与美国混凝土学会（ACI）首先提出了高性能混凝土（HPC）的概念，认为HPC是采用严格的施工工艺与优质原材料，配制成便于浇捣，不离析，力学性能稳定，早期强度高，并具有韧性和体积稳定性，特别适合于高层建筑、桥梁以及暴露在严酷环境下建筑物的混凝土。之后，不同的学者对HPC提出了不同的解释或定义。我国吴中伟院士认为，应该根据用途和经济合理等条件对性能有所侧重，现阶段HPC的强度低限可向中等强度（30MPa）适当延伸，但以不损害混凝土内部结构（孔结构、界面结构等）的发展与耐久性为限，并据此提出了HPC的初步定义：HPC是一种新型的高技术混凝土，是在大幅度提高混凝土性能的基础上，采用现代混凝土技术，选用优质原材料，在严格质量管理的条件下制成的；除了水泥、水、集料以外，必须掺加足够数量的掺合料与高效外加剂，HPC重点保证下列性能：高耐久性、高施工性、满足工程需要的力学性能、体积稳定性以及经济合理性。

20世纪80年代以前我国对高性能混凝土的研究主要集中在高强混凝土上，认为高性能混凝土必须是高强混凝土，以致出现了片面提高强度而忽视其他性能的倾向。80年代前后，混凝土建筑物常因材质劣化和环境等因素的作用而出现破坏失效甚至崩塌的事故，造成巨大的经济损失，人们这才意识到高性能混凝土不一定必须是高强度，单纯的高强度不一定具有高性能。近年来，国内外在高性能混凝土的研究和应用方面发展较快，建筑、道路、桥梁、水利、国防等领域对采用高性能混凝土已逐步接受并达成共识。制备的高性能混凝土主要体现在“三高”上，即高工作性、高耐久性和高强度。为使混凝土具有高性能，普遍选择较低的水胶比（水胶比为0.25～0.35，甚至低于0.25）、较高的胶凝材料用量（400～550kg/m^3），掺硅粉、粉煤灰或矿粉等矿物外加剂，使用高效减水剂和高质量的原材料。高工作性以高流动性、稳定性为特征。高耐久性主要研究混凝土的抗渗、抗冻、抗碳化、抗氯离子渗透、抗侵蚀等性能。

2. 商品混凝土的发展

传统的现浇混凝土生产基本上是“一家一户”地分散在各自的施工工地上。这种分散的、小生产方式的混凝土制备和施工技术使混凝土工程施工处于劳动强度大、效率低、质量不稳定、经济效益差的局面。20世纪40年代出现了以原材料基地、原材料运送、配料、搅拌、输送、定量控制等形成的商品混凝土工厂。在城市和建设工程集中的地区合理地设置商品混凝土工厂的优点是能节约材料、能耗和其他资源，提高劳动生产率，保证混凝土质量，改善施工环境，有效利用化学和矿物外加剂，便于现代化管理和新技术推广。

我国商品混凝土的生产起步较晚，从20世纪50年代起，一些大型水电大坝、深港码头、冶金基地等建立了混凝土集中搅拌站，但那时的混凝土供应方式仍是属于分散的、小范围的自产自用。70年代后期，江苏、上海等地建立了一些商品混凝土供应站。我国较大规模的商品混凝土生产是从80年代初上海宝钢建设开始的。90年代以来，随着沿海地区大规模高层建筑的建设，商品混凝土发展很快，上海、北京、南京等大城市已普遍使用商品混凝土，商品混凝土的优越性也得到了充分体现。但从全国看，商品混凝土的发展还很不平衡，全国商品混凝土的产量估计只占总量的10%左右。

商品混凝土与泵送混凝土的发展是相互促进的。我国泵送混凝土的技术有自己的特色，2008年开工的上海中心大厦混凝土施工，创造了多项泵送纪录，最高泵送高度突破600m。

3. 外加剂的发展

混凝土的外加剂包括化学外加剂和矿物外加剂两类。

化学外加剂以很少的掺量加入混凝土中，能有效地改善混凝土的物理力学性能，提高混凝土的强度、耐久性，节约水泥用量，缩小构筑物尺寸，从而达到节约能耗、改善环境的社会效益。

我国的混凝土外加剂起步于20世纪50年代初期到60年代中期，最早由重工业部和水利部研究采用松香类引气剂和加气剂，应用于塘沽新港及佛子岭水库。20世纪80年代到90年代中期，通过标准化规范了外加剂的质量，推动了外加剂的应用技术发展。20世纪90年代至今，混凝土外加剂走向高科技领域的时代。高性能混凝土的发展大大推动了外加剂的发展。化学外加剂行业生产由小到大，由土到洋，产品包括高效减水剂、缓凝剂、泵送剂、引气剂等系列产品，质量不断提高，基本上满足了工程需要。

矿物外加剂是以氧化硅、氧化铝和其他有效矿物为主要成分，在混凝土中可以代替部分水泥，改善混凝土综合性能，且掺量一般不小于5%的具有火山灰活性或潜在水硬性的粉体材料。我国除了使用粉煤灰作为矿物外加剂外，还成功研制了矿渣微粉、硅粉、沸石粉、偏高岭土等。

4. 混凝土耐久性的重视

过去，我国混凝土工程的耐久性长期不受重视。混凝土结构没有达到预期使用寿命而过早破坏的实例很多。许多工程在设计时只考虑了荷载作用的要求，而没有提出耐久性的要求，因而造成了很大的经济损失。

20世纪90年代以来，重大工程建设的耐久性问题开始引起国家和技术界的重视。我国自“九五”计划以来，先后设立了一些有关水泥混凝土耐久性的重要研究计划，如国家自然科学基金重大项目“三峡大坝混凝土耐久性及破坏机理研究”、国家“九五”和“十五”重点科技攻关项目“重点工程混凝土安全性研究”与“新型高性能混凝土及其耐久性研究”，国家攀登计划项目“重大土木与水利工程安全性与耐久性的基础研究”和国家“973计划”项目“高性能水泥制备和应用基础研究”等，对混凝土的碱-集料反应、硫酸盐腐蚀、冻融循环和除冰盐破坏等耐久性问题进行了重点研究，取得了一批研究成果。

我国在智能混凝土、活性粉末混凝土、地聚物混凝土等新型混凝土的研究方面也取得了重要进展。

我国大规模基础设施消耗了大量混凝土，比如2017年我国生产混凝土18.68亿立方米，混凝土行业却仍面临原材料供应紧张、价格不断攀升的问题。另外，随着我国经济的快速发展，资源与环境问题日益突出，政府已将生态环境保护上升到国家高度，以前所未有的决心和力度加强生态环境保护。在国家高度重视生态环境保护、加大污染防治力度、提倡绿色发展的背景下，生产绿色耐久混凝土也成为混凝土发展的新趋势。实现混凝土绿色生产，除了全员树立环保观念、加强组织管理外，还需要改进设备和工艺，优化生产流程，大量应用基于物联网技术的传感器、控制器，强化生产全程监控和环境监测，解决好环境刚性与生产均衡性的相容与平衡。混凝土绿色生产包括以下三个层面的内涵。

（1）混凝土产品绿色化　高性能绿色混凝土为人类提供温和、舒适、便捷的生存环境，强调产品与自然环境的协调相容性，比传统混凝土材料有更优秀的强度、工作性能和耐久性。

（2）生产组织全过程绿色化　即从场站规划、设计、建设到运营管理的全过程，都要符合绿色、低碳、可持续原则，采取必要措施，防止污水、固体垃圾、粉尘、噪声等污染的产生。

（3）物料转化全过程绿色化　从骨料、水泥、外加剂等材料的生产，到混凝土预拌、配送、现场浇筑，甚至到建筑废渣循环使用等各个环节，均采取必要的技术，有效实施污染控制，实现节能降耗。

第四节　混凝土的技术标准

产品标准化是现代社会化大生产的产物，是组织现代化大生产的重要手段，也是科学管理的重要组成部分。

技术标准是产品质量的技术依据，也是供需双方对产品进行质量检查、验收的依据。生产企业必须按标准生产合格产品，所以技术标准可促进企业改善管理，提高生产率，实现生产过程合理化。使用部门应按标准选用材料、按规范进行设计和施工，使设计和施工标准化，以加快施工进度、降低工程造价、确保工程质量。

目前我国在混凝土的生产、设计、施工等许多方面都制定了相关技术标准。随着混凝土科技的发展，混凝土技术标准也在不断变化。国家和相关标准化管理部门会根据需要颁布一些新的技术标准，修订或废止一些旧的技术标准，并逐步与国际标准相接轨。

对于从事混凝土生产、设计、施工、管理、科研的人员以及混凝土的使用人员，熟悉和运用混凝土技术标准有着十分重要的意义。在选用材料时必须严格执行有关技术标准；在使用代用材料时，必须按标准进行试验和论证；对于新材料必须经过鉴定。研究、生产和使用混凝土材料时，还要结合我国的国情，从可持续发展的高度，因地制宜，节约和合理用材，使我国的水泥混凝土工业能够持续健康地发展。

一、技术标准的分类

我国的技术标准分为五类，介绍如下。

1. 国家标准

国家标准包括强制性国家标准和推荐性国家标准。对保障人身健康和生命财产安全、国家安全、生态环境安全以及满足经济社会管理基本需要的技术要求，应当制定强制性国家标准。对满足基础通用、与强制性国家标准配套、对各有关行业起引领作用等需要的技术要求，可以制定推荐性国家标准。

2. 行业标准

对没有推荐性国家标准，需要在全国某个行业范围内统一的技术要求，可以制定行业标准。

3. 地方标准

如果没有国家标准和行业标准，而又需要满足地方自然条件、风俗习惯等特殊技术要求，可以制定地方标准。

4. 团体标准

国家鼓励学会、协会、商会、联合会、产业技术联盟等社会团体协调相关市场主体共同制定满足市场和创新需要的团体标准，由本团体成员约定采用或者按照本团体的规定供社会自愿采用。制定团体标准，应当遵循开放、透明、公平的原则，保证各参与主体获取相关信息，反映各参与主体的共同需求，并应当组织对标准相关事项进行调查分析、试验、论证。

5. 企业标准

企业可以根据需要自行制定企业标准，或者与其他企业联合制定企业标准。

各级标准分别由相应的标准化管理部门批准并颁布。国家技术监督局是国家标准化管理的最高机构。国家标准和行业标准都是全国通用标准，是国家指令性文件，各级生产、设计、施工等部门均必须严格遵照执行。

二、技术标准的表示方法

技术标准由名称、代号、标准号（编号）和年代号（批准年份）组成。混凝土技术标准常见的代号如下：

① GB——国家标准；

② GB/T——国家推荐标准；

③ GBJ——工程建设国家标准；

④ CECS——工程建设推荐性标准；

⑤ JC——建材行业标准；

⑥ SL——水利行业标准；

⑦ DL——电力行业标准；

⑧ JT——交通行业标准；

⑨ DB——地方标准；

⑩ QB——企业标准。

如：《通用硅酸盐水泥》（GB 175—2007）；《建筑用砂》（GB/T 14684—2022）；《混凝土矿物掺合料应用技术规程》（DBJ/T 01-64-2002）；《混凝土泵送剂》（JC 473—2001）；《普通混凝土配合比设计规程》（JGJ 55—2011）；《混凝土物理力学性能试验方法标准》（GB/T 50081—2019）等。

三、技术标准的内容

技术标准一般包括以下内容：

① 产品规格；

② 分类；

③ 技术要求；

④ 检验方法；

⑤ 验收规则；

⑥ 标志；

⑦ 运输和储存等。

四、其他技术标准

除了使用国内技术标准外，某些情况下还可能采用一些其他技术标准，如：

① ISO——国际标准化组织标准；

② ANSI——美国国家标准协会标准；

③ ASTM——美国材料与试验学会标准；

④ ACI——美国混凝土协会标准；

⑤ BS——英国国家标准；

⑥ DIN——德国国家标准；

⑦ JIS——日本国家标准；

⑧ NF——法国标准；

⑨ NS——挪威国家标准；

⑩ AS——澳大利亚国际标准；

⑪ CSA——加拿大标准协会标准。

第二章 水 泥

与适量水拌合成塑性浆体，经过自身物理化学作用后，转变成坚硬的石状体，并能将散粒状材料胶结成整体的粉末状水硬性胶凝材料，称为水泥。

水泥大量应用于工业与民用建筑、农业、水利、公路、铁路、海港和国防等工程中，常用来制造各种形式的钢筋混凝土、预应力混凝土构件和建筑物，也常用于配制砂浆，以及用作灌浆材料等。

水泥的种类繁多，目前生产和使用的水泥品种已达100余种。按组成水泥的基本物质——熟料的矿物组成，一般可将其分为：①硅酸盐系水泥，如通用硅酸盐水泥、快硬硅酸盐水泥、白色硅酸盐水泥、抗硫酸盐硅酸盐水泥等；②铝酸盐系水泥，如铝酸盐自应力水泥、铝酸盐水泥等；③硫铝酸盐系水泥，如快硬硫铝酸盐水泥、Ⅰ型低碱硫铝酸盐水泥等；④氟铝酸盐水泥；⑤铁铝酸盐系水泥；⑥少熟料或无熟料水泥。

按水泥的特性与用途划分，可分为：①通用水泥，是指大量用于一般土木工程的通用硅酸盐水泥，如上述硅酸盐系六大水泥；②专用水泥，是指专门用途的水泥，如砌筑水泥、油井水泥、道路水泥等；③特性水泥，是指某种性能比较突出的水泥，如快硬水泥、白色水泥、膨胀水泥、低热及中热水泥等。

第一节 通用硅酸盐水泥

一、通用硅酸盐水泥组分

根据《通用硅酸盐水泥》(GB 175—2007）的规定，以硅酸盐水泥熟料和适量的石膏，及规定的混合材料制成的水硬性胶凝材料，称为通用硅酸盐水泥，包括以下组分。

1. 熟料

由主要含 CaO、SiO_2、Al_2O_3、Fe_2O_3 的原料，按适当比例磨成细粉烧至部分熔融所得到的以硅酸钙为主要矿物成分的水硬性胶凝物质，其中硅酸钙矿物含量（质量分数）不小于

66%（书中百分含量未特别注明的均为质量百分含量），氧化钙和氧化硅质量比不小于2.0。水泥熟料中上述四种氧化物的含量通常为95%以上，另外，还含有少量的MgO、SO_3、TiO_2、Mn_2O_3、P_2O_5、Na_2O、K_2O等。

硅酸盐水泥熟料中CaO、SiO_2、Al_2O_3、Fe_2O_3不以单独的氧化物形式存在，而是经过高温煅烧后两种或两种以上的氧化物反应生成的多种熟料矿物集合体，其结晶细小，一般为30～60μm。

硅酸盐水泥熟料的主要矿物组成及含量范围如下：

硅酸三钙，$3CaO \cdot SiO_2$，简写为C_3S，含量范围为37%～60%；

硅酸二钙，$2CaO \cdot SiO_2$，简写为C_2S、含量范围为15%～37%；

铝酸三钙，$3CaO \cdot Al_2O_3$，简写为C_3A，含量范围为7%～15%；

铁铝酸四钙，$4CaO \cdot Al_2O_3 \cdot Fe_2O_3$，简写为$C_4AF$，含量范围为10%～18%。

C_3S和C_2S称为硅酸盐矿物，一般占总量的75%～82%。在水泥熟料煅烧过程中，C_3A、C_4AF以及氧化镁、碱等在1250～1280℃会逐渐熔融形成液相，促进C_3S的形成，故称为熔剂矿物，一般占总量的18%～25%。

在硅酸盐水泥熟料中，硅酸三钙通常不以纯的C_3S形式存在，总含有少量MgO、Al_2O_3、Fe_2O_3等，形成固溶体，称为阿利特或A矿。硅酸二钙通常也不以纯的C_2S形式存在，而是与少量MgO、Al_2O_3、Fe_2O_3、R_2O等氧化物形成固溶体，称为贝利特或B矿。纯C_2S在1450℃以下有多种晶型转变，熟料中的硅酸二钙为β型硅酸二钙（β-C_2S）。

硅酸盐水泥熟料中除上述四种矿物外，还存在玻璃体、游离氧化钙和游离氧化镁。

硅酸盐水泥熟料生产中，由于冷却速度快，部分液相来不及结晶而形成过冷液体，即玻璃体，其主要成分为Al_2O_3、Fe_2O_3、CaO，以及少量MgO和碱等。

2. 石膏

天然石膏应符合《天然石膏国家标准》（GB/T 5483—2008）规定的G类或M类二级（含）以上的石膏或混合石膏。

天然副产石膏，以硫酸钙为主要成分的工业副产物，采用前应经过试验证明对水泥性能无害。

3. 活性混合材料

应符合《用于水泥中的粒化高炉矿渣》（GB/T 203—2008）、《用于水泥、砂浆和混凝土中的粒化高炉矿渣粉》（GB/T 18046—2017）、《用于水泥和混凝土中的粉煤灰》（GB/T 1596—2017）、《用于水泥中的火山灰质混合材料》（GB/T 2847—2005）标准要求的粒化高炉矿渣、粒化高炉矿渣粉、粉煤灰、火山灰质混合材料。

4. 非活性混合材料

活性指标分别低于GB/T 203、GB/T 18046、GB/T 1596、GB/T 2847标准要求的粒化高炉矿渣、粒化高炉矿渣粉、粉煤灰、火山灰质混合材料；石灰石和砂岩，其中石灰石中的三氧化二铝含量（质量分数）不应大于2.5%。

5. 窑灰

应符合《掺入水泥中的回转窑窑灰》（JC/T 742—2009）的规定。

6. 助磨剂

水泥粉磨时允许加入助磨剂，其加入量不应大于水泥质量的0.5%，助磨剂应符合《水泥助磨剂》（JC/T 667—2004）的规定。

二、通用硅酸盐水泥品种

通用硅酸盐水泥按混合材料的品种和掺量分为硅酸盐水泥、普通硅酸盐水泥、矿渣硅酸盐水泥、火山灰质硅酸盐水泥、粉煤灰硅酸盐水泥和复合硅酸盐水泥。各品种的组分和代号应符合表 2-1 的规定。混合材料分为四种，分别是粒化高炉矿渣、火山灰质混合材料、粉煤灰和石灰石。

表 2-1　通用硅酸盐水泥的品种和组分

品种	代号	组　分				
		熟料＋石膏	粒化高炉矿渣	火山灰质混合材料	粉煤灰	石灰石
硅酸盐水泥	P·Ⅰ	100	—	—	—	—
	P·Ⅱ	≥95	≤5	—	—	—
		≥95	—	—	—	≤5
普通硅酸盐水泥	P·O	≥80 且<95	>5 且≤20			—
矿渣硅酸盐水泥	P·S·A	≥50 且<80	>20 且≤50	—	—	—
	P·S·B	≥30 且<50	>50 且≤70	—	—	—
火山灰质硅酸盐水泥	P·P	≥60 且<80	—	>20 且≤40	—	—
粉煤灰硅酸盐水泥	P·F	≥60 且<80	—	—	>20 且≤40	—
复合硅酸盐水泥	P·C	≥50 且<80	>20 且≤50			

1. 硅酸盐水泥

硅酸盐水泥分为 P·Ⅰ型和 P·Ⅱ型。P·Ⅰ型水泥未掺加混合材料，P·Ⅱ型水泥掺加不超过水泥质量 5%的石灰石或粒化高炉矿渣。

2. 普通硅酸盐水泥

普通硅酸盐水泥代号为 P·O，混合材料掺量大于 5%且不超过 20%，其中允许用不超过水泥质量 8%的非活性混合材料或不超过水泥质量 5%的窑灰代替。

3. 矿渣硅酸盐水泥

矿渣硅酸盐水泥按照矿渣掺量分为 P·S·A 型和 P·S·B 型。P·S·A 型粒化高炉矿渣掺量大于 20%且不超过 50%，P·S·B 型粒化高炉矿渣掺量大于 50%且不超过 70%，其中允许用不超过水泥质量 8%的活性混合材料或非活性混合材料或窑灰中的任一种材料代替。

4. 火山灰质硅酸盐水泥

火山灰质硅酸盐水泥代号为 P·P，火山灰质混合材料掺量大于 20%且不超过 40%。

5. 粉煤灰硅酸盐水泥

粉煤灰硅酸盐水泥代号为 P·F，粉煤灰掺量大于 20%且不超过 40%。

6. 复合硅酸盐水泥

复合硅酸盐水泥代号为 P·C，掺加两种（含）以上的活性混合材料或/和非活性混合材料，其中允许用不超过水泥质量 8%的窑灰代替，掺矿渣时混合材料掺量不得与矿渣硅酸盐水泥重复，混合材料掺量大于 20%且不超过 50%。

三、通用硅酸盐水泥水化与硬化

（一）熟料矿物的水化

1. 硅酸三钙

C_3S 水化速率较快，水化热较高且主要在早期释放，早期强度高且后期强度增进率较大，是决定水泥强度高低的最主要矿物。28d 强度可达 1 年强度的 70%～80%，其 28d 强度和 1 年强度在四种矿物中均最高。

常温下 C_3S 的水化反应方程式如下：

$$3CaO \cdot SiO_2 + nH_2O \longrightarrow xCaO \cdot SiO_2 \cdot yH_2O + (3-x)Ca(OH)_2$$

可简写为

$$C_3S + nH \longrightarrow C\text{-}S\text{-}H + (3-x)CH$$

水化产物 C-S-H 称为水化硅酸钙凝胶，其组成不定，CaO/SiO_2 摩尔比（简写为 C/S）和 H_2O/SiO_2 摩尔比（简写为 H/S）变动范围较大。C-S-H 凝胶尺寸非常小，接近胶体范畴，占到水泥石结构的 50%以上，是水泥石强度的主要来源。

显微镜下，C-S-H 凝胶至少有以下四种形貌。

第一种为水化初期从水泥颗粒表面向外呈辐射状生长的细长条状 C-S-H 凝胶，长度为 0.5～2μm，宽度一般小于 0.2μm。这种 C-S-H 凝胶也可能呈板条状、箔状、棒状等。

第二种为长条形单元组成的网络状 C-S-H 凝胶，长条形单元截面尺寸与第一种相同，但长度小，仅为 0.5μm 左右。

第三种为三维尺寸接近的球状等大粒子。通常在水泥水化到一定程度才会出现，在硬化水泥浆体中占有相当数量。

第四种为内部水化 C-S-H 凝胶，处于水泥颗粒内部，比较致密，颗粒细小，尺寸为 0.1μm 左右。

水化产物 CH 具有固定的化学组成，结晶良好，水化初期呈六方板状。部分 CH 会以无定形或隐晶质的状态出现。CH 在水泥石结构中占到 25%，使得硬化水泥石浆体的 pH 值超过 12，起到保护钢筋的作用。

2. 硅酸二钙

β-C_2S 水化反应速率最慢，只有 C_3S 的 1/20 左右，水化热最小且主要在后期释放。早期强度不高，但后期强度增长率较高。

β-C_2S 的水化反应方程式如下：

$$2CaO \cdot SiO_2 + mH_2O \longrightarrow xCaO \cdot SiO_2 \cdot yH_2O + (2-x)Ca(OH)_2$$

可简写为

$$C_2S + mH \longrightarrow C\text{-}S\text{-}H + (2-x)CH$$

β-C_2S 水化产物 C-S-H 凝胶在化学组成和形貌上均与 C_3S 水化产物接近。

3. 铝酸三钙

C_3A 单独与水拌合后，几分钟内就开始快速水化，水化速率最快，是影响水泥凝结时间的主要矿物之一。C_3A 水化热最高且主要在早期释放，硬化时体积减缩也最大；早期强度增长率大，但强度不高，后期强度几乎不增长，甚至出现倒缩；干缩变形大，抗硫酸盐侵蚀性能差。

水泥粉磨时通常掺有石膏，C_3A 在石膏、氢氧化钙同时存在的情况下，水化反应方程式如下：

$$3CaO \cdot Al_2O_3 + Ca(OH)_2 + 12H_2O = 4CaO \cdot Al_2O_3 \cdot 13H_2O$$

可简写为

$$C_3A + CH + 12H = C_4AH_{13}$$

水化生成的六方片状晶体 C_4AH_{13}，会接着与石膏反应，反应方程式如下：

$$4CaO \cdot Al_2O_3 \cdot 13H_2O + 3(CaSO_4 \cdot 2H_2O) + 14H_2O = 3CaO \cdot Al_2O_3 \cdot 3CaSO_4 \cdot 32H_2O + Ca(OH)_2$$

可简写为

$$C_4AH_{13} + 3C\overline{S}H_2 + 14H = C_3A \cdot 3C\overline{S} \cdot H_{32} + CH$$

水化产物三硫型水化硫铝酸钙 $C_3A \cdot 3C\overline{S} \cdot H_{32}$，是一种针棒状晶体，又称为钙矾石，其中的铝可被铁置换而成为含铝、铁的硫酸盐相，常以 AFt 表示。水化产物 AFt 包覆在 C_3A 颗粒表面，阻止其继续水化，因此，可以避免 C_3A 的闪凝。

当 C_3A 尚未完全水化，而石膏已经消耗完毕后，则 C_4AH_{13} 可与先前生成的钙矾石反应，生成单硫型水化硫铝酸钙，即 AFm 相。反应方程式如下：

$$2(4CaO \cdot Al_2O_3 \cdot 13H_2O) + 3CaO \cdot Al_2O_3 \cdot 3CaSO_4 \cdot 32H_2O = 3(3CaO \cdot Al_2O_3 \cdot CaSO_4 \cdot 12H_2O) + 2Ca(OH)_2 + 20H_2O$$

可简写为

$$2C_4AH_{13} + C_3A \cdot 3C\overline{S} \cdot H_{32} = 3(C_3A \cdot C\overline{S} \cdot H_{12}) + 2CH + 20H$$

4. 铁铝酸四钙

C_4AF 的早期水化速率介于 C_3A 和 C_3S，水化热较 C_3S 低，强度较低，抗冲击性能和抗硫酸盐侵蚀性能好。C_4AF 含量增多时，有助于提高水泥抗拉强度。

C_4AF 的水化反应与 C_3A 相似，在有石膏存在的条件下，水化反应方程式如下：

$$4CaO \cdot Al_2O_3 \cdot Fe_2O_3 + 2Ca(OH)_2 + 6(CaSO_4 \cdot 2H_2O) + 50H_2O = 2[3CaO \cdot (Al_2O_3, Fe_2O_3) \cdot 3CaSO_4 \cdot 32H_2O]$$

可简写为

$$C_4AF + 2CH + 6C\overline{S}H_2 + 50H = 2C_3(A,F) \cdot 3C\overline{S} \cdot H_{32}$$

当 C_4AF 尚未完全水化，而石膏已经消耗完毕后，$2C_3(A,F) \cdot 3C\overline{S} \cdot H_{32}$ 也会转化成单硫相 $2C_3(A,F) \cdot C\overline{S} \cdot H_{12}$。

C_4AF 水化产物与 C_3A 水化产物的区别主要在于部分 Al_2O_3 被 Fe_2O_3 所取代。

上述四种矿物的抗压强度随龄期增长情况如图 2-1 所示。

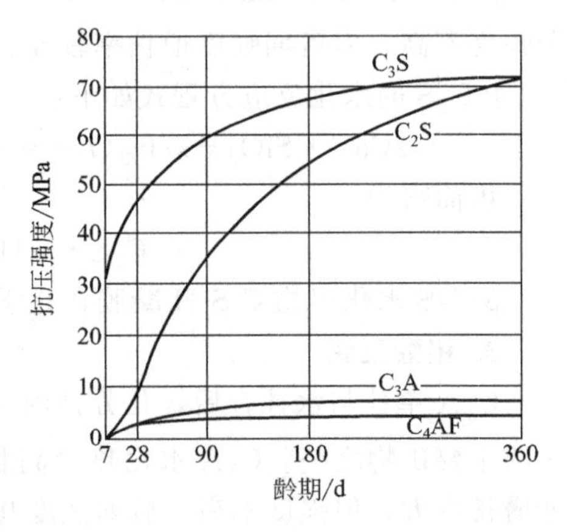

图 2-1 水泥熟料矿物抗压强度增长曲线

（二）硅酸盐水泥的水化

硅酸盐水泥的水化不同于熟料单矿的水化，不同矿物均会对水化过程产生影响。如，少量 C_3S 存在的条件下，C_2S 的水化速率较只有 C_2S 单矿的水化速率快；少量的 C_3A 对 C_3S 的水化和强度发展有促进作用，但当 C_3A 超过一定量时，硬化浆体强度反而下降，纯 C_3A 硬化浆体强度很低。

水泥颗粒是一个多矿物的聚集体，与水拌合后立即溶解，使得纯水成为含有多种离子的溶液。水泥浆体溶液中的主要离子包括以下几种。

硅酸钙：Ca^{2+}、HO^-、$[SiO_4]^{4-}$；

铝酸钙：Ca^{2+}、$Al(OH)_4^-$；

硫酸钙：Ca^{2+}、SO_4^{2-}；

钾、钠、硫酸根离子：K^+、Na^+、SO_4^{2-}。

水泥中各组分及其溶解度决定了浆体溶液中的离子组成，浆体溶液中的离子组成又深刻地影响熟料矿物的水化速率。水化早期的 Ca^{2+} 主要由 C_3S 提供，K^+、Na^+ 主要由碱式硫酸盐提供。碱的存在降低了溶液中 CH 的过饱和度，影响熟料的水化过程。水化过程中的液相组分和固相水化处于随时间而变化的动态平衡中。

根据硅酸盐水泥水化的放热速率随时间变化曲线，如图 2-2 所示，将硅酸盐水泥的水化过程概括为以下三个阶段。

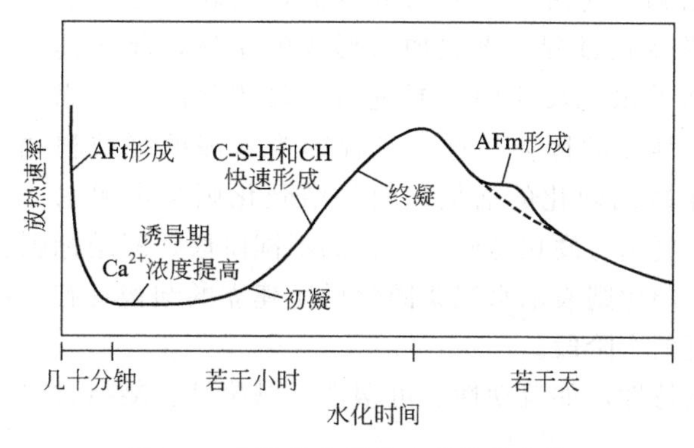

图 2-2　硅酸盐水泥的水化放热曲线

（1）钙矾石形成阶段　硅酸盐水泥遇水立即发生溶解，熟料中的 C_3A 在石膏存在的条件下，迅速水化，生成钙矾石（AFt），形成第一个放热峰。钙矾石包裹在 C_3A 表面，使得 SO_4^{2-}、OH^- 穿过钙矾石包覆层进入 C_3A 内部的反应面速度显著降低；水泥矿物中另外一反应速率快的 C_3S 与水接触后，在其表面很快形成双电层，C_3S 继续溶解受阻，导致诱导期的开始。

（2）C_3S 水化阶段　随着 C_3S 的继续水解，溶液中 CH 浓度继续增高达到其过饱和度，CH 晶体在原充水空间内析出，C_3S 表面的双电层减弱或者消失，促进了 C_3S 溶解；C_3A 也继续水化，钙矾石包覆层继续增厚，在结晶压力作用下，包覆层局部开裂，形成新的快速水化面。浆体开始失去流动性，进入初凝阶段；随着水化反应的继续进行，“外部水化物”不足以完全充满参与水化反应的水占有的空间，形成孔隙。水化产物继续增多，形成空间网络结构，浆体失去塑性，浆体进入终凝阶段。C_3S 继续水化，同时，C_4AF、C_2S 部分参与水化反应，水化反应放热，形成第二放热峰。石膏消耗完毕后，AFt 相向 AFm 相的转变形成了伴峰。

（3）结构形成与发展阶段　水化放热曲线上继第二峰之后，水化放热速率降低，并趋于稳定。水化反应产物继续增多，使得水化产物的空间网络结构致密。在水化减速阶段，水化速率主要是受化学反应和扩散共同控制，进入稳定阶段后，水化速率主要受扩散控制。水化反应产物主要为“内部水化物”，水化产物的空间网络结构更加密实。

常温下硬化的水泥石由未水化的水泥颗粒、水化产物（主要是水化硅酸钙凝胶、氢氧化钙、水化铝酸钙和水化硫铝酸钙晶体等）、水和少量的空气，以及由水和空气占有的孔隙组成的固—液—气三相共存的复合结构。水泥石的性质取决于这些组成相的性质及其相对含量。

（三）水化速率与凝结时间

水化速率用单位时间内水泥的水化程度或水化深度表示。水化程度是指一定时间内已水化的水泥量与完全水化量的比值，以百分率表示。水化深度是指已水化层的厚度。

图 2-3 所示为水泥颗粒水化深度示意图。假设水泥颗粒为直径 d_m 的球形，阴影部分表示已经水化部分，阴影部分的厚度 h 则为水化深度。

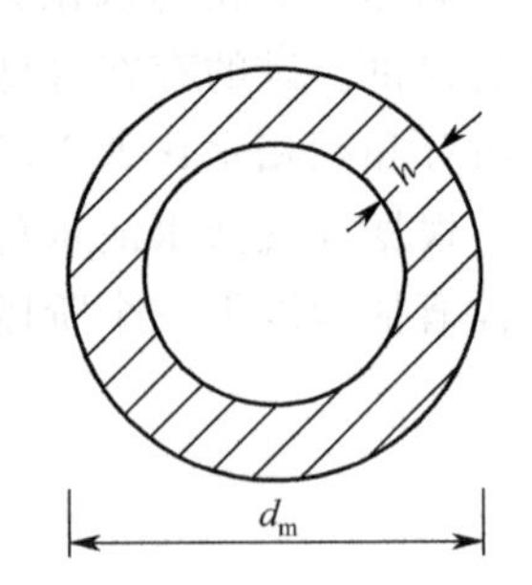

图 2-3　水泥颗粒水化深度

水泥加水拌合后，立即成为水泥浆悬浮体，并且逐渐凝结和硬化。水泥浆体的凝结和硬化过程是人为划分的，实际上是一个连续的复杂的物理化学变化过程。水泥加水形成的浆体，起初具有可塑性和流动性。随着水化反应的不断进行，浆体逐渐失去流动能力转变为具有一定强度的固体，这一过程即为水泥的凝结和硬化。水化是水泥产生凝结硬化的前提，而凝结硬化则是水泥水化的结果。从整体看，凝结与硬化是同一过程的不同阶段，凝结标志着水泥浆失去流动性而具有一定的塑性强度。硬化则表示水泥浆固化后所建立的结构具有一定的机械强度。水泥凝结过程分为初凝和终凝两个阶段。

水泥浆的一些工艺特性，如流动性、可塑性、黏聚性、凝结时间等决定于水泥浆的结构及其动力学特性。

影响水泥水化速率的因素主要包括熟料矿物组成、水灰比、水泥细度、养护温度、外加剂等。

熟料中四种主要矿物早期水化速率，由高到低依次为 C_3A、C_4AF、C_3S 和 C_2S。

水灰比是指配合比中水与水泥的质量比。水灰比大，水与水泥颗粒的接触面积就大，因此，水化速率就快。水灰比大，水化产物扩散空间也大，有利于未水化水泥颗粒与水接触进行水化反应。

水泥颗粒细度大，比表面积大，与水接触面积大，水化反应进行得快。另外，细小的水泥颗粒晶格缺陷多、活性大，水化反应快。

温度高，水泥水化反应加快，特别是对早期水化反应速率影响更大。

部分外加剂能促进水泥水化反应，如速凝剂、早强剂等。也有部分外加剂延缓水泥水化反应，常见的如缓凝剂。

（四）水化热

水泥的水化热是各熟料矿物水化反应放出热量之和。水泥水化放热周期很长，但大部分热量是在水化初期放出的，后期放热逐渐减少。

水化热的大小和放热速率首先决定于水泥的矿物组成。C_3A 的水化热和放热速率最大，其次是C_3S，C_4AF的水化热中等，C_2S的水化热和放热速率最低。在水泥生产中，适当调整水泥熟料的矿物组成，可改变水泥水化热和水化放热速率。如在一定范围内，适当增加C_2S含量并减少C_3S含量，减少C_3A并相应增加C_4AF的含量，即是配制低热水泥的基本措施。

除熟料矿物组成外，影响水泥水化热的因素还有很多，如熟料的煅烧与冷却条件、水泥的细度、水灰比、养护温度、水泥储存时间等，均能影响水泥的水化放热。水泥粉磨得越细，水化反应进行得越快，早期放热速率就显著增加。凡是能加速水化反应的各种因素，均能提高水化放热速率。

对冬季施工而言，水化热有利于水泥的正常凝结硬化。但对大体积混凝土建筑物或构件来说，热量不易散失，使得建筑物或构件内部温度升高，内部与表面温差过大，会产生较大的温差应力，引起局部拉应力，导致混凝土开裂。因此，对于大体积混凝土，控制水化热带来的温差应力，是必须关注的问题之一。

（五）体积变化

水化过程中，水泥熟料矿物转变为水化产物，由于水泥熟料、水的密度与水化产物的密度不同，尽管固相体积大大增加，但整个体系的总体积减小，由于这种体积减缩是化学反应所致，故称化学收缩，也称为化学减缩。硅酸盐水泥熟料矿物的化学收缩量从大到小的排列顺序是$C_3A>C_4AF>C_3S>C_2S$。

水泥主要由四种熟料矿物、石膏、适量的掺合料或者填料，以及少量的助磨剂组成。加水后，石膏溶解于水，熟料矿物C_3A、C_4AF、C_3S与水快速反应。硅酸盐水泥熟料矿物水化前后的固相体积和体系总体积变化量见表2-2。

表2-2 熟料矿物水化前后体积的变化

序号	反应方程式	摩尔质量/g	密度/(g/cm^3)	体系绝对体积/cm^3 反应前	体系绝对体积/cm^3 反应后	固相绝对体积/cm^3 反应前	固相绝对体积/cm^3 反应后	绝对体积的变化/% 体系	绝对体积的变化/% 固相
1	$2C_3S+6H=C_3S_2H_3+3CH$	456.6 108.1 342.5 222.3	3.15 1.00 2.71 2.23	253.1	226.1	145.0	226.1	−10.7	55.9
2	$2C_2S+4H=3C_3S_2H_3+CH$	344.6 72.1 342.5 74.1	3.26 1.00 2.71 2.23	177.8	159.6	105.7	159.6	−10.2	51.0
3	$C_3A+3CaSO_4\cdot 2H_2O+26H=C_3A\cdot 3CaSO_4\cdot 32H$	270.2 516.5 468.4 1255.1	3.04 2.32 1.00 1.79	779.9	701.2	311.5	701.2	−10.1	125.1
4	$C_3A+6H=3C_3AH_6$	270.2 108.1 378.3	3.04 1.00 2.52	197.0	150.1	88.9	150.1	−23.8	68.8

由表2-2可知，熟料矿物水化后固相体积显著增加，填充着水化前水占有的体积。但是，反应前后，熟料矿物与水组成的体系总体积是减小的。以表2-2中序号1为例，C_3S与水反应，生成$C_3S_2H_3$和CH。参与水化反应的C_3S与水的绝对体积为253.1cm^3，而水化反应生成的$C_3S_2H_3$和CH的绝对体积为226.1cm^3，反应前后体系总体积减少了27cm^3，

减缩量占原有体积的 10.7%。水化反应前固相体积为 145.0cm^3，水化反应后固相体积为 226.1cm^3，反应前后固相体积增加 81.1cm^3，占反应前固相体积的 55.9%。

水化前后水泥与水体系总体积的减小，在水泥石内部形成孔隙。试验结果表明，100g 硅酸盐水泥水化的减缩量为 7～9mL。若混凝土中水泥用量为 300kg，则混凝土的化学减缩量高达 21～27L/m^3，在混凝土中形成的孔隙率是相当高的。混凝土孔隙率影响着混凝土强度、抗冻性、耐水性、抗侵蚀等性能。

四、通用硅酸盐水泥技术要求

通用硅酸盐水泥化学指标应符合表 2-3 的规定。

表 2-3　通用硅酸盐水泥化学指标　　单位：%（质量分数）

品种	代号	不溶物	烧失量	三氧化硫	氧化镁	氯离子
硅酸盐水泥	P·Ⅰ	≤0.75	≤3.0	≤3.5	≤5.0①	≤0.06③
	P·Ⅱ	≤1.5	≤3.5			
普通硅酸盐水泥	P·O	—	≤5.0			
矿渣硅酸盐水泥	P·S·A	—	—	≤4.0	≤6.0②	
	P·S·B	—	—		—	
火山灰质硅酸盐水泥	P·P	—	—	≤3.5	≤6.0②	
粉煤灰硅酸盐水泥	P·F	—	—			
复合硅酸盐水泥	P·C	—	—			

① 如果水泥压蒸试验合格，则水泥中氧化镁的含量（质量分数）允许放宽至 6.0%。

② 如果水泥中氧化镁的含量（质量分数）大于 6.0%，需进行水泥压蒸安定性试验并合格。

③ 当有更低要求时，该指标由买卖双方确定。

1. 碱含量（选择性指标）

水泥中碱含量以 $Na_2O+0.658K_2O$ 计算值表示。若使用活性骨料，用户要求提供低碱水泥时，水泥中的碱含量应不大于 0.6%或由买卖双方协商确定。

2. 物理指标

（1）凝结时间　硅酸盐水泥初凝时间不小于 45min，终凝时间不大于 390min。普通硅酸盐水泥、矿渣硅酸盐水泥、火山灰质硅酸盐水泥、粉煤灰硅酸盐水泥和复合硅酸盐水泥初凝时间不小于 45min，终凝时间不大于 600min。

（2）安定性　水泥的安定性是指水泥在凝结硬化过程中体积变化的均匀性。采用沸煮法检测水泥安定性，要求安定性合格。

游离氧化钙（f-CaO）是高温煅烧中未能参与化合反应而残存的呈游离态的过烧 CaO，其结构致密，水化很慢，水化生成 $Ca(OH)_2$，体积增加 97.9%，在硬化的水泥浆体中形成局部膨胀应力，破坏已硬化的水泥石结构，导致水泥石开裂，甚至破坏，即引起水泥安定性不良。因此，在熟料煅烧中要严格控制游离氧化钙的含量。

游离氧化镁以方镁石形式存在，水化速度很慢，水化生成 $Mg(OH)_2$，体积膨胀 148%，从而导致水泥安定性不良。

影响水泥安定性不良的组分还有三氧化硫（SO_3），主要由掺入的石膏带入。适量的石膏既能调节水泥凝结时间，又能提高水泥性能。但当石膏掺入量超过一定量时，水泥的性能会变差。

(3) 强度　不同品种不同强度等级的通用硅酸盐水泥，其不同龄期的强度应符合表 2-4 的规定。

表 2-4　通用硅酸盐水泥各龄期强度指标　　单位：MPa

品种	强度等级	抗压强度		抗折强度	
		3d	28d	3d	28d
硅酸盐水泥	42.5	≥17.0	≥42.5	≥3.5	≥6.5
	42.5R	≥22.0		≥4.0	
	52.5	≥23.0	≥52.5	≥4.0	≥7.0
	52.5R	≥27.0		≥5.0	
	62.5	≥28.0	≥62.5	≥5.0	≥8.0
	62.5R	≥32.0		≥5.5	
普通硅酸盐水泥	42.5	≥17.0	≥42.5	≥3.5	≥6.5
	42.5R	≥22.0		≥4.0	
	52.5	≥23.0	≥52.5	≥4.0	≥7.0
	52.5R	≥27.0		≥5.0	
矿渣硅酸盐水泥 火山灰质硅酸盐水泥 粉煤灰硅酸盐水泥 复合硅酸盐水泥	32.5	≥10.0	≥32.5	≥2.5	≥5.5
	32.5R	≥15.0		≥3.5	
	42.5	≥15.0	≥42.5	≥3.5	≥6.5
	42.5R	≥19.0		≥4.0	
	52.5	≥21.0	≥52.5	≥4.0	≥7.0
	52.5R	≥23.0		≥4.5	

(4) 细度（选择性指标）硅酸盐水泥和普通硅酸盐水泥的细度以比表面积表示，其比表面积不小于 $300m^2/kg$；矿渣水硅酸盐水泥、火山灰质硅酸盐水泥、粉煤灰硅酸盐水泥和复合硅酸盐水泥的细度以筛余表示，其 $80\mu m$ 方孔筛筛余不大于 10%或 45 μm 方孔筛筛余不大于 30%。

第二节　通用硅酸盐水泥特点和应用

一、通用硅酸盐水泥特点

（一）硅酸盐水泥

硅酸盐水泥熟料含量高，C_3S 含量也高，故硅酸盐凝结硬化快，早期强度与后期强度均高，适用于现浇混凝土工程、预制混凝土工程、冬季施工混凝土工程等。

硅酸盐水泥中 C_3S 和 C_3A 含量高，因此水化热高，水化放热速度快，不适用于大体积混凝土工程。

硅酸盐水泥石中的氢氧化钙与水化铝酸钙较多，耐腐蚀性差，因此不适用于受流动软水和压力水作用的工程，也不宜用于受海水及其他侵蚀性介质作用的工程。

硅酸盐水泥水化产物在 250～300℃时会产生脱水，强度开始降低，当温度达到 700～1000℃时，水化产物分解，水泥石的结构几乎完全破坏，所以硅酸盐水泥不适用于耐热、有高温要求的混凝土工程。

硬化水泥石中氢氧化钙与空气中 CO_2 的作用称为碳化。硅酸盐水泥水化后，水泥石中含有较多的氢氧化钙，因此抗碳化性好。

硅酸盐水泥硬化时干燥收缩小，不易产生干缩裂纹，故适用于干燥环境中的混凝土建筑物。

（二）普通硅酸盐水泥

与硅酸盐水泥相比，普通硅酸盐水泥由于掺加了不超过20%的混合材料，终凝时间略长于硅酸盐水泥；最高强度等级低于硅酸盐水泥。

由于混合材料掺量不高，普通硅酸盐水泥基本特性与硅酸盐水泥类似，差异在于普通硅酸盐水泥早期强度略低、耐腐蚀性稍好、水化热略低，抗冻性和抗渗性好，抗碳化和耐磨性略差。

（三）矿渣硅酸盐水泥

矿渣硅酸盐水泥密度较硅酸盐水泥小，一般为2.8～3.0g/cm^3，颜色比硅酸盐水泥略淡。

矿渣硅酸盐水泥加水拌合后，首先是水泥熟料矿物的水化，生成水化硅酸钙、水化铝酸钙、水化铁酸钙和氢氧化钙，这些水化产物的性质和硅酸盐水泥水化产物相同。水化早期，矿渣的潜在活性尚未激发出来，随着水化反应的不断进行，在硅酸盐矿物水化产物氢氧化钙的激发下，矿渣玻璃体中的Ca^{2+}、$[AlO_4]^{5-}$、$[SiO_4]^{4-}$等离子进入溶液，生成新的水化硅酸钙、水化铝酸钙；有石膏存在时，还会生成水化硫铝（铁）酸钙、水化铝硅酸钙等，这些新生成的水化产物称为二次水化产物。矿渣水泥中熟料含量相对较少，并且有相当部分的氢氧化硅与矿渣组分作用，因此，与硅酸盐水泥相比，硬化后的矿渣硅酸盐水泥石碱度一般要低些，氢氧化钙的含量也相应低些。

矿渣硅酸盐水泥早期硬化较慢，凝结时间比硅酸盐水泥略长，初凝一般为2～5h，终凝一般为5～9h，早期强度（3d、7d）偏低，后期强度往往可以赶上甚至超过硅酸盐水泥。硬化时，受温度影响较大，因此，不宜于冬季露天施工使用。

矿渣硅酸盐水泥具有较好的抗侵蚀性能，对淡水、海水、硫酸盐（如$MgSO_4$、Na_2SO_4等）以及氯盐溶液都具有较强的抵抗能力。

矿渣硅酸盐水泥保水性较差，容易出现泌水现象。施工中应避免产生分层、离析而降低浆体结构的均匀性。

矿渣硅酸盐水泥干燥收缩较大，施工中应加强养护，降低裂缝产生的几率。

矿渣本身耐热性好，因此，矿渣硅酸盐水泥适合配制耐热水泥砂浆、耐热水泥混凝土。

根据上述特点，矿渣硅酸盐水泥广泛使用于地面及地下建筑物，配制各种混凝土及制作钢筋混凝土构件，特别适用于蒸汽养护的混凝土预制构件；适宜用于海港工程、耐淡水侵蚀的水工建筑物以及大体积工程；还可用来制作受热构件，用于承受较高温度的工程。

（四）火山灰质硅酸盐水泥

火山灰质硅酸盐水泥的密度也较硅酸盐水泥小，一般为2.7～2.9g/cm^3。

同矿渣硅酸盐水泥一样，火山灰质硅酸盐水泥加水拌合后，首先是水泥熟料矿物的水化，然后是活性组分与硅酸盐矿物水化产物氢氧化钙反应，生成新的水化硅酸钙、水化铝酸钙、水化铁酸钙以及水化硫铝酸钙等；水化产物氢氧化钙的量因消耗而减少，加速熟料矿物的水化。二次水化产物的组成、结构与熟料矿物水化所析出的氢氧化钙数量有关。

火山灰质硅酸盐水泥强度发展较慢，早期强度偏低，后期强度往往可以赶上甚至超过硅酸盐水泥。硬化时，受温度影响较大，低温时凝结与硬化显著变慢，因此，不宜于冬季露天施工使用。

火山灰质硅酸盐水泥具有较好的抗海水溶蚀性能，有时甚至超过矿渣硅酸盐水泥。火山灰质硅酸盐水泥在含有硫酸盐的水溶液中也具有较高的稳定性。

不同火山灰质硅酸盐水泥在空气中的干燥收缩随火山灰质混合材料品种不同而有很大差异。一般认为，干缩率随混合材料比表面积的增加而增大。

火山灰质硅酸盐水泥水化热较低，适合用于大体积混凝土。不过，应加强初期养护，保证足够的养护时间，否则容易出现干缩裂缝。

火山灰质硅酸盐水泥的用途与矿渣硅酸盐水泥类似，更适用于地下、水中、潮湿环境工程。

（五）粉煤灰硅酸盐水泥

粉煤灰硅酸盐水泥的水化过程与火山灰质硅酸盐水泥相似。首先是水泥熟料矿物的水化，然后是活性组分与硅酸盐矿物水化产物氢氧化钙反应，生成新的水化硅酸钙、水化铝酸钙以及钙矾石相。

粉煤灰硅酸盐水泥早期强度随着粉煤灰掺量的增加而下降，后期强度增长较快，超过硅酸盐水泥。硬化时，受温度影响较大，低温时凝结与硬化显著变慢，因此，不宜于冬季露天施工使用。

粉煤灰玻璃体结构比较致密，内比表面积小，呈球形颗粒，需水量较小，干缩小，水化热低，抗裂性较好，抗蚀性也较好，适用于一般的工业与民用建筑，特别适用于大体积水工混凝土以及地下、海港工程等。

（六）复合硅酸盐水泥

复合硅酸盐水泥掺加两种（含）以上的活性混合材料或/和非活性混合材料，其中允许用不超过水泥质量 8%的窑灰代替。我国地域广阔，建筑工程量大，复合硅酸盐水泥生产能充分利用当地混合材料资源，合理掺配，降低水泥生产成本的同时，消纳其他工业废弃物，并能高效资源化利用这些废弃物，减少了工业废弃物的环境污染。

复合硅酸盐水泥的性能与所掺加的混合材料种类和掺量有关。不同混合材料掺加进入后，所起的作用不是简单地叠加，而是具有超叠加效应。在使用复合硅酸盐水泥时，需要了解所掺加的主要混合材料的种类和掺量。

二、通用硅酸盐水泥的应用

（一）水泥品种的选择

水泥品种的选用应根据混凝土的工程特点、所处环境、施工条件及设计要求进行，通用硅酸盐水泥品种的选用见表 2-5。

表 2-5 通用硅酸盐水泥品种的选用

混凝土所处环境条件或工程特点		优先选用	可以选用	不宜使用
环境条件	普通气候环境	普通硅酸盐水泥 复合硅酸盐水泥	矿渣硅酸盐水泥 火山灰质硅酸盐水泥 粉煤灰硅酸盐水泥	
	干燥环境	普通硅酸盐水泥	矿渣硅酸盐水泥	火山灰质硅酸盐水泥 粉煤灰硅酸盐水泥
	高湿度环境中或水下	矿渣硅酸盐水泥 火山灰质硅酸盐水泥 粉煤灰硅酸盐水泥 复合硅酸盐水泥 普通硅酸盐水泥	硅酸盐水泥	
	严寒地区露天、寒冷地区的水位升降区	普通硅酸盐水泥	矿渣水泥	火山灰质硅酸盐水泥 粉煤灰硅酸盐水泥
	严寒地区水位升降区	普通硅酸盐水泥		矿渣硅酸盐水泥 火山灰质硅酸盐水泥 粉煤灰硅酸盐水泥 复合硅酸盐水泥
	侵蚀性环境	根据侵蚀介质种类、浓度等具体条件按专门规定选用		
工程特点	大体积混凝土	矿渣硅酸盐水泥 火山灰质硅酸盐水泥 粉煤灰硅酸盐水泥 复合硅酸盐水泥	普通硅酸盐水泥	硅酸盐水泥
	有快硬要求的混凝土	硅酸盐水泥	普通硅酸盐水泥	矿渣硅酸盐水泥 火山灰质硅酸盐水泥 粉煤灰硅酸盐水泥 复合硅酸盐水泥
	高强混凝土	硅酸盐水泥	普通硅酸盐水泥	矿渣硅酸盐水泥 火山灰质硅酸盐水泥 粉煤灰硅酸盐水泥 复合硅酸盐水泥
	有抗渗要求的混凝土	普通硅酸盐水泥 火山灰质硅酸盐水泥		
	有耐磨要求的混凝土	硅酸盐水泥 普通硅酸盐水泥	矿渣硅酸盐水泥	火山灰质硅酸盐水泥 粉煤灰硅酸盐水泥

（二）水泥强度等级的选择

水泥强度等级的选择，应与混凝土的设计强度等级相适应。基本原则为：配制高强度等级的混凝土，选用高强度等级水泥；配制低强度等级的混凝土，选用低强度等级水泥。一般以水泥强度等级为混凝土强度等级的 1.0～1.5 倍为宜。

如果采用高强度等级水泥配制低强度等级混凝土，混凝土中水泥用量小，会影响混凝土拌合物和易性和硬化混凝土密实度，为此，需要掺加矿物外加剂来增加胶凝材料总量。如果采用低强度等级配制高强度等级混凝土，水泥用量偏多，不经济，且影响混凝土的其他技术性质。

第三节 特种水泥

一、中热硅酸盐水泥、低热硅酸盐水泥

（一）定义

国家标准《中热硅酸盐水泥、低热硅酸盐水泥》（GB/T 200—2017）对这两种水泥的定义如下：

以适当成分的硅酸盐水泥熟料，加入适量石膏，磨细制成的具有中等水化热的水硬性胶凝材料，称为中热硅酸盐水泥，简称中热水泥，代号为P·MH，强度等级为42.5。

以适当成分的硅酸盐水泥熟料，加入适量石膏，磨细制成的具有低水化热的水硬性胶凝材料，称为低热硅酸盐水泥，简称低热水泥，代号为P·LH，强度等级为32.5和42.5。

中热水泥、低热水泥是水化热较低的水泥品种，适用于水工大坝、大型构件以及大型建筑物基础等大体积混凝土工程。

（二）组成与材料

1. 中热水泥熟料

中热水泥熟料中硅酸三钙（C_3S）的含量不应大于55%，铝酸三钙（C_3A）的含量不应大于6%，游离氧化钙的含量不大于1.0%。

2. 低热水泥熟料

低热水泥熟料中硅酸二钙（C_2S）的含量不应小于40%，铝酸三钙（C_3A）的含量不应大于6.0%，游离氧化钙的含量不大于1.0%。

3. 天然石膏

天然石膏符合《天然石膏》（GB/T 5483—2008）中规定的G类或M类二级（含）以上的石膏或混合石膏。

（三）技术要求

1. 化学成分

（1）氧化镁（MgO） 水泥中氧化镁含量（质量分数）不大于5.0%。如果水泥经压蒸安定性试验合格，则水泥中氧化镁的含量（质量分数）允许放宽到6.0%。

（2）三氧化硫（SO_3） 水泥中三氧化硫的含量（质量分数）不大于3.5%。

（3）烧失量（LOI） 水泥的烧失量（质量分数）不大于3.0%。

（4）不溶物（IR） 水泥中不溶物的含量（质量分数）不大于0.75%。

2. 碱含量（选择性指标）

碱含量按 $Na_2O + 0.658K_2O$ 计算值表示。若使用活性骨料，用户要求提供低碱水泥时，水泥中的碱含量应不大于0.60%或由买卖双方协商确定。

3. 硅酸三钙（C_3S）、硅酸二钙（C_2S）和铝酸三钙（C_3A）（选择性指标）

用户提出要求时，水泥中硅酸三钙（C_3S）、硅酸二钙（C_2S）、铝酸三钙（C_3A）的含量应符合表 2-6 的规定或由买卖双方协商确定。

表 2-6 水泥中硅酸三钙、硅酸二钙和铝酸三钙的含量 单位：%（质量分数）

品种	C_3S	C_2S	C_3A
中热水泥	≤55.0	—	≤6.0
低热水泥	—	≥40.0	≤6.0

4. 物理性能

（1）比表面积　水泥的比表面积不小于 250m^2/kg。

（2）凝结时间　初凝时间不小于 60min，终凝时间不大于 720min。

（3）沸煮安定性　沸煮安定性合格。

（4）强度　水泥 3d、7d 和 28d 强度应符合表 2-7 的规定。低热水泥 90d 抗压强度不小于 62.5MPa。

表 2-7 水泥 3d、7d 和 28d 强度指标

品种	强度等级	抗压强度			抗折强度/MPa		
		3d	7d	28d	3d	7d	28d
中热水泥	42.5	≥12.0	≥22.0	≥42.5	≥3.0	≥4.5	≥6.5
低热水泥	32.5	—	≥10.0	≥32.5	—	≥3.0	≥5.5
	42.5	—	≥13.0	≥42.5	—	≥3.5	≥6.5

（5）水化热　水泥 3d 和 7d 的水化热应符合表 2-8 的规定。32.5 级低热水泥 28d 的水化热不大于 290kJ/kg，42.5 级低热水泥 28d 的水化热不大于 310kJ/kg。

表 2-8 水泥 3d 和 7d 的水化热指标

品种	强度等级	水化热/(kJ/kg)	
		3d	7d
中热水泥	42.5	≤251	≤293
低热水泥	32.5	≤197	≤230
	42.5	≤230	≤260

二、抗硫酸盐硅酸盐水泥

（一）定义

《抗硫酸盐硅酸盐水泥》（GB 748—2005）对这种水泥的定义如下：

以特定矿物组成的硅酸盐水泥熟料，加入适量石膏，磨细制成的具有抵抗中等浓度硫酸根离子侵蚀的水硬性胶凝材料，称为中抗硫酸盐硅酸盐水泥（简称“中抗硫酸盐水泥”），代号为 P·MSR。

以特定矿物组成的硅酸盐水泥熟料，加入适量石膏，磨细制成的具有抵抗高浓度硫酸根离子侵蚀的水硬性胶凝材料，称为高抗硫酸盐硅酸盐水泥（简称“高抗硫酸盐水泥”），代号为 P·HSR。

抗硫酸盐硅酸盐水泥适用于一般受硫酸盐侵蚀的海港、水利、地下、隧涵、引水、道路和桥梁基础等工程。

（二）组成与材料

1. 硅酸盐水泥熟料

以适当生料，烧至部分熔融，所得的以硅酸钙为主的特定矿物组成的材料称为硅酸盐水泥熟料。

2. 石膏

天然石膏符合《天然石膏》(GB/T 5483) 中规定的G类或A类二级（含）以上的石膏或硬石膏。采用工业副产石膏时，应经过试验，证明对水泥性能无害。

3. 助磨剂

水泥粉磨时允许加入助磨剂，其加入量不应超过水泥质量的1%，助磨剂应符合GB 175的规定。

4. 强度等级

中抗硫酸盐水泥和高抗硫酸盐水泥强度等级均可分为32.5、42.5两级。

（三）技术要求

1. 硅酸三钙和铝酸三钙

水泥中硅酸三钙和铝酸三钙的含量应符合表2-9的规定。

表2-9 水泥中硅酸三钙和铝酸三钙的含量 单位：%（质量分数）

分类	硅酸三钙含量	铝酸三钙含量
中抗硫酸盐水泥	≤55.0	≤5.0
高抗硫酸盐水泥	≤50.0	≤3.0

2. 烧失量

水泥中烧失量不应大于3.0%。

3. 氧化镁

水泥中氧化镁的含量不应大于5.0%。如果水泥经过压蒸安定性试验合格，则水泥中氧化镁的含量允许放宽到6.0%。

4. 三氧化硫

水泥中三氧化硫的含量不应大于2.5%。

5. 不溶物

水泥的不溶物不应大于1.5%。

6. 比表面积

水泥的比表面积不应低于280m^2/kg。

7. 凝结时间

初凝应不早于45min，终凝不应迟于10h。

8. 安定性

用沸煮法检验应合格。

9. 强度等级

水泥的强度等级按规定龄期的抗压强度和抗折强度划分，各龄期的抗压强度和抗折强度不应低于表2-10中的数值。

表 2-10　抗硫酸盐水泥等级和各龄期强度指标　　单位：MPa

分类	强度等级	抗压强度		抗折强度	
		3d	28d	3d	28d
中抗硫酸盐水泥	32.5	10.0	32.5	2.5	6.0
高抗硫酸盐水泥	42.5	15.0	42.5	3.0	6.5

10. 碱含量

水泥中碱含量由供需双方商定。若使用活性骨料，用户要求提供低碱水泥时，水泥中的碱含量按 $Na_2O + 0.658K_2O$ 计算不应大于 0.60%。

11. 抗硫酸盐性

中抗硫酸盐水泥 14d 线膨胀率不应大于 0.060%；高抗硫酸盐水泥 14d 线膨胀率不应大于 0.040%。

三、石灰石硅酸盐水泥

《石灰石硅酸盐水泥》(JC/T 600—2010) 规定，以硅酸盐水泥熟料和适量石膏以及一定比例的石灰石磨细制成的水硬性胶凝材料，称为石灰石硅酸盐水泥，代号为 P·L。

石灰石硅酸盐水泥熟料与石膏的含量大于 75%（质量分数）且不高于 90%，石灰石含量（质量分数）大于 10%且不高于 25%。

石灰石中碳酸钙含量（质量分数）不小于 75.0%，三氧化二铝含量（质量分数）不大于 2.0%。

水泥中氧化镁的含量不应大于 5.0%。如果水泥经过压蒸安定性试验合格，则水泥中氧化镁的含量允许放宽到 6.0%。

水泥中三氧化硫的含量不应大于 3.5%，氯离子含量不应大于 0.06%。

水泥比表面积不应小于 $350m^2/kg$，初凝不早于 45min，终凝不应迟于 600min。

石灰石硅酸盐水泥分为 32.5、32.5R、42.5、42.5R 四个强度等级。各强度等级水泥的抗压强度和抗折强度应符合表 2-11 的要求。

表 2-11　石灰石硅酸盐水泥等级和各龄期强度指标　　单位：MPa

强度等级	抗压强度		抗折强度	
	3d	28d	3d	28d
32.5	≥11.0	≥32.5	≥2.5	≥5.5
32.5R	≥16.0	≥32.5	≥3.5	≥5.5
42.5	≥16.0	≥42.5	≥3.5	≥6.5
42.5 R	≥21.0	≥42.5	≥4.0	≥6.5

水泥中碱含量由供需双方商定。若使用活性骨料，用户要求提供低碱水泥时，水泥中的碱含量按 $Na_2O + 0.658K_2O$ 计算不应大于 0.60%。

四、白色硅酸盐水泥

白色硅酸盐水泥适用于配制白色和彩色灰浆、砂浆及混凝土。

《白色硅酸盐水泥》(GB/T 2015—2005) 规定，由氧化铁含量少的硅酸盐水泥熟料、适量石膏及规定的混合材料，磨细制成的水硬性胶凝材料，称为白色硅酸盐水泥，代号为 P·W。规定的混合材料指石灰石或窑灰，掺量为水泥质量的0%～10%。石灰石中 Al_2O_3 的含量不应超过2.5%。

以适当成分的生料烧至部分熔融，所得以硅酸钙为主要成分，氧化铁含量少的熟料，称为白色硅酸盐水泥熟料。熟料中氧化镁的含量不宜超过5.0%；如果水泥经压蒸安定性试验合格，则熟料中氧化镁的含量允许放宽到6.0%。

白色硅酸盐水泥中 SO_3 的含量不应大于3.5%；80 μm 方孔筛筛余不应超过10%；初凝不早于45min，终凝不应迟于10h。

白色硅酸盐水泥白度值不应低于87。

白色硅酸盐水泥强度等级按照规定的抗压强度和抗折强度来划分，分为32.5、42.5、52.5三个等级。各强度等级水泥的抗压强度和抗折强度不应低于表2-12中的数值。

表2-12 白色硅酸盐水泥等级和各龄期强度指标 单位：MPa

强度等级	抗压强度		抗折强度	
	3d	28d	3d	28d
32.5	12.0	32.5	3.0	6.0
42.5	17.0	42.5	3.5	6.5
52.5	22.0	52.5	4.0	7.0

凡 SO_3、初凝时间、安定性中任一项不符合标准规定或强度低于最低等级的指标时为废品。

凡细度、终凝时间、强度和白度任一项不符合标准规定时为不合格品。水泥包装标志中水泥品种、生产者名称和出厂编号不全的也属于不合格品。

五、快硬高铁硫铝酸盐水泥

《快硬高铁硫铝酸盐水泥》（JC/T 933—2019）规定：由高铁硫铝酸盐水泥熟料和少量石灰石、适量石膏共同磨细制成的，具有早期强度高的水硬性胶凝材料，代号R·FAC。

高铁硫铝酸盐水泥熟料是以无水硫铝酸钙、硅酸二钙和铁铝酸钙为主要矿物成分，其中 Al_2O_3 含量不应小于24%、Fe_2O_3 含量不应小于5.0%。

石灰石中CaO含量不应小于46%，Al_2O_3 含量不应大于2.0%。快硬高铁硫铝酸盐水泥中石灰石含量不超过15%。

快硬高铁硫铝酸盐水泥比表面积不应小于350 m^2/kg 或45μm，方孔筛筛余不大于25.0%；初凝不早于25min，终凝不迟于180min，也可由供需双方协商确定。

快硬高铁硫铝酸盐水泥分为42.5、52.5、62.5、72.5四个强度等级，各级水泥抗压强度和抗折强度应符合表2-13的规定。

表2-13 快硬高铁硫铝酸盐水泥强度指标 单位：MPa

强度等级	抗压强度			抗折强度		
	1d	3d	28d	1d	3d	28d
42.5	≥33.0	≥42.5	≥45.0	≥6.0	≥6.5	≥7.0
52.5	≥42.0	≥52.5	≥55.0	≥6.5	≥7.0	≥7.5
62.5	≥50.0	≥62.5	≥65.0	≥7.0	≥7.5	≥8.0
72.5	≥56.0	≥72.5	≥75.0	≥7.5	≥8.0	≥8.5

快硬高铁硫铝酸盐水泥应单独运输和贮存，不得与其他物品相混杂，并注意防潮。

六、膨胀水泥和自应力水泥

通用硅酸盐水泥硬化后，体积收缩，混凝土内部容易出现微裂纹，在一定外力作用下，微裂纹扩展并可能联通，从而导致混凝土强度、抗渗性、抗冻性降低。膨胀水泥和自应力水泥水化过程中，生成适量的膨胀性物相。膨胀水泥水化生成的膨胀性物相在水泥石中产生的压应力大致抵消水泥石体积收缩产生的拉应力，膨胀值不是很大。自应力水泥水化生成的膨胀性物相在水泥石中产生的压应力不仅抵消了水泥石体积收缩产生的拉应力，同时还因为限制膨胀，在水泥石中产生一定的自应力。

水泥水化生成的膨胀性物相主要有三种类型：CaO 水化生成 $Ca(OH)_2$；MgO 水化生成 $Mg(OH)_2$；水化生成钙矾石相。由于生成膨胀性物相的反应是在水化初期进行的，水泥石中水化物相构成的三维网络结构尚未形成，因此，不会导致水泥石安定性不良。

膨胀水泥和自应力水泥品种较多，如硅酸盐膨胀水泥、低热微膨胀水泥、明矾石膨胀水泥、自应力硫铝酸盐水泥、自应力铁铝酸盐水泥等。

（一）明矾石膨胀水泥

《明矾石膨胀水泥》（JC/T 311—2004）规定，以硅酸盐水泥熟料、铝质熟料、石膏和粒化高炉矿渣（或粉煤灰），按适当比例磨细制成的，具有膨胀性能的水硬性胶凝材料，称为明矾石膨胀水泥，代号为 A·EC。硅酸盐水泥熟料，宜采用 42.5 等级以上的熟料。

铝质熟料指的是经一定温度煅烧后，具有活性，Al_2O_3 含量在 25%以上的材料。

明矾石膨胀水泥中硫酸盐含量以 SO_3 计不应大于 8.0%，比表面积不应小于 $400m^2/kg$；初凝不早于 45min，终凝不应迟于 6 h。

明矾石膨胀水泥 3d 限制膨胀率不小于 0.015%，28d 限制膨胀率不应大于 0.10%。

明矾石膨胀水泥分为 32.5、42.5、52.5 三个强度等级。各强度等级水泥的抗压强度和抗折强度不应低于表 2-14 中的数值。

表 2-14　明矾石膨胀水泥等级和各龄期强度指标　　单位：MPa

强度等级	抗压强度			抗折强度		
	3d	7d	28d	3d	7d	28d
32.5	13.0	21.0	32.5	3.0	4.0	6.0
42.5	17.0	27.0	42.5	3.5	5.0	7.5
52.5	23.0	33.0	52.5	4.0	5.5	8.5

（二）自应力铁铝酸盐水泥

《自应力铁铝酸盐水泥》（JC/T 437—2010）规定，以铁铝酸盐水泥熟料和适量石膏磨细制成的，具有膨胀性能的水硬性胶凝材料，称为自应力铁铝酸盐水泥，代号为 S·FAC。

铁铝酸盐水泥熟料是以适当成分的生料，经煅烧所得以无水硫铝酸钙、铁相和硅酸二钙为主要矿物成分的水硬性胶凝材料。

用于制造自应力铁铝酸盐水泥熟料中的三氧化二铝（Al_2O_3）含量（质量分数）不应小于28.0%，二氧化硅（SiO_2）含量（质量分数）不应大于10.5%，三氧化二铁（Fe_2O_3）含量（质量分数）不应小于3.5%，其中三氧化二铝（Al_2O_3）与二氧化硅（SiO_2）的质量分数比（Al_2O_3/ SiO_2）不应大于6.0。

自应力铁铝酸盐水泥的28d自应力值分为3.0、3.5、4.0、4.5四个自应力等级。

自应力铁铝酸盐水泥的物理指标应符合表2-15的规定。

表2-15　自应力铁铝酸盐水泥的物理指标

项　目			技术指标
比表面积/(m^2/kg)		≥	370
凝结时间/min	初凝	≥	40
	终凝	≤	240
自由膨胀率/%	7d	≤	1.30
	28d	≤	1.75
抗压强度/MPa	7d	≥	32.5
	28d	≥	42.5
28d自应力增进率/(MPa/d)		≤	0.010

不同自应力等级的自应力铁铝酸盐水泥，不同龄期的自应力值应符合表2-16的规定。

表2-16　自应力铁铝酸盐水泥的自应力值　　单位：MPa

等级	7d	28d	
	≥	≥	≤
3.0	2.0	3.0	4.0
3.5	2.5	3.5	4.5
4.0	3.0	4.0	5.0
4.5	3.5	4.5	5.5

第三章 集　料

集料是混凝土的主要组分，约占混凝土体积总量的70%～80%，其性质的好坏将直接影响到新拌混凝土的和易性和硬化混凝土的强度、耐久性等性能。由于集料在混凝土中主要起骨架作用，因此又称为骨料。

在当前砂石矿山绿色发展大背景下，我国的砂石行业也要绿色创新、低碳发展。除传统的天然砂石集料外，机制砂、淡化海砂、再生粗/细集料等的生产和应用，既减少了对矿山资源的开采，保护了生态环境，又具有显著的经济和社会效益。

关于混凝土中的集料，主要应用的规范包括：《建筑用砂》（GB/T 14684—2022）、《建筑用卵石、碎石》（GB/T 14685—2022）、《普通混凝土用砂、石质量及检验方法标准》（JGJ 52—2006）、《混凝土和砂浆用再生细骨料》（GB/T 25176—2010）、《混凝土用再生粗骨料》（GB/T 25177—2010）、《海砂混凝土应用技术规范》（JGJ 206—2010）等。

第一节 集料的形成与分类

天然集料最初是块体母岩的一部分，母岩在经过长期的自然风化、磨蚀、堆积或是直接的机械破碎之后而形成了诸如砂、卵石、碎石之类的集料颗粒，因此集料的很多特性，如矿物组成、密度、硬度、强度、孔结构和颜色等都取决于母岩的特性，但是集料的颗粒尺寸、形状、表面织构等，则与母岩的性质无关。

一、岩石的组成与分类

岩石是构成地壳的主要物质。它是由地壳的地质作用形成的固态物质，具有一定的结构构造和变化规律。

（一）组成

岩石是由一种或数种主要矿物所组成的集合体，构成岩石的矿物主要如下。

1. 石英

石英为结晶状的 SiO_2，集合体多呈粒状、块状或晶簇状，颜色常为白色，含杂质时可呈紫、玫瑰、黄、烟黑等各种颜色，密度约为 2.65g/cm^3，硬度为 7。石英强度高、硬度大、耐久性好，常温下基本不与酸、碱作用。纯净的 SiO_2 无色透明，被称为“水晶”。

2. 长石

长石为结晶的铝硅酸盐，有正长石和斜长石之分。正长石的化学成分是 $K_2O \cdot Al_2O_3 \cdot 6SiO_2$，晶体呈短柱状或厚板状，集合体为粒状或致密块状，颜色多为肉红色或黄褐色，密度约为 2.57g/cm^3，硬度为 6～6.5。斜长石可分为钠长石 $Na_2O \cdot Al_2O_3 \cdot 6SiO_2$ 和钙长石 $CaO \cdot Al_2O_3 \cdot 2SiO_2$ 两种，晶体呈板状或板柱状，集合体为粒状、片状或致密块状，颜色常为灰白色和浅红色，密度为 2.61～2.76g/cm^3，硬度为 6～6.5。与石英相比，长石的强度、硬度及耐久性均较低。长石易风化成高岭土。

3. 云母

云母为含水的铝硅酸盐，易分解成薄片，常见的有白云母和黑云母。白云母的化学成分是 $KAl_2[AlSi_3O_{10}](OH)_2$，晶体呈板状或片状，集合体多呈致密片状块体，薄片一般无色透明，具有弹性，密度为 2.76～3.10g/cm^3，硬度为 2～3。黑云母的化学成分是 $K(Mg \cdot Fe)[AlSi_3O_{10}](OH)_2$，晶体呈板状或短柱状，集合体呈片状，颜色为黑色或深褐色，密度为 3.02～3.12g/cm^3，硬度为 2～3，薄片半透明并具弹性。当岩石中的云母含量较多时，易于劈开，强度和耐久性降低，且表面不易磨光。

4. 角闪石、辉石、橄榄石

角闪石、辉石、橄榄石均为颜色深暗的结晶铁镁硅酸盐类矿物，统称为暗色矿物。角闪石晶体呈柱状，颜色为深绿至黑色，密度为 3.1～3.3g/cm^3，硬度为 5.5～6。辉石晶体常呈短柱状，集合体呈致密粒状，颜色为黑绿或褐黑色，密度为 3.2～3.6g/cm^3，硬度为 5～6。橄榄石晶体不常见，通常呈粒状集合体，颜色为橄榄绿、黄绿至黑绿，密度为 3.3～3.5g/cm^3，硬度为 6.5～7.5。这些矿物强度高，韧性好，耐久性一般也较高。在岩石中含量多时，能形成坚固的骨架，提高岩石的强度和耐久性，但也给加工造成困难。

5. 方解石

方解石是结晶状的碳酸钙（$CaCO_3$），晶体多样，常见的为菱面体，集合体多呈粒状、钟乳状、致密块状、晶簇状等，颜色多为白色，有时因含杂质而呈现各种色彩，密度为 2.6～2.8g/cm^3，硬度为 3，强度中等，微溶于水，易溶于含有 CO_2 的水中并形成 $Ca(HCO_3)_2$，而使溶解度迅速增长。

6. 白云石

白云石为结晶的碳酸钙镁复盐（$MgCO_3 \cdot CaCO_3$），颜色呈白色或灰色，密度为 2.90g/cm^3，硬度为 4，物理性质接近方解石，但强度稍高于方解石，在水中的溶解度较小。

7. 高岭石

高岭石由长石风化而成，化学成分为 $Al_2O_3 \cdot 2SiO_2 \cdot 2H_2O$，是黏土的主要组成部分，颜色呈白色，因含杂质可呈黄、浅褐、浅蓝等色，密度为2.5～2.6g/cm^3，硬度为1～1.5，强度较低，遇水即膨胀软化。

8. 菱镁矿

菱镁矿晶体少见，集合体通常为致密粒状，颜色多为白色，有时微带浅黄或浅灰，密度为2.9～3.1g/cm^3，硬度为4～4.5。

9. 石膏

石膏晶体呈板状或柱状，集合体通常为纤维状、叶片状、粒状、致密块状等，颜色多为白色，也有灰、黄、红、褐等浅色，密度约为2.3g/cm^3，硬度为1.5，较易溶解于水。

（二）分类

按天然岩石形成条件的不同，天然岩石分为岩浆岩（火成岩）、沉积岩（水成岩）、变质岩三大类。

1. 岩浆岩

岩浆岩是地下深处的岩浆，在地壳运动过程中侵入地壳的不同部位，甚至喷出地表形成火山，并冷凝固结而成的岩石。

岩浆岩中的主要矿物成分及分类见表3-1和表3-2。

表3-1 岩浆岩的主要矿物及含量

主要矿物	平均含量/%	主要矿物	平均含量/%
长石	60.2	磷灰石	0.6
石英	12.4	钛铁矿和磁铁矿等不透明矿物	4.1
角闪石、辉石和橄榄石	16.3	其他	1.2
云母	5.2		

表3-2 岩浆岩的分类

分类		成因	常见岩石类型
喷出岩		岩浆喷出地表后冷凝或堆积而形成	浮岩、流纹岩、安山岩、玄武岩
侵入岩	浅成岩	岩浆侵入地壳内部而形成	辉绿岩、花岗斑岩、正长斑岩
	深成岩		花岗岩、闪长岩、辉长岩、橄榄岩

2. 沉积岩

沉积岩是由地表或接近地表的岩石，在风化剥蚀作用下被破碎为碎屑颗粒状或粉尘状，通过流水、风、冰川等外力搬运而沉积在地表浅洼的地方，并经过压固、脱水、胶结及重结晶作用而形成的岩石。

沉积岩中的主要矿物成分及分类见表3-3和表3-4。

表3-3 沉积岩的主要矿物及含量

主要矿物	平均含量/%	备注
黏土矿物	14.51	沉积岩的特有矿物
白云石及部分菱镁矿	9.07	
方解石	4.25	
沉积铁质矿物	4.00	
石膏及硬石膏	0.97	
磷酸盐矿物	0.15	
有机质	0.73	

续表

主要矿物	平均含量/%	备注
石英	34.80	沉积岩和岩浆岩共有的矿物
白云母	15.11	
正长石	11.02	
钠长石	4.55	
钙长石	—	
磁铁矿	0.07	
榍石和钛铁矿	0.02	

表 3-4　沉积岩的分类

分类	成因	常见岩石类型
碎屑岩	母岩机械破坏或火山喷发的碎屑产物被压紧胶结而成	砂岩、砾岩、凝灰岩、火山角砾岩
黏土岩	含铝硅酸盐类矿物的母岩经化学风化形成的细悬浮物质沉积而成	黏土、泥岩、页岩
化学沉积岩	由岩石风化产物中的溶解物质经过化学作用沉积而成	石膏、白云岩、菱镁矿
生物化学岩	由岩石风化产物中的溶解物质经过生物化学作用或由生物活动使某种物质聚集而成	贝壳岩、白垩、硅藻土

3. 变质岩

变质岩是地壳中原来的岩石在高温、高压条件下，经过变质作用而形成的新的岩石。变质岩中的主要矿物成分及分类见表 3-5。

表 3-5　变质岩的分类及主要矿物

分类	成因	常见岩石类型	主要矿物
接触变质岩	由于岩浆侵入作用而在岩浆体周围的围岩中发生变质所形成的岩石	大理岩	方解石、白云石
		石英岩	石英
		角页岩	长石、石英、角闪石、红柱石
		矽卡岩	石榴子石、辉透石等
区域变质岩	通过区域的地壳变动及高温高压作用而形成的岩石	板岩	肉眼不能辨识
		千枚岩	绢云母
		片岩	石英、云母(绿泥石)等
		片麻岩	石英、长石、云母、角闪石等
		大理岩	方解石、白云石
		石英岩	石英
		混合岩	石英、长石等
动力变质岩	原岩在构造运动作用下发生变形、机械破碎及轻微重结晶而形成的岩石	构造角砾岩	原岩碎块
		糜棱岩	原岩碎屑

二、集料的分类

（一）按粒径大小分类

集料常按粒径的大小分为细集料和粗集料。粒径小于 4.75mm（公称粒径为 5mm）的集料为细集料，粒径大于 4.75mm（公称粒径为 5mm）的集料为粗集料。

细集料包含天然砂、机制砂、混合砂。

天然砂是在自然条件作用下岩石产生破碎、风化、分选、运移、堆/沉积所形成的颗粒，包括河砂、湖砂、山砂、净化处理的海砂，但不包括软质、风化的颗粒。天然砂中河砂品质最好，在长期受水流冲刷作用下，颗粒表面比较圆滑而清洁，因此过去在工程中应用最多。山砂是岩体风化后在山中堆积下来的岩石碎屑，颗粒表面粗糙，多具棱角，含泥量及有机杂质较多。海砂中常含有碎贝壳及盐类等有害杂质，需经淡化处理才能使用。

机制砂是以岩石、卵石、矿山废石和尾矿等为原料，经除土处理，由机械破碎、整形、筛分、粉控等工艺制成的，级配、粒形和石粉含量均满足要求的颗粒，但不包括软质、风化的颗粒，俗称人工砂。

混合砂是由机制砂和天然砂按一定比例混合而成的砂。

粗集料常用的有卵石和碎石两种。在自然条件作用下岩石产生破碎、风化、分选、运移、堆/沉积而形成的岩石颗粒为卵石，由天然岩石、卵石或矿山废石经破碎、筛分等机械加工而成的岩石颗粒为碎石。

（二）按密度大小分类

集料按密度大小分为轻集料、普通集料、重集料三种。

普通集料的密度为2.50～2.90g/cm^3，广泛用于各种混凝土结构。

轻集料的密度小于2.50g/cm^3，具有多孔结构，有减轻混凝土自身质量、保温、隔声等作用。以高度多孔的轻集料配制的混凝土，强度较低，一般只能用于非结构用的混凝土工程；而孔径细小、孔隙较少且孔结构均匀分布的轻集料所配制的混凝土，强度较高，能够用于结构用混凝土工程。轻集料可分为天然的和人造的两种。天然轻集料是将天然的岩浆岩，如浮石、火山渣等，经过破碎、筛分而成的具有一定粒径的颗粒；人造轻集料是用天然材料（如黏土、页岩、板岩、硅藻土、珍珠岩、蛭石等）或工业废料（如高炉矿渣、粉煤灰等），经过加工处理而制得的。

重集料的密度为3～5g/cm^3，具有吸收射线和削弱中子的能力，常用于防辐射的混凝土工程。重集料也可分为天然的和人造的两种。天然重集料包括含钡矿物和钛矿石；人造重集料包括磷铁合金、含水铁矿石、含硼的矿物、钢质废料或铁球等。

（三）按产源分类

集料按产源可分为天然集料和人造集料。

天然集料又可按岩石种类不同进行分类，见表3-6。

表3-6 天然集料按岩石种类分类

岩石名称		集料特征
岩浆岩	流纹岩	具有碱活性，多孔质层状易剥离，含有蛋白石，也称石英粗面岩
	安山岩	大量开采应用，其结构由致密到多孔，具有碱活性。变质后，含蒙脱石及绿泥石等黏土矿物
	玄武岩	容易受风化变质，多含蒙脱石及绿泥石等黏土矿物，与水泥浆的黏结性差，密度较大
	斑岩	致密、硬质、裂纹多，难以得到粒径大的集料
	片岩	致密、硬质、变质后除含黏土矿物外，还有蛇纹岩化的成分
	辉绿岩	含变质矿物
	花岗岩	新鲜岩石强度高，但风化后容易崩裂（特别是地表部分），耐热性差
	闪绿岩	耐热性差，地表部分的闪绿岩容易风化变质
	橄榄岩	变质后变成蛇纹岩，强度低，新鲜时密度大

续表

岩石名称		集料特征
沉积岩	泥岩	吸水率大，薄，容易剥离
	砂岩	大量开发应用，含浊沸石等有害矿物及黏土矿物，吸水率高
	砾石	容易破碎，生产制造时基材与砾石容易分开
	凝灰岩	一般为多孔质，强度及抗磨耗差，吸水性强，不宜做集料
	燧石	致密、质硬，具有碱活性，难风化，破碎成碎石时形状不好
	石灰岩	质量好，广泛应用；质软，粉碎时石粉较多
	白云石	用作集料与石灰石类似，其特点是含黏土矿物，有碱碳酸盐反应
变质岩	结晶片岩	片状、易剥离，扁平状、形状不好，抗磨损差
	千枚石	扁平、形状不好，抗磨损差
	黏板岩	片状、易剥离，扁平状，形状不好，比砂岩强度低，会进一步风化变质，抗磨损差
	片麻岩	作为集料与花岗岩类似，耐热性差
	蛇纹岩	质软、片状、吸水膨胀，含有高铁水镁石情况下容易变成有害的胆碱石，不适宜作一般集料
	角闪岩	致密、质硬、吸水率小、扁平，破碎成碎石形状不好
	大理石	晶粒大、破碎后形状不好，作为内外装修石材用

人造集料是采用不同的原材料，如利用工业废料、工业副产品、废弃混凝土等，运用不同的工艺方法，由人工制备的集料。近年来，混凝土生产和集料需求不断增加，天然集料资源日益短缺，发展人造集料对于发展混凝土工业和保护国土资源具有十分重要的意义。

第二节 细集料

工程中常用的细集料一般为砂。砂的主要技术性质包括物理性质（密度、空隙率）、颗粒性质（颗粒形状及表面特征、颗粒级配）、力学性质（强度、坚固性）、化学性质（碱-集料反应）以及其他性质（含泥量、石粉含量、泥块含量、有害物质含量）等。

一、表观密度、堆积密度、空隙率

砂的表观密度反映砂粒的密实程度，其大小与砂的矿物成分有关。砂的表观密度应不小于 2500kg/m^3。石英砂的表观密度为 2600～2700kg/m^3。

砂的堆积密度与砂粒堆放的紧密程度及含水状态有关。一般干砂自然状态下的疏松堆积密度为 1400～1600kg/m^3，振实状态下的振实堆积密度为 1600～1700kg/m^3。

砂的空隙率大小与砂的颗粒性质有关。具有棱角的砂，空隙率较大；缺少棱角、表面光滑的砂，空隙率较小。通常天然河砂的空隙率为 40%～45%，级配良好时可小于 40%。根据国家标准《建筑用砂》（GB/T 14684—2022）规定，砂的空隙率不应大于 44%。

二、砂的含水状态与含水率

工程应用中，砂是露天堆放的，砂的含水量随天气变化而变化。在进行混凝土配合比设计时，砂的含水量不同，将直接影响混凝土的用水量和砂的用量，因此，必须精确测定砂的含水率。

关于砂的含水率首先要注意区分几种不同的含水状态，如图 3-1 所示，将砂在 105～110℃条件下烘至表面与内部都不含水分，称为烘干状态（或全干状态、干燥状态）；砂长期在空气中存放并风干，称为气干状态（或风干状态）；当砂颗粒内部孔隙吸水饱和而表面干燥时，称为饱和面干状态；当砂不仅内部吸水饱和，且整个表面都吸附水分时，称为润湿状态（或潮湿状态）。

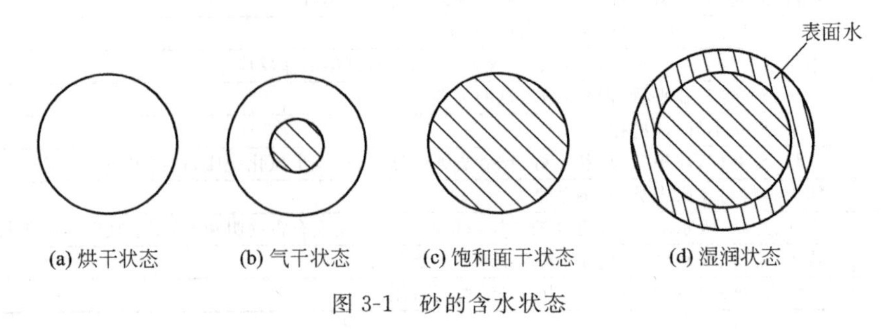

图 3-1　砂的含水状态

在建筑工程及道路工程中，常按干燥状态的集料（砂的含水率小于 0.5%，石子含水率小于 0.2%）来设计混凝土配合比。

而在水利工程中，则常以饱和面干状态的砂、石来设计混凝土配合比，因为处于饱和面干状态的砂既不会从混凝土拌合物中吸取水分，也不会往拌合物中带入水分，可以确保拌制混凝土的水和砂用量的准确性，便于施工控制。

砂的含水率与颗粒内部的孔隙结构、孔隙大小和数量等有关，颗粒越坚实，含水率越小，品质越好。砂的含水率直接影响混凝土的性能，如抗冻性和化学稳定性。

三、颗粒形状和表面特性

砂的颗粒形状和表面特征会影响其与水泥浆体的黏结性能，以及新拌混凝土的流动性。天然河砂、湖砂、海砂表面光滑，外形近于球形，拌制的混凝土流动性较好，但与水泥浆的黏结较差，因此混凝土强度较低。山砂和人工砂表面粗糙，颗粒多棱角，用其拌制混凝土时需增加包裹集料表面的水泥浆量，流动性较差，但与水泥浆黏结较好，混凝土强度较高。

四、砂的颗粒级配和粗细程度

（一）颗粒级配

砂的颗粒级配是指不同粒径的砂粒之间的组合情况，如图 3-2 所示。如果砂的粒径大小基本在同一尺寸范围内，则空隙率较大；但如果砂的粒径分布适当，细颗粒填充在中颗粒间，中颗粒填充在粗颗粒间，则砂的空隙率和比表面积都较小，此时构成良好的级配。

拌制混凝土时，为了使拌合物具有良好的流动性，必须有足够的水泥浆包裹砂粒并填满砂粒空隙。要想减少泥浆用量，节约水泥，则要求砂的空隙率和比表面积尽可能小，此时应选用级配良好的砂。如果砂的级配不良，以至空隙率和比表面积过大，则需要消耗更多的水泥浆才能使混凝土获得一定的流动性，对混凝土的密实性、强度、耐久性等性能也会产生一

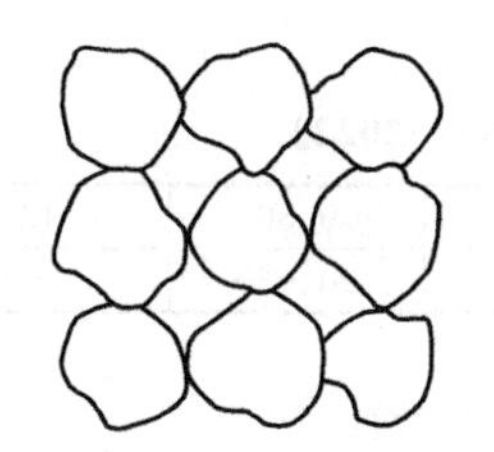
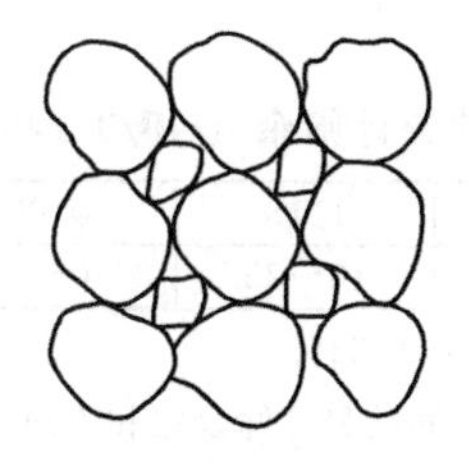
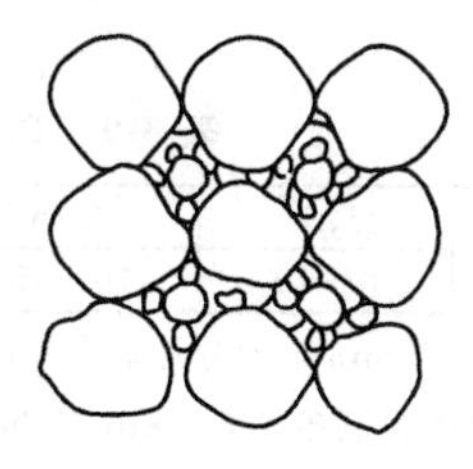

图 3-2 砂的颗粒级配与空隙率

定的影响。

砂的颗粒级配用筛分析法测定。《建筑用砂》GB/T 14684—2022 中规定：用一套孔径为 4.75、2.36、1.18、0.60、0.30、0.15mm 的方孔筛作为标准筛，将 500g 烘干砂样按筛孔尺寸由大到小的顺序依次过筛，称出余留在每个筛上的砂的质量，并计算其分计筛余百分率（各筛上的筛余量除以试样总量的百分率），再计算出累计筛余百分率（某一筛上的分计筛余百分率与大于该筛的各筛上的分计筛余百分率之和），见表 3-7。

表 3-7 砂的筛分结果

筛孔尺寸/mm	分计筛余/%	累计筛余/%
4.75	a_1	$A_1=a_1$
2.36	a_2	$A_2=a_1+a_2=A_1+a_2$
1.18	a_3	$A_3=a_1+a_2+a_3=A_3+a_3$
0.60	a_4	$A_4=a_1+a_2+a_3+a_4=A_3+a_4$
0.30	a_5	$A_5=a_1+a_2+a_3+a_4+a_5=A_4+a_5$
0.15	a_6	$A_6=a_1+a_2+a_3+a_4+a_5+a_6=A_5+a_6$

根据相关规范，砂按 0.60mm 筛孔上的累计筛余百分率分为三个级配区间，见表 3-8。可见，根据 0.60mm 筛号上的区间划分，任何一个砂样只能处于一个级配区，而绝不会同时属于两个级配区，因此，0.60mm 又称为控制粒级。级配良好的砂，各筛上的累计筛余百分率应处在同一区间内，除 4.75mm 和 0.60mm 筛号外，允许稍有超出界限，但各筛超出的总量不应大于 5%。

以筛孔尺寸为横坐标，累计筛余百分率为纵坐标，可以绘出砂的筛分曲线。

表 3-8 砂的累计筛余（GB/T 14684—2022）

砂的分类	天然砂			机制砂、混合砂		
级配区	1 区	2 区	3 区	1 区	2 区	3 区
方筛孔尺寸/mm	累计筛余/%					
4.75	10～0	10～0	10～0	5～0	5～0	5～0
2.36	35～5	25～0	15～0	35～5	25～0	15～0
1.18	65～35	50～10	25～0	65～35	50～10	25～0
0.60	85～71	70～41	40～16	85～71	70～41	40～16
0.30	95～80	92～70	85～55	95～80	92～70	85～55
0.15	100～90	100～90	100～90	97～85	94～80	94～75

砂按颗粒级配、含泥量（石粉含量）、亚甲蓝值、泥块含量、有害物质、坚固性、压碎指标、片状颗粒含量技术要求分为Ⅰ类、Ⅱ类、Ⅲ类。除特细砂外，Ⅰ类砂的累计筛余应满足表 3-8 中 2 区的规定，分计筛余应满足表 3-9 的规定。Ⅱ类、Ⅲ类砂的累计筛余应满足表

3-8 的规定。

表 3-9 砂的分计筛余（GB/T 14684—2022）

方筛孔尺寸/mm	4.75[①]	2.36	1.18	0.60	0.30	0.15[②]	筛底[③]
分计筛余/%	0～10	10～15	10～25	20～31	20～30	5～15	0～20

① 对于机制砂，4.75mm 筛的分计筛余不应大于 5%。

② 对于 MB>1.4 的机制砂，0.15mm 筛和筛底的分计筛余之和不应大于 25%。

③ 对于天然砂，筛底的分计筛余不应大于 10%。

（二）细度模数

砂的粗细程度常用细度模数（μ_f）来表示，它是指不同粒径的砂粒混合在一起的平均粗细程度，可按式(3-1) 计算：

$$\mu_f=\frac{(A_2+A_3+A_4+A_5+A_6)-5A_1}{100-A_1} \tag{3-1}$$

普通混凝土用砂的细度模数范围通常为 3.7～1.6，细度模数越大，表示砂越粗。根据规范规定，细度模数为 3.7～3.1 的是粗砂，3.0～2.3 的是中砂，2.2～1.6 的是细砂。而细度模数为 1.5～0.7 的砂属于特细砂，配制混凝土时要作特殊考虑。Ⅰ类砂的细度模数应为 2.3～3.2。

混凝土用砂一般优先选用中砂，既不宜过粗，也不宜过细。在配合比相同的情况下，若砂子过粗，拌出的混凝土黏聚性和保水性差，不易捣实成型；若砂子过细，虽然拌制的混凝土黏聚性好，但流动性显著减小，要想满足流动性要求，则需增加水泥浆用量，从而导致混凝土强度降低。

需要特别强调的是，砂的细度模数只反映全部颗粒的平均粗细程度，而并不能反映颗粒的级配情况。细度模数相同的砂，级配可以很不相同。因此，混凝土用砂必须同时考虑其细度模数和颗粒级配两项指标。

实际工程中，若砂的用量很大，选用时应尽量遵循就地取材的原则，当天然砂的自然级配不符合级配区要求时，可采用人工级配的方法，将粗砂和细砂按适当比例进行掺配，也可将砂过筛，去除过粗或过细的颗粒，以调节砂的细度，改善砂的级配。

五、含泥量和泥块含量

含泥量是指天然砂中粒径小于 75μm 的颗粒含量。需注意的是，机制砂中粒径小于 75μm 的颗粒是石粉而非泥，因此机制砂中粒径小于 75μm 的颗粒含量为石粉含量。泥块含量是指砂中原粒径大于 1.18mm，经水浸泡、淘洗等处理后小于 0.60mm 的颗粒含量。

泥的颗粒极细，会黏附在砂粒表面，影响砂粒与硬化水泥浆体的黏结，降低混凝土强度，增大混凝土干缩。而当泥以团块存在时，会在混凝土中形成薄弱部分，对混凝土质量危害更大，且混凝土强度越高影响越明显。因此，必须对天然砂中的含泥量和泥块含量加以限制，见表 3-10 和表 3-11。对有抗冻、抗渗或其他特殊要求的小于或等于 C25 混凝土用砂，其含泥量不应大于 3.0%。

表 3-10 天然砂中含泥量和泥块含量限值（GB/T 14684—2022）

类别	Ⅰ	Ⅱ	Ⅲ
含泥量(按质量计)/%	≤1.0	≤3.0	≤5.0
泥块含量(按质量计)/%	≤0.2	≤1.0	≤2.0

表 3-11 天然砂中含泥量和泥块含量限值（JGJ 52—2006）

混凝土强度等级	大于或等于 C60	C55～C30	小于或等于 C25
含泥量(按质量计)/%	≤2.0	≤3.0	≤5.0
泥块含量(按质量计)/%	≤0.5	≤1.0	≤2.0

机制砂中的石粉含量要求参见《建筑用砂》GB/T 14684—2022 的规定，其泥块含量要求同天然砂泥块含量要求。而机制砂中粒径在 1.18mm 以上的颗粒中最小一维尺寸小于该颗粒所属粒级的平均粒径 0.45 倍的颗粒称为片状颗粒。Ⅰ类砂的片状颗粒含量不应大于 10%。

六、有害物质含量

砂中的有害物质包括云母、轻物质、有机物、硫化物及硫酸盐、氯化物、贝壳等。

云母表面光滑，与硬化水泥浆体黏结性差，其中黑云母易风化，白云母易沿节理劈裂成很薄的碎片。砂中含有云母，对混凝土拌合物的和易性和硬化后混凝土的抗冻性、抗渗性都有不利影响。

天然砂中若含有过多的硫化物和硫酸盐，如硫铁矿（FeS_2）、石膏（$CaSO_4$）等，将会与水泥的水化产物发生反应，生成的化合物因结晶膨胀而产生内应力，导致混凝土破坏。

有机物是指植物的腐烂物质，通常以腐殖土或有机壤土的形式存在于细集料中。有机物质会阻碍水泥的水化反应，延缓水泥硬化，降低混凝土强度，尤其是早期强度，对混凝土性能造成很大影响。

轻物质是指砂中表观密度小于 $2.00g/cm^3$ 的物质，如煤和褐煤等，其颗粒软弱，与硬化水泥浆体的黏结力很小，会降低混凝土的强度。

为了保证混凝土质量，砂中有害物质含量应符合相关标准的规定，见表 3-12。此外，砂中还不应混有草根、树叶、树枝、塑料、煤块、炉渣等杂物。对于钢筋混凝土用砂，其氯离子含量不得大于干砂重的 0.06%，否则容易引起钢筋锈蚀。预应力混凝土用砂，其氯离子含量不得大于干砂重的 0.02%。

表 3-12 砂中的有害物质限值（GB/T 14684—2022）

类别	Ⅰ类	Ⅱ类	Ⅲ类
云母(质量分数)/%	≤1.0	≤2.0	
轻物质(质量分数)①/%	≤1.0		
有机物	合格		
硫化物及硫酸盐(按 SO_3 质量计)/%	≤0.5		
氯化物(以氯离子质量计)/%	≤0.01	≤0.02	≤0.06②
贝壳(质量分数)③/%	≤3.0	≤5.0	≤8.0

① 天然砂中如含有浮石、火山渣等天然轻骨料，经试验验证后，该指标可不做要求。

② 对于钢筋混凝土用净化处理的海砂，其氯化物含量应小于或等于 0.02%。

③ 该指标仅适用于净化处理的海砂，其他砂种不做要求。

七、砂的坚固性

砂的坚固性是指砂在气候、环境变化或其他物理因素作用下抵抗破裂的能力。砂必须具有一定的坚固性，才能抵抗各种风化因素和冻融破坏作用，使混凝土具有良好的耐久性。普通混凝土用砂的坚固性以试样在硫酸钠饱和溶液中经 5 次浸泡循环后质量损失的大小来表示，其值应符合表 3-13 的规定。机制砂除了要满足表 3-13 的规定外，压碎指标还应满足表 3-14 的规定。

表 3-13　砂的坚固性指标（GB/T 14684—2022）

类别	Ⅰ	Ⅱ	Ⅲ
质量损失/%	≤8		≤10

表 3-14　机制砂的压碎指标（GB/T 14684—2022）

类别	Ⅰ	Ⅱ	Ⅲ
单级最大压碎指标/%	≤20	≤25	≤30

八、砂的碱活性

砂本身会含有一些活性物质，如活性硅组分和碳酸盐组分。活性硅会存在于蛋白石燧石、玉髓燧石、硅质石灰石、流纹石、流纹凝灰岩、石英安山岩、石英安山岩凝灰岩、安山岩、安山岩凝灰岩及千枚岩中；碳酸盐则会出现在白云石、石灰石中。这些活性物质在一定条件下与水泥中的碱（K_2O 及 Na_2O）发生碱-集料反应，产生膨胀，导致混凝土开裂。因此，对于重要工程的混凝土用砂，应采用快速法、砂浆长度法等方法检验砂的碱活性，以确定集料是否可用。

第三节　粗集料

普通混凝土所用的粗集料通常包括卵石和碎石两种。卵石是在自然条件作用下，岩石产生破碎、风化、分选、运移、堆/沉积而形成的颗粒，按产地来分类，可以分为河卵石、山卵石、陆卵石、海卵石等。碎石是由天然岩石、卵石或矿山废石经破碎、筛分等机械加工而成的颗粒，常见的母岩品种有石灰岩、花岗岩和玄武岩。

粗集料的物理性质和质量要求主要包括以下内容。

一、表观密度、堆积密度、空隙率

粗集料的表观密度与母岩种类有关，通常石灰岩的表观密度为 1800～2600kg/cm^3，花岗岩为 2500～2900kg/cm^3。

粗集料的堆积密度和空隙率与集料的颗粒形状、针片状颗粒含量以及颗粒级配等有关。近似球形或立方体的颗粒堆积密度较大，空隙率较小；颗粒级配较好，空隙率也较小。

一般来说，拌制混凝土用的卵石和碎石，应坚固密实。国家标准规定，建筑用卵石、碎石的表观密度要大于 2600kg/m^3。按技术要求，可将卵石、碎石分为Ⅰ类、Ⅱ类、Ⅲ类，其空隙率分别不应超过 43%、45%、47%。

二、含水状态和吸水率

粗集料的含水状态与细集料相同，可分为绝干状态、气干状态、饱和面干状态和湿润状态四种。Ⅰ类、Ⅱ类、Ⅲ类粗集料的吸水率分别不应超过 1.0%、2.0%、2.5%。若使用吸水率大的集料，则会降低混凝土的软化系数，并显著影响混凝土的抗冻融性能。

三、颗粒形状和表面特征

粗集料的颗粒形状和表面特征对集料与水泥浆体的黏结以及混凝土拌合物的流动性影响较大。卵石表面光滑、少棱角，空隙率及比表面积较小，拌制的混凝土流动性较好，但与水泥浆的黏结性较差；碎石表面粗糙、有棱角，与水泥浆的黏结性较好，配制的混凝土强度也较高，但在单位用水量（即水泥用量相同）相同的情况下，混凝土拌合物的流动性较差。

混凝土用粗集料的颗粒形状以接近球形或立方形为好，针状和片状颗粒含量要少。针状颗粒是指最大一维尺寸大于该颗粒所属粒级的平均粒径 2.4 倍的颗粒；片状颗粒是指最小一维尺寸小于该颗粒所属粒级的平均粒径 0.4 倍的颗粒。针、片状颗粒本身容易折断，增加集料间的空隙率，从而影响混凝土拌合物的和易性和硬化后混凝土的强度。《建筑用卵石、碎石》（GB/T 14685—2022）中规定，卵石或碎石中针、片状颗粒含量应符合表 3-15 的要求。

表 3-15　卵石或碎石中针、片状颗粒含量（GB/T 14685—2022）

项目	Ⅰ类	Ⅱ类	Ⅲ类
针、片状颗粒含量/%(按质量计)	≤5	≤8	≤15

四、最大粒径和颗粒级配

（一）最大粒径（D_M）

粗集料的最大粒径对混凝土性能的影响，往往比平均粗细程度的影响大，因此，用最大粒径作为粗集料颗粒大小的表征。粗集料公称粒级的上限值称为该粒级的最大粒径，用 D_M 表示。例如，5～20mm 粒级，其上限粒径 20mm 就是最大粒径。

当粗集料的最大粒径增大时，集料的空隙率和比表面积减小，所需包裹其表面的水泥浆量减少。在水灰（胶）比和水泥用量相同的条件下，集料间的水泥浆层变厚，摩擦力变小，拌合物流动性增加；而在水灰（胶）比和混凝土流动性相同的条件下，则可以节约水泥用量，提高混凝土的密实度，减少混凝土的发热量和混凝土收缩。因此，采用最大粒径较大的粗集料，对大体积混凝土较为有利。

但是，粗集料的最大粒径并非越大越好。当最大粒径 D_M 为 80～150mm 时，D_M 的增大可使水泥用量显著减小；而当 D_M 超过 150mm 时，D_M 的增大不再使水泥用量显著减小，此时节约水泥的效果不明显。此外，选用最大粒径较大的集料拌制混凝土，对混凝土的抗冻性、抗渗性也有不良影响，还会显著降低混凝土的抗气蚀性能。

粗集料最大粒径最佳值的取值与拌制混凝土的水泥用量有关。对于水灰（胶）比较大、水泥用量较少的中、低强度混凝土，若水泥用量不变，则混凝土强度随 D_M 的增大而增加，故配制混凝土时应尽量选择最大粒径较大的粗集料。而对水灰（胶）比较小、水泥用量较多的高强度混凝土，由于其强度主要取决于硬化水泥浆体的强度以及硬化水泥浆体与集料间的黏结力，D_M 增大反而会削弱与硬化水泥浆体的黏结，因此当 D_M 较大时并没有好处，有可能造成混凝土强度下降。

一般高强混凝土及有抗气蚀性要求的外部混凝土，粗集料的最大粒径应小于或等于 40mm；港工混凝土，最大粒径应小于或等于 80mm；而大体积混凝土，最大粒径则应在 150mm 的范围内，尽可能采用较大值。

粗集料最大粒径的选用，还应考虑到结构断面尺寸、钢筋布置间距的限制。根据《混凝土质量控制标准》（GB 50164—2011）规定，混凝土用粗集料，其最大公称粒径不得大于构建截面最小尺寸的 1/4，且不得大于钢筋最小净间距的 3/4；混凝土实心板，粗集料最大公称粒径不宜大于板厚的 1/3，且不得超过 40mm；对于大体积混凝土，粗集料最大公称粒径不宜小于 31.5mm。此外，选择最大粒径时还要考虑施工工艺及设备条件，以免集料最大粒径过大而导致混凝土的搅拌、运输、振捣不便。对于泵送混凝土，粗集料的最大粒径还要满足表 3-16 的要求。

表 3-16 泵送混凝土粗集料最大粒径与输送管内径之比

粗集料品种	泵送高度/m	粗集料最大粒径与输送管内径之比
卵石	<50	≤1∶2.5
	50～100	≤1∶3.0
	>100	≤1∶4.0
碎石	<50	≤1∶3.0
	50～00	≤1∶4.0
	>100	≤1∶5.0

（二）颗粒级配

粗集料的级配原理与细集料基本相同。为获得密实性好、强度较高的混凝土，并且节约水泥用量，选用的粗集料应具有良好的级配。

粗集料的颗粒级配通过筛分析法确定。选用孔径为 90mm、75.0mm、63.0mm、53.0mm、37.5mm、31.5mm、26.5mm、19.0mm、16.0mm、9.50mm、4.75mm、2.36mm 的方孔标准筛，按规定称取试样，在烘干或风干状态下，将试样按需要选取筛号进行筛分，称出余留在每个筛上的质量，计算其分计筛余百分率（各筛上的筛余量除以试样总量的百分率）和累计筛余百分率（某一筛上的分计筛余百分率与大于该筛的各筛上的分计筛余百分率之和）。粗集料的颗粒级配应符合表 3-17 的规定。其中，单粒级将颗粒粒径限制在某一范围内，一般用于组合成具有要求级配的连续粒级，也可以和连续粒级混合使用，以改善其级配或配成较大粒度的连续粒级。单一的单粒级不宜用来配制混凝土。

粗集料的级配理论主要有两种：连续级配和间断级配。连续级配是指石子由大到小各粒级相连的级配；间断级配是指石子用小颗粒的粒级和大颗粒的粒级相配，而中间不连续的级配。研究表明，采用间断级配时，集料的空隙率较小，因此可以节约水泥用量。但是，间断级配往往与集料的天然级配情况不相适应，且拌制混凝土时容易出现离析现象，施工称量的准确性也不易控制，因此工程中较少采用。

在施工现场，常将粗集料以单粒级形式堆放，拌制混凝土时再按规定要求的级配将其以一定比例混合。但粗集料在运输、装卸及堆放时往往会出现超径和逊径的现象。超径是指在某一级石子中混杂有超过这一级粒径的石子；逊径是指在某一级石子中混杂有小于这一级粒径的石子。超径和逊径的存在将直接影响集料的级配和混凝土的性能，因此，施工中必须加强质量管理，并经常检验各级石子的超径、逊径。一般规定，超径石子含量不应超过5%，逊径石子含量不应超过10%，若超过规定数量，最好进行二次筛分，否则需调整集料的级配，以保证工程质量。

与混凝土用砂一样，若粗集料的用量很大，取材时也应遵循就地取材的原则，尽量在施工现场附近开采。由于开采时一般无法直接得到理想的连续粒级，故常将各单粒级石子按不同比例掺配，从中选出几组堆积密度较大、空隙率较小的级配，进行混凝土拌合试验后确定其最优级配。

表 3-17　卵石和碎石的颗粒级配（GB/T 14685—2022）

公称粒级/mm		累计筛余/%											
		方孔筛孔径/mm											
		2.36	4.75	9.50	16.0	19.0	26.5	31.5	37.5	53.0	63.0	75.0	90
连续粒级	5～16	95～100	85～100	30～60	0～10	0	—	—	—	—	—	—	—
	5～20	95～100	90～100	40～80	—	0～10	0	—	—	—	—	—	—
	5～25	95～100	90～100	—	30～70	—	0～5	0	—	—	—	—	—
	5～31.5	95～100	90～100	70～90	—	15～45	—	0～5	0	—	—	—	—
	5～40	—	95～100	70～90	—	30～65	—	—	0～5	0	—	—	—
单粒粒级	5～10	95～100	80～100	0～15	0	—	—	—	—	—	—	—	—
	10～16	—	95～100	80～100	0～15	0	—	—	—	—	—	—	—
	10～20	—	95～100	85～100	—	0～15	0	—	—	—	—	—	—
	16～25	—	—	95～100	55～70	25～40	0～10	0	—	—	—	—	—
	16～31.5	—	95～100	—	85～100	—	—	0～10	0	—	—	—	—
	20～40	—	—	95～100	—	80～100	—	—	0～10	0	—	—	—
	25～31.5	—	—	—	95～100	—	80～100	0～10	0	—	—	—	—
	40～80	—	—	—	—	95～100	—	—	70～100	—	30～60	0～10	0

注　“—”表示该孔径累计筛余不做要求；“0”表示该孔径累计筛余为0。

五、含泥量、泥粉含量和泥块含量

混凝土用卵石的含泥量是指卵石中粒径小于75μm的黏土颗粒含量。混凝土用碎石的泥粉含量是指碎石中粒径小于75μm的黏土和石粉颗粒含量。泥块含量是指卵石、碎石中原粒径大于4.75mm，经水浸泡、淘洗等处理后小于2.36mm的颗粒含量。

卵石含泥量、碎石泥粉含量和泥块含量应符合表3-18的规定。

表 3-18　卵石含泥量、碎石泥粉含量和泥块含量（GB/T 14685—2022）

项目	Ⅰ类	Ⅱ类	Ⅲ类
卵石含泥量(按质量计)/%	≤0.5	≤1.0	≤1.5
碎石泥粉含量(按质量计)/%	≤0.5	≤1.5	≤2.0
泥块含量(按质量计)/%	≤0.1	≤0.2	≤0.7

六、有害物质含量

和混凝土用砂一样，混凝土用卵石和碎石应颗粒坚实、清洁，不混有草根、树叶、树枝、塑料、煤块和炉渣等杂物。其他有害物质，如硫化物、硫酸盐、有机质等，其含量应满足表 3-19 的要求。如果卵石和碎石中含有颗粒状的硫化物或硫酸盐杂质，则应当进行专门检验，确认能够满足混凝土耐久性要求时才可以采用。

表 3-19　卵石或碎石中的有害物质含量要求（GB/T 14685—2022）

项　　目	Ⅰ类	Ⅱ类	Ⅲ类
硫化物及硫酸盐含量(按 SO_3 质量计)/%	≤0.5	≤1.0	≤1.0
有机物	合格	合格	合格

七、粗集料的强度和坚固性

（一）强度

粗集料在混凝土中起骨架作用，为了保证混凝土的强度，粗集料必须质地致密并具有足够的强度。碎石的强度可以用原始岩石的抗压强度和压碎指标来表示，卵石的强度用压碎指标来表示。

1. 抗压强度

通常岩石的强度应由生产单位提供，工程中采用压碎指标值进行质量控制。当对碎石强度有怀疑或混凝土强度等级大于或等于 C60 时，应进行岩石的抗压强度检验，检验方法为：取有代表性的岩石样品用石材切割机切割成 50mm×50mm×50mm 的立方体，或用钻石机钻取直径和高度均为 50mm 的圆柱体，用磨光机把试件将要受压的两个面磨光并保持平行，将试件置于水中浸泡 48h 以达到水饱和状态，用压力机测定其抗压强度。

通常岩石的抗压强度与设计要求的混凝土强度等级的比值不应小于 1.5，且岩浆岩的强度不宜低于 80MPa，变质岩的强度不宜低于 60MPa，沉积岩的强度不宜低于 45MPa。

2. 压碎指标

压碎指标值是指集料抵抗压碎的能力。它是反映集料强度的相对指标，通常在集料的抗压强度不便测定时，用来评价集料的力学性能。测定方法为：筛去试样中 9.50mm 以下及 19.0mm 以上的颗粒后，将其按规定的方法装入压碎指标值测定仪内，置于压力试验机上均匀加荷至 200kN，然后卸荷，称取试样质量 m_0，以及粒径超过 2.5mm 的颗粒的质量 m_1，压碎指标值按式(3-2) 计算：

$$\delta_a=\frac{m_0-m_1}{m_0}\times 100(\%) \tag{3-2}$$

压碎指标值越小，说明卵石或碎石抵抗压碎的能力越大，强度越高。普通混凝土用卵石、碎石的压碎指标值见表3-20。

表3-20 卵石、碎石的压碎指标值（GB/T 14685—2022）

类别	Ⅰ类	Ⅱ类	Ⅲ类
卵石压碎指标值/%	≤12	≤14	≤16
碎石压碎指标值/%	≤10	≤20	≤30

（二）坚固性

粗集料的坚固性是反映碎石和卵石在气候、环境变化或其他物理因素作用下抵抗碎裂的能力。为保证混凝土的耐久性，作为骨架的粗集料应当具有足够的坚固性。普通混凝土用卵石、碎石的坚固性用试样在硫酸钠饱和溶液中经5次浸泡循环后质量损失的大小来表示。《建筑用卵石、碎石》（GB/T 14685—2022）规定，试样的质量损失应符合表3-21的规定。

表3-21 卵石或碎石的坚固性指标（GB/T 14685—2022）

项目	Ⅰ类	Ⅱ类	Ⅲ类
质量损失/%	≤5	≤8	≤12

八、碱活性检验

混凝土的碱-集料反应，潜伏期长，可以涉及整个混凝土构件的深层、浅层和表层，危害很大。对重要的混凝土工程所使用的卵石和碎石应当进行碱活性的检验。根据《水工混凝土试验规程》（SL/T 352—2020）中规定的方法鉴定岩石种类及碱活性骨料类别，骨料中含有碱活性成分时，按类别进一步检验。用快速法和砂浆长度法检验集料中的活性二氧化硅，用岩石柱法检验活性碳酸盐成分。经过检验，若判定集料有属于碱-硅反应的潜在危害时，应使用含碱量小于0.6%的水泥或采用能抑制碱-集料反应的掺合料；若集料的潜在危害属于碱-碳酸盐反应，则不宜用于混凝土工程。

第四章 化学外加剂

第一节 外加剂的定义与分类

混凝土外加剂是混凝土中掺入的一种组分，它是混凝土中除了水泥、砂、石、水以外的第五种组成部分，它赋予新拌混凝土和硬化混凝土一定的优良性能，如提高抗冻性和其他耐久性能、调节凝结和硬化、改善工作性、提高强度等，为制造各种高性能混凝土和特种混凝土提供了必不可少的条件。在制造混凝土时加入外加剂改进其性能的尝试在古时就进行过，古罗马人曾在火山灰中掺入牛脂及血液。现在大量使用混凝土外加剂的历史，是从 1930 年在美国获得各种引气剂和减水剂的专利而开始的。

一、外加剂的定义

1980 年 9 月奥斯陆“混凝土制备和质量控制”国际会议上通过的混凝土、砂浆和净浆外加剂的定义：在混凝土、砂浆和净浆的制备过程中，掺入不超过水泥用量 5%（特殊情况除外），能对混凝土、砂浆或净浆的正常性能按要求而改性的一种产品，称为混凝土外加剂。

根据我国现行混凝土外加剂标准，外加剂定义为：在拌制混凝土过程中掺入，用以改善混凝土特殊性能的物质，掺量不大于水泥质量的 5%（特殊情况除外）。

每种外加剂均可按照其具有一种或多种功能给出定义，并根据其主要功能命名。复合外加剂具有一种以上的主要功能，按其一种以上功能命名。因此我国现有的外加剂品种十分繁多，有普通减水剂、高效减水剂、早强剂、缓凝剂、引气剂、早强减水剂、早强高效减水剂、缓凝减水剂、缓凝高效减水剂、引气减水剂、引气高效减水剂、防冻剂、速凝剂、防水剂、保水剂、泵送剂、灌浆剂、阻锈剂、加气剂、起泡剂（泡沫剂）、消泡剂、着色剂等。毫不夸张地说，近二三十年混凝土技术的发展与外加剂的开发和使用是密不可分的。

二、外加剂的分类

混凝土外加剂的种类繁多，分类方法也多种多样。有按混凝土外加剂作用、功能分类的，也有按外加剂的化学成分和性质来分类的，还有按对混凝土作用的时间来分类的。目前大家比较认同的是按照《混凝土外加剂术语》（GB/T 8075—2017）中的分类方法。

即按混凝土外加剂主要功能分为以下四大类：

① 改善混凝土拌合物流变性能的外加剂，包括各种减水剂和泵送剂等；

② 调节混凝土凝结时间、硬化性能的外加剂，包括缓凝剂、促凝剂和速凝剂等；

③ 改善混凝土耐久性的外加剂，包括引气剂、防水剂和阻锈剂等；

④ 改善混凝土其他性能的外加剂，包括膨胀剂、防冻剂和着色剂等。

按化学成分和性质分类的也很常见，如：

① 无机盐类外加剂，包括早强剂、防冻剂、速凝剂、膨胀剂、防水剂、发气剂等；

② 有机物类，这类外加剂品种很多，其中大多数是表面活性剂类的物质，又可分为阴离子表面活性剂，如引气剂、减水剂等；阳离子表面活性剂，如乳化剂、分散剂等；非离子型表面活性剂，如分散剂、乳化剂等。

按化学成分和性质分类时，多用来研究化学合成方法及产品的改性。而一般在混凝土中应用时则习惯用它的作用来命名和分类，这更便于使用。

第二节 减水剂

减水剂是外加剂中应用面最广、使用量最大的一种。因其加入混凝土中，在保持坍落度基本相同的条件下，能减少拌和水用量，由此被称为混凝土减水剂。

减水剂按其减水率大小可分为普通减水剂、高效减水剂和高性能减水剂。普通减水剂是减水剂中使用最早的一种。

众所周知，混凝土中水泥水化所需的水量仅为水泥量的20%左右，但为了搅拌、运输、浇筑成型的需要，混凝土拌合水大大超过水化所需的水量。这些多余的水在混凝土中形成孔隙，降低了混凝土的物理力学性能。掺加减水剂能在保证搅拌、施工的同样条件下减少用水量，这就为提高混凝土质量创造了条件。因此减水剂是用得最广泛的一种外加剂，能有效改变混凝土性能。

减水剂又可分为早强型、标准型、缓凝型。

一、减水剂的作用机理

水泥加水拌和后，随着水化的进行，水化产物逐渐包裹在水泥颗粒周围，并会形成絮凝结构，流动性很低。掺有减水剂时，减水剂分子吸附在水泥颗粒表面，其亲水基团携带大量水分子，在水泥颗粒周围形成一定厚度的吸附水层，增大了水泥颗粒间的可滑动性；当减水剂为离子型表面活性剂时，还能使水泥颗粒表面带上同性电荷，在电性斥力作用下，水泥粒子相互分散。

在常规搅拌的混凝土拌合物中，有相当多的水泥颗粒呈絮凝结构（当水灰比较小时，絮凝结构更多），加入减水剂后，水泥浆体呈溶胶结构，混凝土流动性可显著增大。这就是减水剂对水泥粒子的分散作用。

减水剂还使溶液的表面张力降低，在机械搅拌作用下使浆体内引入部分气泡，这些微细气泡有利于提高水泥浆的流动性。此外，减水剂对水泥颗粒的润湿作用，可使水泥颗粒的早期水化作用比较充分。

由于减水剂的吸附分散作用、湿润作用和润滑作用，因而只要使用更少量的水便可轻易地将混凝土拌合均匀，从而改善了新拌混凝土的流动性。它是一种价格相对低廉，又能有效改变混凝土性能的外加剂。它的主要作用有以下几种：

① 在不改变单位用水量的情况下，改善混凝土拌合物的和易性；

② 在保持相同流动度的情况下，减少用水量，提高混凝土的强度；

③ 在保持一定强度的情况下，减少用水量，节约水泥。

高效减水剂，特别是聚羧酸盐类高效减水剂，由于侧链结构复杂，因此只用一种静电斥力的机理，并不能满足减水效果更好、坍落度更大的需求。该类减水剂结构呈梳形，主链上带有多个活性基团，并且极性较强，还有较强的亲水性的基团。有研究者对氨基磺酸盐系和聚羧酸系减水剂进行了比较，结果表明，在水泥品种和水灰比均相同的条件下，当减水剂掺量相同时，水泥粒子对聚羧酸系减水剂的吸附量以及掺聚羧酸系减水剂的水泥浆流动性都大大高于掺氨基磺酸盐系减水剂的对应值。但掺聚羧酸系减水剂的双电层 ζ 电位（zeta 电位）绝对值却比掺氨基磺酸盐系减水剂的低得多（ζ 电位的绝对值越大，颗粒之间的静电斥力越大），这与静电斥力理论是矛盾的。这也证明聚羧酸减水剂发挥分散作用的主导因素并非仅是静电斥力，而是由聚羧酸减水剂本身大分子链及其支链所引起的空间位阻效应。

二、减水剂对混凝土性能的影响

目前常用的减水剂包括木质素系、萘系、糖蜜系、氨基磺酸盐系、密胺树脂系、聚羧酸系等多种。当与其他种类外加剂复合时，还可制成早强减水剂、缓凝减水剂、引气减水剂等。

（一）木质素系减水剂

木质素的英文名称为 Lignin，是由拉丁文 Lignum 衍生而来的，其意为木材。目前木质素系减水剂的主要品种有木质素磺酸钙（简称“木钙或 M 剂”）、碱木素及纸浆废液塑化剂、木钠等。

木质素存在于木质化的植物中，它在木材中起黏结作用。如果将木材比作混凝土，纤维就好比是钢筋，木质素就好比是水泥。木质素在木材中主要起提高强度的作用。对于化学纤维及纸纤维的生产而言，木质素是多余的有害物，在木材蒸煮制浆过程中与纤维成分经过滤分离后存在于废液中。在废液中还含有一些有用的成分，可提取酒精、香兰素等，经发酵提取酒精等后的残渣，再经磺化、石灰中和、过滤喷雾干燥等，可制得木质素磺酸盐减水剂。木质素磺酸盐的性质还因造纸工艺的不同而不同，一般纸浆的生产蒸煮工艺分为酸法和碱法，采用亚硫酸盐蒸煮纸浆生产的木质磺酸盐，其性能好于碱法造纸生产的碱木素。

混凝土减水剂中产量最大的是木质素磺酸钙（木钙）。木钙掺量一般为胶凝材料用量的

0.2%～0.3%，减水率为10%左右，混凝土28d抗压强度可提高10%～20%。保持混凝土强度和坍落度不变的条件下，节约水泥8%～10%。

木钙对水泥还有一定的缓凝作用，并可减少水泥水化放热的速率，对此需加以注意。一般混凝土中掺入0.25%的木钙，能使凝结时间延长1～3h。因此对夏季大体积混凝土施工是有利的。但掺量过多会导致混凝土硬化过程变慢，甚至降低混凝土强度。

在保持混凝土强度及坍落度不变的条件下，掺有木钙的混凝土抗拉强度、抗压强度、弹性模量、抗渗性及抗冻性等各项性能指标均较基准混凝土有不同程度的提高。

木钙是应用最广也是使用最早的木质素系减水剂。碱木素的减水率及增强作用较木钙稍差，也属普通减水剂。纸浆废液塑化剂为黏稠状液体，减水效果与木钙或碱木素相当。

（二）萘系高效减水剂

萘系减水剂是以煤焦油中分馏出的萘及萘的同系物为原料，经磺化、水解、缩聚、中和而得，主要成分是萘或萘同系物磺酸盐甲醛缩合物，属亲水性阴离子表面活性剂。

萘系减水剂掺量一般为胶凝材料用量的0.5%～1.5%，减水率多在15%～20%以上，混凝土28d抗压强度可增加20%以上，早期强度亦有提高。

萘系减水剂适用于各种混凝土工程。掺入萘系高效减水剂可配制大流动性混凝土或泵送混凝土。与早强剂、引气剂或缓凝剂等复合使用，可更全面地改善混凝土的性能。

（三）糖蜜系减水剂

糖蜜系减水剂是以制糖厂提炼食糖后所得的副产品糖渣或废蜜为原料，用石灰中和所得的盐类物质。也可用废蜜发酵提取酒精后的残渣做减水剂。糖蜜系减水剂主要产品有糖蜜塑化剂、甜菜糖渣减水剂等，均属非离子型亲水性表面活性剂。

糖蜜系减水剂掺量一般为胶凝材料用量的0.2%～0.3%，减水率为6%～8%，混凝土28d抗压强度可增加10%～15%。糖蜜系减水剂除有减水作用外，还有显著的缓凝作用，为缓凝减水剂。另外，可改善混凝土的黏聚性，降低水泥水化热。在保持混凝土强度及坍落度不变的条件下，掺有糖蜜系减水剂的混凝土抗渗性、抗冻性及抗冲磨等各项性能指标均较基准混凝土有不同程度的提高。糖蜜系减水剂适用于大体积混凝土工程及夏季混凝土施工。

（四）聚羧酸系减水剂

聚羧酸系减水剂通过接枝聚合反应和共聚合反应，在分子主链或侧链上引入强极性基团羧基、磺酸基、聚氧化乙烯基等而得。

聚羧酸系减水剂的适宜掺量为水泥质量的0.2%～0.4%，减水率一般在30%以上，混凝土28d强度可提高50%～100%。聚羧酸系减水剂的坍落度损失一般较小，有一定的引气性和轻微的缓凝性。此外，聚羧酸系减水剂分子具有梳型结构，可通过分子设计得到需要的性能，适用于制备高性能混凝土。

三、减水剂在混凝土中的应用

减水剂的掺加方法包括先掺法、同掺法和后掺法。将外加剂干粉先与水泥混合，然后再加骨料和水一起拌和，称之为先掺法。将减水剂溶解于拌和用水，并与拌和用水一起加入到混凝土拌合物中，称之为同掺法。后掺法又可以分为滞水掺入法和分批添加法。在混凝土拌合物已经加水搅拌1～3min后，再加入减水剂，并继续搅拌到规定的时间，称之为滞水掺入法；将减水剂分不同时间分批多次加入，称之为分批添加法，通常在混凝土拌合物运送至浇筑地点后，再掺入减水剂或补充掺入部分减水剂，搅拌后进行浇筑。

混凝土拌合物的流动性存在经时坍落度损失，掺入减水剂的混凝土坍落度损失往往更为突出，采用后掺法可减少坍落度损失，也可充分发挥减水剂的效用。

第三节 引气剂

引气剂是一种在混凝土搅拌过程中引入大量均匀分布、稳定而封闭的微小气泡的外加剂。引气剂的使用是混凝土发展史上的一个重要发现，因为它延长了混凝土的使用寿命，增加了混凝土的耐久性。引气剂的使用要追溯到20世纪30年代，美国从1938年开始推广使用引气剂，我国引气剂的开发是从1950年开始的。

引气剂属于表面活性剂的范畴，同样可以分为阴离子、阳离子、非离子与两性离子等类型，使用较多的是阴离子表面活性剂。很多表面活性物质都具有引气作用，但并不是所有这些表面活性剂都可以作为商品引气剂，因为有的引入的气泡孔径过大，气泡稳定性差，引气混凝土性能不够理想，强度降低幅度较大。目前引气剂品种主要包括松香热聚物、松脂皂、烷基苯磺酸盐类等。

一、引气剂的作用机理

引气剂本身并不能与水泥反应产生气体，它与加气剂不同，加气剂（铝粉）与水泥浆反应生成氢而留在混凝土中。引气剂仅能在混凝土搅拌过程中引进空气，并把新拌混凝土中存在的空气泡稳定住。

即使不加引气剂，在搅拌混凝土时也带进一些空气，在搅拌振实过程中一部分空气逸出，最后在混凝土中总还残存一些气泡，这些气泡被称为“夹杂空气泡”，占混凝土总体积的1%～2%。用机械搅拌液体时会产生很多泡沫（气泡），也就是增加了许多相界面。液体的表面张力就是增加每单位面积气—液界面所需的能力，因而液体中进入许多气泡使体系的表面自由能增加，从热力学观点，这个体系是不稳定的，体系自动趋向于降低表面自由能，气泡自动地趋向于由小气泡合并成大气泡，进而气泡破灭消失，空气逸出。在搅拌混凝土时同样也混入许多气泡，这些气泡也趋向于由小变大而破灭。

引气剂之所以能引入并稳住气泡，首先引气剂必须是表面活性剂，能使水的表面张力大幅度降低，体系的表面自由能降低，有利于气泡的稳定；另外，引气剂还必须能在气—液界面形成一个具有弹性的较坚固的水膜，这个水膜能承受气泡内部和外部的压力，并能抵抗空气穿透水膜与邻近气泡聚结成大气泡。引气剂分子一端是溶于水的亲水化学基团，另一端是为水所排斥的憎水基团。这些分子亲水基团在内，憎水基团面向空气，整齐排列在气—液界面，亲水基团在水中，憎水基团面向空气，因而降低了水的表面张力。多数引气剂为阴离子型的，阴离子型的亲水基团与水泥浆中的钙离子结合形成不溶的钙盐沉淀，因此包围气泡的液膜较牢固，气泡不易聚结为大气泡而破灭。

二、引气剂对混凝土性能的影响

（一）引气剂对混凝土拌合物性能的影响

引气剂能改善混凝土拌合物的和易性。加入引气剂，在混凝土中引入了大量气泡，相当于增加了水泥浆的体积，可以提高混凝土的流动性；大量气泡的存在，还可以显著改善混凝土的黏聚性和保水性。这是由于引气剂在混凝土中引入了大量微小、独立的气泡，这些气泡像滚珠一样，改变了混凝土内部集料间的摩擦机制，变滑动摩擦为滚动摩擦，减小了摩擦阻力；同时还产生了一定的浮力，对细小的集料起到了浮托和支撑作用。

由于引气剂可以明显地改善混凝土的和易性，则在保持相同的和易性条件下，掺入引气剂可以减少用水量，因此引气剂都有一定的减水作用。不同的引气剂减少作用也各不相同。

引气剂对混凝土的凝结时间影响很小，其水化热温升曲线与不掺引气剂的曲线接近。

（二）引气剂对硬化混凝土性能的影响

1. 抗冻融性

引气剂能显著提高混凝土的抗冻融性。由于气泡能隔断混凝土中毛细管通道，以及气泡对水泥石内水分结冰膨胀产生的水压力的缓冲作用，因而能显著提高混凝土的抗冻性。性能优良的引气剂引入的气泡平均直径小于20μm，其气泡间隔系数为0.1～0.2mm，此时抗冻性能最好，其抗冻性可比不掺引气剂的混凝土提高1～6倍。

2. 抗渗性

引气剂掺入混凝土后，可以使抗渗性提高50%或更多。这是因为引气剂不但能减少部分用水量，改善和易性，防止泌水和沉降，使集料与胶结材料界面上的大毛细孔减少，而且引气产生的大量微小气泡分布在混凝土结构的空隙中，又多汇集于毛细管的通路上，切断了毛细管，则在更大的静水压力下才会产生渗透。

3. 弹性模量

引气剂引入的气泡可以使混凝土的弹性模量有所降低，这对提高混凝土抗裂性是有利的。

4. 对极限拉伸值的影响

混凝土极限拉伸值与混凝土的抗裂性有关，是水工混凝土的一项重要性能指标。引气剂在混凝土内部引入了大量微小气泡，增加了变形，所以掺引气剂混凝土的极限拉伸值比不掺的有所增大。

5. 抗腐蚀性及抗碳化性

引气剂本身不含有氯离子，同时掺量也很小，因此不会引起钢筋锈蚀。而引气剂的掺入可以改善混凝土的和易性，增加混凝土的密实性，从这点看，对防止碳化作用、减缓混凝土中性化速度是有利的。

引气剂对混凝土干缩影响不太大；徐变也基本与普通混凝土相同。

但掺入引气剂会导致混凝土强度及耐磨性有所降低。当保持水灰比不变时，掺入引气剂，含气量每增加1%，混凝土强度下降3%～5%。

因此，应控制引气剂的掺量，使混凝土中具有适宜的含气量。引气剂的适宜掺量与引气剂的品种有关，还与水泥品种、掺合料掺量、混凝土配合比、环境温度等因素有关。

三、引气剂在混凝土中的应用

目前使用较广泛的引气剂有以下几种。

(一) 松香类引气剂

松香类引气剂又分为松香皂类与松香热聚物类两种。松香是由松树采集的松树脂制得。我国的松香产量目前居世界第二，除自用外还大量出口。

松香含羧基（—COOH），加入氢氧化钠发生皂化反应生成松香酸钠，是肥皂一类的产品，再加入胶起稳泡作用，即为松香皂类引气剂。但这种引气剂由于功能不够全面而使用不便，所以在皂化完成以后还要加入一些成分来改性。另外，可以加入一些载体制成粉状产品，也可以与其他减水剂复合制成引气减水剂。

松香热聚物是松香与苯酚在浓硫酸作用下，在70～80℃温度下缩合和聚合，成为分子量较大的物质，再用氢氧化钠皂化而得，溶解性和引气性都较好。与松香皂化物相比，无明显优点，成本略高于松香皂化物。

(二) 烷基苯硫磺盐类引气剂

最具代表性的产品为十二烷基苯磺酸盐，属阴离子表面活性剂，易溶于水而产生气泡，但气泡稳定性差，引入的气泡孔径较大。

合成工艺简单，以丙烯为原料先聚合成丙烯四聚体——十二烯，再与苯共聚成十二烷基苯，经发烟硫酸磺化成十二烷基苯磺酸，再中和成钠盐。

(三) 木质树脂盐类引气剂

这一类引气剂又称为“中性化氧化松香树脂”。氧化松香是松木树桩用作生产其他物质蒸馏和萃取后留下的不溶残渣。它是酚醛树脂、羧酸和其他物质的复杂混合物，用氢氧化钠中和使它成为可溶物。

其他还有脂肪酸及其盐类引气剂、皂角苷类引气剂等。

引气剂与减水剂相比各有特点，引气剂比较适用于强度要求不太高、水灰比较大的混凝土，如水工大体积混凝土。减水剂比较适用于强度要求较高，水灰比较小的混凝土。当混凝土对抗冻性能有要求时，往往需要掺入引气剂。为了获得增加强度和提高耐久性的双重效果，有时会将引气剂与减水剂复合掺用。

即使是同一引气剂和同一掺量，在不同混凝土配合比和不同施工条件下，引气效果不完全相同。使用中很多因素会影响到引气效果（引气量和气孔结构），所以在确定引气剂掺量时，要预先做些试验，以达到含气量的要求。

影响引气效果的因素主要有以下几个。

1. 胶结材料

水泥和掺合料细度大，则含气量小。胶结材料中含碱量大则引气量小。贫混凝土比富混凝土较易引气，一般混凝土中胶结材料每增加90kg/m^3，含气量约减少1%。

2. 集料

砂子粒径和级配对混凝土含气量影响较大，砂的细度模量增大，则含气量减小。相同的引气剂掺量下，砂子的粒径范围为 0.3～0.6mm 时，混凝土含气量最大；而小于 0.3mm 或大于 0.6mm 时，混凝土含气量都显著下降。砂率对混凝土含气量影响也较明显，含气量随着砂率的提高而增大。采用人工砂时，引气剂掺量要比采用天然砂的用量多一倍。

碎石比卵石引气少。石子最大粒径越大，相同掺量时混凝土含气量越小。

3. 坍落度

坍落度较小的混凝土拌合物较难引气。当坍落度从 7cm 增大到 15cm，引气量增大，坍落度超过 15cm，则引气量又减少。

4. 温度

气温越低，引气量越大。搅拌温度每升高 10℃，则混凝土含气量要下降 25%左右。

5. 搅拌

混凝土搅拌越强烈，引气量越大。延长搅拌时间，引气量增大。但若搅拌时间过长，含气量会下降。强制式搅拌比自落式搅拌含气量要小。

6. 振实时间

正常的振动只会消除大的夹杂气泡，而不会减少引入的小气泡，所以适当地增加振实时间对气泡结构有利，但也不可以过长。振捣方式不同也有影响，振动台与高频振捣棒插捣比较起来，高频振捣对含气量的损失要大得多。

在使用中应注意把握上述因素对引气影响的规律，但以上这些影响又因引气剂的品种等不同而有所区别，因此当施工方法和材料等确定后，一定要通过试验来确定引气剂的品种、掺量等，以保证使用效果。

第四节 缓凝剂

缓凝剂是一种能延长混凝土凝结时间的外加剂，目的是调节新拌混凝土的凝结时间。缓凝剂可以根据要求使混凝土在较长时间内保持塑性，以便于浇筑成型或是延缓水化放热速率，减少因集中放热产生的温度应力造成混凝土的结构裂缝。在实际生产过程中，需要消除高温引起的混凝土凝结时间缩短，或者搅拌与浇筑之间不可避免的延时对混凝土施工性能产生不良影响时，均可使用缓凝剂。

目前，在混凝土中使用的缓凝剂品种较多。按其生产来源，可以分为工业副产品类及纯化学品种。按其化学成分又可分为无机盐类、羟基羧酸盐类、多羟基碳水化合物类、木质素磺酸盐类等。许多无机化合物如氧化锌、氧化铝、硼砂和镁盐等都有缓凝作用。

一、常用缓凝剂及其作用机理

已有若干种对缓凝剂作用机理的解释。Hansen 认为吸附在未水化水泥颗粒上的缓凝剂起屏蔽作用，防止水向水泥颗粒的侵入。Young 提出，在 $Ca(OH)_2$ 核上的缓凝剂的吸附抑制了它继续生产，在达到某一定饱和度，$Ca(OH)_2$ 的生长将停止。缓凝剂通过延长水泥水化的诱导期（第二阶段）而降低C_3S的早期水化速率。有机缓凝剂能紧紧吸附在$Ca(OH)_2$晶核上，并阻止它们长成大的晶体，使进一步水化受到限制，直到这种作用得以克服，因此，水化第二阶段的长短取决于缓凝剂的用量，一旦第三阶段开始，水化又可以正常进行。当使用无机缓凝剂时，情况更为复杂，因为无机缓凝剂可以在C_3S颗粒表面形成薄膜，大大降低反应速率。

总之，多数研究者相信，水泥水化的延缓是因为缓凝剂在水泥颗粒或者水化物表面的吸附引起的。而不同的缓凝剂其使用效果与作用机理也不尽相同。

（一）无机盐类缓凝剂

常用的无机盐类缓凝剂包括磷酸盐、硼砂、硫酸锌、氟硅酸钠等。

掺入磷酸盐会使水泥水化的诱导期延长，并且使C_3S的水化速度大大减缓。研究者还发现，磷酸盐与$Ca(OH)_2$反应在已生成的熟料相表面形成了不溶性的磷酸钙，从而阻碍了正常水化的进行。

硼砂又名四硼酸钠（$Na_2B_4O_7 \cdot H_2O$），它的缓凝机理，主要是硼酸盐的分子与溶液中的Ca^{2+}形成络合物，从而抑制了$Ca(OH)_2$结晶的析出。硼砂的掺量范围为1%～2%。

其他的无机缓凝剂还有氟硅酸钠，主要用于耐酸混凝土。硫酸锌具有一定的缓凝作用，但因无机盐类缓凝剂缓凝作用不稳定而不常使用。

（二）有机盐类缓凝剂

有机盐类缓凝剂是使用较为广泛的一大类缓凝剂，其中又可按其分子结构分为羟基羧酸盐类、糖类及其化合物、多元醇及其衍生物。

羟基羧酸盐类，这是一类纯化工产品，由于分子结构上含有一定数量的羟基（—OH）和羧基（—COOH）而得名。其缓凝作用的机理，是这些化合物的分子具有（OH）、（COOH），它们具有很强的极性，由于吸附作用，被吸附在水化物的晶核（晶坯）上，阻碍了结晶继续生长，主要是对C_3S水化物结晶转化过程产生延缓和推迟。掺量范围为0.05%～0.2%，根据不同使用温度下对缓凝时间的要求来定。

糖类（多羟基碳水化合物类）包括葡萄糖、蔗糖、糖蜜等，缓凝作用机理同羟基羧酸盐。糖类化合物掺量范围为0.1%～0.3%。掺量过大如蔗糖掺量达到4%反而会引起促凝作用。糖类化合物因属价廉、含丰富的天然化合物而被广泛采用。

多元醇及其衍生物类缓凝剂包括丙三醇（甘油）、聚乙烯醇、山梨醇、甘露醇等，其中丙三醇可以缓凝到全部停止水化。此类缓凝剂的作用机理同样是因为极性基团的吸附作用导致水化受阻，掺量范围为0.05%～0.2%。此类缓凝剂的缓凝作用较为稳定，特别是在使用温度变化时有较好的稳定性。

二、缓凝剂对混凝土性能的影响

（一）对新拌混凝土性能的影响

1. 延缓混凝土初、终凝时间

缓凝剂主要是在水泥、混凝土终凝以前起作用，在终凝结束后对水化反应的影响就不大了。可以根据工程对凝结时间的要求，调整缓凝剂的掺量，延缓初、终凝时间满足施工要求。

2. 降低水化放热速率

早期水化太快，温升大很容易导致混凝土出现裂缝，尤其对于大体积混凝土，内部温度升高又不容易散发，极易导致内外部温差太大而产生裂缝。

缓凝剂不仅可以调节初终凝时间，而且可以推迟水化放热峰的出现，降低放热峰，从而减少水化初期的放热，防止早期温度裂缝出现。

3. 降低坍落度损失

缓凝剂常常能控制混凝土拌合物的坍落度经时损失。

（二）对硬化混凝土性能的影响

1. 对强度的影响

掺入适量缓凝剂后，混凝土的早期强度通常会低一些，尤其是1d、3d强度会低一些，一般7d后就可以赶上来，28d后强度较不掺缓凝剂的有相当幅度的提高，至90d仍保持提高的趋势。抗压强度、抗弯强度都存在这样大致相同的趋势，只是抗弯强度不如抗压强度那么明显。

若缓凝剂掺量加大，早期强度降低得更多，强度提高需要的时间更长。若掺量过大，缓凝时间过长，可能会对混凝土强度造成永久性不可恢复的影响。

2. 收缩

一般来说，掺入缓凝剂会使混凝土的收缩增大一些，而且随掺量的增大而增大。控制缓凝剂的掺量，也可以使混凝土收缩值与基准混凝土相当。

3. 耐久性

掺入适量的缓凝剂，早期水化物生长变慢，从而得到更均匀的分布和充分的生长，使水化产物更加密实，有利于抗渗和抗冻融性能的提高。因此，掺入缓凝剂对混凝土的耐久性应该只会提高不会降低。

三、缓凝剂在混凝土中的应用

缓凝剂对混凝土凝结时间的延缓程度与水泥品种、水灰比、温度、掺入的时间等均有关。

（一）水泥品种

缓凝剂的效果与水泥品种关系甚大。C_3A及碱含量低的水泥比含量高的缓凝作用更大，因为C_3A水化相吸附缓凝剂的量比水化C_3S相更高。在C_3A含量低的水泥中，较少的缓凝剂被吸附，因此有较多的缓凝剂去延缓硅酸盐相的水化和凝结。

（二）水灰比

水泥用量多的拌和料的缓凝效果比水泥用量少的显著。

（三）温度

温度高导致水化速度加快、凝结时间缩短，缓凝效果不明显。因此对于同一种缓凝剂，在较高温度下施工需较大的掺量。

（四）掺入时间

在混凝土搅拌2min后再加入缓凝剂，凝结时间比直接加入拌和水中还要延长2～3h。因为在加入缓凝剂之前，一些水化产物已经形成，故从溶液中仅消耗较少的缓凝剂。

缓凝剂掺量加大会加强缓凝，但超量可能会产生严重的缓凝，因此施工时应严格控制缓凝剂的掺量。

第五节 早强剂

早强剂是加速混凝土早期强度发展的外加剂。早期强度增长速率的显著提高缩短了为达到混凝土一定强度所需的养护时间，这就可以加快施工进度，加速模板及台座的周转；另外，预应力混凝土的张拉或放松应力、混凝土构筑物的承载、缩短蒸养混凝土的养护时间，都希望早强。冬季施工混凝土希望更快地达到临界强度，则在低温施工时掺入早强剂尤为必要。因此，早强剂在混凝土施工中需求很大。

从外加剂的使用历史来看，早强剂与早强减水剂是使用得较早的外加剂，早在18世纪末就有早强剂用于水泥混凝土的记载，从19世纪起氯化钙早强剂就用于工程混凝土中，并且展开了早强剂对水泥水化作用的理论研究。我国20世纪50～60年代也曾大量使用氯化钙早强剂。进入80年代早强剂及早强减水剂成为我国产量最大和应用面最广的外加剂，当时为了加快混凝土工程的施工进度，普遍使用早强剂。

使混凝土提高早期强度包括以下三种途径：其一为使用特种水泥，因其产量及价格受限制尚不能普遍使用。其二改进混凝土施工和养护方法，如热拌混凝土、振动压轧成型、蒸养处理等。其三是使用早强型外加剂，实践证明这种方法是最简单易行、成本低廉的。

早强剂可分为无机盐类、有机物类、复合型早强剂3大类。无机盐类主要有氯化物、硫酸盐、硝酸盐及亚硝酸盐、碳酸盐等。有机物主要是指三乙醇胺、三异丙醇胺、甲酸、乙二酸等。复合型是指有机与无机盐复合型早强剂。应用较早的早强剂是氯化钙，但由于氯化钙会加速钢筋的锈蚀，其使用量大大减少了，通常用于素混凝土。目前应用较多的早强剂是硫酸钠。早强剂常与减水剂复合使用。

我国对早强剂的标准只规定了早期强度提高幅度的要求，而不对加速凝结时间做出特殊要求。这与国外的加速剂（accelerator）略有不同。

一、常用早强剂及其作用机理

早强剂能促进水泥的水化与硬化，缩短混凝土养护周期，加快施工进度，提高模板和场地的周转率，但它们的作用机理各不相同，现将常用早强剂作用机理简述如下。

（一）无机盐类早强剂

1. 氯化钙

第一个将氯化钙作为外加剂的专利是在1885年。氯化钙具有明显的早强作用，尤其是低温早强和降低冰点作用。掺氯化钙能显著提高1～7d的混凝土抗压强度，3d强度的提高幅度可达30%～100%。

混凝土中掺氯化钙能加快水泥的早期水化，最初几个小时的水化热有显著提高，主要是由于氯化钙能与水泥中的C_3A反应，在水泥微粒表面生成水化氯铝酸钙，可促进水化反应而提高早期强度。

2. 氯化钠

氯化钠是一种早强剂，也是一种很好的降低冰点的防冻材料，而且价格便宜，原料来源广泛。掺量相同时，降低冰点作用优于氯化钙，几乎是降低冰点材料中效果最好的一种。但由于氯化钠会使混凝土后期强度有所降低，对钢筋也有锈蚀作用，因此一般不单独作为早强剂使用，多用于防冻剂中的防冻组分。

3. 硫酸钠

硫酸盐是使用最广泛的早强剂，其中尤以硫酸钠、硫酸钙用量大。硫酸钠又名无水芒硝，其天然矿物（$Na_2SO_4 \cdot 10H_2O$）称为芒硝，白色晶体，很容易风化失水变成白色粉末（Na_2SO_4），即元明粉。硫酸钠价格低廉，资源丰富。

关于硫酸钠的早强机理有不同解释。较为流行的解释认为硫酸钠与水泥水化析出的$Ca(OH)_2$起反应，从而促进了C_3S的水化；硫酸钠的加入使水泥中C_3A与SO_4^{2-}及$Ca(OH)_2$生成钙矾石的水化反应加速，由于这一反应消耗了C_3S水化释放的氢氧化钙，从而使C_3S水化加快。

硫酸钠很容易溶解于水，在水泥硬化时，与水泥水化时产生的$Ca(OH)_2$发生下列反应：

$$Na_2SO_4 + Ca(OH)_2 + 2H_2O \longrightarrow CaSO_4 \cdot 2H_2O + 2NaOH$$

生成的二水石膏颗粒细小，比水泥熟料中原有的二水石膏更快地参加水化反应：

$$CaSO_4 \cdot 2H_2O + C_3A + 12H_2O \longrightarrow 3CaO \cdot Al_2O_3 \cdot CaSO_4 \cdot 12H_2O$$

使水化产物硫铝酸钙更快地生成，从而加快了水泥的水化硬化速度。

硫酸钠早强剂在水化反应中，由于生成了NaOH，而使碱度有所提高，这对掺有火山灰和矿渣的水泥，及掺有活性超细掺合料的混凝土早强作用更为明显。但同时应注意防止碱骨料反应的发生。

另有研究者指出，对不掺混合材的纯水泥熟料而言，由于在水泥生产时已加入一定量的石膏，再加Na_2SO_4不会改变水泥水化的速率，因此也不会提高水泥的早期强度；当水泥厂加的石膏量不足时，掺Na_2SO_4有时可能提高一些早期强度；对掺有混合材的水泥而言，Na_2SO_4能加速C_3S的水化，并且能加速火山灰反应，因此掺C_3S能改变这些水泥水化生成物的组成：增加C-S-H凝胶量而减少不利于强度的$Ca(OH)_2$量。

4. 硫酸钙

硫酸钙又称石膏，在水泥生产中作为调凝剂混磨于水泥中使用，一般掺量在3%左右。

当混凝土中再掺入硫酸钙时则有明显的早强作用。由于硫酸钙与水泥中的铝酸三钙反应，迅速形成大量的硫铝酸钙，很快结晶并形成晶核，促进了水泥其他成分的结晶、生长，从而使混凝土的早期强度提高。

硫酸钙在混凝土中掺量不可过大，随水泥中 C_3A 与 C_4AF 的含量而变化，过大可能会导致后期强度降低，甚至发生膨胀裂缝。

（二）有机物类早强剂

有机醇类、胺类以及一些有机酸均可用作混凝土早强剂，如甲醇、乙醇、乙二醇、三乙醇胺、三异丙醇胺、二乙醇胺等。

最常用的是三乙醇胺，掺量小，低温早强作用明显，而且有一定的后期增强作用。在与无机复合时效果更好。

三乙醇胺的早强作用是因为能促进 C_3A 的水化，在 $C_3A-CaSO_4$ H_2O 体系中，能促进钙矾石的生成，因而对混凝土早期强度发展有利。三乙醇胺对 C_3S、C_2S 水化过程有一定的抑制作用，这使后期的水化产物得以充分地生长、致密，保证了混凝土后期强度的提高。

其他如二乙醇胺、三异丙醇胺亦有类似的作用。由于三乙醇胺价格较便宜，因此应用较多。三乙醇胺作为早强剂时，掺量为0.02%～0.05%，掺量大于0.1%则有促凝作用。

（三）复合型早强剂

复合型早强剂可以是无机材料与无机材料的复合，也可以是有机材料与有机材料的复合，还可以是无机材料与有机材料的复合。复合型早强剂往往比单组分早强剂具有更好的早强效果，掺量也有所降低。众多复合型早强剂中以三乙醇胺与无机盐类复合早强剂效果较好，应用面最广。

二、早强剂对混凝土性能的影响

（一）早强剂对新拌混凝土性能的影响

1. 对混凝土流动性的影响

一般早强剂对流动性的影响很小，主要通过与减水剂复合使用来达到要求的流动性。

2. 对凝结时间的影响

一般早强剂会使混凝土的凝结时间稍有提前或无明显变化。

3. 对混凝土含碱量的影响

无机盐类含 K^+、Na^+ 等离子的早强剂会增加混凝土的含碱量。在工程中应注意，尤其遇到活性骨料时更要谨慎选用合适的早强剂。

（二）早强剂对硬化混凝土性能的影响

1. 对混凝土强度的影响

早强剂可以大幅提高混凝土的早期强度，1d、3d、7d 强度都能大幅度提高，后期强度会有所降低。可以通过加入减水剂降低水灰比来进一步提高早期强度，同时也可以弥补早强剂引起的后期强度的不足，使 28d 强度有所提高。

2. 对混凝土收缩性能的影响

掺无机盐类的早强剂，由于促进早期的水化，水泥浆体在初期有较大的水化物表面积，产生一定的膨胀作用，混凝土体积略有增大，后期的徐变与收缩也会有所增加。

3. 对混凝土耐久性的影响

无机盐类早强剂中氯化物与硫酸盐是常用的早强剂。氯化物中含有一定量的氯离子，会加速混凝土中钢筋的锈蚀从而影响耐久性；无机盐类含 K^+、Na^+ 等离子的早强剂会增加混凝土的含碱量，遇有活性骨料时可能会发生碱骨料反应而导致耐久性降低。

三、早强剂在混凝土中的应用

早强剂及早强减水剂适用于蒸养混凝土及常温、低温和最低温度不低于－5℃环境中的有早强要求的混凝土工程。炎热环境条件下不宜使用早强剂、早强减水剂。

掺入混凝土后对人体产生危害或对环境产生污染的化学物质严禁用作早强剂。含有六价铬盐、亚硝酸盐等有害成分的早强剂严禁用于饮水工程及与食品相接触的工程。硝铵类严禁用于办公、居住等建筑工程。

下列结构中严禁采用含有氯盐配置的早强剂及早强减水剂。

① 预应力混凝土结构；

② 相对湿度大于 80％环境中使用的结构、处于水位变化部位的结构、露天结构及经常水淋、受水流冲刷的结构；

③ 大体积混凝土；

④ 直接接触酸、碱或其他侵蚀性介质的结构；

⑤ 经常处于温度为 60℃以上的结构，需经蒸养的钢筋混凝土预制构建；

⑥ 有装饰要求的混凝土，特别是要求色彩一致的或是表面有金属装饰的混凝土；

⑦ 薄壁混凝土结构，中级和重级工作制起重机的梁落锤及锻锤混凝土基础等结构；

⑧ 使用冷拉钢筋或冷拉拔低碳钢丝的结构；

⑨ 骨料具有碱活性的混凝土结构。

使用最多的早强剂类型包括以有机酸盐为代表的有机物系、以硫酸盐系和氯化物系为代表的无机盐类以及复合系。然而，常用早强剂又会对混凝土产生不利影响，例如在单掺硫酸盐系早强剂时，SO_4^{2-} 离子会在混凝土内部通过化学反应形成钙矾石沉淀，对孔隙产生应力，最终导致混凝土产生不可恢复的塑性变形，引起混凝土结构的破坏。三乙醇胺掺量过大时，会使得混凝土凝结时间减缓，大大地降低施工效率。复合型早强剂可以通过将不同早强组分进行复合，在发挥各自早强优势的同时克服对混凝土的不利影响。

早强剂不同类型的合理选择以及掺量配合比对于混凝土强度快速发展起到了不可忽视的作用。应当减少含氯盐类、钠盐和钾盐类早强剂的复配，氯离子的过量掺入会使得钢筋钝化锈蚀，对工程产生不利影响。而钠、钾离子会在多次干湿交替循环中，形成结晶析出，使得混凝土膨胀开裂。

第六节 速凝剂

速凝剂（flash setting admixture）是用于喷射水泥砂浆或混凝土，使砂浆或混凝土迅速凝结硬化的外加剂。速凝剂凭借其在速凝、早强方面的显著特点，已经成为喷射混凝土工程最为关键的材料之一，广泛应用于隧道支护、矿井掘进、水利枢纽地下厂房、边坡固定以及修补加固工程。近年来我国水电、高速铁路、高速公路等基础建设工程大规模开展，尤其在西部山区，隧道建设工程量十分巨大，喷射混凝土用量稳步增长，速凝剂需求量逐年增加。据统计，我国每年速凝剂用量达 200 万吨。

速凝剂是调凝剂的一种，掺速凝剂的混凝土拌合物可在几分钟内初凝和终凝，1d 强度达到几个甚至十几个兆帕。主要用于喷射混凝土及补漏抢修工程。

速凝剂的作用是使混凝土喷射到工作面上后很快就能凝结。因此速凝剂必须具备以下几种性能。

① 使混凝土喷出后 3～5min 内初凝，10min 之内终凝；

② 有较高的早期强度，后期强度降低不能太大（小于 30%）；

③ 使混凝土具有一定的黏度，防止回弹过高；

④ 尽量减小水灰比，防止收缩过大，提高抗渗性能；

⑤ 对钢筋无锈蚀作用。

速凝剂的品种很多，其主要成分不外乎三类：碳酸钠、铝酸钠、硅酸钠（水玻璃）。无论何种组分，速凝剂的作用机理都是破坏在生产水泥时加入的起缓凝作用的石膏的缓凝作用，从而使水泥熟料中的 C_3A 快速水化生成水化铝酸盐而凝结。

一、速凝剂的作用机理

由复合材料制成，同时又与水泥的水化反应交织在一起，其作用机理较为复杂，这里只就其主要成分的反应加以阐述。

最简单的速凝剂是 Na_2CO_3，掺入水泥用量的 1%～2%，即能使水泥速凝。Na_2CO_3 与石膏反应生成不溶的 $CaCO_3$，破坏了石膏的缓凝作用。

$$Na_2CO_3 + CaSO_4 \longrightarrow CaCO_3 + Na_2SO_4$$

铝酸钠在有 $Ca(OH)_2$ 存在的条件下与石膏反应生成水化硫铝酸钙和氢氧化钠，使液相中 $CaSO_4$ 的浓度很低。

水玻璃水解生成 NaOH，在有 NaOH 的溶液中，$CaSO_4$ 的溶解度降低。

水玻璃的速凝作用不如碳酸钠和铝酸钠剧烈。

二、速凝剂对混凝土性能的影响

（一）对新拌混凝土的影响

速凝剂对新拌混凝土的影响主要是初凝、终凝的时间。速凝剂的作用就是缩短混凝土的初凝、终凝时间，一般都可以做到 3～5min 内初凝，10min 之内终凝。

凝结时间除与速凝剂本身成分、性能有关外，还取决于水泥品种、环境温度、速凝剂的贮存条件等因素。

（二）对硬化混凝土的影响

1. 强度

由于掺速凝剂水泥快速水化凝结，混凝土中水泥颗粒表面生成较坚硬的水化产物，阻碍了水扩散进熟料颗粒内部进一步水化的进行，所以水泥在后期水化速度减慢，且水化不完全，同时混凝土的孔结构粗孔增多。因此，掺速凝剂的混凝土，只要速凝时间满足要求，其28d强度及后期强度一般都比不掺者有不同程度的降低。

为弥补后期强度的损失，可以复合使用减水剂。

2. 碱—骨料反应

由于速凝剂大多是强碱性的，因此对活性骨料不利，容易发生碱骨料反应。掺加速凝剂时应避免使用活性骨料。另外，应加快开发研制低碱性、有机物的速凝剂。

3. 抗渗性

掺入速凝剂后混凝土孔结构粗孔多，混凝土的抗渗性较差。但对于喷射混凝土来说，由于喷射工艺带来的高密实性，喷射混凝土中孔隙较小，且互不连通，因此具有较好的抗渗性。

（三）对喷射混凝土的影响

喷射混凝土对速凝剂的基本要求是混凝土凝结速度快、早期强度高，不得或少含有对混凝土后期强度和耐久性有害的物质，同时其他性能也基本上满足工程要求。喷射混凝土用速凝剂性能指标见表4-1。

表4-1　喷射混凝土用速凝剂性能指标

项目		指标	
		无碱速凝剂	有碱速凝剂
净浆凝结时间	初凝时间/min	≤5	
	终凝时间/min	≤12	
砂浆强度	1d抗压强度/MPa	≥7.0	
	28d抗压强度比/%	≥90	≥70
	90d抗压强度保留率/%	≥100	≥70

注　本表引自《喷射混凝土用速凝剂》（GB/T 35159—2017）。

三、速凝剂在混凝土中的应用

速凝剂是由复合材料制成的，这里只就其主要成分的反应加以阐述。

（一）铝氧熟料、碳酸盐系

其主要速凝成分为铝氧熟料、碳酸钠以及生石灰。铝氧熟料是由铝矾土矿（主要成分为Na_2AlO_2，其中Na_2AlO_2含量可达到60%～80%），经过煅烧而成。这种速凝剂含碱量较高，后期强度降低较大，但加入无水石膏后可以降低一些碱度和提高后期强度。

（二）铝氧熟料、明矾石系

其主要成分为铝矾土、芒硝（$Na_2SO_4 \cdot 10H_2O$）。经煅烧成为硫铝酸盐熟料后，再与一定比例的生石灰、氧化锌研磨而成。产品的主要成分为铝酸钠、硅酸三钙、硅酸二钙、氧化钙和氧化锌。此类产品含碱量低一些，且由于加入了氧化锌而提高了后期强度，但早期强度的发展却慢了一点。

（三）水玻璃系

水玻璃（硅酸钠）作为主要成分，为降低黏度需加入重铬酸钾，或者加入亚硝酸钠、三乙醇胺等。这种速凝剂凝结、硬化很快，早期强度高，抗渗性好，而且可以低温下施工。缺点是收缩较大。

（四）其他类型

由于以上速凝剂含碱量均较高，目前低碱速凝剂发展很快。如成分为可溶性树脂的聚丙烯酸、聚甲基丙烯酸、羟基胺等制成的速凝剂。

第七节 其他外加剂

外加剂发展到今天，除上面章节介绍的以外，改善混凝土性能的外加剂还包括防水剂、阻锈剂、养护剂、脱模剂等。这些外加剂使用量相对小些，下面予以简单介绍。

一、防水剂

（一）概念

防水剂是能提高水泥砂浆、混凝土抗渗性能的外加剂。

防水混凝土是抗渗等级大于或等于P6级别的混凝土。因此掺防水剂是配制防水混凝土的有效方法之一。提高混凝土抗渗性能的方法还很多，有用膨胀剂配制防水混凝土，有通过合理的级配来配制防水混凝土等。

（二）常用防水剂及其作用机理

防水剂的品种较多，可分为无机防水剂和有机防水剂两大类。无机防水剂主要有氯化钙、硅酸钠、三氯化铁、无机铝盐及锆化合物。有机防水剂可分为憎水性的表面活性、天然和合成的聚合物乳液以及水溶性树脂。防水机理有所区别，掺憎水性表面活性剂，对混凝土拌合物有分散、减水、引气作用，改善了拌合物的均匀性和和易性，同时使硬化混凝土内的毛细孔和其表面憎水化，阻止在压力下水分的渗入。而掺水溶性或水乳性的树脂，只是填充砂浆或混凝土中的孔隙，增加组成料之间的黏结性，因此提高了砂浆或混凝土的抗拉强度、变形性和抗裂性，从而具有良好的抗水渗性和抗气渗性。

防水剂的作用机理大致包括以下五类：

① 促进水泥的水化反应，生成水泥凝胶，填充早期的孔隙；

② 掺入微细物质填充混凝土中的孔隙；

③ 掺入疏水性的物质，或与水泥中的成分反应生成疏水性的成分；

④ 在孔隙中形成密封性好的膜；

⑤ 涂布或渗透可溶性成分，与水泥水化反应过程中产生的可溶性成分结合生成不溶性晶体。

二、防冻剂

（一）概念

防冻剂指能使混凝土在负温下硬化，并在规定养护条件下达到预期性能的外加剂。

我国规定当室外日平均气温低于5℃即进入冬季施工。为了保证混凝土施工的质量和进度，防止混凝土受冻破坏，一般会使用防冻剂。主要因为混凝土浇筑的最初几个小时，是危险性最大的时刻，混凝土的耐久性可能经一两次冻融循环就严重损害。通过研究人们发现，只要使新拌混凝土保持正温一定时间，让混凝土达到一定的强度，就可以不怕冻害，由此引出临界强度的概念。所谓临界强度是指新拌混凝土受冻后再恢复正温养护，强度可继续增长，并达到设计强度等级95%以上所需的初始强度。试验证明，防冻剂的加入可以降低临界强度值。

（二）防冻剂的作用机理

防冻剂在混凝土中的主要作用机理如下。

（1）提高混凝土早期强度　掺入防冻剂，在一定的施工环境温度下，最大限度地提高早期强度。利用防冻剂中的早强、减水组分使混凝土早期强度尽快提高，当混凝土的强度达到或超过临界强度后，就不易发生受冻破坏了。

（2）降低冰点，防止混凝土受冻破坏　防冻剂中有降低冰点的组分，主要作用是使混凝土中的水分在尽可能低的温度下结冰，防止因水分冻结而产生的冻胀应力破坏混凝土结构；另一个作用是干扰冰晶的生长，使冰晶的生长发生变异，从而减小了冻胀应力。

因此防冻剂可以分为早强型防冻剂和防冻型防冻剂。当然这两种类型的防冻剂不能截然分开，早强型防冻剂以更快提高早期强度达到临界强度，防止或减少冻害为主。而防冻型防冻剂则着重在负温下保持足够的液相，使水化继续进行，强度继续增长，另外也防止更多液相结冰造成的冻害损失。

（三）复合型防冻剂的组成

由于单一组分的防冻剂难以保证好的防冻效果，并且单纯地降低冰点会增加外加剂用量，对混凝土耐久性产生影响。因此，多用复合型防冻剂。复合型防冻剂的组合可以考虑以下几方面。

1. 早强组分

防冻剂中一般加入早强组分，可以尽快提高早期强度，使混凝土尽快达到或超过混凝土的受冻临界强度。

2. 减水组分

减水的作用包括两个方面，即减水和增强。减水可以使拌和用水降低，即水灰比小了，则混凝土游离水分减少，减少了这些水分结冰产生的冻胀应力。水灰比的降低还使混凝土强度得以提高，从而也提高了混凝土的耐冻能力。

3. 引气组分

防冻剂中还需有引气组分，在混凝土内部产生一定量均匀分布、密闭而独立的空气泡，这些气泡的存在等于为冻结水分事先准备好了膨胀空间。

4. 防冻组分

防冻组分主要使负温下施工的混凝土中，保持一定的过冷液体，以保证水化的继续进行。通常一些能够降低水冰点的无机盐类首先被考虑用于防冻组分，如氯化钠、氯化钙、亚硝酸钠、硝酸钙、碳酸钾、尿素、醋酸钠、氨水等。

上述防冻组分的适应温度范围为：

① 氯化钠单独使用时为－5℃；

② 硝酸盐（硝酸钠、硝酸钙）、尿素等为－10℃；

③ 亚硝酸盐（如亚硝酸钠）为－15℃；

④ 碳酸盐为－25～－15℃。

各类防冻剂具有不同的特性，有些还具有毒副作用，选择时应十分注意。氯盐类防冻剂对钢筋有锈蚀作用；硝酸盐、亚硝酸盐及碳酸盐也不得用于预应力钢筋混凝土及与镀锌钢材或铝铁相接触的钢筋混凝土；含有亚硝酸盐的防冻剂有一定的毒性，严禁用于饮水工程及与食品接触的部位。

三、阻锈剂

（一）概念

能抑制或减轻混凝土中钢筋或其他金属预埋件锈蚀的外加剂称为阻锈剂。

钢筋混凝土腐蚀防护有两类方法：一类是尽量阻止环境中有害侵蚀离子进入混凝土，这包括提高混凝土自身的防护能力和采用表面涂层等方法；另一类就是在无法完全阻止有害物质侵入时，从混凝土内部对有害物质侵蚀作用进行抵制。阻锈剂的作用即属后者。

阻锈剂应满足下列要求：

① 其分子应有强的接受电子或给出电子的性质，或两者兼有；

② 易溶于水而又不易从材料中滤出；

③ 在相对低的电流值下引起相应电极的极化；

④ 在使用环境的 pH 值和温度下有效；

⑤ 对混凝土不产生有害的副作用。

（二）阻锈剂的作用机理及组成

根据阻锈剂的作用机理，可将阻锈剂分为以下三类。

1. 阳极型阻锈剂

在腐蚀作用形成的原电池中可分为阳极区和阴极区。阳极型阻锈剂主要作用于阳极区，它以提高钝化膜抵抗氯离子的渗透性来抑制钢筋锈蚀的阳极过程。阳极阻锈剂是由其接受电子的能力而起阻锈作用的物质，它遏制阳极的反应而起作用。这类外加剂只有在足够高的浓度下有效，所需要的浓度取决于环境氯化物的水平。当用量不足时，锈蚀仍发生，局部加剧，可造成严重锈痕。这类物质一般都具有氧化性能，如亚硝酸盐、铬酸盐、硼酸盐、氯化亚锡、苯甲酸钠等。

2. 阴极型阻锈剂

阴极型阻锈剂主要作用于阴极区。其主要作用机理是这类物质大都是表面活性物质，它们选择性吸附在阴极区，形成吸附膜，从而阻止或减缓电化学反应的阴极过程。也有一些无机盐类阻锈剂可作用于阴极区，可在阴极区生成难溶于水的物质覆盖住阴极区而抑制腐蚀的发生。表面活性剂类物质包括高级脂肪酸胺盐、磷脂酸等。无机盐类包括碳酸钠、磷酸氢钠、硅酸盐等。

3. 综合型阻锈剂

综合型阻锈剂对阳极、阴极反应均有抑制作用。它是通过提高阴、阳极间的电阻使电化学反应受到抑制。

四、养护剂

（一）概念

保证新拌混凝土水泥水化顺利进行的过程叫养护。混凝土养护一般是指保持一定的湿度，在充分潮湿的情况下，水泥可以达到最大程度的水化，而在迅速干燥的情况下，只能达到有限程度的水化。养护不好，混凝土就无法达到应有的质量。

养护剂是指喷洒或涂刷在被养护混凝土表面的一层成膜物质，使混凝土表面与空气隔绝，以防止混凝土内部水分蒸发，保持混凝土内部湿度，达到长期养护的效果。

用养护剂养护是诸多养护方法的一种。当其他方法无法进行养护时，养护剂就有着不可替代的作用，可方便地用于混凝土工程的水平面和立面上，尤适用于升板和滑模施工以及复杂形状的构件中。在新成型的混凝土表面喷涂该养护剂后，便可起到封闭混凝土表面微孔，保持混凝土内部水分的作用，达到养护的目的。它代替盖草袋浇水养护，节省人力物力，改善施工条件，保证混凝土的养护质量，且不影响后期的施工或装饰。另外，对于一些缺水的地方，或施工条件不允许时，也必须使用养护剂。

（二）养护剂的分类及其作用机理

混凝土养护剂大致分为四种：树脂型、乳胶型、硅酸盐型和乳液型。国内使用较多的是硅酸盐型和乳液型养护剂。

1. 硅酸盐型

硅酸盐型是以水玻璃为主要成分的养护剂，将水玻璃进行稀释后再添加一些能封闭毛细孔的成分配制成液体产品，喷涂于新鲜刚刚收潮的混凝土表面后，能很快形成一道防水封闭层，阻止了混凝土表面水分的蒸发也堵塞了内部水分沿毛细孔隙向表面移动，使混凝土得以充分的水化，从而达到自养的目的。

水玻璃养护剂的作用机理主要是利用水玻璃能与水化产物 $Ca(OH)_2$ 迅速反应生成硅酸钙的胶体，混凝土表面的这层胶体膜阻碍了混凝土内部的水分蒸发。并且这层胶体附着在混凝土表面，与混凝土基体连成一体，实际上也是混凝土的一部分，对以后混凝土的表面装饰无不良影响。但这种养护剂的保水性还不够好。

2. 乳液型

乳液型养护剂主要有矿物油乳液和石蜡乳液等品种。将矿物油脂或石蜡加入乳化剂的水溶液中，在一定的温度下在乳化机的搅拌下进行乳化，再将油或石蜡搅碎成珠状体分散到水介质中，形成一种稳定的水包油型乳液。这种乳液喷洒或涂覆在混凝土表面，逐渐形成一层脂膜，阻止了水分的散发，起到了保水作用。乳液型养护剂保水性能优于水玻璃型，但油脂层留在混凝土的表面，对后续装饰产生不利影响，因此，多用于公路、停车场、机场跑道等无需进一步装饰的混凝土表面。

树脂型和乳胶型养护剂，其成膜性能均较好，但生产复杂，成本高等缺点影响了其广泛应用。

五、脱模剂

（一）概念

混凝土脱模剂是一种涂刷（或喷涂）在模板内壁上，在模板与混凝土表面起隔离和润滑作用，从而克服模板与混凝土表面的黏结力的外加剂。使用脱模剂，可以使混凝土拆模时顺利脱模，保持了混凝土形状的完好无损，也保护了模板不被损坏。

（二）脱模剂的作用机理

脱模剂一般通过以几种途径来达到脱模的目的。

1. 机械润滑作用

如油脂类脱模剂，涂在模板内壁，在混凝土与模板之间起机械润滑作用，以此克服混凝土与模板间的黏结力而使模板很容易脱离混凝土。

2. 隔离作用

在模板内壁涂成膜物质，在模板上形成一层薄膜，将模板与混凝土隔离，从而方便脱模。

3. 化学反应作用

使用一些含有对水泥水化反应有活性的成膜物质，涂刷于模板后，在模板上形成一层具有憎水性的薄膜。混凝土浇筑后，可与游离氢氧化钙起皂化反应，生成非水溶性的皂。它能延缓或阻碍与模板接触处混凝土表面的凝结。

（三）脱模剂的品种及性能

脱模剂的使用可追溯到20世纪20年代，发展至今，脱模剂的品种逐渐丰富，性能也不断提高。现有的脱模剂包括皂类脱模剂、油类脱模剂、乳化油类脱模剂、石蜡类脱模剂、化学活性脱模剂、油漆类、有机高分子脱模剂等。

1. 皂类脱模剂

皂类脱模剂的主要成分为动植物油加碱皂化以后形成的乳化液，也可以直接用肥皂乳液，其脱模主要利用的是皂类乳液的润滑和隔离作用。该类脱模剂生产工艺简单，原料易得，价格较低，涂刷方便。但适用于木模而不适用于钢模。这是因为皂类乳液与钢模间附着力很小，易脱落，达不到脱模效果；另外也易导致钢筋表面锈蚀。目前使用不多。

2. 油类脱模剂

油类脱模剂的主要成分为矿物油、植物油、动物油等。这类脱模剂的作用机理主要是润滑和隔离。优点是价格便宜，使用方便，对模板有一定的防锈保护作用，脱模顺利。但缺点是会造成混凝土表面的污染，严重影响混凝土表面的进一步装饰；另外，油分还能与水泥中的碱发生皂化反应而使混凝土表面粉化，导致混凝土耐久性降低。为此，油类脱模剂应用受到限制。

3. 乳化油类脱模剂

乳化油类脱模剂通常以机油为原料进行乳化，制成水包油型的乳液，还可以适当加入一些成膜物质。其作用机理主要是成膜和隔离作用。这种脱模剂生产工艺简单，成本低，对混凝土无污染，脱模效果好，因而应用广泛。

4. 石蜡类脱模剂

石蜡具有很好的脱模性能，其作用机理主要是隔离与润滑。但这类脱模剂会在混凝土的表面留下石蜡残余物，影响混凝土的进一步装饰。价格相对也高些，因而应用不太多。

5. 化学活性脱模剂

化学活性脱模剂的化学活性成分为脂肪酸，经乳化后涂刷在模板表面，可与混凝土中游离的氧化钙、氢氧化钙反应，生成非水溶性的脂肪酸盐，阻止与模板接触处的混凝土凝结、硬化，形成无黏结性的隔离层，在模板与混凝土间起隔离作用。这种脱模剂脱模效果好，但成本相对高些。

6. 油漆类

油漆类脱模剂实际上也是模板表面的一种涂料，保护模板的同时，起到隔离与脱模的作用。

7. 有机高分子脱模剂

这是一种比较新的脱模剂，其原料为水溶性高分子成膜物质，喷涂在模板和混凝土表面，20min 内即可形成一层透明薄膜，牢固粘附于模板和混凝土表面，不影响混凝土表面的进一步装饰。其作用机理为成膜及隔离。这种脱模剂价格便宜，使用方便，并且既可以做脱模剂又可以做混凝土养护剂，因而具有广阔的应用前景。

六、其他外加剂

另外，还有很多种外加剂，简单介绍其定义。

促凝剂，指能缩短拌合物凝结时间的外加剂。

加气剂，指混凝土制备过程中因发生化学反应，放出气体，使硬化混凝土中有大量均匀分布气孔的外加剂。

着色剂，指能制备具有彩色混凝土的外加剂。

泵送剂，指能改善混凝土拌合物泵送性能的外加剂。

疏水剂（憎水剂），主要功能是减少硬化混凝土、砂浆或净浆的毛细管吸水，减少在静水压下硬化混凝土、砂浆或净浆的渗水性的外加剂。

发气剂，在浇注混凝土混合料或砂浆时发生反应，放出氢、氧、氮等气体的外加剂。

起泡剂，因物理作用而引入大量空气，从而能用于生产泡沫混凝土的外加剂。

灌浆剂，其功能是改善灌浆的浇筑特性，对流动性、膨胀、泌水、离析等一种或多种性能有影响的外加剂。

黏结剂，改善新拌混凝土和砂浆与硬化混凝土及砂浆等黏结性能的外加剂。

降黏剂：起到润滑作用，从而起到降低混凝土的黏度的外加剂，解决高标号混凝土黏度大流速慢的问题。

膨胀剂，在混凝土硬化过程中因化学作用能使混凝土产生一定体积膨胀的外加剂。用膨胀剂配置的补偿收缩混凝土宜用于混凝土结构自防水、工程接缝、填充灌浆，采取连续施工的超长混凝土结构，大体积混凝土工程；膨胀剂配置的自应力混凝土输水管、灌注桩。

抗分散剂，能使混凝土具有黏稠性、显著减少混凝土在水下浇灌施工时的水泥浆流失和骨料抗离析的外加剂。

非碱性速凝剂，当量 Na_2O 含量不大于 1.0%的速凝剂。

预应力孔道灌浆剂，由减水组分、膨胀组分、矿物掺合料及其他功能性材料等干拌而成，用于后张法预应力结构孔道灌浆施工的外加剂。

无氯盐防冻剂，氯离子含量不大于 0.1%的防冻剂

减缩剂，通过改变孔溶液离子特征及降低孔溶液表面张力等作用来减少砂浆或混凝土收缩的外加剂。

泡沫剂，通过搅拌工艺能产生大量均匀而稳定的泡沫，用于制备泡沫混凝土的外加剂。

消泡剂，能抑制气泡产生或消除已产生气泡的外加剂。

保水剂，能减少混凝土或砂浆拌合物失水的外加剂。

增稠剂，能改善混凝土拌合物黏聚性，减少混凝土离析的外加剂。

絮凝剂，在水中施工时，能增加混凝土拌合物的黏聚性，减少水泥浆体和骨料分离的外加剂。

保塑剂，在一定时间内，能保持新拌混凝土塑性状态的外加剂。

保坍剂，在一定时间内，能减少新拌混凝土坍落度损失的外加剂。

抗硫酸盐侵蚀剂，用以抵抗硫酸盐类物质侵蚀，提高混凝土耐久性的外加剂。

碱—骨料反应抑制剂，能抑制或减轻碱—骨料反应发生的外加剂。

根据工程的具体要求，常常将外加剂复合使用，因此还有很多的复合型减水剂，如缓凝减水剂、早强减水剂、引气减水剂等。

第五章 矿物外加剂

矿物外加剂（mineral admixture）亦称矿物掺合料，根据《矿物掺合料应用技术规范》（GB/T 51003—2014）术语解释，矿物掺合料是以硅、铝、钙等一种或多种氧化物为主要成分，具有规定细度，掺入混凝土中能改善混凝土性能的粉体材料。

较大量的矿物外加剂可改善新拌混凝土的工作性能，降低混凝土内部的绝热温升，改善硬化混凝土的内部结构，提高混凝土的耐久性和抗化学侵蚀性能。因此，矿物外加剂已成为高性能混凝土不可缺少的第六组分。

第一节 矿物外加剂的分类

一、根据来源分类

矿物外加剂按其来源可分为三种类型：天然类、人工类及工业固体废弃物类。天然类包括火山灰、凝灰岩、沸石粉和硅质页岩等；人工类包括煅烧页岩、偏高岭土、石灰石粉等；工业固体废弃物类包括粉煤灰、粒化高炉矿渣、硅灰等。

随着混凝土技术的进步，工业固体废弃物类矿物外加剂在混凝土中的应用越来越广泛，特别是粉煤灰、粒化高炉矿渣、硅灰，具有良好的化学活性，能显著节约水泥、节省能源、降低不可再生资源的消耗、改善混凝土性能、增加混凝土品种等，具有显著的技术经济效益、社会效益和环境效益。

二、根据化学活性分类

矿物外加剂按其化学活性可分为两种类型：活性矿物外加剂和非活性矿物外加剂。

活性矿物外加剂指的是具有火山灰性或潜在水硬性，或兼有火山灰性和水硬性的天然的或人工的矿物质材料。所谓火山灰性是指一种材料磨成细粉，单独不具有水硬性，但在常温下与石灰一起加水拌合后能形成具有水硬性化合物的性能。所谓潜在水硬性是指磨成细粉的材料单独存在时基本无水硬性，但与激发剂混合并加水拌合后，能水化及硬化，且其活性指标达到标准要求的物质。

具有火山灰性的矿物外加剂有粉煤灰、原状的或煅烧的酸性火山玻璃、硅藻土、某些烧页岩和黏土、硅灰等。

具有潜在水硬性的矿物外加剂有粒化高炉矿渣、高钙粉煤灰或增钙液态渣、沸腾炉（流化床）燃煤脱硫排放的工业固体废弃物（固硫渣）等。

非活性矿物外加剂指的是活性指标达不到活性矿物外加剂标准要求的或无水硬性，在混凝土中主要起填充作用且不损害混凝土性能的矿物质材料，主要包括砂岩、石灰石、白云岩及各种硅质岩石等。

第二节 粉煤灰

粉煤灰也称飞灰（fly ash），是电厂煤粉炉烟道气体中收集的粉末。在火力发电厂，煤粉在锅炉内经1100～1500℃高温燃烧后，一般有70%～80%呈粉状灰随烟气排出，经过收尘器收集，称之为粉煤灰；20%～30%呈烧结状落入炉底，称之为炉底灰或炉渣。

粉煤灰不包括三种情形：和煤一起煅烧城市垃圾或其他废弃物时；在焚烧炉中煅烧工业或城市垃圾时；循环流化床锅炉燃烧收集的粉末。

我国粉煤灰的综合利用，经历了“以储为主”“储用结合”“以用为主”三个发展阶段。早在20世纪40年代，尝试在大坝工程的混凝土中掺入粉煤灰取得成功并投入实际工程使用。50年代随着火力发电厂的增多，粉煤灰的产量也急剧增多，开始用于路基材料，在建材行业中用来生产砖，用作混凝土、砂浆掺合料或水泥混合材，但是利用率比较低。60年代粉煤灰主要用于生产墙体材料，同时各国专家和学者对粉煤灰的物理特性、化学组成、活性等开展了一些基础性的研究工作。70年代中期，由于石油价格猛涨，作为水泥节能的途径，提出了粉煤灰混凝土的研究和开发。我国70年代末开始将粉煤灰用作混凝土的矿物外加剂，此时，国外利用粉煤灰制造水泥已经非常普遍。80年代，随着改革开放的不断深入，国家把资源综合利用作为经济建设中的一项重大经济技术政策，再加上世界性的能源危机、环境污染以及矿物资源的枯竭，大大促进了粉煤灰的研究与开发利用，粉煤灰利用率从20%提高到30%。2000年后，在各项政策措施推动下，粉煤灰综合利用取得积极进展，利用规模、水平均有较大提升，2005年粉煤灰利用率已达66%，2015年粉煤灰利用率达到72%。

粉煤灰“以用为主”的格局基本形成，主要利用方式有生产水泥、混凝土及其他建材产品、筑路回填、提取矿物高值化利用等。从整体看，粉煤灰综合利用东西部发展不平衡的问题较为突出，中西部电力输出省份受市场和技术经济条件等因素限制，粉煤灰综合利用水平偏低。

一、粉煤灰的组成与物理性能

（一）粉煤灰的化学成分与矿物组成

1. 粉煤灰的化学成分

粉煤灰的化学成分因煤的产地、煤的燃烧方式和程度、收尘方式等不同而出现较大范围的波动，其中SiO_2和Al_2O_3的总含量一般在60%以上。我国大多数粉煤灰的主要化学成分为：SiO_2为40%～60%、Al_2O_3为15%～40%、Fe_2O_3为4%～20%、CaO为2%～7%、烧失量为3%～10%。此外，还含有少量Mg、Ti、S、K、Na等的氧化物。

按照煤种的不同，粉煤灰分为F类和C类。F类粉煤灰是由无烟煤或烟煤燃烧收集的粉末；C类粉煤灰是由褐煤或次烟煤燃烧收集的粉末，其氧化钙含量一般大于10%。

粉煤灰的活性，主要取决于可溶性的SiO_2、Al_2O_3和玻璃体含量，以及它们的细度。此外，灼烧减量的高低也影响其质量。灼烧减量主要表示含碳量的高低，代表燃烧程度。

2. 粉煤灰的矿物组成

粉煤灰的矿物组成与火力发电厂所用煤的矿物有关。煤的主要矿物包括硅酸盐、氧化硅碳酸盐、亚硫酸盐、硫酸盐、磷酸盐等，其中主要的是铝硅酸盐矿物和氧化硅。在燃烧过程中，这些矿物会发生化学反应，冷却以后，形成粉煤灰中的玻璃体和各种矿物。粉煤灰的这些矿物中一部分以晶体状态存在，大部分是以玻璃态存在，其主要矿物是玻璃体、莫来石、石英和少量其他矿物，见表5-1。

表5-1　粉煤灰的矿物组成　　单位：%（质量分数）

矿物	玻璃体	莫来石	石英
平均值	77.6	12.2	8.5
变化范围	69.4～84.4	7.8～18.2	5.4～11.5

玻璃体是粉煤灰的主要矿物成分，含量一般在70%以上，分密实玻璃体（球状玻璃体）和海绵状玻璃体（多孔玻璃体）两种。密实玻璃体占粉煤灰量的50%～85%，在玻璃体基体中及颗粒表面上可能有莫来石和石英微晶，表面上还可能有微粒状的硫酸盐；而海绵状玻璃体含量一般为10%～30%，是未能熔融成珠状而形成不规则的多孔玻璃颗粒。上述几种矿物在F类粉煤灰中占绝大多数，C类粉煤灰中CaO晶体也是其主要矿物成分。我国目前火力发电厂排放的大部分F类粉煤灰中，密实玻璃体的含量较低，一般只有50%左右，海绵状玻璃体含量较高，而莫来石往往偏高，其他矿物组成的波动较大。影响粉煤灰中玻璃体含量及密实玻璃体和海绵状玻璃体比率的因素很多，主要有煤的品种、煤粉细度、燃烧温度以及电厂运行情况等。煤的灰分小、颗粒细、燃烧温度低、电厂运行良好，那么玻璃体的含量以及玻璃球的比率就高，粉煤灰的品质就较好；相反，粉煤灰的品质就较差。

（二）粉煤灰的物理性能

粉煤灰的物理性能主要包括外观、颜色、密度、堆积密度、细度、需水量比、28d抗压强度比等。

粉煤灰的外观与水泥比较接近，都是粉末状物质，颜色从乳白色到灰色，燃烧条件以及粉煤灰的组成、细度、含水率等的变化，特别是粉煤灰中含碳量的变化均会影响到粉煤灰的颜色，一般为银灰色和灰色。粉煤灰的细度可用比表面积、80μm筛筛余量、45μm筛筛余量及粒径来表示，作为混凝土的矿物外加剂，其强度的贡献与各细度表示方法均有良好的相关性，研究表明采用筛析法表示的细度，其相关性要高于比表面积法，而且45μm筛筛余量与粉煤灰强度贡献的相关性最好。需水量比是指在一定的流动度下，掺30%粉煤灰胶砂需水量与基准胶砂需水量的比值。表5-2为我国68种典型粉煤灰的物理性能统计结果。

表 5-2 粉煤灰的物理性能

性能	密度/(g/cm³)	堆积密度/(kg/m³)	45μm 筛筛余量/%	需水量比/%	28d 抗压强度比/%
平均值	2.1	780	59.8	106	66
变化范围	1.9～2.9	531～1261	13.4～97.3	89～130	37～85

从表 5-2 可以看出，我国粉煤灰的物理性能波动较大，品质较优的粉煤灰需水量比可达到《用于水泥和混凝土中的粉煤灰》(GB/T 1596—2017) 中Ⅰ级灰的标准，有很好的减水效果。

二、粉煤灰的基本效应

"粉煤灰效应"的假说是 20 世纪 80 年代初，沈旦申等在研究粉煤灰混凝土应用技术的基础上提出的，其特点是将粉煤灰看作对混凝土的性能有重要影响的一种材料，可以改善和提高混凝土的质量、性能，节约资源能源等，将粉煤灰可能对混凝土发生的效应归结为三类基本类型，即"形态效应""活性效应"和"微集料效应"。之后，随着我国粉煤灰混凝土技术的不断进步和发展，粉煤灰效应的概念得到了进一步的充实，作为一种新的"技术思想"来指导配制出符合各项工程要求的优质粉煤灰混凝土，实践证明是行之有效的。

(一) 形态效应

受生成条件的影响，大部分粉煤灰呈球形颗粒，也含有一些不规则形状的多孔颗粒，主要包括以下四种形态。

(1) 表面光滑和粗糙的球形颗粒，主要是铝硅玻璃体，其中一部分为空心微珠，如图 5-1 所示。

(2) 不规则形状的熔融玻璃体颗粒，表面存在许多大小不一的孔洞。

(3) 多孔碳粒即煤粉中未燃尽的碳粒，大小不一，表面有很多细小孔隙。

(4) 不规则形状的石英等矿物颗粒和少量玻璃碎屑。

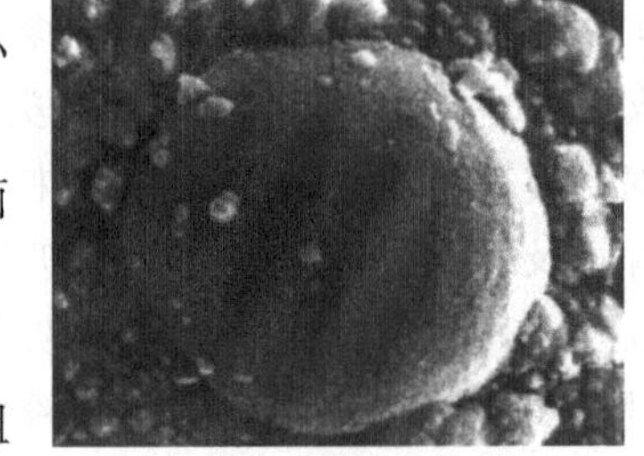

图 5-1 粉煤灰中的玻璃微珠

粉煤灰的形态效应泛指粉煤灰的粉料由其颗粒形貌、粗细、表面性质、颗粒级配、内部结构等物理几何特征在混凝土中所产生的效应。一般来说，粉煤灰的形态效应就是物理效应，即是粉煤灰的物理性状作用对混凝土质量发生影响的效应，其主要的影响是改变混凝土拌合物的需水量和流变性质。粉煤灰的形态效应中，最主要的是粉煤灰玻璃微珠颗粒所特有的物理性状，高温燃烧过程中所形成的粉煤灰颗粒，绝大多数为玻璃微珠。在水泥—粉煤灰—水系统中，球形的粉煤灰颗粒分布于水泥絮凝结构中，起到滚珠作用，使水泥颗粒的絮凝结构解絮和颗粒扩散，同时可以降低混凝土内部结构的黏度和颗粒之间的摩擦力。即使粉煤灰等量取代水泥，粉煤灰玻璃微珠的密度，除少量的富铁微珠外，均小于水泥颗粒，从而使混凝土中浆体的体积增大，明显增加润滑作用，改善了混凝土拌合物的和易性。

从粉煤灰的四种形态可以看出，粉煤灰在形态上的另一特点是其不均匀性。如果内含较粗的、多孔的、疏松的、形状不规则的颗粒占优势，则不但会丧失所有物理效应的优越性，还会损害混凝土原来的结构和性能，所得到的就是负效应。粉煤灰的这种不寻常的形态效应常常会影响其他效应的发挥，所以应将其形态效应看作粉煤灰在混凝土中的第一个基本效应。需要说明的是，粉煤灰形态效应在混凝土拌合物流变性质的作用下，也包括一部分微集料效应，即在混凝土混合物中粉体填充料会增加。因此，粉煤灰形态效应对混凝土拌合物和易性的改善，如改善流动性、坍落度损失、离析及调整凝结时间等，也有微集料效应的作用在内。

粉煤灰的形态效应不仅能提高混凝土拌合物的和易性，而且能改善其均匀性和稳定性，对形成硬化混凝土的初始结构有重要的影响。另外，粉煤灰部分取代水泥，减少了水泥用量，水化热降低，这是形态效应和微集料效应的伴生效应。

（二）活性效应

粉煤灰作为一种水泥的取代材料或者说活性矿物外加剂，在世界上已经积累了半个多世纪的工程建设经验和科学技术知识，但是过去只是将粉煤灰作为混凝土中的胶凝材料来使用，原因是人们一直认为粉煤灰的活性效应是粉煤灰效应中最基本和最重要的行为和作用。实际上，粉煤灰中的活性成分越多，其火山灰反应能力也就越好。

火山灰反应是指材料与石灰或水泥水化生成的 $Ca(OH)_2$ 反应，生成水化硅酸钙和含铝酸的水化产物，粉煤灰就属于这样的材料，其活性效应是指粉煤灰中的活性成分所产生的化学效应。对于低钙灰来说，粉煤灰的火山灰反应能力决定了粉煤灰的活性，即粉煤灰中的活性 SiO_2、Al_2O_3 与水泥的水化产物 $Ca(OH)_2$ 发生反应，生成具有胶凝作用的水化硅酸钙和水化铝酸钙等水泥水化时的产物，这些产物可以作为胶凝材料的一部分而起到增强的作用。在高钙粉煤灰中，含有水硬性矿物以及大量富钙硅酸盐玻璃体，具有良好的胶凝能力，甚至具有一定的自硬性。当水泥的水化产物 $Ca(OH)_2$ 吸附到粉煤灰的颗粒表面时，火山灰反应即开始，之后可一直延续到 28d 以后甚至更长的时间。

玻璃体是粉煤灰火山灰活性的主要来源，混凝土硬化初期，在其表面吸附一层水膜，直接影响到粉煤灰的火山灰反应以及粉煤灰混凝土的强度。玻璃体可分为球状玻璃体和多孔玻璃体两种，球状玻璃体，需水量小，流动性较好，是粉煤灰中最理想的组分；而多孔玻璃体虽有活性，但其表面吸附性较强，需水量大，对混凝土来说，性能远不如球状玻璃体。另外，粉煤灰中游离氧化钙、有效碱（氧化钾、氧化钠）、硫酸盐等化学成分对粉煤灰的活性效应有较大的影响，都可以成为粉煤灰活性反应的激发剂，所生成的水化产物中还包括钙矾石晶体。C 类粉煤灰还含有一些自硬性的矿物，使得火山灰反应过程更复杂。

粉煤灰的强度活性指数按《水胶砂强度检验方法（ISO 法）》（GB/T 17671—2021）规定，测定试验胶砂和对比胶砂的 28d 抗压强度，以二者之比确定粉煤灰的强度活性指数。胶砂配比见表 5-3。

表 5-3　强度活性指数试验胶砂配比　　单位：g

胶砂种类	对比水泥	试验样品		标准砂	水
		对比水泥	粉煤灰		
对比胶砂	450	—	—	1350	225
试验胶砂	—	315	135	1350	225

（三）微集料效应

粉煤灰的微集料效应是指粉煤灰的微细颗粒均匀分布在水泥浆体的基相之中，就像微细的集料，填充孔隙和毛细孔，改善混凝土的孔结构，提高混凝土密实性的特性。最初的“微集料”只是指硬化水泥浆体中水泥颗粒尚未水化的粒芯，因为未水化的水泥粒芯，其强度要高于水泥水化产物C-S-H凝胶，且两者结合也比较好，但用未水化的水泥粒芯作微集料的代价较高。在混凝土中掺入部分微细矿物质粉料，不仅能起到微集料的作用，而且经济。在粉煤灰的特征和特性中，存在许多微集料作用的优点。

粉煤灰玻璃微珠的形态特征和特性适宜用作微集料，特别是粒径在10μm以下的微细粉煤灰，其微集料效应接近硅灰，且其减水效果更好。另外，粉煤灰玻璃微珠本身的强度很高，据美国学者Zeeuw的研究，粉煤灰薄壁空心微珠的抗压强度可达700MPa，远高于水泥熟料的强度，能起到增强水泥浆体的效果。

微集料效应明显增强了硬化浆体的结构强度。通过对粉煤灰颗粒和水泥净浆之间的显微研究表明，粉煤灰玻璃微珠分散于硬化水泥浆体中，与水泥浆体的结合养护时间越长，随着水化反应的进行，粉煤灰和水泥浆体接触越紧密。根据粉煤灰和水泥界面处的显微硬度研究，在界面处粉煤灰玻璃微珠所形成的水化凝胶的显微硬度值要高于水泥凝胶的显微硬度值。对于一般的微集料混凝土，硬化水泥浆体中最薄弱的联结部分应当是微集料颗粒与浆体之间的界面，但大量试验研究证实，破坏往往发生在水泥凝胶部分，而不是微集料颗粒与浆体之间的界面。

粉煤灰微粒在水泥浆体中的分散状态良好，有助于混凝土中毛细孔隙的细化和致密，改善了混凝土拌合物和硬化混凝土均匀性，这不仅对粉煤灰混凝土的强度增长有利，而且可提高混凝土的耐久性。

粉煤灰微集料效应的存在是不容忽视的，它与硅灰的作用有明显区别，宜作为粉煤灰的三大基本效应之一，特别是在改善混凝土耐久性的配合比设计中，应重点考虑粉煤灰的微集料效应。

粉煤灰的形态效应、活性效应和微集料效应共为一体且相互影响，不应强调某一效应而忽略其他效应。对于混凝土的某一性能，在特定的条件下，可能是某一效应起主导作用，而对于混凝土的其他性能，在不同的条件下，又可能是另一效应起主导作用，应根据具体情况具体分析。

三、粉煤灰在混凝土中应用

粉煤灰在混凝土中的应用已有数十年的历史，积累了丰富的经验，不仅可以应用于普通混凝土，而且可扩展到特种混凝土的范畴。

（一）粉煤灰的技术要求

根据《用于水泥和混凝土中的粉煤灰》（GB/T 1596—2017）规定，拌制混凝土和砂浆用粉煤灰的技术要求应符合表5-4的要求。

表5-4　拌制混凝土和砂浆用粉煤灰技术要求

项目		技术要求		
		Ⅰ	Ⅱ	Ⅲ
细度(45μm方孔筛筛余)/%	F类粉煤灰 C类粉煤灰	≤12.0	≤30.0	≤45.0

续表

项目		技术要求		
		Ⅰ	Ⅱ	Ⅲ
需水量比/%	F类粉煤灰	≤95	≤105	≤115
	C类粉煤灰			
烧失量(loss)/%(≤)	F类粉煤灰	≤5.0	≤8.0	≤15.0
	C类粉煤灰			
含水率/%	F类粉煤灰	≤1.0		
	C类粉煤灰			
三氧化硫(SO_3)/%(质量分数)	F类粉煤灰	≤3.0		
	C类粉煤灰			
游离氧化钙(f-CaO)/%(质量分数)	F类粉煤灰	≤1.0		
	C类粉煤灰	≤4.0		
二氧化硅(SiO_2)、三氧化二铝(Al_2O_3)和三氧化二铁(Fe_2O_3)总/%(质量分数)	F类粉煤灰	≥70.0		
	C类粉煤灰	≥50.0		
密度/(g/cm^3)	F类粉煤灰	≤2.6		
	C类粉煤灰			
安定性(雷氏法)/mm	C类粉煤灰	≤5.0		
强度活性指数/%	F类粉煤灰	≥70.0		
	C类粉煤灰			

Ⅰ级粉煤灰的品位最高，一般都是采用静电吸尘器收集的，细度较高，富含表面光滑的玻璃微珠体，需水量比值不大于95%，能降低混凝土的用水量，提高其密实度。Ⅱ级粉煤灰一般较粗，经加工磨细后方能达到要求的细度，掺入混凝土后对强度的贡献要小于Ⅰ级粉煤灰，但混凝土的性能仍可高于或接近基准混凝土。Ⅲ级粉煤灰是指火力发电厂排出的原状干灰或湿调灰，颗粒较粗，且含有较多的未燃尽的碳粒，掺入混凝土中减水效果较差，对强度的贡献较小。

（二）粉煤灰的掺量

粉煤灰混凝土的配合比应根据混凝土、拌和物的工作性强度等级、强度保证率、耐久性等要求，采用工程实际使用的原材料进行设计。粉煤灰混凝土的设计龄期应根据建筑物类型和实际承载 时间确定，并宜采用较长的设计龄期。地上、地面工程宜为28 d或60 d，地下工程宜为60 d或90d，大坝混凝土宜为90 d或180d。粉煤灰在混凝土中的掺量应通过试验确定，最大掺量宜符合表5-5的规定。

表5-5 粉煤灰的最大掺量 单位：%

混凝土种类	硅酸盐水泥		普通硅酸盐水泥	
	水胶比≤0.4	水胶比>0.4	水胶比≤0.4	水胶比>0.4
预应力混凝土	30	25	25	15
钢筋混凝土	40	35	35	30
素混凝土	55		45	
碾压混凝土	70		65	

注：1. 对浇筑量比较大的基础钢筋混凝土，粉煤灰最大掺量可增加5%～10%；
2. 当粉煤灰掺量超过本表规定时，应进行试验论证。

对早期强度要求较高或环境温度、湿度较低条件下施工的粉煤灰混凝土宜适当降低粉煤灰掺量。特殊情况下，工程混凝土不得不采用具有碱硅酸反应活性骨料时，粉煤灰的掺量应通过碱活性抑制试验确定。

（三）粉煤灰对混凝土拌合物性能的影响

1. 和易性

在普通混凝土中掺入适量合格的粉煤灰，可以改善混凝土拌合物的和易性，原因是粉煤灰内含有球状玻璃体。在粉煤灰混凝土与基准混凝土和易性相同的条件下，粉煤灰混凝土的单位用水量有可能降低，其减水率随着粉煤灰的细度、球形颗粒的多少、代用率以及细集料粒径的不同而不同。Ⅰ级粉煤灰具有比较稳定的中、低程度的减水功能；Ⅱ级粉煤灰或磨细粉煤灰具有低度的减水效果，但减水率往往不够稳定；而Ⅲ级粉煤灰，当要求与基准混凝土相同的坍落度时，必然增加混凝土的用水量；为了充分利用粉煤灰的减水功能，可以采用减水型粉煤灰即粉煤灰矿物减水剂。在混凝土中掺入减水型粉煤灰可以取得良好的减水效果，当坍落度一定时，掺量每增加10%，混凝土单位用水量可以递减2%～4%。使用磨细的粉煤灰，混凝土拌合物减水不多，但当粉煤灰掺量在30%以下时，也不会增加单位用水量，却能改善拌合物的黏聚性和保水性。如果粉煤灰的颗粒较粗，则会增加混凝土的单位用水量。

此外，混凝土中掺加粉煤灰，可以弥补其中水泥用量和细集料中细粉部分的不足，从而改善拌合物的保水性。在粉煤灰混凝土中，Ⅰ级及Ⅰ级以上的优质粉煤灰基本上能保证拌合物的保水性，Ⅱ级及Ⅱ级以下的粉煤灰，保水性虽有所改善，但不够稳定，而Ⅲ级粉煤灰中多孔颗粒吸水后释水的特征，可能增加拌合物的泌水量，并延长泌水时间，使混凝土拌合物的保水性变差。

大量实践证明，采用坍落度试验来评定粉煤灰混凝土拌合物的和易性是可行的，对拌合物和易性变异的反应也比较敏感，基本上符合单位用水量每增减3～4L/m^3 坍落度增减1cm的规律。

2. 含气量

增加粉煤灰掺量或粉煤灰中的含碳量增加，均将减少引气产生的含气量，原因一般是碳粒吸附一部分的外加剂，减少气泡的产生。为达到相同的含气量，其他条件一定时，粉煤灰混凝土掺入引气剂的量要高于基准混凝土。

3. 凝结时间

一般来说，粉煤灰掺入混凝土中具有缓凝的作用。在混凝土中掺加F类粉煤灰，会延缓水泥的水化过程，推迟拌合物的凝结时间；掺加C类粉煤灰，可能延缓凝结时间，也可能提前或对凝结时间没有明显的影响。

（四）粉煤灰对硬化混凝土物理力学性能的影响

1. 强度

粉煤灰混凝土3d、7d的强度要低于基准混凝土，特别是在寒冷季节，但是其后期强度要高于基准混凝土，原因是粉煤灰取代了混凝土中的部分水泥，早期硬化混凝土中水化产物的数量减少，粉煤灰颗粒中的活性组分化学反应缓慢，颗粒周围的水膜层间隙尚未填实，较大空隙和敞开的毛细孔较多，混凝土的密实性较差。也就是说粉煤灰的“火山灰活性”及其对水泥颗粒的分散作用，有利于加深水泥的水化程度，增加水化硅酸钙凝胶的数量等，但是这种活性效应要等粉煤灰的“火山灰反应”达到一定程度后才能显现出来。一般来说，当粉煤灰混凝土与基准混凝土中胶凝材料的总量相同（即水泥与粉煤灰的总量相同）时，90d 龄期以前粉煤灰混凝土的强度偏低，而 90d 以后粉煤灰混凝土的强度将变高。如果混凝土中水泥用量不变，而以等体积的粉煤灰取代细集料，则当取代量在一定的范围内时，随着粉煤灰掺量的提高，混凝土的强度甚至是早期强度都会有所增长。

粉煤灰混凝土的抗拉、抗折强度等其他力学性能与基准混凝土无明显差异。

2. 弹性模量

粉煤灰对混凝土弹性模量的影响与对抗压强度的影响类似，一般来说，早期偏低，后期逐渐提高。标准条件下养护 28d 龄期等强度粉煤灰混凝土的弹性模量与基准混凝土近似，28d 龄期抗压强度增大较多，弹性模量也相应增大。一般来说，将粉煤灰掺入混凝土中会提高其弹性模量，原因是粉煤灰的火山灰反应在整个水化过程中都进行，生成类似于托勃莫来石凝胶，使粉煤灰混凝土更密实。

3. 收缩和徐变

混凝土收缩开始于拌合物的塑性阶段，以后随混凝土内部水分的散失继续收缩，主要取决于单位用水量、胶凝材料浆体的体积、胶凝材料种类和用量以及集料情况等。应该说混凝土的收缩值主要是水化产物凝胶孔脱水形成的，而粉煤灰混凝土水化产物与基准混凝土相比要少很多，从这点来看，粉煤灰混凝土的收缩应小于基准混凝土，但是后期孔的细化又会增加其收缩，所以粉煤灰混凝土的收缩与养护龄期很有关系。大量试验研究表明，养护 28 龄期粉煤灰混凝土的收缩应不大于基准混凝土。

由于徐变测试周期较长，所以国内外对粉煤灰混凝土徐变的研究相对来说还比较少。影响混凝土徐变的因素很多，主要有混凝土强度、弹性模量、集料用量、养护龄期、环境温度和湿度等，而对粉煤灰混凝土徐变的影响主要取决于粉煤灰的品质。当采用减水型优质粉煤灰时，除了可以降低混凝土的单位用水量和水灰（胶）比，由于粉煤灰的活性效应和微集料效应，减少了水泥浆体中 $Ca(OH)_2$ 晶体的形成，提高了混凝土的密实度以及水泥浆体、粉煤灰和集料之间界面的结合强度，使得粉煤灰混凝土的徐变明显小于基准混凝土。

（五）粉煤灰对硬化混凝土耐久性能的影响

粉煤灰应用于混凝土的初始目的是提高混凝土的耐久性，到目前为止，大量研究和工程实践表明，掺粉煤灰有利于提高混凝土的耐久性能，但是必须在一定的条件和范围内。

1. 抗渗性能

一般来说，粉煤灰等量取代混凝土中的水泥时，早期和中期的水化产物减少，毛细孔增多，抗渗性下降，但后期粉煤灰混凝土的抗渗性要优于普通混凝土。如果粉煤灰超量取代水泥，当 28d 强度一定时，粉煤灰混凝土的抗渗性与普通混凝土相近，并随龄期的延长而显著提高。特别是掺用优质粉煤灰，通过降低单位用水量和水灰（胶）比、火山灰反应生成物增多等作用，从混凝土拌合物开始，若粉煤灰改善和易性，则容易浇筑密实，若改善均匀性，则整体密实度提高，在硬化混凝土中结合容易析出的 $Ca(OH)_2$ 和可溶性碱，堵塞孔隙和堵截毛细孔通道，有助于减少液体、气体和离子在混凝土中的流动和渗透，显著提高了混凝土的抗渗性。

2. 抗冻性能

不管是粉煤灰混凝土还是普通混凝土，其抗冻能力主要取决于水泥品种及强度等级、水灰比、外加剂品种和掺量、集料品质、水化程度、硬化水泥浆体的强度、养护龄期等。粉煤灰混凝土的抗冻性试验表明，有时会出现抗冻性低于基准混凝土的情况，原因可能是所掺加的粉煤灰质量较差、变异大、养护不良等，还有可能是掺加低钙粉煤灰的混凝土，等量取代水泥后，强度发展比较缓慢，早期和中期混凝土强度较低，胶凝材料浆体体积增大。所以，对于不掺加引气剂的粉煤灰混凝土，其抗冻性较差，而掺加引气剂的粉煤灰混凝土，其抗冻性与基准混凝土的差别缩小，但是由于粉煤灰会降低混凝土中的含气量，可改变能提高混凝土抗冻性的引气剂的最佳掺量，尤其是粉煤灰中的碳粒和多孔颗粒，都会对引气剂有吸附作用，影响引气剂的掺量。当有足够的引气量时也能生产出具有高抗冻性的粉煤灰混凝土。大量试验研究和工程实践表明，对于有抗冻要求的结构和部位，粉煤灰混凝土中必须掺入引气剂，含气量根据试验确定，由于粉煤灰颗粒表面对引气剂有吸附作用，所以为达到相同的含气量，粉煤灰混凝土所需引气剂掺量要比普通混凝土高很多。

3. 抗侵蚀性能

硫酸盐侵蚀是最为常见的化学侵蚀，粉煤灰混凝土的抗硫酸盐侵蚀一般都要优于普通混凝土。硫酸盐侵蚀主要是可溶性 $Ca(OH)_2$ 与硫酸盐作用生成石膏，石膏在混凝土中结晶，产生膨胀应力。此外，水泥熟料矿物中的 C_3A 水化产物水化铝酸盐还会与石膏反应生成水化硫铝酸钙（钙矾石等），造成膨胀破坏。在混凝土中掺入粉煤灰，使得混凝土中的水泥熟料减少，降低了水化产物 $Ca(OH)_2$ 和水化铝酸盐的生成量，此外粉煤灰的火山灰反应，消耗了部分 $Ca(OH)_2$ 和水化铝酸盐等，减少了游离 $Ca(OH)_2$ 的量，而且反应产物水化硅酸钙堵塞了混凝土中的毛细孔通道，提高了混凝土的密实度。所以，在混凝土中掺入粉煤灰，既能从化学作用上稳定 $Ca(OH)_2$，又可以从结构密实度上提高混凝土的抗渗性，这是增强抗硫酸盐侵蚀的主要原因。为保证混凝土的抗硫酸盐侵蚀能力，比较稳妥的办法是采用掺加粉煤灰和限制水泥中 C_3A 的含量相结合的方法。研究表明，在混凝土中掺 30%水泥用量以上的粉煤灰，其后期的抗硫酸盐侵蚀性能相当于抗硫酸盐水泥。尽管粉煤灰可以改善混凝土的抗硫酸盐侵蚀性能，但在暴露条件硫酸盐侵蚀非常严重的环境中，仍然需要采用抗硫酸盐水泥。在使用抗硫酸盐水泥的混凝土中再掺入一些粉煤灰，其抗硫酸盐侵蚀性能将会得到进一步的提高。

4. 碱-集料反应

普遍认为，粉煤灰是减少混凝土中碱-集料反应的一种材料，能有效地抑制碱-集料反应，主要是依靠粉煤灰效应的发挥来拦截与活性集料反应的碱，掺加粉煤灰可直接稀释混凝土中水溶性碱的浓度，且其火山灰反应也会减低混凝土孔溶液中的碱度，因而有效降低集料中的硅与碱的反应活性。而混凝土细孔中的碱溶液为激发粉煤灰效应提供了良好的环境。所以说，粉煤灰把碱-集料反应从激化转变为惰化，同时，碱又把粉煤灰的火山灰反应从惰化发展为激化。另外，粉煤灰能有限提高混凝土的密实度，减少水分向混凝土渗透，而有水分才能充分进行碱-集料反应。粉煤灰还能降低混凝土内部水化热引起的温升，可延缓碱-集料反应的激化。

推荐使用Ⅰ级及Ⅰ级以上的 F 类粉煤灰，并将掺量控制在 30%～50%，可有限抑制混凝土的碱-集料反应。

5. 抗碳化性能

混凝土中掺加粉煤灰，取代了部分水泥，降低了水化产物 $Ca(OH)_2$ 的生成量，而且粉煤灰的火山灰反应又要消耗部分 $Ca(OH)_2$，使其吸收 CO_2 的能力下降，所以强度相同的粉煤灰混凝土的抗碳化能力要低于普通混凝土。但是从结构密实度来考虑，粉煤灰混凝土又能延缓碳化进程，因此，如能充分发挥粉煤灰的活性效应，等强度的粉煤灰混凝土与基准混凝土 28d 龄期的抗碳化能力基本相同。但是为了提高粉煤灰混凝土的抗碳化能力，目前工程上普遍采用“双掺”技术，即在掺加粉煤灰的同时，复合使用减水剂，以进一步提高混凝土的密实度。粉煤灰混凝土的抗碳化性能还与粉煤灰的品质有关，混凝土中采用优质粉煤灰，其抗碳化性能要好于劣质粉煤灰。

6. 抗氯离子侵蚀性能

粉煤灰掺入混凝土中，能有效阻止氯离子侵蚀。不论是来自外界还是由内部材料带入混凝土中的氯离子，都要通过毛细孔的扩散和渗透腐蚀钢筋，而粉煤灰效应所产生的细化毛细孔和堵截作用，将会阻止氯离子扩散，从而有效地保护钢筋。

混凝土中的钢筋锈蚀主要是由氯离子侵蚀和碳化作用引起的。氯离子侵蚀与混凝土碳化往往是同步进行的，但是氯离子侵蚀速度要快于碳化，而且氯离子侵蚀往往与混凝土冻融破坏一同发生，尤其是寒冷季节对钢筋混凝土桥梁路面喷洒氯盐除冰剂，此时氯离子的侵蚀将与冻融破坏同时发生，导致混凝土表层剥落、钢筋锈蚀等。因此，应充分发挥粉煤灰效应，有效阻止氯离子在混凝土中的扩散，同时提高粉煤灰混凝土的抗冻性。

（六）粉煤灰在使用中应注意的问题

1. 合理掺用

配制泵送混凝土、大体积混凝土、抗渗结构混凝土、抗硫酸盐和抗软水侵蚀混凝土、蒸养混凝土、轻集料混凝土、地下工程混凝土、水下工程混凝土、压浆混凝土和碾压混凝土等，宜采用粉煤灰。当粉煤灰用于下列混凝土时，应采取相应的措施：

① 用于高抗冻性能的混凝土时，必须掺入引气剂；

② 在低温条件下施工时，宜掺入对粉煤灰混凝土无害的早强剂或防冻剂，并应采取适当的保温措施；

③ 用于早强脱模、提前负荷的粉煤灰混凝土，宜掺用高效减水剂、早强剂等外加剂。

2. 加强养护

粉煤灰活性效应的发挥是由于粉煤灰发生了火山灰反应即“二次水化”，通过“二次水化”反应，粉煤灰中的活性成分才能生成具有一定强度的、稳定的水化产物。保证“二次水化”充分进行的必要条件是要有一定的温度和湿度，所以应加强粉煤灰混凝土的养护，尤其是冬季施工的粉煤灰混凝土，应采取早强和保温措施，加强养护。

3. 防止过振

由于粉煤灰混凝土易于振捣，而且粉煤灰相对较轻，特别是粉煤灰中的碳粒更轻，在振捣过程中，很容易上浮到浇筑层的表面，在混凝土层面之间形成薄弱环节，影响浇筑层面之间的强度。所以，一般粉煤灰混凝土的坍落度应设计得小一些，并防止过振。

第三节 粒化高炉矿渣粉

高炉冶炼生铁时，所得以硅铝酸盐为主要成分的熔融物，经淬冷成粒后，具有潜在水硬性的材料，即为粒化高炉矿渣，简称矿渣。《用于水泥、砂浆和混凝土中的粒化高炉矿渣粉》（GB/T 18046—2017）规定，以粒化高炉矿渣为主要原料，可掺加少量石膏，磨制成一定细度的粉体，称为粒化高炉矿渣粉，简称矿渣粉。矿渣应满足《用于水泥中的粒化高炉矿渣》（GB/T 203—2008）规定的质量要求；石膏为符合《天然石膏》(GB/T 5483—2003) 规定的 G 类或 M 类二级（含）以上的石膏或混合石膏；允许加入不超过矿渣粉质量 0.5%的助磨剂。

矿渣可采用不同的方法来分类，其中根据碱性氧化物（CaO+ MgO）与酸性氧化物（$SiO_2+Al_2O_3$）的比值 M，可以将矿渣分为碱性矿渣（$M>1$）、中性矿渣（$M=1$）和酸性矿渣（$M<1$）；根据冶炼生铁的种类可将矿渣分为铸铁矿渣（冶炼铸铁时排出的渣）、炼钢生铁矿渣（冶炼供炼钢用生铁时排出的渣）和特种生铁矿渣（用含有其他金属的铁矿石熔炼生铁时排出的渣，如锰矿渣、镁矿渣）；再根据冷却方法、物理性能及外形，可将矿渣分为缓冷渣（块状、粉状）和急冷渣（粒状、纤维状、多孔状和浮石状）。

一、矿渣的组成与物理性能

（一）矿渣的化学成分与矿物组成

1. 矿渣的化学成分

矿渣的化学成分有 CaO 、SiO_2、Al_2O_3、MgO 、MnO、Fe_2O_3 等氧化物和少量硫化物，如 CaS、MnS 等，一般来说，CaO 、SiO_2和 Al_2O_3 的含量占 90%以上。表 5-6 列出了我国常用矿渣的主要化学成分及其波动范围。

表 5-6　矿渣的主要化学成分及其波动范围　　单位：%

矿渣类型	CaO	SiO_2	Al_2O_3	MgO	MnO	Fe_2O_3	S	TiO_2
炼钢、铸造生铁渣	32～49	32～41	6～17	2～13	0.1～4	0.2～4	0.2～2	—
锰铁渣	28～47	21～37	7～23	1～9	3～24	0.1～0.7	0.2～2	—
含钛高炉渣	20～31	12～32	13～17	7～9	0.3～1.2	0.2～1.9	0.2～1	16～25

矿渣的化学成分与水泥的化学成分基本相同，只不过 CaO 含量较低，而 SiO_2 含量偏高。另外，在 CaO 含量较高的碱性矿渣中还含有硅酸二钙等成分，所以矿渣本身具有微弱水硬性。矿渣中的各种化学成分对其活性的影响如下。

① CaO　一般来说，CaO 含量较高，在熔体冷却的过程中，能与 SiO_2 和 Al_2O_3 结合形成更多的水化硅酸钙和铝酸钙，从而提高矿渣的活性。但是当 CaO 含量过高时，矿渣熔点升高、熔体黏度降低，冷却时析晶能力增加，在慢速冷却时，容易产生粉化现象，即 β-C_2S 转变为 γ-C_3S，降低矿渣的活性。

② SiO_2　就生成胶凝组分而言，SiO_2 的含量相对于 CaO 和 Al_2O_3 来说已经偏多了。SiO_2 含量较高，矿渣熔体的黏度较大，冷却时，容易生成低碱性硅酸钙和高硅玻璃体，降低矿渣的活性。

③ Al_2O_3　Al_2O_3 含量较高时，一般会形成更多的铝酸钙和铝酸钙玻璃体，从而提高矿渣的活性。

④ MgO　矿渣中的 MgO 一般以稳定化合物和玻璃态化合物存在，不会对水泥安定性造成不良影响。相反，MgO 可以降低矿渣熔体的黏度，有助于提高矿渣的粒化质量，增加矿渣的活性。

⑤ MnO　冶炼生铁时加入锰矿是为了脱硫。矿渣中的MnO含量一般不超过1%～3%，对矿渣活性影响不明显，但是当MnO含量超过5%时，矿渣的活性会下降。所以，矿渣中锰化合物的含量，以MnO计算不得超过5%，而冶炼锰铁时所得矿渣中锰化合物的含量可以放宽至不超过15%，原因是锰铁矿渣中Al_2O_3含量较高，SiO_2含量较低；另外，冶炼锰铁时出渣温度较高，锰铁矿渣成粒后，形成的玻璃体含量较高，有利于矿渣活性的提高。

⑥ Fe_2O_3　一般情况下，矿渣中Fe_2O_3含量较少，对矿渣的活性影响很小。

⑦ 硫化物　CaS是矿渣中的有利成分，与水作用后能生成$Ca(OH)_2$，起到碱性激发剂的作用；而MnS会吸水、水解，产生体积膨胀，粉化矿渣，降低矿渣的活性，所以锰铁矿渣中的硫化物，以MnS计，不超过2%。

⑧ TiO_2　矿渣中TiO_2以钛钙石的形式存在。钛钙石是一种惰性矿物，当其含量较高时，矿渣的活性会下降。当矿石为普通矿石时，TiO_2的含量一般不超过2%，而用钛磁铁矿时，TiO_2的含量可达20%～30%，活性很低。我国标准规定，矿渣中TiO_2的含量不得超过10%。

根据所用原材料及冶炼生铁品种的不同，矿渣中可能还含有少量的其他化合物，如氟化物、P_2O_5、Na_2O、K_2O、V_2O_5等，一般情况下这些化合物的含量很少，对矿渣的质量影响较小。

《用于水泥中粒化高炉矿渣》(GB/T 203—2008) 规定，采用质量系数K来评定矿渣的质量。K是指矿渣中的氧化钙、氧化镁、三氧化二铝质量分数之和与二氧化硅、二氧化钛、氧化锰质量分数之和的比值，具体见式(5-1)。

$$K=\frac{W_{CaO}+W_{MgO}+W_{Al_2O_3}}{W_{SiO_2}+W_{MnO}+W_{TiO_2}} \tag{5-1}$$

式中　K——矿渣的质量系数；

W_{CaO}、W_{MgO}、$W_{Al_2O_3}$、W_{SiO_2}、W_{MnO}、W_{TiO_2}——分别代表矿渣中CaO、MgO、Al_2O_3、SiO_2、MnO、TiO_2的质量分数，%。

质量系数K反映了矿渣中活性组分与低活性组分之间的比例关系，其值越大，则矿渣的活性越高。矿渣的质量系数和组分含量应符合表5-7要求。

表5-7　矿渣的质量系数和组分含量

项目	技术要求
质量系数(K)	≥1.2
二氧化钛(TiO_2)的质量分数/%	≤2.0①
氧化锰(MnO)的质量分数/%	≤2.0②
氟化物的质量分数(以F计)/%	≤2.0
硫化物的质量分数(以S计)/ %	≤3.0
玻璃体质量分数/%	≥70

① 以钒钛磁铁矿为原料在高炉冶炼生铁时所得的矿渣，二氧化钛的质量分数可放宽到10%。

② 在高炉冶炼锰铁时所得的矿渣，氧化锰的质量分数可以放宽到15%。

2. 矿渣的矿物组成

高炉渣的矿物组成与生产原料和冷却方式有关。在慢冷结晶态的矿渣中，碱性高炉渣中的主要矿物为钙铝黄长石和钙镁黄长石，其次为硅酸二钙、假硅灰石、钙长石、钙镁橄榄石、镁蔷薇石及镁方柱石等。酸性高炉渣中的矿物成分主要为黄长石、假硅灰石、辉石和斜长石等。钒钛高炉渣中的主要矿物是钙钛石、安诺石、钛辉石、巴依石和尖晶石等。锰铁渣中主要矿物是橄榄石。高铝渣中主要矿物是铝酸一钙、三铝酸五钙和二铝酸一钙。在结晶态的矿渣中，除高铝渣外，仅硅酸二钙具有胶凝性，其他矿物均不具有或只具有微弱的胶凝性，所以基本不具有水硬性。而急冷渣主要由玻璃体组成，即矿渣中的非晶态固体，其含量与矿渣熔体的化学成分和冷却速度有很大关系，一般酸性矿渣的玻璃体含量高于碱性矿渣，冷却速度快，玻璃体含量高。我国钢铁厂排放的快冷渣玻璃体含量一般在在 80% 以上，具有较好的水硬性。

（二）矿渣的物理性能

《用于水泥中的粒化高炉矿渣》（GB/T 203—2008）对矿渣的堆积密度和最大粒度等提出了要求，见表 5-8。

表 5-8　矿渣的堆积密度和最大粒度

项目	技术要求
堆积密度/(kg/m^3)	$\leqslant 1.2\times10^3$
最大粒度/mm	≤50
大于 10mm 颗粒的质量分数/%	≤8

二、矿渣粉的基本效应

矿渣粉用作混凝土的矿物外加剂能改善或提高混凝土的综合性能，其作用机理在于矿渣粉在混凝土中具有火山灰效应、微集料效应和微晶核效应。

1. 火山灰效应

矿渣粉掺入混凝土中，在混凝土内部的碱性环境中，矿渣粉能与水泥的水化产物 $Ca(OH)_2$ 发生“二次水化反应”，而且能促进水泥进一步水化生成更多的 C-S-H 凝胶，使集料界面区的 $Ca(OH)_2$ 晶粒变小，改善混凝土的微观结构，降低水泥浆体的孔隙率，提高集料界面黏结力，使混凝土的物理力学性能显著提高。

2. 微集料效应

一般来说，混凝土可视为连续级配的颗粒堆积体系，粗集料之间的空隙由细集料填充，细集料之间的空隙由水泥颗粒填充，而水泥颗粒之间的空隙则需要有更细的颗粒来填充。根据 Aim 和 Goff 模型理论，当把掺有超细矿物外加剂的水泥基材料看作多元系统，则该系统中存在一个最紧密堆积，其值取决于超细矿物外加剂的粒径与水泥粒径之比，该值越小，最紧密堆积值越大。矿渣粉比水泥颗粒细，在取代了部分水泥后，这些小颗粒填充在水泥颗粒间的空隙中，使胶凝材料具有更好的级配，形成了密实充填结构和细观层次的自紧密堆积体系；同时还能降低标准稠度下的用水量，在保持相同用水量的条件下又可以提高拌合物的流动性；另外，填充作用还能增加拌合物的黏聚性，防止泌水离析。

3. 微晶核效应

矿渣粉的胶凝性与硅酸盐水泥相比较弱，但是它在水泥—水系统中起到微晶核效应，加速水泥水化反应的进程，并为水化产物提供充裕的空间，使得水泥水化产物分布更均匀，提高了硬化水泥浆体结构的密实性，从而使混凝土具有较好的力学性能。

三、矿渣粉在混凝土中的应用

矿渣粉作为混凝土的矿物外加剂，不仅能取代水泥，具有良好的经济效益，而且对混凝土技术性能的提高具有显著效应，是国际公认的高性能混凝土的主要组分之一。

《用于水泥、砂浆和混凝土中的粒化高炉矿渣粉》（GB/T 18046—2017）中规定了矿渣粉的技术要求，见表5-9。

表5-9 矿渣粉的技术要求

项目		级别		
		S105	S95	S75
密度/(g/cm³)		≥2.8		
比表面积/(m²/kg)		≥500	≥400	≥300
活性指数/%	7d	≥95	≥70	≥55
	28d	≥105	≥95	≥75
流动度比/%		≥95		
初凝时间比/%		≤200		
含水量/%(质量分数)		≤1.0		
三氧化硫/%(质量分数)		≤4.0		
氯离子/%(质量分数)		≤0.06		
烧失量/%(质量分数)		≤1.0		
不溶物/%(质量分数)		≤3.0		
玻璃体含量/%(质量分数)		≥85		
放射性		$I_{Ra} \leq 1.0$ 且 $I_{\gamma} \leq 1.0$		

将矿渣粉掺入混凝土中，可以达到以下几个方面的效果：

① 改善混凝土拌合物的和易性。可以配制出流动性大而且不离析的泵送混凝土。

② 提高混凝土的强度。采用高强度等级的水泥和优质粗、细集料，并掺入混凝土超塑化剂，可以配制出高强甚至超高强混凝土。

③ 改善混凝土的长期性能和耐久性能。掺入矿渣粉的硬化混凝土的干缩显著减小，水泥的水化放热延缓，而且其抗渗、抗冻性能明显提高。

④ 可获得良好的经济性。矿渣粉的生产成本低于水泥，用其作为混凝土的矿物外加剂，可降低混凝土的生产成本。

第四节 硅灰

硅灰也称为硅粉，是冶炼硅铁合金或工业硅时通过烟道排出的粉尘，经收集得到的以无定形二氧化硅为主要成分的粉体材料。

一、硅灰的组成与物理性能

硅灰的颗粒极细，平均直径为0.1～0.2μm，比表面积为20000～25000m²/kg，其主要成分为SiO_2，含量达80%以上，其他成分含量较少，Fe_2O_3、CaO等的含量随矿石成分的不同稍有变化。我国不同产地硅灰的化学成分见表 5-10。

表 5-10 我国不同产地硅灰的化学成分 单位：%（质量分数）

硅灰产地	SiO_2	Al_2O_3	Fe_2O_3	TiO_2	CaO	MnO	烧失量
北京	90.10	0.90	0.94	—	0.65	1.11	3.54
上海	94.50	0.27	0.83	—	0.54	0.97	1.90
西宁	90.09	0.99	2.01	0.15	0.81	1.17	2.95
唐山	92.16	0.44	0.27	—	0.94	1.37	1.63

根据《矿物掺合料应用技术规范》GB/T 51003—2014，用于混凝土的硅灰技术要求应符合表 5-11 的规定。

表 5-11 硅灰的技术要求

项目	技术指标	项目	技术指标
比表面积/(m^2/kg)	≥15000	烧失量/%(质量分数)	≤6.0
28d 活性指数/%	≥85	需水量比/%(质量分数)	≤125
二氧化硅含量/%(质量分数)	≥85	氯离子含量/%(质量分数)	≤0.02
含水量/%(质量分数)	≤3.0		

二、硅灰在混凝土中的应用

用硅灰配制混凝土时，宜采用硅酸盐水泥和普通硅酸盐水泥，硅灰掺量不宜超过胶凝材料总量的 10%。当采用其他品种水泥时，应了解水泥中混合材的品种和掺量，并通过充分试验，确定硅灰的掺量。

将硅灰掺入混凝土中，可以达到以下几个方面的效果。

① 硅灰颗粒极细，比表面积大，需水量通常为普通水泥的 130%～150%，故混凝土中掺入硅灰后，会增加混凝土的需水量，其拌合物的流动性随硅粉掺量的增加而减少，为了保持拌合物的流动性，在掺入硅灰的同时必须加入高效减水剂（超塑化剂）；另外，硅灰的掺入可显著提高混凝土拌合物的黏聚性和保水性，降低混凝土的离析和泌水现象，使混凝土易于泵送。

② 硅灰的活性很高，当与超塑化剂一起掺入混凝土时，硅灰会与水泥水化产物 $Ca(OH)_2$ 等反应，生成 C-S-H 凝胶，填充在水泥产物之间的空隙，改善界面结构，提高界面黏结力，从而显著提高混凝土的强度；在混凝土中掺入 10%～15%的硅灰，采用常规的施工方法即可配制出强度等级为 C100 的超高强混凝土。

③ 如前所述，硅灰掺入混凝土后，由于其发生了火山灰反应，水泥浆体的孔结构发生明显改变，大孔数量减少，小孔数量增加，改善了混凝土的孔结构，从而提高了混凝土的耐久性能。

硅灰在使用时必须注意以下问题：

① 内掺法一般用于配制中、低强度等级的混凝土，而外掺法一般用于配制高强度等级的混凝土。

② 由于掺入硅灰后，混凝土拌合物较黏稠，所以在设计混凝土时，硅灰混凝土的坍落度应比普通混凝土提高 20～30mm。

③ 混凝土中掺入硅灰后，早期干缩变形较大，所以必须加强早期养护，防止混凝土的塑性收缩裂缝。

④ 混凝土中硅灰的掺量一般为5%～10%。掺量太少，对混凝土的性能改善不大；掺量太多，则会增加混凝土拌合物的黏性，不易施工，且干缩变形较大，抗冻性较差。

第五节 其他矿物外加剂

一、天然火山灰质材料

以具有火山灰性的天然矿物质为原料磨细制成的粉体材料。天然火山灰质混合材料主要包括以下几种。

① 火山灰或火山渣　火山喷发的细粒碎屑的疏松沉积物。

② 玄武岩　火山爆发时岩浆喷出地面骤冷凝结而成的硅酸盐岩石。

③ 凝灰岩　由火山灰沉积形成的致密岩石。

④ 天然沸石岩（沸石）　以碱金属或碱土金属的含水铝硅酸盐矿物为主要成分的岩石。

⑤ 天然浮石岩（浮石）　熔融的岩浆随火山喷发冷凝而成的具有密集气孔的火山玻璃岩。

⑥ 安山岩　一种中性的钙碱性火山岩，常与玄武岩共生。

除沸石粉外，其他天然火山灰质材料应符合《水泥砂浆和混凝土用天然火山灰质材料》（JG/T 315—2011）的规定，见表5-12。

表5-12　天然火山灰质材料的技术要求

项目		技术指标
细度(45μm方孔筛筛余)(质量分数)/%		≤20
流动度比/%	磨细火山灰	≥85
	磨细玄武岩、安山岩、凝灰岩	≥90
	浮石粉	≥65
28d活性指数/%		≥65
烧失量/%(质量分数)		≤8.0
三氧化硫/%(质量分数)		≤3.5
氯离子含量/%(质量分数)		≤0.06
含水量/%(质量分数)		≤1.0
火山灰性(选择性指标)		合格①
放射性		符合《建筑材料放射性核素限量》(GB 6566—2010)规定②
碱含量/%(质量分数)		按 $Na_2O+0.658K_2O$ 计算值表示，其值由买卖双方协商确定

① 用于混凝土中的火山灰性为选择性控制指标，当活性指数达到相应的指标时，可不作要求。

② 当有可靠资料证明天然火山灰质材料的放射性合格时，可不再检验。

二、沸石粉

沸石粉（zeolite powder）是将天然斜发沸石或丝光沸石磨细制成的粉体材料。天然沸石是一种经长期受压强、温度和碱性水质作用而沸石化了的凝灰岩，属于火山灰质材料，有30多个品种，用作混凝土矿物外加剂的主要是斜发沸石和丝光沸石。沸石粉是水泥优质混合料，早在20世纪初国外已经进行了沸石粉的试验研究和应用，我国对沸石粉的研究始于

20世纪70年代末。虽然我国有关沸石粉的研究和应用起步较晚，但发展速度快，目前其用量居世界首位。

（一）沸石粉的组成与物理性能

沸石是沸石族矿物的总称，是主要由 SiO_2、Al_2O_3、H_2O 和碱金属、碱土金属离子四部分组成的硅酸盐矿物，其中硅氧四面体和铝氧四面体构成了沸石的三维空间架状结构，碱金属、碱土金属和水分子结合得松散、易置换，使得沸石具有特殊的应用性能——吸附作用、离子交换作用等。沸石的化学组成常用 $(Na,K)_x(Mg,Ca,Sr,Ba)_y[Al_{x+2y}Si_{n-(x+2y)}O_{2n}]\cdot mH_2O$ 表示，其中Al的个数等于阳离子的总价数，O的个数为Al和Si总数的两倍。斜发沸石的化学组成式为 $Na_6[Al_6Si_{30}O_{72}]\cdot 24H_2O$，有时含Ca、K，而丝光沸石的化学组成式为 $Na_8[Al_8Si_{40}O_{96}]\cdot 24H_2O$，有时含K、Ca、Mg等。

根据《矿物掺合料应用技术规范》（GB/T 51003—2014），用于混凝土的沸石粉技术要求应符合表5-13的规定。

表5-13　沸石粉的技术要求

项目	技术指标	
	级别	
	Ⅰ	Ⅱ
28d活性指数/%	≥75	≥70
细度（80μm方孔筛筛余）/%	≤4	≤10
需水量比/%	≤125	≤120
吸铵值/(mmol/100g)	≥130	≥100

（二）沸石粉在混凝土中的应用

用沸石粉配制混凝土时，宜采用硅酸盐水泥和普通硅酸盐水泥，沸石粉掺量不宜超过胶凝材料总量的15%。当采用其他品种水泥时，应了解水泥中混合材的品种和掺量，并通过充分试验确定沸石粉的掺量。将沸石粉掺入混凝土中，可以达到以下几个方面的效果：

1. 改善混凝土拌合物的和易性

沸石粉对极性水分子有很大的亲和力，在自然状态下，沸石内部的孔穴与管道中会吸附大量的水分与空气。在混凝土拌合物中，原来被沸石粉所吸附的气体被排放到拌合物中，提高了拌合物的黏度和粗集料的裹浆量，减少了泌水量。

2. 降低混凝土的水化热

在高强混凝土和大体积混凝土中，由于水泥用量较大，混凝土中的水化热较高，掺入沸石粉以后，由于减少了水泥的用量，水泥的水化热也相应下降。虽然水化热的高峰有所提前，但水泥水化热值远低于纯水泥混凝土，并且随着沸石掺量的增加，混凝土水化热的降低量也加大。

3. 提高了混凝土的强度和耐久性

沸石粉掺入混凝土后，沸石粉中的活性硅和活性铝会与水泥的水化产物 $Ca(OH)_2$ 发生“二次水化反应”，生成水化硅酸钙等水化产物，使混凝土更加密实，强度提高；另外，沸石粉加入混凝土后，在搅拌初期，由于沸石粉的吸水，一部分拌和水被沸石粉吸走，因而，要得到相同的坍落度，减水剂的用量必须有所增加，但在混凝土硬化过程中，水泥进一步水化需水时，沸石粉排出原来吸入的水分后体积膨胀，使拌合物的黏度加大，粗集料的裹浆量增加，因此，粗集料与水泥浆体的界面得到改善，拌合物比较均匀，从而提高了混凝土的耐久性。

三、偏高岭土

以高岭石（$Al_2O_3 \cdot 2SiO_2 \cdot 2H_2O$）为原料，在600～900℃温度下煅烧、脱去其内部的结构水，结构遭受到严重破坏，形成了结晶度很差、具有火山灰活性的过渡相，即偏高岭土（$Al_2O_3 \cdot 2SiO_2$），它也是一种人造火山灰材料。国外许多国家早已在混凝土中进行开发利用，我国许多部门也针对偏高岭土在混凝土中的开发利用做了大量工作。我国偏高岭土矿藏丰富，分布广，储量超过5亿吨，以偏高岭土为主的矿物外加剂的开发利用有很大的资源潜力。

在混凝土中掺入偏高岭土对其性能有重要的影响。偏高岭土的需水量小于硅粉，增强效果与硅粉相差无几。偏高岭土会发生火山灰反应，与氢氧化钙反应生成C-S-H凝胶，改变浆体的孔结构，并且会改变凝胶相的组成和结构。偏高岭土可以与其质量1.6倍的$Ca(OH)_2$起反应，当掺量约为18%时，偏高岭土可以消耗完水泥水化反应生成的$Ca(OH)_2$。而$Ca(OH)_2$含量的减少有助于防止碱—硅反应，改善浆—集料界面过渡区性能，从而提高混凝土力学和耐久性能。

四、石灰石粉

石灰石粉是以一定纯度的石灰石为原料，经粉磨至规定细度的粉状材料。根据《矿物掺合料应用技术规范》(GB/T 51003—2014)，用于混凝土的石灰石粉技术要求应符合表5-14的规定。

表5-14 石灰石粉的技术要求

项目		技术指标
碳酸钙含量/%		≥75
细度(45μm方孔筛筛余)/%		≤15
活性指数/%	7d	≥60
	28d	≥60
流动度比/%		≥100
含水量/%		≤1.0
亚甲基蓝		≤1.4

注 当石灰石粉用于有碱活性骨料配制的混凝土时，可由供需双方协商确定碱含量。

常温常压下，石灰石粉是活性很低的矿物外加剂，属于非活性矿物外加剂，主要利用其形态效应和微细集料效应来改善混凝土的工作性和降低混凝土内部的绝热温升。一定细度的石灰石粉能够与水泥熟料矿物C_3A反应生成水化碳铝酸钙（$C_3A \cdot 3CaCO_3 \cdot 32H_2O$），抑制钙矾石向单硫型硫铝酸钙转变，增大水化产物的固相体积，减小硬化水泥浆体的孔隙率。在一定的粒径和掺量内，石灰石粉可以加速硅酸盐水泥水化，改善硬化水泥浆体孔结构和界面，从而提高基体强度、抗渗透性、抗碳化性能、抗钢筋锈蚀性能。石灰石粉的粒径越小，促进水泥水化作用越显著，石灰石粉的晶核效应越明显，填充效应也越明显。

依据《石灰石粉在混凝土中应用技术规程》(JGJ/T 318—2014) 规定，石灰石粉在混凝土中的掺量应通过试验确定。采用硅酸盐水泥或普通硅酸盐水泥时，钢筋混凝土和预应力混凝土中石灰石粉掺量（石灰石粉占胶凝材料用量的质量百分比）不宜大于表 5-15 的规定。复合掺合料中石灰石粉的掺量不应超过单掺时的最大掺量。

表 5-15　石灰石粉的最大掺量

结构类型	水胶比	最大掺量/%	
		硅酸盐水泥	普通硅酸盐水泥
钢筋混凝土	≤0.40	35	25
	>0.40	30	20
预应力混凝土	≤0.40	30	20
	>0.40	25	15

掺加石灰石粉的混凝土浇注后，应及时进行保湿养护。保湿养护可采用洒水、覆盖、喷涂养护剂等方式。养护方式应根据现场条件、环境温湿度、构件特点、技术要求、施工操作等因素确定。养护时间不应少于 14d。在混凝土初凝前和终凝前，宜分别对混凝土裸露表面进行抹面处理，抹面后应继续保持湿养护。

五、其他工业固体废弃物

（一）钢渣粉

钢铁是世界上应用范围最广、循环利用率最高的金属材料之一。钢铁产业往往代表着一个国家或经济体的综合实力。自 1996 年钢产量突破 1 亿吨开始，我国已经连续 25 年保持世界钢产量第一。特别是近 10 年来，中国钢产量始终占世界钢铁产量的一半以上。

钢渣是在冶炼钢铁过程中由于石英、萤石等造渣材料的加入，炉衬的侵蚀以及铁水中硅、铁等物质氧化而成的复合固溶体，其中还含有少量游离氧化钙以及金属铁等，约为粗钢产量的 15%。目前，我国钢渣整体利用水平不高，积存的钢渣有 1 亿吨以上。钢渣堆存，不仅占用土地资源，还破坏土壤、植被，污染空气、水源等。

由于化学成分和后期处理工艺的不同，钢渣的物理化学性能存在着较大的差异。钢渣中含有较多的硅酸三钙、硅酸二钙等成分，因此又称为“过烧的硅酸盐水泥熟料”。一般以钢渣中碱性氧化物与酸性氧化物的质量分数之比来表示钢渣的碱度。高碱度转炉钢渣中硅酸三钙、硅酸二钙的总量为 50%以上，中、低碱度转炉钢渣中主要为硅酸二钙。由于钢渣的生成温度较高，导致成分中含有游离氧化钙和氧化镁，影响水泥的安定性和后期强度。

用于水泥和混凝土中的钢渣粉，指的是转炉炼钢和电炉炼钢时所得的以硅酸盐、铁铝酸盐为主要矿物组成，经稳定化处理并且安定性合格的钢渣（Ⅰ级钢渣碱度不小于 2.2，Ⅱ级钢渣碱度不小于 1.8，金属铁含量不大于 2.0%），再经磁选除铁处理后，粉磨达到一定细度的产品。根据《用于水泥和混凝土中的钢渣粉》（GB/T 20491—2017），钢渣粉应符合表 5-16 的规定。

表 5-16　钢渣粉主要技术指标

项目	一级	二级
比表面积/(m^2/kg)	≥350	
密度/(g/cm^2)	≥3.2	
含水量/%(质量分数)	≤1.0	

续表

项目		一级	二级
游离氧化钙含量/%(质量分数)		≤4.0	
三氧化硫含量/%(质量分数)		≤4.0	
氯离子含量/%(质量分数)		≤0.06	
活性指数/%	7d	≥65	≥55
	28d	≥80	≥65
流动度比/%		≥95	
安定性	沸煮法	合格	
	压蒸法	6h压蒸膨胀率不大于0.50%	

研究表明，钢渣粉作为矿物外加剂用于混凝土中，可改善混凝土拌合物的黏聚性，提高硬化混凝土的密实性、强度、抗渗性、抗冻性、抗碳化性能等。

（二）镍铁渣粉

镍铁渣是工业生产镍铁合金时排出的熔融物经淬冷得到的粒化炉渣，按生产工艺的不同，分为电炉镍铁渣和高炉镍铁渣。镍铁渣，或与少量石膏，粉磨制成一定细度的粉体，称为镍铁渣粉。

用于水泥和混凝土的镍铁渣粉，要求所用电炉镍铁渣 SiO_2 和 Al_2O_3 总量不低于50%，高炉镍铁渣 SiO_2、Al_2O_3 及 CaO 总量不应低于70%。所用石膏应符合《天然石膏》(GB/T 5483—2008）规定的G类或M类二级（含）以上的石膏或混合石膏。镍铁渣粉磨时，允许加入助磨剂，但加入量不宜超过镍铁渣粉质量的0.5%。

按活性指数不同，电炉镍铁渣粉分为D70和D80级；高炉镍铁渣粉分为G80级、G90级和G100级。根据《用于水泥和混凝土中的镍铁渣粉》(JC/T 2503—2018)，镍铁渣粉应符合表5-17的规定。

表5-17 镍铁渣粉主要技术指标

项目		电炉镍铁渣粉		高炉镍铁渣粉		
		D80	D70	G100	G90	G80
密度/(g/cm^2)		≥2.8				
比表面积/(m^2/kg)		≥400				
活性指数/%	7d	≥60	≥55	≥80	≥70	≥60
	28d	≥80	≥70	≥100	≥90	≥80
流动度比/%		≥95				
碱含量(Na_2O+0.658 K_2O)		≤1.0				
氯离子含量/%(质量分数)		≤0.06				
烧失量/%		≤3.0				
含水量/%(质量分数)		≤1.0				
三氧化硫含量/%(质量分数)		≤3.0①				
安定性	沸煮法	合格				
	压蒸法	合格				
放射性		合格				

① 未掺石膏的镍铁渣粉三氧化硫含量不应大于2.0%。

（三）粒化电炉磷渣粉

粒化电炉磷渣是电炉法制取黄磷时，得到的以硅酸钙为主要成分的熔融物，经淬冷成粒。黄磷是一种重要的基础工业原料，在国民经济中具有重要地位，广泛应用于农药、燃料、食品、香料、肥料、医学试剂、防火剂等领域。我国黄磷生产始于 1942 年，20 世纪 80 年代后期得到迅速发展。我国是黄磷生产第一大国，近年来，我国黄磷行业产量虽然下降明显，2019 年为 76.09 万吨，2020 年为 53.16 万吨，但磷渣存量及每年新增量依然可观。每生产 1t 黄磷要排放 8～10 t 的磷渣。大部分磷渣露天堆放，不仅占用大量耕地，且经雨水淋洗，其中的磷、氟和其他有害元素逐渐溶出，渗入地下，造成土壤污染及地下水污染，影响植物生长，严重危害人的健康。

根据数据分析，我国磷渣的主要化学成分是 CaO 及 SiO_2，约占总量的 90%左右。除此之外，还含有少量的 Al_2O_3、Fe_2O_3、P_2O_5、F^- 等，其中 Al_2O_3 的含量一般小于 5%，受制作工艺限制，P_2O_5 在磷渣中所占比例为 3.5%～1%。磷渣矿物组成与其产出状态密切相关。块状磷渣主要矿物组成为环硅灰石、枪晶石、硅酸钙，副矿物有磷灰石、金红石等。粒状电炉磷渣以玻璃态为主，玻璃体含量达 85%～90%，潜在矿物为硅灰石和枪晶石，此外还有部分结晶相，如石英、假硅灰石、方解石及氟化钙等。

用于水泥及混凝土的磷渣，要求原态磷渣质量系数 K 值不小于 1.1，P_2O_5 质量分数不大于 3.5%，干磷渣的松散容重不大于 $1.30\times10^3 kg/m^3$，块状磷渣最大尺寸不大于 50mm，且大于 10mm 的颗粒质量分数不超过 5%，不混有磷泥等任何外来杂质，放射性要满足相关标准要求。

原态磷渣质量系数 K 按式(5-2) 计算，计算结果保留两位小数。

$$K=\frac{W_{CaO}+W_{MgO}+W_{Al_2O_3}}{W_{SiO_2}+W_{P_2O_5}} \tag{5-2}$$

式中 K——原态磷渣的质量系数；

W_{CaO}、W_{MgO}、$W_{Al_2O_3}$、W_{SiO_2}、$W_{P_2O_5}$——分别代表矿渣中 CaO、MgO、Al_2O_3、SiO_2、P_2O_5 的质量分数，%。

用于水泥及混凝土的磷渣中可掺加经试验证明对水泥及混凝土性能无害的少量钙质和硅铝质材料进行性能优化。

以粒化电炉磷渣为主，与少量石膏共同粉磨成一定细度的粉体，称为粒化电炉磷渣粉，简称磷渣粉。所用石膏应符合《天然石膏》（GB/T 5483—2008）规定的 G 类或 M 类二级（含）以上的石膏或混合石膏；允许加入助磨剂，其加入量不宜超过磷渣粉质量的 0.5%。按活性指数不同，磷渣粉分为 L95 级、L85 级和 L70 级。根据《用于水泥和混凝土中的粒化电炉磷渣粉》（GB/T 26751—2011），磷渣粉应符合表 5-18 的规定。

表 5-18　磷渣粉主要技术指标

项目		级别		
		L95	L85	L70
密度/(g/cm²)		≥2.8		
比表面积/(m²/kg)		≥350		
活性指数/%	7d	≥70	≥60	≥50
	28d	≥95	≥85	≥70
流动度比/%		≥95		
五氧化二磷含量/%(质量分数)		≤3.5		
碱含量(Na_2O+0.658 K_2O)/%(质量分数)		≤1.0		
氯离子含量/%(质量分数)		≤0.06		

续表

项目	级别		
	L95	L85	L70
烧失量/%	≤3.0		
含水量/%(质量分数)	≤1.0		
三氧化硫含量/%(质量分数)	≤3.0		
玻璃体含量/%(质量分数)	≥80		
放射性	合格		

磷渣可作为水泥原料、水泥混合材，还可以用来制备低熟料磷渣水泥和无熟料水泥。磷渣作为混凝土掺合料，可以大幅度降低混凝土的水化热和绝热温升，降低混凝土的弹性模量，提高混凝土的极限拉伸值，提高混凝土抗渗性能、抗海水和硫酸盐侵蚀性能，抑制混凝土的碱骨料反应等。由于磷渣的掺入能有效提高大体积混凝土抵抗温度裂缝的能力，因此，磷渣在水工大体积混凝土工程中得到了较好的应用。

（四）锂渣粉

我国是世界上锂辉石精矿储量最大的国家。锂渣粉是锂辉石矿石提锂后产生的渣，经干燥、粉磨达到一定细度的以无定形 SiO_2、Al_2O_3 为主要成分的粉体材料。在水泥和混凝土中使用锂渣粉时，应控制胶凝材料中三氧化硫含量不大于 4.0%。

根据《用于水泥和混凝土中的锂渣粉》(YB/T 4230—2010)，锂渣粉应符合表 5-19 的规定。

表 5-19　锂渣粉主要技术指标

项目		指标
密度/(g/cm^2)		≥2.4
比表面积/(m^2/kg)		≥400
活性指数/%	7d	≥70
	28d	≥95
需水量比/%		≤8.0
氯离子含量/%(质量分数)		≤0.06
含水量/%(质量分数)		≤1.5
三氧化硫含量/%(质量分数)		≤8.0
水浸安全性		合格
放射性		应符合《建筑材料放射性核素限量》(GB 6566—2010)的规定

锂渣成分类似粉煤灰、硅灰等，具有火山灰活性，经过研磨处理后，可兼具微集料效应以及形态效应，对水泥水化有明显的促进作用，可以作为矿物掺合料部分取代水泥。现有研究表明，锂渣对于混凝土强度的贡献要优于粉煤灰和钢渣，且适量的锂渣可改善混凝土的界面微结构，降低混凝土的孔隙率，从而提高混凝土的抗氯离子渗透性能和抗硫酸盐侵蚀性能。

（五）硅锰渣粉

硅锰合金是由锰、硅、铁及少量碳和其他元素组成的合金，是一种用途较广、产量较大的铁合金。硅锰合金是炼钢常用的复合脱氧剂，又是生产中低碳锰铁和电硅热法生产金属锰的还原剂。因此，它在炼钢工业中得到了广泛的应用，其产量增长速度高于铁合金的平均增长速度，成为钢铁工业不可缺少的复合脱氧剂和合金加入剂。

2020年我国硅锰合金产量为1021万吨，2019年硅锰合金产量为1041.3万吨，2018年硅锰合金产量约为1173万吨。每生产1t硅锰合金，将产生1.2～1.3t硅锰渣。任意排放和堆置的硅锰渣不仅占用大量土地，还污染环境，同时造成可再利用资源的浪费。因此，综合有效利用废弃的硅锰渣，减少锰污染，已是当务之急。

硅锰渣通常是由形状不规则的多孔非晶质颗粒组成，外观常为浅绿色，化学成分主要是 SiO_2 和 CaO，其次是 Al_2O_3、MnO。不同硅锰合金企业所选用的矿源及生产过程中所采用的控制参数不同，硅锰渣的物理化学性质也不相同。

硅锰渣粉是冶炼硅锰合金时产生的渣，经急冷处理，可掺加少量石膏磨至一定细度的粉体材料。根据《用于水泥和混凝土中的硅锰渣粉》（YB/T 4229—2010），硅锰渣粉应符合表5-20的规定。

表5-20 硅锰渣粉主要技术指标

项目		指标
密度/(g/cm^3)		≥2.8
比表面积/(m^2/kg)		≥400
活性指数/%	7d	≥60
	28d	≥70
流动度比/%		≤95
氯离子含量/%(质量分数)		≤0.06
含水量/%(质量分数)		≤1.0
三氧化硫含量/%(质量分数)		≤4.0
放射性		应符合《建筑材料放射性核素限量》(GB 6566—2010)的规定

现有研究表明，硅锰渣的掺入有利于提高混凝土抗海水侵蚀性能；当硅锰渣掺量为40%时，能改善新拌混凝土和易性，硬化混凝土力学性能也有所提高，抗渗性、抗冻性和干缩性能等均优于基准混凝土。

第六章 混凝土配合比设计

混凝土的配合比是指各组成材料质量之间的比例关系，配合比设计的总体目标就是在可供应的材料中选择合适的原材料，确定各组成材料之间的最佳比例。众所周知，混凝土中各种原材料（水泥、砂石、掺合料、外加剂等）的品种、性能等对混凝土的各项性能均有着重要的影响，不同工程对混凝土的技术要求和所用原材料也各不相同，因此混凝土的配合比一般也不相同，必须根据工程的具体要求以及原材料情况进行配合比设计。

第一节 混凝土配合比设计要求

一、混凝土配合比设计基本要求

混凝土配合比设计的目的就是使混凝土能够满足具体工程的要求，工程中所使用的混凝土一般应满足以下四个基本要求：

1. 混凝土拌合物满足施工的和易性要求

混凝土拌合物的和易性对施工可操作性、工程质量有很大的影响，和易性不良的拌合物，对混凝土的浇筑、捣实都有影响，不但加大了施工难度，而且很容易导致硬化混凝土不密实，在其内部产生各种形式的缺陷，从而降低了混凝土的强度和耐久性。一般来说，混凝土拌合物的和易性是由其配合比决定的，故应根据混凝土结构物的形式、配筋情况、施工方法、振捣设备等综合确定混凝土拌合物的和易性要求，然后在此条件下对混凝土配合比进行合理设计。

2. 达到结构设计要求的强度

不同类型及等级的混凝土工程对混凝土的强度提出了不同的要求，从安全角度考虑，由于原材料的质量波动、施工的不确定性等，结构设计时所确定的混凝土强度等级一般都是最低要求，应根据混凝土结构的实际使用目的、结构物和结构部位的重要性等，考虑一定的强度富余，综合确定配合比设计时混凝土的配制强度。

3. 具有与工程环境条件相适应的耐久性

由于混凝土是一种非匀质的工程材料，内部存在的毛细孔隙为有害物质侵蚀混凝土提供了条件，特别是当建筑物暴露在恶劣的环境中，会降低建筑物的使用年限，应根据结构物所处的具体环境，按照现行的规范要求，对混凝土配合比设计时的两个重要参数“最大水灰（胶）比”和“最小水泥用量”加以限制。

4. 在保证上述三个基本要求的前提下的经济性

一般来说，生产混凝土的成本主要由原材料、设备成本和劳动力组成。除了一些特殊混凝土，设备成本和劳动力在很大程度上与混凝土的种类、质量无关，所以原材料的价格是生产混凝土成本中最主要的因素。在不影响混凝土性能的前提下，要充分利用价格低廉的材料，例如采用粉煤灰或其他掺合料来代替部分水泥。

二、混凝土配合比表示方法

混凝土配合比设计常用的表示方法有两种：

一种是以 $1m^3$ 混凝土中各组成材料的质量表示，如某配合比：水泥（C）为 300kg、水（W）为 180kg、砂（S）为 720kg、石子（G）为 1200kg。

另一种是以 $1m^3$ 混凝土中各组成材料的质量比表示，将上述配合比换算成质量比为水泥（C）：砂（S）：石子（G）＝1：2.4：4，水灰（胶）比（W/C）＝0.60。

第二节 普通混凝土配合比设计

对工业与民用建筑及一般构筑物所采用的普通混凝土配合比设计需符合《普通混凝土配合比设计规程》(JGJ 55—2011）的规定。其他品种混凝土参见相应的标准或规程，如水工混凝土可参照《水工混凝土配合比设计规程》(DL/T 5330—2015）或《水工混凝土试验规程》(SL 352—2020)，自密实混凝土可参照《自密实混凝土应用技术规程》(JGJ/T 283—2012)、《自密实混凝土设计与施工指南》(CCES 02—2004）或《自密实混凝土应用技术规程》(CECS 203：2006)，粉煤灰混凝土可参照《粉煤灰混凝土应用技术规范》(GB/T 50146—2014）等。

本节以《普通混凝土配合比设计规程》(JGJ 55—2011）为例，介绍普通混凝土的配合比设计。

一、普通混凝土配制强度

混凝土配制强度对生产施工的混凝土强度应具有充分的保证率。混凝土强度保证率是指混凝土强度总体中等于及大于设计强度的强度值出现的概率。为使混凝土具有所要求的保证率，必须使混凝土的配制强度高于设计强度等级。

当混凝土的设计强度等级小于 C60 时，混凝土配制强度可按式(6-1）计算：

$$f_{cu,0} \geq f_{cu,k} + t\sigma \tag{6-1}$$

式中 $f_{cu,0}$——混凝土配制强度，MPa；

$f_{cu,k}$——混凝土立方体抗压强度标准值，这里取混凝土的设计强度等级，MPa；

σ——混凝土强度标准差，MPa；

t——混凝土强度保证率系数。

当强度保证率为95%时，$t=1.645$，即为《普通混凝土配合比设计规程》JGJ 55—2011中规定的混凝土的配制强度，如式(6-2) 所示：

$$f_{cu,0}\geqslant f_{cu,k}+1.645\sigma \tag{6-2}$$

注：不同类型的工程对混凝土强度保证率的要求也不同。一般国内大坝混凝土设计强度保证率为80%，水电站厂房等结构混凝土设计强度保证率为90%；可参照《混凝土重力坝设计规范》(SL 319—2018/DL 5108—1991)、《混凝土拱坝设计规范》(SL 282—2018/DL/T 5346—2006)、《混凝土面板堆石坝设计规范》(SL 228—2013/DL/T 5016—2011)、《水工混凝土结构设计规范》(SL 191—2017/DL/T 5057—2018) 等的规定和要求。

混凝土强度标准差 σ 的计算分两种情况：有统计资料和无统计资料。

当没有近期的同一品种、同一强度等级混凝土强度资料时，其混凝土强度标准差 σ 可按表6-1取值。

表6-1 标准差 σ 值 单位：MPa

混凝土强度标准值	≤C20	C25～C45	C50～C55
σ	4.0	5.0	6.0

当具有近1～3个月的同一品种、同一强度等级混凝土的强度资料，且试件组数不小于30时，其混凝土强度标准差 σ 应按式(6-3) 计算。

$$\sigma=\sqrt{\frac{\sum_{i=1}^{n}(f_{cu,i}-\overline{f_{cu}})^2}{n-1}}=\sqrt{\frac{\sum_{i=1}^{n}f_{cu,i}^2-n\overline{f_{cu}}^2}{n-1}} \tag{6-3}$$

式中 $\overline{f_{cu}}$——混凝土的强度平均值，也称为样本均差，可代表总体平均值，MPa；

$f_{cu,i}$——第 i 组混凝土试件的强度，MPa；

n——混凝土试件组数，$n\geqslant30$。

对于强度等级不大于C30的混凝土，当 σ 计算值不小于3.0MPa时，应按式(6-3) 的计算结果取值；当 σ 计算值小于3.0MPa时，应取3.0MPa。对于强度等级大于C30且小于C60的混凝土，当 σ 计算值不小于4.0MPa时，应按式(6-3) 的计算结果取值；当 σ 计算值小于4.0MPa时，应取4.0MPa。

当混凝土的设计强度等级不小于C60时，上述混凝土配制强度计算公式已不能满足要求，而应按式(6-4) 计算：

$$f_{cu,0}\geqslant1.15f_{cu,k} \tag{6-4}$$

[例题6-1] 混凝土的配制强度计算

某钢筋混凝土结构房屋，结构设计时板、梁、柱所用混凝土的强度等级均为C25，搅拌站提供的前一个月的生产水平资料如下，试计算其标准差及混凝土的配制强度。

生产水平资料：组数 $n=30$；

前一个月各组总强度 $\sum_{i=1}^{n}f_{cu,i}=1076.44$；

各组混凝土强度平方值的总值 $\sum_{i=1}^{n} f_{cu,i}^2 = 40445.88$；

混凝土平均强度的平方值乘组数 $n\overline{f_{cu}}^2 = 40072.68$。

解：(1) 标准差：

$$\sigma = \sqrt{\frac{\sum_{i=1}^{n}(f_{cu,i}-\overline{f_{cu}})^2}{n-1}} = \sqrt{\frac{\sum_{i=1}^{n} f_{cu,i}^2 - n\overline{f_{cu}}^2}{n-1}} = \sqrt{\frac{40445.88-40072.68}{30-1}} = 3.59(\text{MPa})$$

取 $\sigma = 3.6$MPa。

(2) 配制强度：

由题意可知，混凝土的设计强度 $f_{cu,k} = 25$ MPa，而施工单位混凝土强度标准差 $\sigma = 3.6$MPa，代入式(6-2) 得

$$f_{cu,0} = 25 + 1.645 \times 3.6 = 30.9(\text{MPa})$$

即混凝土配制强度为 30.9 MPa。

二、普通混凝土配合比设计中的基本参数

普通混凝土配合比设计实质上就是确定四项基本组成材料（水泥、水、砂、石）之间的三个质量比例关系，即水与水泥（胶凝材料）的比例关系，常用水灰（胶）比表示；砂与石子之间的比例关系，常用砂率表示；水泥浆与集料之间的比例关系，常用单位用水量来反映（$1m^3$ 混凝土的用水量）。上述三个比例关系是混凝土配合比设计时的三个主要参数，对混凝土的性能有很重要的影响，在设计配合比必须正确把握。

（一）水灰（胶）比

在其他条件不变的情况下，水灰（胶）比对混凝土的强度和耐久性有很大的影响。一般来说，水灰（胶）比越小，混凝土内的孔隙越少，混凝土越密实，其强度和耐久性越高；但耗用水泥较多，提高了经济成本，同时混凝土的水化放热量较大。所以，应在满足强度和耐久性的前提下，尽可能采用较大的水灰（胶）比，以节约水泥。

1. 按强度要求计算水灰（胶）比

按强度要求计算水灰（胶）比，可采用本工程使用的原材料（水泥、砂石等）进行试验，由试验结果建立的混凝土的强度与水灰（胶）比之间的关系式(或关系曲线）求得。也可根据《普通混凝土配合比设计规程》（JGJ 55—2011）的要求，当混凝土强度等级小于C60 时，按保罗米经验公式初步确定，见式(6-5)，然后再进行试验校核。

$$f_{cu,0} = \alpha_a \cdot f_{ce}\left(\frac{C}{W} - \alpha_b\right) \tag{6-5}$$

式中 α_a、α_b——回归系数；

f_{ce}——水泥 28d 抗压强度实测值，MPa。

由此可得水灰比，见式(6-6)：

$$\frac{W}{C} = \frac{\alpha_a \cdot f_{ce}}{f_{cu,0} + \alpha_a \cdot \alpha_b \cdot f_{ce}} \tag{6-6}$$

注：现代混凝土中，由于胶凝材料不仅为水泥，则水灰比（W/C）应替换为水胶比（W/B），水泥强

度应替换为胶凝材料 28d 胶砂抗压强度。

回归系数 α_a、α_b 应根据本工程所使用的水泥、集料，通过试验由建立的混凝土强度与水灰（胶）比关系式确定，当不具备上述试验统计资料时，可按表 6-2 采用。

表 6-2　回归系数 α_a、α_b

回归系数	碎石	卵石
α_a	0.53	0.49
α_b	0.20	0.13

水泥 28d 抗压强度实测值 f_{ce}，当无水泥 28d 抗压强度实测值时，可按式(6-7) 确定，也可根据 3d 强度或快测强度推定 28d 强度关系式推定得出。

$$f_{ce}=\gamma_c f_{ce,g} \tag{6-7}$$

式中　γ_c——水泥强度等级的富余系数，可按实际统计资料确定；无统计资料时，32.5 强度等级的水泥强度富余系数可取 1.12，42.5 强度等级水泥可取 1.16，52.5 强度等级水泥可取 1.10；

$f_{ce,g}$——水泥强度等级值，MPa。

若胶凝材料中不仅为水泥，则胶凝材料 28d 胶砂抗压强度值 f_b 无实测值时，按式(6-8) 计算：

$$f_b=\gamma_f\gamma_s f_{ce} \tag{6-8}$$

式中　γ_f、γ_s——分别为粉煤灰、粒化高炉矿渣粉影响系数，见表 6-3。

表 6-3　粉煤灰影响系数、粒化高炉矿渣粉影响系数

掺量/%	粉煤灰影响系数	粒化高炉矿渣粉影响系数
0	1.00	1.00
10	0.85～0.95	1.00
20	0.75～0.85	0.95～1.00
30	0.65～0.75	0.90～1.00
40	0.55～0.65	0.80～0.90
50	—	0.70～0.85

注　1. 采用Ⅰ级、Ⅱ级粉煤灰宜取上限值。

2. 采用 S75 级粒化高炉矿渣粉宜取下限值，采用 S95 级粒化高炉矿渣粉宜取上限值，采用 S105 级粒化高炉矿渣粉可取上限值加 0.05。

3. 当超出表中的掺量时，粉煤灰和粒化高炉矿渣粉影响系数应经试验确定。

2. 按耐久性要求确定允许的最大水灰（胶）比

按照《普通混凝土配合比设计规程》（JGJ 55—2011）的要求，混凝土的最大水胶比应符合《混凝土结构设计规范（2015 年版）》（GB 50010—2010）的规定，即根据混凝土结构所处的环境、结构物的类别等确定满足耐久性要求所允许的最大水胶比，见表 6-4 和表 6-5。

表 6-4　混凝土结构的环境类别

环境类别	条件
一类	室内干燥环境； 无侵蚀性静水浸没环境
二类 a	室内潮湿环境； 非严寒和非寒冷地区的露天环境； 非严寒和非寒冷地区与无侵蚀性的水或土壤直接接触的环境； 严寒和寒冷地区的冰冻线以下与无侵蚀性的水或土壤直接接触的环境

续表

环境类别	条件
二类 b	干湿交替环境； 水位频繁变动环境； 严寒和寒冷地区的露天环境； 严寒和寒冷地区的冰冻线以上与无侵蚀性的水或土壤直接接触的环境
三类 a	严寒和寒冷地区冬季水位变动区环境； 受除冰盐影响环境； 海风环境
三类 b	盐渍土环境； 受除冰盐作用环境； 海岸环境
四类	海水环境
五类	受人为或自然的侵蚀性物质影响的环境

注　1. 室内潮湿环境是指构件表面经常处于结露或湿润状态的环境。

2. 严寒和寒冷地区的划分应符合《民用建筑热工设计规范》(GB 50176—2016) 的有关规定。

3. 海岸环境和海风环境宜根据当地情况，考虑主导风向及结构所处迎风、背风部位等因素的影响，由调查研究和工程经验确定。

4. 受除冰盐影响环境是指受到除冰盐盐雾影响的环境；受除冰盐作用环境是指被除冰盐溶液溅射的环境以及使用除冰盐地区的洗车房、停车楼等建筑。

5. 暴露的环境是指混凝土结构表面所处的环境。

表 6-5　结构混凝土材料的最大水胶比要求

环境类别	最大水胶比	最低强度等级
一类	0.60	C20
二类 a	0.55	C25
二类 b	0.50(0.55)	C30(C25)
三类 a	0.45(0.50)	C35(C30)
三类 b	0.40	C40

注　1. 素混凝土构件的水胶比及最低强度等级的要求可适当放松。

2. 预应力构件混凝土的最低强度等级宜按表中的规定提高两个等级。

3. 有可靠工程经验时，二类环境中的最低混凝土强度等级可降低一个等级。

4. 处于严寒和寒冷地区二 b、三 a 类环境中的混凝土应使用引气剂，并可采用括号中的有关参数。

最后确定水灰（胶）比时应从满足强度和耐久性要求所求得的两个水灰（胶）比中，选取其中的较小者，以便同时满足强度和耐久性的要求。

此外，《普通混凝土配合比设计规程》(JGJ 55—2011) 中还规定了混凝土（C15 及其以下强度等级的混凝土除外）的最小胶凝材料用量，见表 6-6。

表 6-6　混凝土的最小胶凝材料用量

最大水胶比	最小胶凝材料用量/(kg/m^3)		
	素混凝土	钢筋混凝土	预应力混凝土
0.60	250	280	300
0.55	280	300	300
0.50	320		
≤0.45	330		

矿物掺合料在混凝土中的掺量应通过试验确定，同时要注意其在钢筋混凝土和预应力混凝土中的最大掺量要求，具体见《普通混凝土配合比设计规程》(JGJ 55—2011) 中的规定。

(二) 单位用水量

影响混凝土单位用水量的因素很多，如混凝土拌合物的流动性要求、集料的最大粒径、颗粒形状、级配、外加剂掺用情况等。确定单位用水量最好的方法是采用工程实际使用的原材料，参照《普通混凝土配合比设计规程》(JGJ 55—2011) 的要求初步估计单位用水量。对于干硬性和塑性混凝土，水灰(胶)比为0.40～0.80时，根据粗集料的品种、粒径及施工要求的混凝土拌合物稠度，其用水量可按表6-7、表6-8选取；水灰(胶)比小于0.40的混凝土以及采用特殊成型工艺的混凝土用水量应通过试验确定。

表6-7 干硬性混凝土的用水量 单位：kg/m^3

拌合物稠度		卵石最大粒径/mm			碎石最大粒径/mm		
项目	指标	10.0	20.0	40.0	16.0	20.0	40.0
维勃稠度/s	16～20	175	160	145	180	170	155
	11～15	180	165	150	185	175	160
	5～10	185	170	155	190	180	165

表6-8 塑性混凝土的用水量 单位：kg/m^3

拌合物稠度		卵石最大粒径/mm				碎石最大粒径/mm			
项目	指标	10.0	20.0	31.5	40.0	16.0	20.0	31.5	40.0
坍落度/mm	10～30	190	170	160	150	200	185	175	165
	35～50	200	180	170	160	210	195	185	175
	55～70	210	190	180	170	220	205	195	185
	75～90	215	195	185	175	230	215	205	195

注 1. 本表用水量系采用中砂时的平均取值。采用细砂时，每立方米混凝土用水量需增加5～10kg；采用粗砂时，则可减少5～10kg。

2. 掺用各种外加剂或掺合料时，用水量应相应调整。

而对于流动性和大流动性混凝土的用水量宜以表6-8中坍落度90mm的用水量为基础，按坍落度每增大20mm用水量增加5kg，计算出未掺外加剂时的混凝土的用水量，掺外加剂时的混凝土用水量可按式(6-9)计算：

$$m_{wa}=m_{w0}(1-\beta) \tag{6-9}$$

式中 m_{wa}——掺外加剂混凝土$1m^3$混凝土的用水量，kg；

m_{w0}——未掺外加剂混凝土$1m^3$混凝土的用水量，kg；

β——外加剂的减水率，经试验确定，%。

然后按此用水量试拌混凝土，测定拌合物的流动性，反复试验调整，直至拌合物的流动性满足要求。

(三) 砂率

细集料的质量和粗细集料总质量的比值称为砂率。砂率对混凝土拌合物的和易性与稳定性有很大的影响，选取合理砂率，可以制得和易性好而水泥用量少的混凝土，所以在进行配合比设计时，砂率应取合理砂率(即最佳砂率)。由于合理砂率的影响因素很多，如粗集料的最大粒径、级配、颗粒形状，细集料的粗细程度，水灰(胶)比，外加剂的使用情况，混凝土拌合物的流动性要求等，所以尚不能用计算方法来准确地求出合理砂率。

合理砂率的确定通常是根据工程实际使用的原材料，参照《普通混凝土配合比设计规程》(JGJ 55—2011)的要求初步估计。当无历史资料可参考时，对于坍落度为10～60mm的混凝土砂率可根据粗集料的品种、粒径及水灰(胶)比按表6-9选取；坍落度大于60mm的混凝土砂率，可经试验确定，也可在表6-9的基础上，按坍落度每增大20mm，砂率增大1%的幅度予以调整；而对于坍落度小于10mm的混凝土，其砂率应经试验确定。

表6-9　混凝土的砂率　　　　单位：%

水灰(胶)比(W/C)	卵石最大公称粒径/mm			碎石最大公称粒径/mm		
	10.0	20.0	40.0	16.0	20.0	40.0
0.40	26～32	25～31	24～30	30～35	29～34	27～32
0.50	30～35	29～34	28～33	33～38	32～37	30～35
0.60	33～38	32～37	31～36	36～41	35～40	33～38
0.70	36～41	35～40	34～39	39～44	38～43	36～41

注　1. 本表数值系中砂的选用砂率，对细砂或粗砂，可相应减少或增大砂率；

2. 采用人工砂配制混凝土时，砂率可适当增大；

3. 只用一个单粒级粗集料配制混凝土时，砂率应适当增大；

然后按照上述要求预先估计几个砂率试拌混凝土，通过拌合物的和易性对比试验，从中选出合理砂率。

另外，假定混凝土中用砂填充石子空隙并略有多余，可以拨开石子颗粒，在石子周围形成足够的砂浆层，则合理砂率可用式(6-10)来近似估算：

$$\beta_s = K\frac{\gamma_s \cdot P}{\gamma_s \cdot P + \gamma_g} \tag{6-10}$$

式中　K——拨开系数，一般取1.1～1.4，对于坍落度较大的混凝土，应取较大值，反之取较小值；

γ_s——细集料的松散堆积密度，kg/m^3；

γ_g——粗集料的松散堆积密度，kg/m^3；

P——粗集料的空隙率，%。

三、普通混凝土配合比设计方法与步骤

混凝土配合比设计是一个非常复杂而且需要反复验证调整的过程，主要包括以下四个过程：计算初步配合比、提出基准配合比、确定实验室配合比以及换算施工配合比。在进行配合比设计之前，须明确实际工程的基本资料，主要包括工程性质、原材料的性能、施工工艺和水平等方面的资料，具体如下。

(1) 混凝土拌合物的流动性要求　根据结构物的类型、断面形状尺寸、配筋情况、施工方法等综合确定混凝土的流动性指标。

(2) 混凝土强度要求　根据结构设计时确定的混凝土的强度等级，计算出混凝土的配制强度。

(3) 混凝土耐久性要求　根据工程所处的环境和重要性等，确定混凝土的抗渗等级、抗冻等级及抗侵蚀性等。

(4) 混凝土的其他性能要求　如大体积混凝土的低热性等。

(5) 原材料情况　对各种原材料进行性能试验，根据混凝土对原材料的基本要求，合理选择原材料，明确所用原材料的品质和性能，以便在配合比设计中计算使用。如：

① 水泥的品种、密度、凝结时间、安定性等；

② 砂的含水率、表观密度、细度模数、颗粒级配情况等；

③ 石子的含水率、颗粒形状、堆积密度、最大粒径及级配情况等；

④ 是否掺用掺合料和外加剂，如掺用则必须了解掺合料、外加剂的品种、适宜掺量等。

另外，长期处于潮湿或水位变动的寒冷和严寒环境以及盐冻环境的混凝土，应掺用引气剂。引气剂的掺量应根据混凝土的含气量要求经试验确定，混凝土的最小含气量应符合表6-10的规定，最大含气量亦不宜超过7.0%。

表 6-10　混凝土的最小含气量

粗集料最大公称粒径/mm	混凝土最小含气量/%	
	潮湿或水位变动的寒冷和严寒环境	盐冻环境
40.0	4.5	5.0
25.0	5.0	5.5
20.0	5.5	6.0

注　含气量的百分比为体积比。

（一）初步配合比

1. 确定配制强度（$f_{cu,0}$）

根据结构设计时确定的混凝土强度等级，考虑混凝土强度保证率及标准差，按式(6-2)或式(6-4)计算出混凝土的配制强度。

2. 初步确定水灰（胶）比（W/C）

根据混凝土强度要求，按式(6-6)计算出水灰（胶）比，并考虑耐久性允许的最大水灰（胶）比要求（见表6-5)，综合确定水灰（胶）比。

3. 初步估计单位用水量（m_{w0}）

根据混凝土拌合物的和易性要求及所用粗集料的种类、最大粒径，参照表6-7及表6-8初步估计混凝土的单位用水量。

4. 初步选取砂率（β_s）

根据所用粗集料的种类、最大粒径及初步确定的水灰（胶）比，参照表6-9初步选取混凝土的砂率。

5. 计算水泥用量（m_{c0}）

根据初步确定的混凝土水灰（胶）比和单位用水量，按式(6-11)计算出水泥用量，必须注意混凝土水泥用量不能小于表6-6中的最小水泥用量。

$$m_{c0}=\frac{m_{w0}}{\frac{W}{C}} \tag{6-11}$$

6. 计算砂、石用量（m_{s0}、m_{g0}）

根据上述确定的各项参数，计算出砂、石用量，常用的方法有表观密度法和体积法。

(1) 表观密度法　根据经验，如果原材料情况比较稳定，那么所配制的混凝土拌合物的表观密度将接近一个固定值，即可先假设混凝土拌合物的表观密度 m_{cp}（在2350～2450kg/m^{3}中选取），然后按式(6-12)和式(6-13)计算。

$$m_{c0}+m_{g0}+m_{s0}+m_{w0}=m_{cp} \tag{6-12}$$

$$\beta_s=\frac{m_{s0}}{m_{g0}+m_{s0}}\times100\% \tag{6-13}$$

式中 m_{c0}——$1m^3$ 混凝土的水泥用量，kg；

m_{g0}——$1m^3$ 混凝土的粗集料用量，kg；

m_{s0}——$1m^3$ 混凝土的细集料用量，kg；

m_{w0}——$1m^3$ 混凝土的用水量，kg；

β_s——混凝土的砂率,%；

m_{cp}——混凝土拌合物的假定表观密度，kg/m^3，其值可取 $2350\sim2450kg/m^3$，可根据施工单位积累的试验资料确定，如缺乏资料时，可根据集料的表观密度、粒径及混凝土的强度等级，参照表 6-11 选定。

表 6-11 混凝土拌合物的假定表观密度

混凝土的强度等级	混凝土拌合物的假定表观密度/(kg/m^3)
C7.5～C15	2300～2350
C20～C30	2350～2400
＞C40	2450

(2) 体积法 假定混凝土拌合物的体积等于各组成材料绝对体积和混凝土拌合物中所含空气的体积总和，那么可按式(6-14) 和式(6-15) 计算出砂、石用量。

$$\frac{m_{c0}}{\rho_c}+\frac{m_{g0}}{\rho_g}+\frac{m_{s0}}{\rho_s}+\frac{m_{w0}}{\rho_w}+0.01\alpha=1 \tag{6-14}$$

$$\beta_s=\frac{m_{s0}}{m_{g0}+m_{s0}}\times100\% \tag{6-15}$$

式中 ρ_c——水泥密度，kg/m^3，可取 $2900\sim3100kg/m^3$；

ρ_g——粗集料的表观密度，kg/m^3，按《普通混凝土用砂、石质量及检验方法标准》(JGJ 52—2006) 规定的方法测定；

ρ_s——细集料的表观密度，kg/m^3，按《普通混凝土用砂、石质量及检验方法标准》(JGJ 52—2006) 规定的方法测定；

ρ_w——水的密度，kg/m^3，可取 $1000kg/m^3$；

α——混凝土的含气量百分数，由于采用机械搅拌等原因，在混凝土拌合物中通常会含有一定的气泡，而占据一定的体积；在不使用引气型外加剂时，α 可取为 1，如使用了引气型外加剂，则可根据外加剂的测试结果确定 α。目前市场上多数外加剂有一定的引气作用，含气量一般为 1.5%～3.5%。

这样普通混凝土的四种基本组成材料的用量基本确定，得到初步配合比。在初步配合比设计过程中，大量地使用了经验公式、经验图表等，如强度和水灰（胶）比的关系式、单位用水量和拌合物坍落度的关系、砂率和水灰（胶）比的关系及拌合物的表观密度等，简化了设计，但取值的正确性，必须通过试验加以验证和调整，所以混凝土的配合比必须在初步设计的基础上进行试配、调整，最终确定。

(二) 基准配合比

如前所述在混凝土初步配合比设计时，使用了大量的经验数据，不一定符合工程实际，所以按初步配合比所配制的混凝土拌合物不一定满足实际工程的和易性要求，需采用工程实际使用的原材料，进行和易性试验，并不断调整混凝土单位用水量和砂率，此时水灰（胶）比保持不变，直至拌合物的和易性满足工程要求。

按混凝土初步配合比进行试配时，混凝土的搅拌方法，宜与生产时的使用方法相同，每盘混凝土的最小搅拌量应符合表 6-12 的规定，当采用机械搅拌时，其搅拌量不应小于搅拌机额定搅拌量的 1/4。当试拌得出的拌合物坍落度或维勃稠度不能满足要求，或黏聚性和保水性不好时，应在保证水灰（胶）比不变的条件下相应调整单位用水量或砂率（调整的原则和方法见表 6-13），直到符合要求为止，然后提出供强度用的基准配合比。

表 6-12　混凝土试配的最小搅拌量

集料最大粒径/mm	拌合物数量/L
31.5 及以下	15
40	25

表 6-13　混凝土单位用水量和砂率的调整原则和方法

不能满足工程和易性要求情况	调整原则和方法
坍落度小于设计要求，黏聚性、保水性合适	保持水灰(胶)比不变，增加水泥浆用量相应减少砂石用量(砂率不变)
坍落度大于设计要求，黏聚性、保水性合适	保持水灰(胶)比不变，减少水泥浆用量相应增加砂石用量(砂率不变)
黏聚性、保水性不良，砂浆不足	增加砂率(保持砂、石总量不变，提高砂用量，减少石子用量)
黏聚性、保水性不良，砂浆过多	减少砂率(保持砂、石总量不变，减少砂用量，提高石子用量)

参照表 6-13 调整混凝土的单位用水量和砂率，使拌合物的和易性满足工程要求，此时测定拌合物的表观密度（$\rho'_{c,t}$），根据拌合物中各项原材料的实际用量（m'_{c0}、m'_{g0}、m'_{s0}、m'_{w0}）及实测的表观密度，按式(6-16) 计算配合比即为基准配合比。

$$\begin{aligned}
m_{c0} &= \frac{\rho'_{c,t}}{m'_{c0}+m'_{g0}+m'_{w0}+m'_{sc0}} \times m'_{c0} = Km'_{c0} \\
m_{s0} &= Km'_{s0} \\
m_{g0} &= Km'_{g0} \\
m_{w0} &= Km'_{w0}
\end{aligned} \tag{6-16}$$

（三）实验室配合比

按基准配合比配制混凝土，其强度不一定能满足工程要求，必须进行试验与调整。

1. 制作试件，确定拌合物性能

为了缩短试验时间，混凝土强度试验至少应采用三个不同的配合比，当采用三个配合比时，其中一个应为上述计算得出的基准配合比，另外两个配合比的水灰（胶）比，宜较基准配合比分别增加和减少 0.05，用水量与基准配合比相同，砂率可分别增加和减少 1%。

制作混凝土强度试验试件时，应检验混凝土拌合物的流动性、黏聚性、保水性及拌合物的表观密度，并以此结果作为代表相应配合比的拌合物的性能。当不同水灰（胶）比的混凝土拌合物坍落度与要求值的差超过允许偏差时，可通过增、减用水量进行调整。

2. 检验强度，调整配合比

进行混凝土强度试验时，按照《混凝土物理力学性能试验方法标准》(GB/T 50081—2019) 的要求每种配合比至少应制作 3 个试件，标准养护至 28d 试压，需要时可同时制作几组试件，供快速检验或较早龄期试压，以便提前定出混凝土配合比供施工使用，但必须以标准养护 28d 或以现行国家标准规定的龄期强度的检验结果为依据调整配合比。

根据试验得出的混凝土的强度与其相对应的灰水比之间的关系，采用作图法或计算法与混凝土配制强度相对应的灰水比，由此计算出 $1m^3$ 混凝土的材料用量，计算的原则和方法为：单位用水量（m_{w0}）应在基准配合比用水量的基础上，根据制作供检验强度的混凝土试件拌合物的坍落度或维勃稠度进行调整确定；水泥用量（m_{c0}）以上述计算得出的单位用水量乘以灰水比确定；砂、石的用量（m_{s0}、m_{g0}）取基准配合比的粗集料和细集料的用量，按选定的灰水比适当调整后确定。

3. 校正拌合物的表观密度，确定配合比

以上计算所得的混凝土配合比，还应根据拌合物的表观密度再作必要的校正，具体步骤如下：

① 根据上述计算确定的材料用量，按式(6-17) 计算混凝土的表观密度 $\rho_{c,c}$；

$$\rho_{c,c}=m_{c0}+m_{g0}+m_{s0}+m_{w0} \tag{6-17}$$

② 按式(6-18) 计算混凝土配合比校正系数 δ；

$$\delta=\frac{\rho_{c,t}}{\rho_{c,c}} \tag{6-18}$$

式中 $\rho_{c,t}$——混凝土表观密度实测值，kg/m^3；

$\rho_{c,c}$——混凝土表观密度计算值，kg/m^3。

当混凝土表观密度实测值（$\rho_{c,t}$）与计算值（$\rho_{c,c}$）之差的绝对值超过计算值的 2%时，应将配合比中每项材料的用量均乘以校正系数 δ，即为确定的实验室配合比；当二者之差不超过计算值的 2%时，则不必进行该项修正，上述计算所得的配合比即为确定的实验室配合比。

若对混凝土还有其他技术性能要求，如抗渗等级、抗冻等级等，则应继续进行相关试验，调整配合比直至混凝土的性能满足要求，该配比即为确定的实验室配合比。

（四）施工配合比

实验室得出的配合比是以干燥状态为基准计算的，而施工现场存放的砂、石材料都含有一定的水分，所以施工现场进行混凝土拌合之前，必须测定集料的含水率，根据测定结果对实验室配合比进行修正，修正后的配合比即为施工配合比。

假定施工现场测出砂、石的含水率分别为 $a\%$、$b\%$，由实验室配合比得出 $1m^3$ 混凝土中各项原材料的用量分别为 m'_{c0}、m'_{w0}、m'_{s0} 和 m'_{g0}，则该实验室配合比换算为施工配合比，见式(6-19)。

$$\begin{aligned} m_{c0}&=m'_{c0}\\ m_{s0}&=m'_{s0}(1+a\%)\\ m_{g0}&=m'_{g0}(1+b\%)\\ m_{w0}&=m'_{w0}-m'_{s0}\cdot a\%-m'_{g0}\cdot b\% \end{aligned} \tag{6-19}$$

[**例 6-2**] 混凝土配合比设计实例

某办公大楼采用现浇混凝土梁板结构（不受风雪影响），混凝土设计强度等级为 C30，要求强度保证率为 95%，施工要求坍落度为 30～50mm（采用机械搅拌，机械振捣），该施工单位无历史统计资料。试确定该混凝土的施工配合比。

所用原材料：

水泥：32.5 强度等级矿渣硅酸盐水泥（28d 实测强度为 38.0MPa），表观密度 $\rho_c = 3.10g/cm^3$；

中砂：$\mu_f = 2.8$，级配合格，表观密度 $\rho_s = 2.65g/cm^3$，堆积密度 $\gamma_s = 1500kg/m^3$，施工现场含水率为 2.5%；

碎石：表观密度 $\rho_g = 2.70g/cm^3$，堆积密度 $\gamma_g = 1550kg/m^3$，最大粒径为 40mm，取 5～40mm 连续级配，施工现场含水率为 1.5%；

粗、细集料的品质均符合规范要求，含水状态以干燥状态为基准。

解：

1. 计算初步配合比

（1）确定配制强度（$f_{cu,0}$）

$$f_{cu,0} = f_{cu,k} + 1.645\sigma$$

查表 6-3，当混凝土强度等级为 C30 时，$\sigma = 5.0MPa$，则

$$f_{cu,0} = 30 + 1.645 \times 5.0 = 38.2(MPa)$$

（2）初步确定水灰（胶）比（W/C）

该混凝土所用水泥 28d 实测强度 $f_{ce} = 38.0MPa$，粗集料为碎石，查表 6-5，回归系数 $\alpha_a = 0.46$，$\alpha_b = 0.07$。按下式计算水灰（胶）比 W/C。

$$\frac{W}{C} = \frac{\alpha_a f_{ce}}{f_{cu,0} + \alpha_a \alpha_b f_{ce}} = \frac{0.46 \times 38.0}{38.2 + 0.46 \times 0.07 \times 38.0} = 0.44$$

查表 6-6 根据耐久性要求最大水灰（胶）比规定为 0.65，所以取 $W/C = 0.44$

（3）初步估计单位用水量（m_{w0}）

已知混凝土所用碎石的最大粒径为 40mm，坍落度要求为 30～50mm，查表 6-8 取 $m_{w0} = 175kg$。

（4）初步选取砂率（β_s）

混凝土所用碎石最大粒径为 40mm，计算出水灰（胶）比为 0.44，查表 6-9，取砂率 $\beta_s = 30\%$。

（5）计算水泥用量（m_{c0}）

$$m_{c0} = \frac{m_{w0}}{W/C} = \frac{175}{0.44} = 398(kg)$$

查表 6-6 根据耐久性要求最小水泥用水量规定为 260kg，所以取 $m_{c0} = 398kg$。

（6）计算砂、石用量（m_{s0}、m_{g0}）

可采用两种方法即表观密度法和体积法。

方法一：表观密度法：

$$m_{c0} + m_{g0} + m_{s0} + m_{w0} = m_{cp}$$

$$\beta_s = \frac{m_{s0}}{m_{g0} + m_{s0}} \times 100\%$$

假定混凝土表观密度 $m_{cp} = 2400kg/m^3$，则

$$398 + m_{s0} + m_{g0} + 175 = 2400$$

$$\frac{m_{s0}}{m_{s0} + m_{g0}} \times 100\% = 30\%$$

联立上述两个方程解得砂、石用量分别为 $m_{s0}=548\text{kg}$，$m_{g0}=1279\text{kg}$。

按表观密度法算得该混凝土初步配合比为

$$m_{c0}:m_{s0}:m_{g0}:m_{w0}=398:548:1279:175=1:1.38:3.21:0.44$$

方法二：体积法：

$$\frac{m_{c0}}{\rho_c}+\frac{m_{s0}}{\rho_s}+\frac{m_{g0}}{\rho_g}+\frac{m_{w0}}{\rho_w}+0.01\alpha=1$$

$$\beta_s=\frac{m_{s0}}{m_{g0}+m_{s0}}\times 100\%$$

代入砂、石、水泥、水的表观密度数据，取 $\alpha=1$，则

$$\frac{398}{3.1\times 10^3}+\frac{m_{s0}}{2.65\times 10^3}+\frac{m_{g0}}{2.70\times 10^3}+\frac{175}{1\times 10^3}+0.01\times 1=1$$

$$\frac{m_{s0}}{m_{s0}+m_{g0}}\times 100\%=30\%$$

联立求解得：$m_{s0}=553\text{kg}$，$m_{g0}=1291\text{kg}$。

按体积法算得该混凝土初步配合比为

$$m_{c0}:m_{s0}:m_{g0}:m_{w0}=398:553:1291:175=1:1.39:3.24:0.44$$

可以看出采用体积法计算得出的混凝土的初步配合比与表观密度法比较接近。

2. 提出基准配合比

根据混凝土所用碎石的最大粒径 40mm，查表 6-12 采用混凝土的搅拌量为 25L，按表观密度法计算得出的混凝土初步配合比试配，其材料用量如下：

水泥　　398×0.025=9.95(kg)

中砂　　548×0.025=13.70(kg)

碎石　　1279×0.025=31.98(kg)

水　　175×0.025=4.38(kg)

将上述原材料搅拌均匀后，进行坍落度试验，测得坍落度为 15mm，小于坍落度为 30～50mm 的设计要求，根据表 6-11 调整保持水灰（胶）比不变，增加水泥浆用量 10%，即水泥用量增加到 10.95kg，水用量增加到 4.82kg，测出拌合物的坍落度为 38mm，黏聚性、保水性均良好。经调整后各项材料用量：水泥为 10.35kg，砂为 13.70kg，碎石为 31.98kg，水为 4.82kg，实测混凝土的表观密度 $\rho'_{c,t}$ 为 2410kg/m^3，按式(6-16) 计算得出混凝土的基准配合比。

$$m_{c0}=\frac{2410}{10.95+13.70+31.98+4.82}\times 10.95=39.22\times 10.95=429(\text{kg})$$

$$m_{s0}=39.22\times 13.70=537(\text{kg})$$

$$m_{g0}=39.22\times 31.98=1254(\text{kg})$$

$$m_{w0}=39.22\times 4.82=189(\text{kg})$$

3. 确定实验室配合比

按照基准配合比配制混凝土，采用水灰（胶）比为 0.39、0.44 和 0.49 三个不同的配合比［水灰（胶）比为 0.39 和 0.49 的两个配合比也经坍落度试验调整，均满足坍落度要求］，

测得其拌合物的表观密度及 28d 强度的实测结果见表 6-14。

表 6-14 混凝土拌合物的表观密度及 28d 强度的实测结果

W/C	C/W	表观密度/(kg/m³)	28d 抗压强度/MPa
0.39	2.56	2406	44.1
0.44	2.27	2410	40.8
0.49	2.04	2415	37.5

根据表 6-14 的结果，采用作图法（如图 6-1 所示）得出满足设计要求的灰水比为 2.09，即水灰（胶）比 $W/C=0.48$。

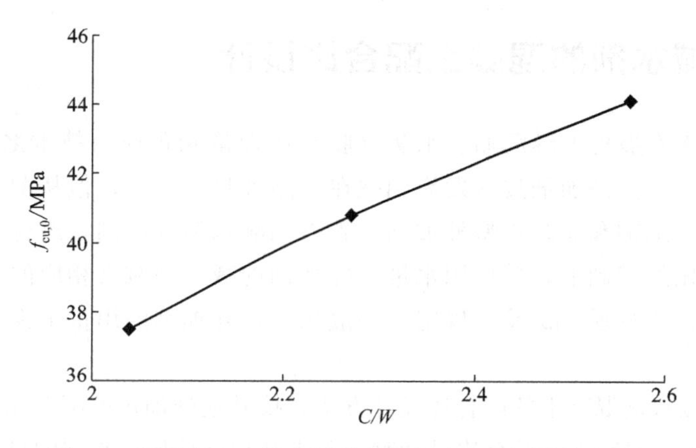

图 6-1 混凝土 28d 的实测强度与灰水比之间的关系曲线

可初步定出混凝土配合比为

$$m_{w0}=189(\text{kg})$$
$$m_{c0}=189/0.48=394(\text{kg})$$
$$m_{s0}=537(\text{kg})$$
$$m_{g0}=1254(\text{kg})$$

计算该混凝土表观密度 $\rho_{c,c}=2374\text{kg/m}^3$，根据此配合比下料，测得其拌合物的表观密度 $\rho_{c,t}=2392\text{kg/m}^3$，其校正系数 δ 按式(6-18) 可得

$$\delta=\frac{2392}{2374}=1.0076$$

混凝土表观密度的实测值与计算值之差与计算值的比例 ξ 为

$$\xi=\frac{\rho_{c,t}-\rho_{c,c}}{\rho_{c,c}}\times100\%=\frac{2392-2374}{2374}=0.76\%$$

由于混凝土表观密度的实测值与计算值之差不超过计算值的 2%，所以前面的计算配合比为确定的实验室配合比，即

$$m_{c0}:m_{s0}:m_{g0}:m_{w0}=394:537:1254:189=1:1.36:3.18:0.48$$

4. 换算施工配合比

将实验室配合比换算为现场施工配合比，水泥用量不变，用水量应扣除砂、石所含水量，而砂石则应增加砂、石的含水量，计算过程如下：

$$m_{c0}=394(\mathrm{kg})$$
$$m_{s0}=537\times(1+2.5\%)=550(\mathrm{kg})$$
$$m_{g0}=1254\times(1+1.5\%)=1273(\mathrm{kg})$$
$$m_{w0}=189-(550-537)-(1273-1254)=157(\mathrm{kg})$$

即为施工配合比。

第三节 掺减水剂的混凝土配合比设计

外加剂是混凝土发展史上继配筋、水灰（胶）比理论和预应力技术之后的第四次飞跃，使混凝土的应用更广泛。外加剂技术发展到现在，品种日益丰富，但从配合比设计的角度出发，只分为减水型外加剂和非减水型外加剂。若掺用减水型外加剂，进行配合比设计时，应在基准混凝土配合比的基础上，单位用水量按外加剂的减水率减去相应的水量，但是如果采用非减水型外加剂，掺量通过试验法确定。一般来说，外加剂的用量很少，可以不调整基准混凝土的配合比。

本节只介绍掺减水剂混凝土的配合比设计方法，掺其他外加剂的配合比设计方法可参照此法进行。进行掺减水剂混凝土的配合比设计时，首先必须确认掺减水剂的目的，主要有三种：

① 保持混凝土拌合物的和易性及强度不变，节约水泥；

② 保持混凝土拌合物的和易性不变，提高强度和耐久性；

③ 保持混凝土的强度不变，提高拌合物的流动性。

一、以节约水泥为主要目的的配合比设计

假定 $1\mathrm{m}^3$ 基准混凝土中各种原材料的用量分别为 m'_{c0}、m'_{w0}、m'_{s0} 和 m'_{g0}，水灰（胶）比 $\frac{W}{C}=\frac{m'_{w0}}{m'_{c0}}$，砂率 $\beta_s=\frac{m'_{s0}}{m'_{s0}+m'_{g0}}$，混凝土拌合物的表观密度为 $m_{cp}=m'_{c0}+m'_{w0}+m'_{s0}+m'_{g0}$，掺入减水率为 β 的减水剂，掺量 α，保持水灰（胶）比不变，则掺减水剂混凝土中各种材料的用量按式(6-20) 调整。

$$\begin{aligned}
&m_{w0}=m'_{w0}(1-\beta)\\
&m_{c0}=m'_{w0}/(W/C)\\
&m_{s0}+m_{g0}=m_{cp}-m_{c0}-m_{w0}\\
&m_{s0}=(m_{s0}+m_{g0})\beta_s\\
&m_{g0}=(m_{s0}+m_{g0})(1-\beta_s)\\
&\text{减水剂掺量}=m_{c0}\alpha
\end{aligned} \tag{6-20}$$

[例 6-3] 掺减水剂的混凝土配合比设计实例（节约水泥为主要目的）

以例 [6-2] 作为基准混凝土，掺入减水率为 10% 的减水剂 1%，试计算该混凝土的初步配合比。

解：根据“表观密度法”的计算结果，按水泥、砂、石和水的顺序混凝土中各项原材料的用量分别为398、548、1279kg和175kg，水灰（胶）比为0.44，砂率为30%，掺入减水率为10%的减水剂1%，其配合比的调整计算按式(6-20)计算可得

$$m_{w0}=175(1-10\%)=158(kg)$$

$$m_{c0}=158/0.44=359(kg)$$

$$m_{s0}+m_{g0}=2400-359-158=1883(kg)$$

$$m_{s0}=1883\cdot 30\%=565(kg)$$

$$m_{g0}=1883\cdot(1-30\%)=1318(kg)$$

掺入上述减水率后该混凝土初步配合比为

$$m_{c0}:m_{s0}:m_{g0}:m_{w0}=359:565:1318:158=1:1.57:3.67:0.44$$

二、以提高强度和耐久性为主要目的的配合比设计

假定1m^{3}基准混凝土中各种原材料的用量分别为m'_{c0}、m'_{w0}、m'_{s0}和m'_{g0}，水灰（胶）比$\frac{W}{C}=\frac{m'_{w0}}{m'_{c0}}$，砂率$\beta'_s=\frac{m'_{s0}}{m'_{s0}+m'_{g0}}$，混凝土拌合物的表观密度为$m_{cp}=m'_{c0}+m'_{w0}+m'_{s0}+m'_{g0}$，掺入减水率为$\beta$的减水剂，掺量$\alpha$，保持水泥用量不变，则掺减水剂混凝土中各种材料的用量按式(6-21)调整。

$$\begin{aligned} m_{c0}&=m'_{c0}\\ m_{w0}&=m'_{w0}(1-\beta)\\ m_{s0}+m_{g0}&=m_{cp}-m_{c0}-m_{w0}\end{aligned} \tag{6-21}$$

掺入减水剂后混凝土拌合物在流动性不变的情况下，降低水灰（胶）比，其黏聚性和保水性得到改善，所以可适当降低砂率，若确定为β_s，则

$$\begin{aligned} m_{s0}&=(m_{s0}+m_{g0})\beta_s\\ m_{g0}&=(m_{s0}+m_{g0})(1-\beta_s)\\ \text{减水剂掺量}&=m_{c0}\alpha\end{aligned} \tag{6-22}$$

三、以提高拌合物流动性为主要目的的配合比设计

在浇筑混凝土的过程中，往往发现原配合比设计的坍落度太小，难以进行施工操作，可以在基本不改变原配合比的原则下，只掺用减水剂，提高拌合物的坍落度。具体的调整方法如下：

(1) 保持水泥和水的用量不变，即水灰（胶）比不变；

(2) 由于混凝土拌合物的流动性增大，其黏聚性和保水性一般会发生一些变化，为确保拌合物的黏聚性和保水性合格，可在保持砂石总用量不变的前提下适当调整砂率，通常加大2%～5%（但砂率不宜大于40%），按此比例减少石子用量。

以上所得的配合比都是掺减水剂混凝土的初步配合比，必须通过试配、调整之后最终确定施工配合比，试配与调整的方法与普通混凝土配合比设计的方法相同。

第四节 有特殊要求的混凝土配合比设计

在《普通混凝土配合比设计规程》(JGJ 55—2011)中，普通混凝土的定义是按干表观密度范围确定的，即干表观密度为2000～2800 kg/m^{3}的抗渗混凝土、抗冻混凝土、高强混凝土、泵送混凝土和大体积混凝土等均属于普通混凝土范畴。对于这些有特殊要求的混凝土，其配合比设计也应相应地满足这些要求。

一、高强混凝土

混凝土的高强化是人们一百多年来的努力方向，伴随着工程材料质量和施工技术的不断提高，特别是高层建筑及大跨度桥梁结构的发展，一般的混凝土已经不能满足工程要求，因此，研究和制备高强混凝土显得非常有必要。高强混凝土是指混凝土强度等级不低于C60的混凝土，其特点是强度高、变形小、耐久性好，能适应现代工程结构向高耸、大跨和重载方向发展，能承受恶劣的环境条件，具有较好的经济效益。混凝土要高强化，要求胶结材料本身必须高强，而且胶结材料和集料间的黏结力要增强，所以必须选取优质的原材料。

《普通混凝土配合比设计规程》(JGJ 55—2011)中提出，配制高强混凝土所用原材料应符合下列规定：

① 应选用质量稳定的硅酸盐水泥或普通硅酸盐水泥。

② 粗集料的最大公称粒径不宜大于25mm；针片状颗粒含量不宜大于5.0%，含泥量不应大于0.5%，泥块含量不宜大于0.2%；其他质量指标应符合《普通混凝土用砂、石质量及检验方法标准》(JGJ52—2006)的规定。

③ 细集料的细度模数宜为2.6～3.0，含泥量不应大于2.0%，泥块含量不应大于0.5%。其他质量指标应符合《普通混凝土用砂、石质量及检验方法标准》(JGJ 52—2006)的规定。

④ 配制高强混凝土时宜采用减水率不小于25%的高性能减水剂。

⑤ 配制高强混凝土时宜复合掺用粒化高炉矿渣粉、粉煤灰和硅灰等矿物掺合料，粉煤灰等级不应低于Ⅱ级；对强度等级不低于C80的高强混凝土宜掺用硅灰。《高强高性能混凝土用矿物外加剂》(GB/T 18736—2017)中规定了高强高性能混凝土用矿物外加剂的技术要求，见表6-15。

表6-15 矿物外加剂的技术要求

试验项目			指标					
			磨细矿渣		粉煤灰	磨细天然沸石	硅灰	偏高岭土
			Ⅰ	Ⅱ				
化学性能	MgO/%	≤	14.0		—	—	—	4.0
	SO_3/%	≤	4.0		3.0	—	—	1.0
	烧失量/%	≤	3.0		5.0	—	6.0	4.0
	Cl/%	≤	0.06		0.06	0.06	0.10	0.06
	SiO_2/%	≥	—	—	—	—	85	50
	Al_2O_3/%	≥	—	—	—	—	—	35
	游离CaO/%	≤	—	—	1.0	—	—	1.0
	吸铵值/(mmol/kg)	≥	—	—	—	1000	—	—
物理性能	比表面积/(m^2/kg)	≥	600	400	—	—	15000	—
	45μm方孔筛筛余/%	≥	—		25.0	5.0	5.0	5.0
	含水率/%	≤	1.0		1.0	—	3.0	1.0

续表

试验项目				指标					
				磨细矿渣		粉煤灰	磨细天然沸石	硅灰	偏高岭土
				Ⅰ	Ⅱ				
胶砂性能	需水量比/%		≤	115	105	100	115	125	120
	活性指数	3d/%	≥	80	—	—	—	90	85
		7d/%	≥	100	75	—	—	95	90
		28d/%	≥	110	100	70	95	115	105

《普通混凝土配合比设计规程》(JGJ 55—2011) 中要求高强混凝土配合比应经试验确定。缺乏试验依据时，配合比宜符合下列规定：

① 基准配合比中的水胶比、胶凝材料用量和砂率可按表 6-16 选取，并应经试配确定。

② 配制高强混凝土所用外加剂和矿物外加剂的品种、掺量，应通过试验确定；矿物掺合料掺量宜为 25%～40%，硅灰掺量不宜大于 10%。

③ 高强混凝土的水泥用量不宜大于 500 kg/m^3。

④ 高强混凝土配合比的试配过程中，应采用三个不同的配合比进行混凝土强度试验，其中一个应为基准配合比，另外两个配合比的水胶比，宜较基准配合比分别增加和减少 0.02。

⑤ 高强混凝土设计配合比确定后，尚应采用该配合比进行不少于三盘混凝土的重复试验，每盘混凝土应至少成型一组试件，每组混凝土的抗压强度不应低于配制强度。

表 6-16　高强混凝土水胶比、胶凝材料用量和砂率

强度等级	水胶比	胶凝材料用量/(kg/m^3)	砂率/%
≥C60,<C80	0.28～0.34	480～560	35～42
≥C80,<C100	0.26～0.28	520～580	
C100	0.24～0.26	550～600	

二、抗渗混凝土

抗渗混凝土也称防水混凝土，其抗渗等级不小于 S6 级。

《普通混凝土配合比设计规程》(JGJ 55—2011) 中提出配制抗渗混凝土所用原材料应符合下列规定：

① 水泥宜采用普通硅酸盐水泥。

② 粗集料宜采用连续级配，其最大公称粒径不宜大于 40.0mm，含泥砂量不得大于 1.0%，泥块含量不得大于 0.5%。

③ 细集料宜采用中砂，含泥量不得大于 3.0%，泥块含量不得大于 1.0%。

④ 抗渗混凝土宜采用外加剂和矿物掺合料，粉煤灰等级应为Ⅰ级或Ⅱ级。

《普通混凝土配合比设计规程》(JGJ 55—2011) 中要求，抗渗混凝土配合比应符合下列规定：

① 1m^3 混凝土中的水泥和矿物掺合料总量不宜小于 320kg。

② 砂率宜为 35%～45%。

③ 供试配用的最大水胶比应符合表 6-17 的规定。

④ 掺引气剂或引气型外加剂的抗渗混凝土，应进行含气量试验，其含气量宜控制在 3.0%～5.0%。

⑤ 进行抗渗混凝土配合比设计时，尚应增加抗渗性能试验，并应符合下列规定：

a. 试配要求的抗渗水压值应比设计值提高 0.2MPa；

表 6-17　抗渗混凝土最大水胶比

设计抗渗等级	最大水胶比	
	C20～C30 混凝土	C30 以上混凝土
P6	0.60	0.55
P8～P12	0.55	0.50
＞P12	0.50	0.45

b. 抗渗试验结果应符合式(6-23) 的要求：

$$P_t \geqslant \frac{P}{10}+0.2 \tag{6-23}$$

式中　P_t——6 个试件中 4 个未出现水压力的最大水压值，MPa；

P——设计要求的抗渗等级值。

三、抗冻混凝土

《普通混凝土配合比设计规程》(JGJ 55—2011) 中提出配制抗冻混凝土所用原材料应符合下列规定：

① 应选用硅酸盐水泥或普通硅酸盐水泥。

② 宜选用连续级配的粗集料，其含泥量不得大于 1.0%，泥块含量不得大于 0.5%。

③ 细集料含泥量不得大于 3.0%，泥块含量不得大于 1.0%。

④ 粗集料和细集料均应进行坚固性试验，并应符合《普通混凝土用砂、石质量及检验方法标准》(JGJ 52—2006) 的规定。

⑤ 抗冻等级不小于 F100 的抗冻混凝土宜掺用引气剂。

⑥ 钢筋混凝土和预应力混凝土中不得掺用含有氯盐的防冻剂；预应力混凝土中不得掺用含有亚硝酸盐或碳酸盐的防冻剂。

《普通混凝土配合比设计规程》(JGJ 55—2011) 中要求抗冻混凝土配合比应符合表 6-18 和表 6-19 的规定；掺用引气剂的抗冻混凝土最小含气量应符合表 6-10 的规定，最大含气量不宜超过 7.0%。

表 6-18　抗冻混凝土最大水胶比和最小胶凝材料用量

设计抗冻等级	最大水胶比		最小胶凝材料用量/(kg/m³)
	无引气剂时	掺引气剂时	
F50	0.55	0.60	300
F100	0.50	0.55	320
不低于 F150	—	0.50	350

表 6-19　复合矿物掺合料最大掺量

水胶比	最大掺量/%	
	采用硅酸盐水泥时	采用普通硅酸盐水泥时
≤0.40	60	50
＞0.40	50	40

注　1. 采用其他通用硅酸盐水泥时，可将水泥混合材掺量 20%以上的混合材量计入矿物掺合料；

2. 复合矿物掺合料中各矿物掺合料组分的掺量不宜超过《普通混凝土配合比设计规程》(JGJ 55—2011) 中矿物掺合料在钢筋混凝土和预应力混凝土中的最大掺量要求。

四、泵送混凝土

现代科学技术的发展，使泵送逐渐成为浇筑混凝土的一种常用的施工工艺，适用于高层建筑、大体积混凝土及大型桥梁等工程。由于混凝土是通过泵送机械和输送管到达浇筑地点的，所以，对混凝土拌合物的流动性有一定的要求。泵送混凝土是指其拌合物的坍落度不低于100mm，并采用泵送施工的混凝土。

《普通混凝土配合比设计规程》(JGJ 55—2011) 中提出配制泵送混凝土所采用的原材料应符合下列规定：

① 泵送混凝土宜选用硅酸盐水泥、普通硅酸盐水泥、矿渣硅酸盐水泥和粉煤灰硅酸盐水泥。

② 粗集料宜采用连续级配，其针片状颗粒含量不宜大于10%；粗集料的最大粒径与输送管径之比宜符合表6-20的规定。

表6-20 粗集料的最大粒径与输送管径之比

石子品种	泵送高度/m	粗集料最大粒径与输送管径比
碎石	<50	≤1∶3.0
	50～100	≤1∶4.0
	>100	≤1∶5.0
卵石	<50	≤1∶2.5
	50～100	≤1∶3.0
	>100	≤1∶4.0

③ 泵送混凝土宜采用中砂，其通过0.315mm筛孔的颗粒含量不应少于15%。

④ 泵送混凝土应掺用泵送剂或减水剂，并宜掺用矿物掺合料，其质量应符合国家现行有关标准的规定。

泵送混凝土试配时要求的坍落度值应按式(6-24) 计算：

$$T_t = T_P + \Delta T \tag{6-24}$$

式中 T_t——试配时要求的坍落度值；

T_P——入泵时要求的坍落度值；

ΔT——试验测得在预计时间内的坍落度经时损失值。

《普通混凝土配合比设计规程》(JGJ 55—2011) 中要求泵送混凝土配合比应符合下列规定：

① 泵送混凝土的胶凝材料用量不宜小于300kg/m^3；

② 泵送混凝土的砂率宜为35%～45%。

五、大体积混凝土

混凝土结构实体最小尺寸大于或等于1m，或预计会因水泥水化热引起混凝土内外温差过大而导致裂缝出现的混凝土，称为大体积混凝土。

《普通混凝土配合比设计规程》(JGJ 55—2011) 中提出配制大体积混凝土所用的原材料应符合下列规定：

① 水泥宜采用中、低热硅酸盐水泥，水泥的3d和7d水化热应符合《中热硅酸盐水泥、低热硅酸盐水泥》(GB/T 200—2017) 的规定；当采用硅酸盐水泥或普通硅酸盐水泥时，应采取相应措施延缓水化热的释放。

② 粗集料宜采用连续级配，最大公称粒径不宜小于31.5mm，含泥量不应大于1.0%。

③ 细集料宜采用中砂，含泥量不应大于3.0%。

④ 大体积混凝土宜掺用矿物掺合料和缓凝型减水剂。

《普通混凝土配合比设计规程》(JGJ 55—2011) 中要求大体积混凝土配合比应符合下列规定：

① 水胶比不宜大于0.55，用水量不宜大于175kg/m^3。

② 在保证大体积混凝土性能要求的前提下，宜提高1m^3混凝土中的粗集料用量；砂率宜为38%～42%。

③ 在保证大体积混凝土性能要求的前提下，应减少胶凝材料中的水泥用量，提高矿物掺合料掺量，其最大掺量应符合《普通混凝土配合比设计规程》(JGJ 55—2011) 中的要求。

④ 大体积混凝土在配合比试配调整时，控制混凝土绝热温升不宜大于50℃。

⑤ 大体积混凝土配合比应满足施工对混凝土凝结时间的要求。

第七章
混凝土拌合物的性能

混凝土在凝结硬化以前，称为混凝土拌合物或新拌混凝土，是混凝土生产过程中的一种中间状态。混凝土拌合物的性能既影响到浇筑施工质量，又影响到混凝土硬化后的性能。混凝土拌合物的性能包括和易性、含气量、凝结时间等。制备混凝土时必须考虑混凝土拌合物和硬化混凝土的性能要求，从表面上看混凝土拌合物的性能仅仅在施工阶段才显得重要，而硬化混凝土的性能则一直主宰着混凝土的后期使用，但实际上两者之间有着紧密的联系。为使硬化混凝土的性能达到设计要求，混凝土拌合物必须满足以下几个方面的要求：

① 易于拌合运输；

② 具有流动性，使得它能够完全充满模板；

③ 浇筑和捣实过程中不能离析；

④ 能够在不需要施加过多能量的条件下完全紧密地黏合在一起；

⑤ 给定的同一批产品或几批产品之间应该是均匀的；

⑥ 必须依靠模板，或者是通过抹平和其他表面处理方式很好地装饰。

第一节 混凝土拌合物的和易性

混凝土的配合比设计应使硬化混凝土具有所需的物理性能和力学性能，并且能经受其暴露环境的侵蚀。混凝土的配合比设计还应使混凝土拌合物具有适宜的和易性，以使混凝土易于搅拌、输送、浇筑、密实及最后加工处理。因此，硬化混凝土的性能不仅取决于组成配比，与混凝土拌合物的和易性也有一定的关系。

一、混凝土拌合物和易性的概念

和易性（或称工作性）是一个很复杂的概念，是由拌合物的一系列基本性能所决定的，如内聚力、黏度、触变性等，是一种不能用质量、长度或时间来表示的量度。例如易抹性就是这样一种性质，表示在抹平中达到要求表面型式的难易程度。另外和易性也是一个相对的指标，工程构件类型不同，施工方法不同，对和易性也有不同的要求。例如，用于铺筑路面的混凝土和用于水下浇筑的混凝土，对和易性和配合比均有不同的要求，适用于路面的、和易性良好的混凝土拌合物并不适合水下混凝土的和易性要求，同样用于大体积结构的混凝土拌合物，用于浇筑断面狭窄或配筋密集的构件就会不适用。所以和易性不仅包含混凝土拌合物的内在质量，还包括一些外在因素。

不同组织和研究者对和易性有不同的理解。ACI认为和易性是新拌混凝土或砂浆在搅拌、输送、浇灌、捣实以及抹平时的难易程度。Walz则认为和易性良好的混凝土应具有以下性质：在合理的搅拌时间内，混凝土可以成为拌合良好和均匀的物料；在输送混凝土时，不会出现离析和泌水现象；在浇灌过程中，很少或没有离析或泌水；运用一般的设备，易于将混凝土很好地捣实，并能保持良好的均匀性，同时混凝土拌合物捣实后能完全填满模板，且能将其中的钢筋很好地包裹起来；混凝土内不应出现泌水通道、蜂窝和空洞等缺陷。Powers提出了一个更为严谨的定义，即和易性是混凝土拌合物在浇灌和捣实时所需的内在功以及抗离析能力的综合。其他研究者还对“和易性”下过不同的定义。总之，一般认为混凝土拌合物的和易性非常复杂，不是一个单项性质，而是在给定条件下所表现出来的若干基本性质的综合。

综上所述，将和易性定义为衡量混凝土拌合物在搅拌、运输、浇筑和捣实过程中施工操作的容易程度，并保证混凝土拌合物质量均匀、成型密实的性能。和易性是一项综合技术指标，包括流动性、黏聚性和保水性三方面的含义。

（一）流动性

流动性是指混凝土拌合物在自身质量或施工机械振捣的作用下产生流动，并均匀、密实地填满模板的性能。流动性的大小，反映拌合物的稀稠，流动性好的混凝土施工操作方便，容易捣实、成型。若拌合物太干稠，难以振捣密实；相反拌合物太稀，振捣后容易出现砂浆上浮而石子下沉的分层离析现象，影响混凝土的质量。

（二）黏聚性

黏聚性（或称抗离析性）是指混凝土拌合物各组成材料之间具有一定的黏聚力，在施工操作过程中，不致出现分层（即混凝土拌合物各组成材料出现层状分离）、离析（即混凝土拌合物内某些组成材料分离、析出），保持整体均匀的性能。黏聚性不好的混凝土拌合物，在自身质量或施工机械振捣的作用下，各组成材料的沉降不相同，砂浆和石子容易分离，振捣后会产生“蜂窝”“空洞”等现象，降低混凝土的强度和耐久性，严重影响工程质量。

（三）保水性

保水性是指混凝土拌合物具有一定的保持水分的能力，在施工操作过程中，不致出现严重泌水的现象。保水性不良的混凝土拌合物，浇筑振实后，一部分水分会从内部析出，水分泌出后会形成连通孔隙，成为硬化混凝土内部的渗水通道，降低混凝土的密实性；泌出的水还会携带一部分水泥和集料中的微细颗粒，聚集到混凝土表面，形成一层含水量很大的浮浆层，从而引起表面疏松；另外，一部分水还会积聚到钢筋或集料的下表面形成水隙，削弱水泥浆与钢筋及集料之间的黏结力。

综上可知，混凝土拌合物的流动性、黏聚性、保水性三者各有内容，彼此既相互联系又存在矛盾，和易性是三者在特定条件下的矛盾统一体。一般来说，流动性较大的混凝土拌合物，黏聚性和保水性相对较差。所谓良好的和易性就是指，混凝土拌合物流动性、黏聚性及保水性都能较好地满足具体工程的施工操作要求，在此工程条件下达到统一。

二、混凝土拌合物和易性的测定方法

混凝土拌合物的和易性是一项综合技术性质，不能用任何一个单项试验来进行直接的测量，早在 1943 年 Powers 就建议了约 30 种不同的专门试验方法，但是到目前为止，还没有一种试验方法能够全面地反映混凝土拌合物的和易性。通常是以测定混凝土拌合物的流动性为主，而黏聚性和保水性主要通过对试验或现场的观察定性地判断其优劣。

根据混凝土拌合物流动性的不同，常用的测试方法包括坍落度与坍落扩展度法、维勃稠度（V-B）法、增实因数法等。

（一）坍落度法

坍落度法适用于集料最大公称粒径不大于 40mm、坍落度不小于 10mm 的混凝土拌合物流动性的测定，是应用最早和最广泛的测定混凝土拌合物流动性的一种方法，常用来进行混凝土配合比设计时确定混凝土拌合物的流动性，以及工地现场检查混凝土拌合物的和易性是否满足工程要求，是由美国的查普曼（Chapman）首先提出的。现在不同的国家采用坍落度法测定混凝土拌合物流动性的具体细节虽有不同，但没有显著的差别。

《普通混凝土拌合物性能试验方法标准》（GB/T 50080—2016）规定，坍落度与坍落扩展度法采用的标准坍落度筒由金属制成，高度 $H=300$mm，上口直径 $d=100$mm，下底直径 $d=200$mm，壁厚大于或等于 1.5mm，如图 7-1 所示，筒内表面必须光滑平整，以减小对混凝土拌合物的摩擦。

图 7-1　坍落度筒

坍落度测定的具体步骤如下。

① 用湿布将坍落度筒、捣棒、拌板、拌铲等润湿，保证坍落度筒内壁和拌板表面均没有明水，拌板应放置在坚实的水平面上，并把筒放在合适的位置，然后用脚踩住两边的脚踏板，坍落度筒在装料时应保持在固定的位置。

② 将混凝土拌合物分三层均匀装入坍落度筒内，每层用捣棒插捣 25 次，使捣实后每层高度约为筒高的 1/3，插捣应沿螺旋方向由外向中心进行，各次插捣应在截面上均匀分布，插捣底层时，捣棒应贯穿整个高深度，插捣第二层和顶层时，捣棒应插透本层至下一层的表面，浇灌顶层时混凝土应高出筒口，插捣过程中，如混凝土沉落到低于筒口，则应随时添加，插捣完毕刮去多余的混凝土，并用抹刀抹平。

③ 清除筒边底板上的混凝土散落物后，垂直平稳地提起坍落度筒，提离过程应在 3～7s 内完成；从开始装料到提坍落度筒的整个过程应连续进行，并应在 150s 内完成。

④ 提离坍落度筒后，将其放置在混凝土拌合物试体一侧，当试样不再继续坍落或坍落时间达 30s 时，用钢尺测量筒高与坍落后混凝土试体最高点之间的高度差，以 mm 计，即为该混凝土拌合物的坍落度值，如图 7-2 所示。

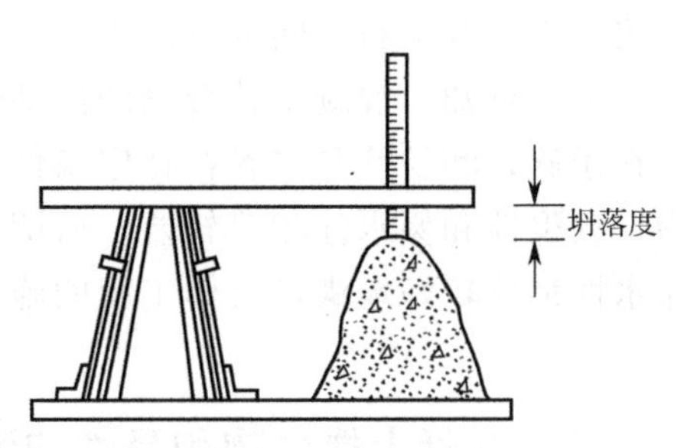

图 7-2　混凝土拌合物的坍落度测定方法

坍落度愈大，表示混凝土拌合物的流动性愈大。参照《混凝土质量控制标准》(GB 50164—2011) 的规定，根据浇灌时坍落度的不同，可将混凝土拌合物分为 5 级，见表 7-1。

表 7-1　混凝土拌合物按坍落度分级

级　别	坍落度/mm	级　别	坍落度/mm
S1	10～40	S4	160～210
S2	50～90	S5	≥220
S3	100～150		

坍落度测定时，大多数拌合物试锥体都会均匀地坍落，但也有一些试锥体会沿一斜面产生滑动（即倒垮），或是崩散，如图 7-3 所示，此时应重新进行坍落度的测定，若仍有上述现象发生，则可以认为该混凝土拌合物较为干硬，且缺少内聚力。干硬混凝土拌合物的坍落度为零，因此若混凝土拌合物干硬达一定的程度，一般不会测到坍落度的变化。富含砂浆的混凝土随着工作性的变化，其坍落度会有明显的变化，而贫混凝土会趋于刚性，并可能产生倒跨或崩散，因此坍落度不易准确测定。相同性质的混凝土拌合物，不同的试样坍落度可能相差很大，相反，不同组成的混凝土拌合物，工作性虽有很大的差别，却可能得到相同的坍落度，因此，坍落度与工作性的关系不是唯一的。另外，坍落度是一种自重测定方法，测定的是混凝土拌合物自重引起的变形，不能反映出混凝土是否易于密实或捣实，或是在外力作用条件下的行为，如是否易于泵送、是否易于最后加工等，所以，坍落度主要用于混凝土拌合物均匀性及质量的控制测定，并不是一个全面的工作性指标。

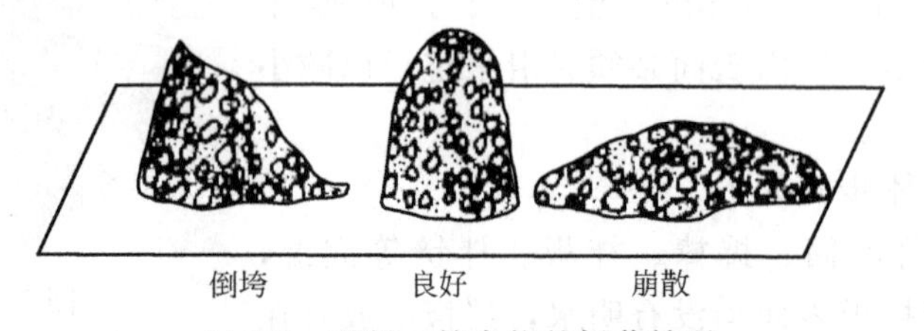

图 7-3　混凝土拌合物的坍落情况

在进行坍落度试验的同时，应观察拌合物的黏聚性和保水性，以便全面评定混凝土拌合物的和易性。黏聚性的检查方法是用捣棒在已坍落的混凝土锥体侧面轻轻敲打，若锥体逐渐下沉，则表示拌合物黏聚性良好，如果锥体倒塌、部分崩裂或出现离析现象，则表示拌合物黏聚性不好。保水性是以拌合物中稀浆析出的程度来评定，坍落度筒提起后，如果有较多的稀浆从底部析出，锥体部分的混凝土由于失浆而集料外露，表明混凝土拌合物的保水性不良，相反如果没有稀浆或仅有少量稀浆从底部析出，表明混凝土拌合物的保水性良好。

坍落度法的优点是操作简单，指标明确，故至今仍被世界各国广泛采用，其缺点是测试结果受操作技术影响较大，而且观察黏聚性和保水性受主观因素影响较大。

（二）坍落扩展度法

由于混凝土超塑化剂（高效减水剂）的出现，使得流动混凝土或超塑化混凝土得到了广泛的应用。当混凝土拌合物的坍落度较大时，由于粗集料堆积的随机性，坍落度试验将不能很好地反映拌合物的流动性，此时应采用扩展度法来评定其流动性。扩展度法适用于集料最大公称粒径不大于 40mm、坍落度不小于 160mm 的混凝土拌合物流动性的测定。具体做法是在混凝土拌合物坍落度试验的基础上，用钢尺测量混凝土扩展后最终的最大直径和最小直径，在这两个直径之差小于 50mm 的条件下，用其算术平均值作为坍落扩展度值，以 mm 计；如果两个直径之差大于 50mm，应查明原因后重新试验，可能的原因包括插捣不均匀、提筒时歪斜、底板干湿不匀引起的对混凝土扩展阻力不同、底板倾斜等。

对于拌合物坍落度较大的混凝土，如免振捣自密实混凝土，拌合物的抗离析性能对硬化混凝土的各种性能（包括混凝土的耐久性）有很重要的影响，可以从扩展度的表观形状进行判断。抗离析性能好的混凝土，拌合物在扩展过程中，始终保持其匀质性，不论是扩展的中心还是边缘，粗集料的分布都是均匀的，也无浆体从边缘析出，但是如果发现粗集料在中央堆集或边缘有水泥浆析出，这是混凝土拌合物在扩展过程中产生离析而造成的，表示此混凝土拌合物的抗离析性不好。

参照《混凝土质量控制标准》（GB 50164—2011）的规定，根据混凝土扩展度的不同，可将混凝土拌合物分为 6 级，见表 7-2。

表 7-2　混凝土拌合物按坍落度分级

级　别	扩展度/mm	级　别	扩展度/mm
F1	≤340	F4	490～550
F2	350～410	F5	560～620
F3	420～480	F6	≥630

（三）维勃稠度法

对于坍落度小于 10mm 的混凝土拌合物，可采用维勃稠度法来测定其流动性。维勃稠度法适用于集料最大公称粒径不大于 40mm、维勃稠度为 5～30s 的混凝土拌合物流动性的测定。维勃稠度法是一种适用于实验室的方法，能弥补坍落度法对低流动性混凝土拌合物灵敏度较低的不足，不大适用于流动性较大的混凝土拌合物，目前主要应用于预制构件厂，现场浇筑的混凝土一般不用。该方法是由瑞典的 V. 皮纳（Bahrner）首先提出的，原来主要用于研究，后为混凝土各工业部门采用，现已被世界各国广泛采用。

图 7-4　维勃稠度仪

维勃稠度法是采用维勃稠度仪测定混凝土拌合物的流动性，维勃稠度仪主要由振动台、容器、坍落度筒和旋转架组成，如图 7-4 所示。振动台台面长 380mm，宽 260mm，支撑在 4 个减震器上，台面底部安有频率（50±3）Hz 的震动器，空载振幅为（0.5±0.1）mm；容器由钢板制成，内径为（240±5）mm，高为（200±2）mm，筒壁厚 3mm，筒底厚 7.5mm；坍落度筒同坍落度法的要求和构造，但应去掉两侧的踏板；旋转架与测杆及喂料斗相连，测杆下部安装有透明而水平的圆盘［直径为（230±2）mm，厚度为（10±2）mm］，并用测杆螺丝把测杆固定在套管中，旋转架安装在支柱上，通过十字凹槽来转换方向，并用定位螺丝来固定其位置，就位后，测杆与喂料斗的轴线均应与容器的轴线重合。

测定的具体步骤如下：

（1）将维勃稠度仪放置在坚实的水平面上，用湿布将容器、坍落度筒、喂料斗内壁等用具润湿，保证上述器具的表面均没有明水；

（2）喂料斗应提到坍落度筒上方扣紧，校正容器位置，使其中心与喂料中心重合，然后拧紧固定螺钉；

（3）把按要求取样或制作的混凝土拌合物试样分三层经喂料斗均匀装入坍落度筒内，装料及捣实的方法同坍落度法；

（4）将喂料斗转离，垂直提起坍落度筒，此时注意不使混凝土试体产生横向的扭动；

（5）把透明圆盘转到混凝土圆台体顶面，放松测杆螺丝，降下圆盘，使其轻轻接触到混凝土顶面；

（6）拧紧定位螺钉，并检查测杆螺钉是否已经完全放松；

（7）在开启振动台的同时用秒表计时，当振动到透明圆盘的底面被水泥浆布满的瞬间停止计时，并关闭振动台，此时秒表读出的时间即为该混凝土拌合物的维勃稠度值，以s计。

维勃稠度代表拌合物振实所需要的能量，时间越短，表明拌合物越容易被振实，能较好地反映混凝土拌合物在振动作用下便于施工的性能。参照《混凝土质量控制标准》（GB 50164—2011）的规定，根据浇灌时维勃稠度的不同，可将混凝土拌合物分为5级，见表7-3。

表7-3 混凝土拌合物按维勃稠度分级

级　别	维勃稠度/s	级　别	维勃稠度/s
V0	≥31	V3	10～6
V1	30～21	V4	5～3
V2	20～11		

维勃稠度法操作简单方便，指标明确，在欧洲使用较多，但因目测判断终点，会带来一定的误差，对于秒数较小的流动性混凝土，误差更大些。

（四）其他测定方法

1. 重塑测定法

重塑测定法是1932年由美国的Powers首先提出的，通过改变混凝土拌合物试样的形状所做的功，来估计拌合物的工作性。重塑测定仪如图7-5所示，主要包括一个高为203mm、直径为305mm的圆筒，固定在跳桌上，在圆筒内同轴悬挂一直径为210mm的内环，高为127mm，其到底面的距离为67～76mm之间调整，在内环内还放置一标准坍落锥。

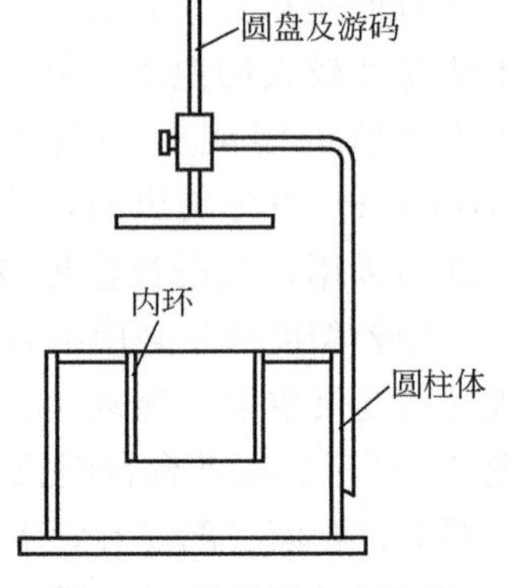

图7-5　重塑测定法装置

测定时按照标准方法在坍落锥中填充试样，取出坍落锥，并在混凝土试样上加盖重 1.9kg 的圆盘和游码，然后开动跳桌，振动频率约为 1 次/s，直到游码指标达到 81mm，此时混凝土试件由锥体变为圆柱体，整个过程中跳桌振动的次数即为重塑力或重塑数。对于某一给定的仪器，重塑力（重塑数）与混凝土拌合物为完成预定的重塑要求成正比，很明显，拌合物越稀，所需的重塑力越小，即振动的次数越少。重塑测定法对于不适用的拌合物，不能具体说明其缺陷的实质，试验时可以通过辅助观察作适当补充，因此，该法需要熟练的操作人员，而且主要用于实验室。

2. 凯利（Kelly）沉球法

凯利沉球法是 1955 年美国首先提出，主要用于现场混凝土稠度的测定与控制，可以直接测定模板内甚至是运料小车内混凝土拌合物的流动性。它可以作为常规的质量控制试验，代替坍落度。沉球贯入数值和坍落度之间具有很好的线性关系，并且比坍落度法更迅速、准确，但是这种方法需要较多的混凝土试样，而且结果受混凝土中集料的最大粒径和上面一薄层混凝土的情况影响较大。如果混凝土中有一粗大集料所处位置有碍于 Kelly 球的沉入，就会得出不可靠的结果，而且混凝土中集料的最大粒径越大，试验结果的波动就越大。

凯利沉球法采用的装置包括直径 152mm 的半球形重锤、半球上带有一标有刻度的杆，并可在支架上滑动，如图 7-6 所示，总重 13.6kg。测试时平整混凝土拌合物的表面，将半球形重锤轻轻放在混凝土的表面上，使其与混凝土表面刚刚接触，然后突然松开重锤，使其在自重作用下贯入拌合物，测定重锤的贯入深度，贯入越深，拌合物的流动性越大。为保证结果的准确性，混凝土拌合物厚度应大于 200mm，且球中心距混凝土边缘的距离不得小于 230mm。

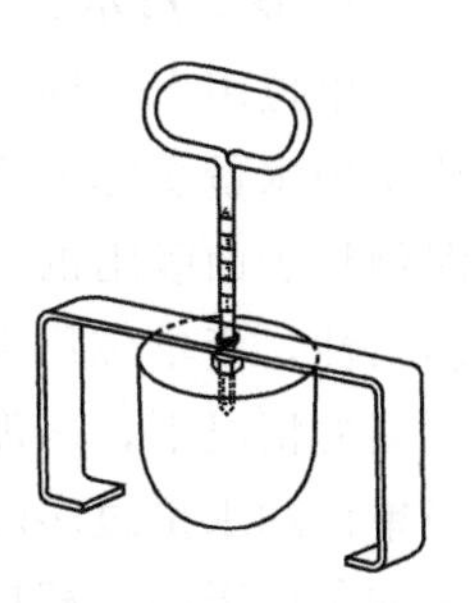

图 7-6 凯利（Kelly）沉球测定方法

3. K 坍落度测定法

K 坍落度测定法是 1969 年由加拿大的 K . W. Nassser 提出的简易工地试验方法。K 坍落度测试仪是一种测针式测定装置，测针为一不锈钢制作的空心管，外径为 19mm，内径为 15.9mm，长 270mm，有四个槽孔，宽 6.5mm，长 51mm，另有若干直径为 6.3mm 的孔眼，交错布置。仪器下端为圆锥形，半高处有一圆形浮板，将下部和充当把手的上部隔离，防止仪器沉陷超过预定水平，没入混凝土中。

测定时将 K 坍落度测试仪垂直插入混凝土拌合物中，到浮板为止，使浮板自由留在拌合物的表面，60s 后测定留在管内混凝土的高度。该值与混凝土拌合物的稠度、工作性之间存在一定的关系，和坍落度之间有经验公式供换算，可用来表征混凝土的流动性。

4. 坍流度测定法

坍流度测定法是日本测定水下不分散混凝土稠度所采用的一种方法，该方法是在坍落度法的基础上，提起坍落度筒后，静置 5min，测量混凝土拌合物扩展后的最大直径及与其垂直的直径，取两个直径的平均值作为坍流度值，再根据坍流度和坍落度之间的关系来评定混凝土拌合物的流动性。

当然还有一些其他的方法可以用于混凝土拌合物流动性的测定，如和易性测定法等。各种方法均有其相应的适用条件，没有得到普遍广泛的使用，而且很难进行相互之间的比较。迄今为止，最古老、最简单的坍落度法用得最广泛，较干硬性的混凝土拌合物一般用维勃稠度法，表 7-4 列出了各种测定方法的相对适用性，仅供参考。

表 7-4 各种测定方法的相对适用性

流动性	相对适用的测定方法
很低	维勃稠度法
低	维勃稠度法、重塑测定法
中等	坍落度法、K 坍落度测定法
高	坍落度法、K 坍落度测定法、凯利(Kelly)沉球法
很高	坍落扩展度法、坍流度测定法、凯利(Kelly)沉球法

三、混凝土拌合物和易性的主要影响因素

影响混凝土拌合物和易性的因素主要包括：内因——组成材料的性质与用量，如单位用水量、水泥品种、集料性质、水泥浆的数量、水泥浆的稠度、砂率等；外因——环境条件(如温度、湿度等)、搅拌工艺、放置时间等。

（一）组成材料的性质与用量

1. 单位用水量

单位用水量即 1m^3 混凝土中加入水的质量，是影响混凝土拌合物和易性最主要的因素。单位用水量实际上决定了水泥浆的数量，另外，混凝土拌合物的流动性主要是依靠集料与水泥颗粒表面吸附的一层水膜，使颗粒间比较润滑，而水的表面张力作用使拌合物具有一定的黏聚性。当单位用水量过多时，水分填满毛细孔，使其表面张力减小，而且在水灰（胶）比不变的情况下，水泥浆数量过多，会出现流浆现象，拌合物的黏聚性和保水性较差。另外，当单位用水量过多时，还容易导致混凝土收缩裂缝的产生，对混凝土的强度和耐久性造成很大的负面影响。相反，当单位用水量过小时，水膜较薄，润湿效果较差，而且在水灰（胶）比不变的情况下，水泥浆数量过少，降低拌合物的流动性。

大量试验研究表明，当集料的品种和用量确定以后，在一定的水灰（胶）比范围内（一般为 0.4～0.8），单位用水量是混凝土拌合物坍落度的主要影响因素，这一规律称为“李斯恒用水量定则”或“恒定用水量定则”，即在一定条件下要使混凝土获得一定值的坍落度，需要的单位用水量是一个定值。该定则为混凝土配合比的设计带来了极大的方便，即在进行混凝土配合比设计时，先选定单位用水量，使拌合物坍落度基本保持不变，在此条件下适当调整水灰（胶）比，就可配制出不同强度等级而坍落度相近的混凝土。

2. 水泥品种

水泥品种、细度、矿物组成等都会影响需水量。不同品种的水泥，颗粒特征不同，需水量也不相同。由于不同品种的水泥达到标准稠度所需的用水量不相同，因此不同品种的水泥所配制的混凝土的拌合物和易性一般也不同。一般而言，在配合比相同的情况下，采用普通水泥配制的混凝土的工作性要好于火山灰水泥和矿渣水泥，而采用粉煤灰水泥对拌合物和易性的影响主要取决于内掺粉煤灰的质量（即需水量）。火山灰水泥需水量大，配制的混凝土拌合物流动性小，而黏聚性最好；矿渣水泥的需水量可能略微增大，对配制的混凝土拌合物的流动性影响不大，但黏聚性和保水性不良；粉煤灰水泥（如生产水泥时采用高质量的粉煤灰）需水量小，而且其中的玻璃球含量大，有滚动的效应，从而增大混凝土拌合物的流动性。总之，需水量大的水泥，其拌制的混凝土拌合物的流动性较小。水泥细度对混凝土拌合物的和易性也有影响，水泥颗粒越细，混凝土拌合物的黏聚性和保水性越好，所以适当提高

水泥的细度，可改善拌合物的黏聚性和保水性，减少离析、泌水现象。此外，水泥熟料中铝酸盐矿物需水量最大，而 C_2S 需水量最小，如果采用含铝酸盐矿物较多的水泥拌制的混凝土，其拌合物的流动性较低，但是由于硅酸盐水泥熟料中的矿物组成相对集中在一定的范围内，变化幅度较小，所以水泥的矿物组成对拌合物的流动性影响较小。

3. 集料性质

集料的性质包括粗、细集料的形状、粒径、级配情况、吸水性等。集料性质对混凝土拌合物的和易性均有影响，其中最明显的是表面呈棱角形的碎石拌制的混凝土拌合物，其流动性比表面光滑的卵石差，同样采用山砂拌制的混凝土拌合物的流动性比河砂差。当水泥、水和集料的用量确定时，混凝土拌合物的和易性主要取决于集料的总表面积。一般而言，集料的比表面积较大，需要较多的水泥浆来润湿，使得混凝土拌合物的流动性降低。采用粒径较大、级配较好的砂石，集料的总比表面积较小，空隙率也相对较小，包裹集料表面和填充空隙用的水泥浆用量较少，因此混凝土拌合物的流动性较好。粗、细集料均应具有均匀连续的级配，集料级配不仅影响拌合物的和易性，而且对混凝土的强度及经济性均有影响，选用集料的原则是用最小的用水量得到最好的和易性。

4. 水泥浆的数量——浆集比

水泥浆的数量是指 $1m^3$ 混凝土拌合物中水泥浆的质量，而浆集比是指拌合物中水泥浆与集料的质量比。水泥浆在混凝土拌合物中，除了填充集料间的空隙外，还包裹集料的表面，使颗粒表面具有足够的润滑层，以减少集料颗粒间的摩擦力，从而使拌合物具有一定的流动性，所以说水泥浆赋予拌合物一定的流动性。在水泥浆稠度一定，即水灰（胶）比保持不变的情况下，单位体积的混凝土拌合物中水泥浆的数量越多，相应集料含量越少（浆集比越大），其流动性越好，但若水泥浆的数量过多即浆集比过大，集料不能很好地将水泥浆保持在拌合物内，将会出现流浆、泌水现象，不仅使拌合物的黏聚性和保水性较差，而且对硬化混凝土的强度和耐久性也会产生负面的影响，同时增加了水泥用量，提高了混凝土的生产成本；相反，单位体积的混凝土拌合物中水泥浆的数量越少即浆集比过小，将没有足够的水泥浆来填充砂、石集料的空隙和集料的表面，从而降低拌合物的流动性，可能产生崩散现象，黏聚性较差。因此，混凝土拌合物中水泥浆的数量（浆集比），应以满足拌合物的流动性要求为准，同时还应考虑强度和耐久性要求，尽可能降低水泥浆的数量（浆集比），以节约水泥用量。

5. 水泥浆的稠度——水灰（胶）比

水灰（胶）比是指混凝土中水与水泥的质量之比，在水泥、集料品种和用量确定的条件下，水泥浆的稠度取决于水灰（胶）比的大小。一般来说，水灰（胶）比越大，水泥浆越稀，混凝土拌合物的流动性越好，黏聚性和保水性较差，但是当水灰（胶）比过大时，拌合物将产生严重的离析、泌水现象，严重影响混凝土的强度和耐久性；相反，水灰（胶）比越小，水泥浆越稠，拌合物黏聚性和保水性较好，流动性较差，但是当水灰（胶）比过小时，拌合物过于干稠，会使施工捣实困难，采用一般的施工捣实方法将很难使混凝土浇筑密实。因此，水灰（胶）比的大小必须选取合适的值，一般应根据拌合物的和易性要求以及硬化混凝土的强度和耐久性要求综合确定。

综上可知，不论是水泥浆的数量变化，还是水泥浆的稠度变化，对拌合物的流动性起决定作用的是单位用水量的大小。因为单纯改变单位用水量会使混凝土的强度和耐久性发生变化，故在试拌混凝土时，必须注意不能靠单纯改变单位用水量的大小来调整拌合物的流动性，而应在水灰（胶）比保持不变的条件下，通过调整水泥浆的数量使混凝土拌合物的流动性满足要求。

6. 砂率

砂率是指混凝土中砂的质量占砂、石总质量的百分率，表征了混凝土中砂、石用量的相对比例关系。在集料总量一定的情况下，砂率的变化会改变集料的总表面积和空隙率，从而影响混凝土拌合物的流动性。砂率过大时，集料的总表面积和空隙率增大，在水泥浆用量一定的条件下，相对来说水泥浆的用量变小了，减少了颗粒表面具有的润滑层，增加了集料颗粒间的摩擦力，从而降低了拌合物的流动性；砂率过小时，虽然集料的总表面积减小了，但是由于砂浆量的不足，在粗集料周围不能形成足够的砂浆润滑层，也减小了拌合物的流动性，严重的还会影响拌合物的黏聚性和保水性，使粗集料离析、水泥浆流失，甚至出现崩散现象。所以，砂率过大和过小都不好，必须取一个合理的值，该值称为合理砂率（也称最佳砂率）。

图 7-7、图 7-8 分别所示为砂率与拌合物的坍落度、砂率与水泥用量之间的关系曲线。从图 7-7 可以看出，合理砂率是在单位用水量和水泥用量一定的条件下，使拌合物的流动性最大且能保持良好的黏聚性和保水性时，混凝土所采用的砂率；图 7-8 表明，采用合理砂率时，能使拌合物获得所要求的流动性及良好的黏聚性和保水性，而水泥用量最少。

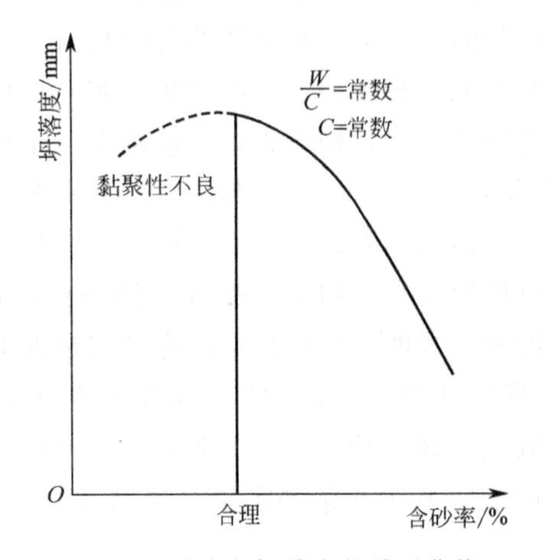

图 7-7　砂率与坍落度的关系曲线

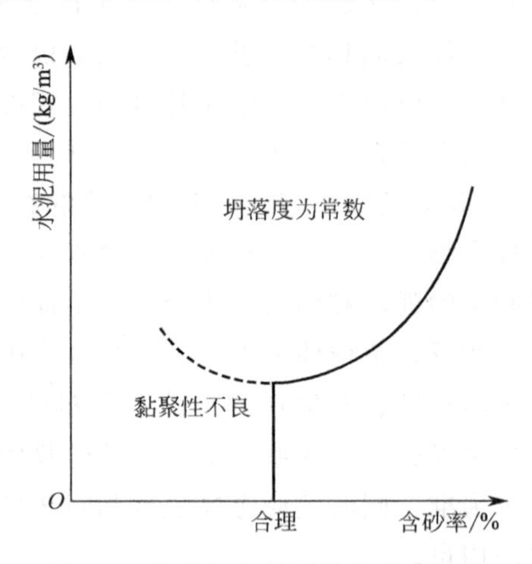

图 7-8　砂率与水泥用量的关系曲线

7. 矿物外加剂和化学外加剂

矿物外加剂的品种、性质及掺量等对混凝土拌合物的和易性有较大的影响，如在拌合混凝土时，掺加粉煤灰对拌合物流动性的影响主要取决于粉煤灰本身的质量，当掺入优质粉煤灰时，粉煤灰需水量较小，而且其球形颗粒有滚动的效应，会提高拌合物的流动性，相反假如掺入低质粉煤灰，反而会降低拌合物的流动性。

近几十年来，混凝土化学外加剂有了飞速发展。在拌制混凝土时，掺入少量合适的外加剂，可以在不增加水泥浆用量的前提下，使拌合物获得较好的和易性；另外，外加剂的掺入还能改善混凝土的微观结构，提高混凝土的强度和耐久性。

和矿物外加剂一样，化学外加剂的品种、性质及掺量等对混凝土拌合物的和易性均有较大的影响。化学外加剂和矿物外加剂对混凝土拌合物和易性的影响详见“第四章”和“第五章”。

（二）其他影响因素

1. 环境条件

大量试验研究表明，影响混凝土拌合物和易性的环境条件主要有温度、湿度和风速等。在组成材料和配比一定的情况下，混凝土拌合物的和易性主要是由水泥的水化速率和水分的蒸发速率所决定的。水泥的水化一方面消耗了拌合物中的水分，另一方面生成的有胶结作用的水化产物，进一步阻碍了颗粒间的滑动，另外，水分的蒸发也减少了单位体积拌合物中水的含量，降低了拌合物的流动性。随着温度的升高，水泥的水化速度加快，同时水分的蒸发速度也变快，拌合物较快地变稠，降低了拌合物的流动性，所以提高温度会使拌合物的坍落度减小。研究表明，在一定范围内温度每增高10℃，坍落度减少20～40mm，夏天施工时，必须采取一定的措施以保证拌合物的和易性，如提高单位用水量、掺入外加剂等。同样，湿度和风速会影响拌合物中水分的蒸发速率，从而影响其流动性。

2. 搅拌工艺

在组成材料和配比一定的情况下，拌合物的搅拌工艺对其和易性也有较大的影响。一般来说，在较短的时间内，拌合物搅拌得越充分，其和易性越好。采用机械拌合的混凝土拌合物比人工拌合的和易性要好；搅拌机型不同，拌合物获得的流动性也不同，采用强制式搅拌机的效果要好于自落式搅拌机，而采用高频搅拌机比低频搅拌机的效果好；采用同一搅拌方式，适当延长搅拌时间，可以获得较好的和易性。

3. 放置时间

混凝土拌合物从拌合到捣实的这段时间里，随着时间的推移，拌合物逐渐变稠，坍落度将逐渐减小，称为坍落度损失。从搅拌站加水拌合到浇灌所需的时间主要取决于施工条件，如搅拌站到施工现场的距离、现场的生产过程和管理水平等。在这段时间内，混凝土拌合物由于一部分水分与水泥发生了水化反应，一部分水分蒸发，还有一部分水分被集料所吸收，拌合物随时间的推移逐渐干稠。如果这段时间过长，温度过高，湿度又过低，坍落度损失可能过大，将增加混凝土的运输、浇筑和捣实的困难，并会降低混凝土的质量，或者施工现场为了施工方便，随意加水，从而对混凝土的强度和耐久性造成影响。当施工中确实存在坍落度损失造成施工困难的问题时，可采取下列措施予以解决：

① 进行混凝土配合比设计时，考虑采用矿渣水泥来代替硅酸盐水泥；

② 生产混凝土时掺入合适的矿物外加剂如粉煤灰，或化学外加剂如缓凝剂、引气剂；

③ 在温度较高的条件下拌合混凝土时，应采取措施降低原材料的温度；

④ 在湿度较低条件下拌合混凝土时，应采取措施防止水分过快蒸发；

⑤ 商品混凝土在远距离运输时，可采用二次加水法，即搅拌站拌合时只加入大部分水，快到施工现场时将剩下的水全部加入，然后迅速搅拌。

四、混凝土拌合物坍落度的选择标准与和易性的改善措施

混凝土拌合物坍落度的选择，必须根据结构物的断面尺寸、配筋情况、捣实方法等综合确定。当结构物断面尺寸较大，或钢筋较疏，或采用机械捣实时，坍落度可选择小些；相反，当结构物断面尺寸较小，或钢筋较密，或采用人工捣实时，坍落度可选择大些。

为使混凝土拌合物适应具体的结构和施工条件，往往需要调整其和易性，在调整的同时

必须考虑对混凝土其他技术性质的影响，如强度、耐久性等。

调整混凝土拌合物的和易性可采取的措施如下。

1. 调整原材料的组成和配比

在保证混凝土强度、耐久性和经济性的条件下，适当调整原材料的组成、配比以提高拌合物的和易性。

① 尽量采用粒径较大的砂、石，降低集料的比表面积。

② 改善集料的颗粒级配，不仅能提高拌合物的流动性，而且能改善其粘聚性和保水性。

③ 尽可能降低砂率，试验表明，采用合理砂率（即最佳砂率），有利于提高混凝土的质量，并能减少水泥的用量。

④ 当混凝土拌合物的流动性小于设计要求时，应保持水灰（胶）比不变，适当增加水泥和水的用量；当混凝土拌合物的流动性大于设计要求，但黏聚性良好时，可保持砂率不变，适当增加砂、石的用量。

⑤ 掺加各种外加剂，如减水剂、引气剂等。

2. 改进拌合物的施工和振捣工艺

采用高效强制式搅拌机，可提高水泥浆的润滑程度，另外，采用高效振捣设备，可以使较低流动性的混凝土拌合物，获得较高的密实性。

3. 加快施工速度

采取可行的措施尽可能减少运输距离，提高现场管理水平，加快施工速度，以降低坍落度损失，使混凝土拌合物在施工时具有良好的和易性。

第二节 混凝土拌合物的含气量

一、混凝土拌合物中的空气

混凝土拌合物在搅拌过程中，不管是否掺加引气剂，空气都会进入混凝土内部，空气作为气泡存在于基体中，溶解于拌合水中，以及存在于浆体和集料的孔隙中。混凝土中充满空气的孔由于能吸收部分拌合水，使拌合物变稠，或者由于空气从颗粒中进入基体，而影响混凝土拌合物的性质。基体中游离空气的形成的方式主要有以下两种：

① 捣实不完全而截留的形式，或在机械搅动如混凝土搅拌中呈大量气泡的形式；

② 在混凝土中掺入适当的外加剂，如引气剂等。

研究表明，加气的存在并不影响截留的空气量，实际上，上述两种形式的空气很难准确地区分开来，原因主要是所有的气泡都带有类似于外加剂所产生的膜，一些加入的空气由于截留而保留在混凝土中；另外，到目前为止还没有准确的方法可以分别测定截留空气量和加气量，部分原因可能是两种形式的空气彼此之间有叠加。普通混凝土（即不掺加引气剂的混凝土）中，单独浆体由于较薄一般不含有空气，但集料可以截留一定量的空气。对于混凝土拌合物，截留的空气以气泡形式存在，而硬化混凝土，大量空气以比较大的不连续空间存在。一般来说，捣实良好的混凝土拌合物中，截留空气量约为基体体积的5%，甚至更多，而对于加气混凝土，含气量可达基体体积的20%或更多。

二、混凝土拌合物中含气量的测定方法

混凝土中引入的含气量可能会受到引气剂的种类及掺量、水泥化学组成、拌合物的和易性、搅拌时间和强度等的影响，而使得其量会在一定范围内发生变化；另外，一些非引气混凝土由于生产不当，或含有一些异常材料，也会产生一定的含气量，从而对混凝土的性能造成影响，所以及时测定混凝土的含气量，可以对其进行有效监控。

混凝土含气量测定的常用方法有压力法、重力法、体积法等，所有的方法都是测定混凝土拌合物浇灌前的含气量，原因是混凝土在运输、浇灌及捣实过程中，其含气量会发生变化。

（一）压力法

由于混凝土拌合物中只有引入和截留的空气是可压缩的成分，利用含气量反比于压力的原理，压力法测定混凝土含气量是向一定体积的混凝土施加压力，混凝土中的气体孔隙就会受到压缩，体积也会发生相应的变化，测定这一体积变化，通过压力差与体积变化之间的关系就可计算出混凝土的含气量。常用的测定仪有A、B两种，采用A型测定仪是通过已知体积混凝土上的水柱变化进行测定，将混凝土拌合物装入一定体积的容器中，其上有一水柱，水柱受到预先设定的压力，适当加压后，通过水柱的下降可直接指出混凝土的含气量。B型测定仪是由容器和盖体两部分组成，如图7-9所示，是《普通混凝土拌合物性能试验方法标准》（GB/T 50080—2016）所采用的测定仪器，该方法适用于集料最大公称粒径不大于40mm的混凝土拌合物的测定。

图7-9　B型含气量测定仪

通过建立压力与含气量之间的关系曲线查得含气量的测定值，在进行混凝土拌合物的含气量测定前，必须先测定拌合物所用集料的含气量，那么混凝土拌合物的含气量按式(7-1)计算：

$$A = A_0 + A_g \tag{7-1}$$

式中　A——混凝土拌合物含气量，%；

A_0——两次含气量测定的平均值，%；

A_g——集料含气量，%。

压力法一般仅限于集料比较致密的混凝土，当压力较大时，在一些集料连通孔中的气体会随浆体中的气体一起被挤出，使测定值偏高，因此这种方法不适用于轻质集料混凝土含气量的测定。另外，有研究认为该方法也不能测定出较小气孔中含气量，因为采用其他方法测定的硬化混凝土的含气量要高于采用压力法的测定值。

（二）重力法

混凝土拌合物的含气量可以通过拌合物的真实体积减去混凝土组分（水泥、集料和水等）的绝对体积计算求得，重力法就是根据这一原理，测定混凝土拌合物的单位质量，将其

置于一已知体积的容器中，进行称量、计算，从而确定拌合物中的气体含量。由于存在边缘效应，容器体积应随集料的最大粒径而变化，见表 7-5，另外，容器中的拌合物应尽量密实，以确保测定结果的准确性。

表 7-5　重力法测定含气量所需容器的体积

集料最大粒径/mm	所需容器的最小体积/cm^3	集料最大粒径/mm	所需容器的最小体积/cm^3
25.0	6000	75.0	28000
37.5	11000	114.0	71000
50.0	14000	152.0	99000

捣实混凝土拌合物的含气量按式(7-2) 计算：

$$A=\frac{100(U_0-U_a)}{U_0} \tag{7-2}$$

式中　A——捣实混凝土拌合物含气量，%；

U_0——按不含空气计算的理论单位质量，kg/m^3；

U_a——实际混凝土单位质量，kg/m^3。

重力法理论简单，但比较繁琐，有关集料的配合比、吸水率、含水率等数据必不可少，而且不宜用于现场测定。

（三）体积法

体积法是测定混凝土试样中空气排出前后体积的变化，即在一定体积的密闭容器中，将适量水加入到混凝土试件之上，达到标记处，然后摇动容器，以使混凝土试样与外加水充分混合，直至混凝土中的空气由于冲刷作用被水所取代，静置一段时间后，水平面从原来位置处下降，即可测定混凝土拌合物的含气量。

体积法不受集料孔隙的影响，所以可以用来测定轻集料混凝土的含气量，而且所采用的仪器较小，操作比较简单，但是由于需要搅拌水的物理效应，且混凝土中空气要充分排出，结果会受到一些人为因素的影响，如静置时间及摇动次数的判断、确定等。

第三节　混凝土拌合物的凝结时间

混凝土拌合物逐渐变硬，称为凝结。与水泥一样，混凝土的凝结时间分为初凝时间和终凝时间。混凝土产生凝结的最主要的原因是水泥的水化反应，但是混凝土的凝结时间与配制该混凝土所用水泥的凝结时间并不相同，原因是水泥浆体的凝结硬化过程会受到水化产物在空间填充情况的影响，即水灰（胶）比的大小对混凝土拌合物凝结时间的影响很大，水灰（胶）比越小，凝结时间越短，水泥的凝结时间是标准稠度水泥净浆在规定的温度和湿度的条件下测得的，而一般配制混凝土时所用的水灰（胶）比与所用水泥的标准稠度是不相同的，另外混凝土的凝结时间还会受到其他因素的影响，如拌合物所处环境温度和湿度的变化、混凝土中掺入矿物外加剂和化学外加剂等。

一、混凝土拌合物凝结时间的测定方法

混凝土拌合物凝结时间的测定一般采用贯入阻力法。根据《普通混凝土拌合物性能试验方法标准》(GB/T 50080—2016) 的规定，采用5mm的标准筛筛出砂浆，按规定的方法装入试样筒中，然后每隔一段时间测定测针贯入到砂浆一定深度处的贯入压力，在整个测试过程中，环境温度应始终保持 (20±2)℃。贯入阻力按式(7-3) 计算。

$$f_{PR}=\frac{P}{A} \tag{7-3}$$

式中 f_{PR}——贯入阻力，MPa；

P——贯入压力，N；

A——测针面积，mm^2。

凝结时间宜通过线性回归方法确定，将贯入阻力 f_{PR} 和时间 t 分别取自然对数 $\ln(f_{PR})$ 和 $\ln(t)$，然后把 $\ln(f_{PR})$ 当作自变量，$\ln(t)$ 当作应变量作线性回归得到回归方程式(7-4)。

$$\ln(t)=A+\ln(f_{PR}) \tag{7-4}$$

式中 t——时间，min；

f_{PR}——贯入阻力，MPa；

A、B——线性回归系数。

根据式(7-4) 求得贯入阻力为3.5MPa时的时间为初凝时间 t_s，贯入阻力为28MPa时的时间为终凝时间 t_e，分别见式(7-5) 和式(7-6)。

$$t_s=e^{(A+B\ln3.5)} \tag{7-5}$$

$$t_e=e^{(A+B\ln28)} \tag{7-6}$$

式中 t_s——初凝时间，min；

t_e——终凝时间，min。

凝结时间也可采用绘图拟合方法确定，是以贯入阻力为纵坐标，时间为横坐标，绘制出贯入阻力与时间之间的关系曲线，以3.5MPa和28MPa画两条平行于横坐标的直线，分别与曲线相交的两个交点的横坐标即为混凝土拌合物的初凝和终凝时间。

二、混凝土拌合物凝结时间的主要影响因素

影响混凝土拌合物凝结时间的主要因素有水泥品种、水灰（胶）比、环境条件以及外加剂。

1. 水泥品种

一般来说，水泥凝结时间越短，混凝土拌合物的凝结时间也越短。粉煤灰水泥、火山灰水泥以及矿渣水泥的凝结硬化比较缓慢，所以在其他条件相同的情况下，采用这些水泥配制的混凝土的凝结时间比较长。

2. 水灰（胶）比

在水泥品种等原材料一定的情况下，水灰（胶）比越小，通常混凝土拌合物的凝结时间也越短。

3. 环境条件（温度和湿度）

环境温度越高，水泥的水化反应速度越快，混凝土拌合物的凝结时间也越短，而环境湿

度主要影响到混凝土中水分的蒸发速度，干燥环境下，混凝土拌合物的水分蒸发较快，凝结时间也越短。

4. 外加剂

在混凝土中掺入缓凝剂，可延缓拌合物的凝结，而如果掺入速凝剂，则使混凝土拌合物在几分钟之内达到初凝，也缩短了终凝时间。

三、调节混凝土拌合物凝结时间的主要措施

根据影响混凝土拌合物凝结时间的主要因素，对调节凝结时间提出了以下措施：

① 选用合适的水泥品种。根据实际工程的要求，如果需要延长混凝土拌合物的凝结时间，可选用凝结时间较长的水泥，相反，应选用凝结时间较短的水泥。

② 合理改变环境条件。提高养护温度可缩短混凝土拌合物的凝结时间，而采取一些喷雾等保湿措施，可防止水分过快蒸发，延缓凝结时间。

③ 掺用外加剂。对于大体积混凝土，尤其是温度较高的地区和季节，可掺用缓凝剂来延缓混凝土拌合物的凝结时间，而对于一些紧急抢修的工程则需要掺入一些速凝剂。

四、混凝土拌合物中一些反常的凝结行为

混凝土拌合物的反常凝结主要有两种：假凝结和瞬间凝结（闪凝）。假凝结是混凝土拌合物在开始搅拌的短时间内固化，但重新搅拌又恢复流动性，这主要是由于石膏掺量过多，或者由于水泥粉磨时温度较高，二水石膏脱水成半水石膏，当水泥与水拌合时半水石膏迅速转化为二水石膏，形成结晶网状结构等。如果水泥中 C_3A 的活性很高就可能会发生闪凝，主要是由于单硫型铝酸钙的大量形成和其他铝酸钙的水化引起的，在凝结后混凝土已产生了一定的强度，因此，闪凝是一种比假凝结更严重的情况。

第八章 混凝土的结构

材料的性能与其组织结构密切相关。混凝土材料是由水泥等无机胶凝材料和水或沥青等有机胶凝材料的胶状物与集料，必要时加入化学外加剂和矿物外加剂，按一定比例拌合、密实成型，并在一定条件下硬化而成的人造石材。水泥混凝土（简称“混凝土”）属水泥基复合材料，它是由各种形状和大小的集料颗粒和硬化水泥浆体组成的，其内部至少包括粗细集料、水化凝胶、未水化水泥颗粒及各种孔、缝和水分等物相。各相本身的结构、相互位置、数量比例以及相界面的特性等都将影响混凝土的内部结构。因此，混凝土的内部结构极为复杂。

对混凝土的结构进行研究时，可从不同层次进行分析，如可以研究混凝土各组成相的原子、分子结构，也可以把混凝土视为由砂浆和粗集料组成的两相复合材料。不同层次的结构，在不同程度上决定着混凝土材料的性能。考虑到混凝土中结构的形成条件、研究结构的方法及在一定程度上独立研究的可能性，通常从以下几个方面来进行研究：宏观结构——由粗集料与水泥砂浆组成的两相分散体系；细观结构——混凝土中水泥砂浆的结构；微观结构——硬化水泥浆体的结构；混凝土中两相界面结构；混凝土中的孔结构。

第一节 混凝土的宏观与细观结构

混凝土的宏观结构与细观结构有许多相似之处，都可以看成由分散相和基相所组成的两相复合材料。研究混凝土的宏观结构时，分散相为粗集料，基相为水泥砂浆；研究混凝土的细观结构时，分散相为细集料，基相为硬化水泥浆体。

按分散相与基相的比例，混凝土的宏观堆聚结构可分为“漂浮”集结型、“接触”集结型和“骨架”集结型三类，如图 8-1 所示。

“漂浮”集结型混凝土宏观堆聚结构中，水泥砂浆的数量远远超过粗集料颗粒之间的空隙体积，粗集料如同漂浮在水泥砂浆基体中一样。这种结构的混凝土性能主要取决于水泥砂浆的性质，粗集料的性质对混凝土性能影响不大。

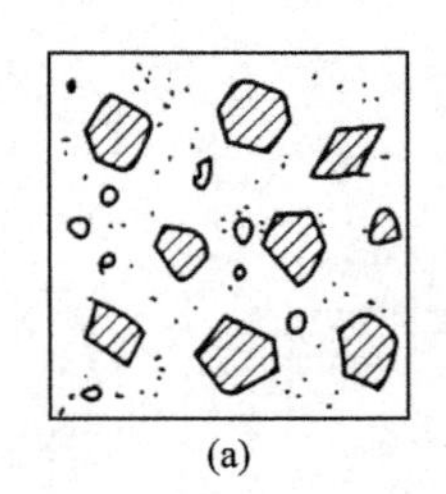

(a)

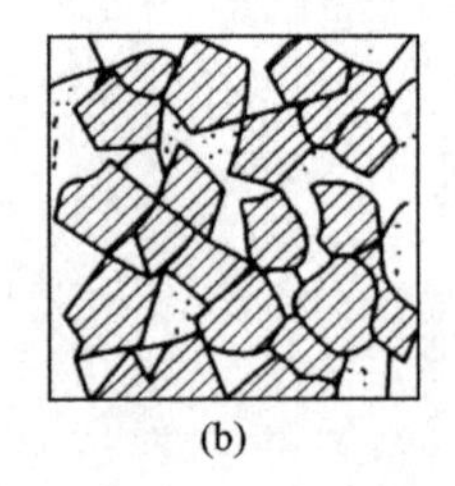

(b)

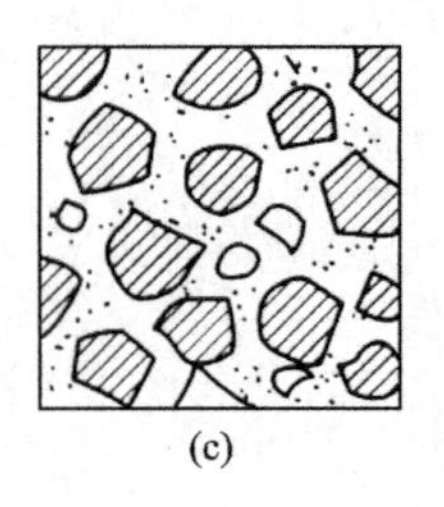

(c)

图 8-1　混凝土的宏观堆聚结构

(a)"漂浮"集结型；(b)"接触"集结型；(c)"骨架"集结型

"接触"集结型与"漂浮"集结型的情况刚好相反，混凝土中水泥砂浆的数量较少，以致不足以填充粗集料颗粒之间的空隙体积，粗集料颗粒之间彼此可以直接接触。在这种情况下，混凝土中有许多连通的大孔，形成大孔结构。

"骨架"集结型介于上述两者，混凝土中水泥砂浆含量适中，恰使粗集料颗粒彼此靠拢而尚未直接接触，其间被一薄层水泥砂浆隔开，粗集料构成结实的骨架。在这种情况下，粗集料对混凝土结构的形成有着重要影响，是决定混凝土性能的一个重要组分。

集料相对混凝土性能的影响主要是物理作用。集料的表观密度、强度、形状、粒径和本身结构等对混凝土的表观密度、弹性模量、体积稳定性等许多性能均有影响。

此外，由于混凝土各组成相的密度不同，且即使是同一组成相，其颗粒大小也有所不同，在混凝土拌合物浇筑成型过程中会产生不同程度的离析和沉降现象，较大颗粒沉积于底部，多余水分上升或积聚于较大粗集料的下方，形成图 8-2 所示的外分层。在粗集料颗粒间还会发生图 8-3 所示的内分层。内分层可分成三个区域。区域Ⅰ位于粗集料的下方，若在砂浆中则位于粗砂粒的下方。该区域含水量最大，称为充水区。水分蒸发后，该区域变成孔穴，是混凝土的主要渗水通道和裂缝发源地，是混凝土中的最薄弱部位。区域Ⅱ称为正常区，该区域的砂浆比较正常。区域Ⅲ位于粗集料的上方，是混凝土中最密实的部位，称为密实区。上述分层现象的存在，使得混凝土表现出明显的宏观特性各向异性，并且存在许多连通的毛细管孔缝及导致混凝土受力破坏的裂缝引发源，表现为沿浇筑方向的抗拉强度较垂直该方向偏低。

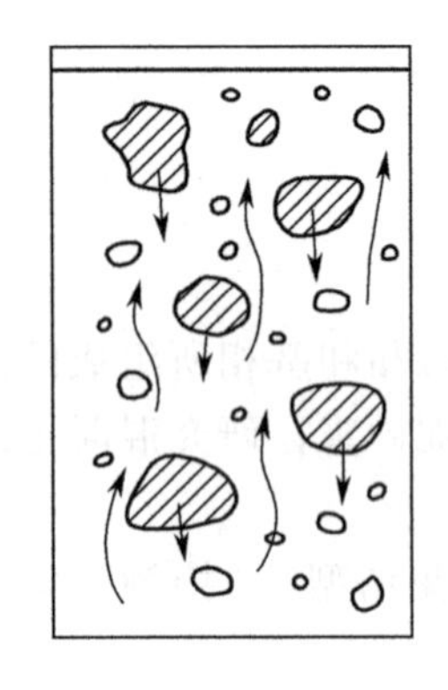

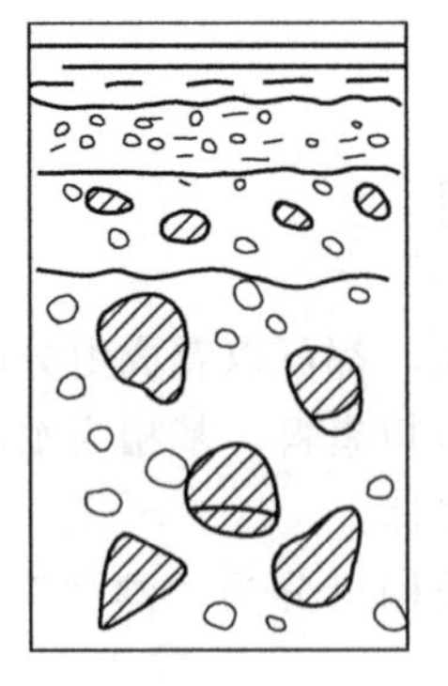

图 8-2　混凝土的外分层

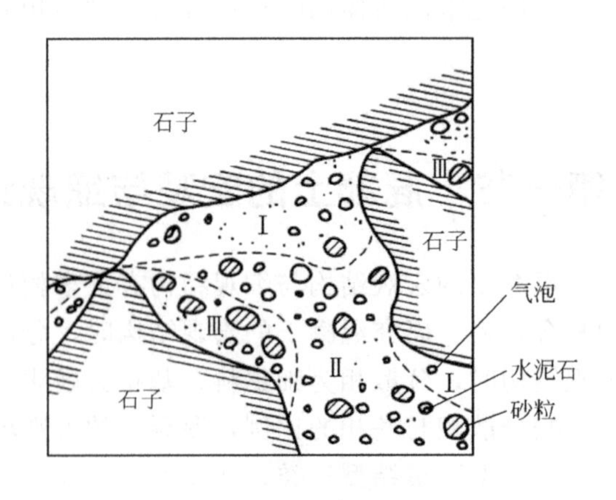

图 8-3　混凝土的内分层

第二节 硬化水泥浆体的结构

水泥加水拌合后，最初形成具有可塑性的浆体，然后逐渐变稠并失去塑性，转变为坚固的石状体，故有时将硬化的水泥浆体称为水泥石。

硬化水泥浆体是一个很复杂的体系。它包含了水泥凝胶（全部水泥水化产物的总称）、未水化水泥颗粒等固相，以吸附水的形式存在或凝聚于孔中的水而形成的液相，以及存在于孔中的气相。各状态相中的组成显然不是单一的。在水泥水化过程中，上述各组成相的数量和结构在不断地发生变化。随着水泥水化反应的进行，硬化水泥浆体中水泥凝胶的体积不断增加，而毛细孔体积不断减少。硬化水泥浆体的结构与水泥凝胶的结构和硬化水泥浆体的孔结构有关。由于水化产物的组成、结晶程度、颗粒大小、气孔大小和性质等许多方面存在差别，硬化水泥浆体是不均匀的。此外，水泥浆体的结构还随水灰比、外界温度、湿度及所处的环境等许多条件而变化。因此，硬化水泥浆体的结构十分复杂。

研究硬化水泥浆体结构的方法有很多，可根据所要研究的对象来选择。如扫描电镜可用来研究硬化水泥浆体的显微结构。图 8-4 表示的是硬化水泥浆体结构的形成过程。图中(a)表示刚开始加水时体系由水和水泥颗粒组成；(b)～(d) 表示水化 7～90d 时，水化产物不断增加，水泥颗粒逐渐减小，水泥凝胶不断扩展而填充颗粒之间的孔隙，使毛细孔越来越少，水化物逐步连成连续的基体，并将未水化的水泥颗粒黏结成为一个整体。

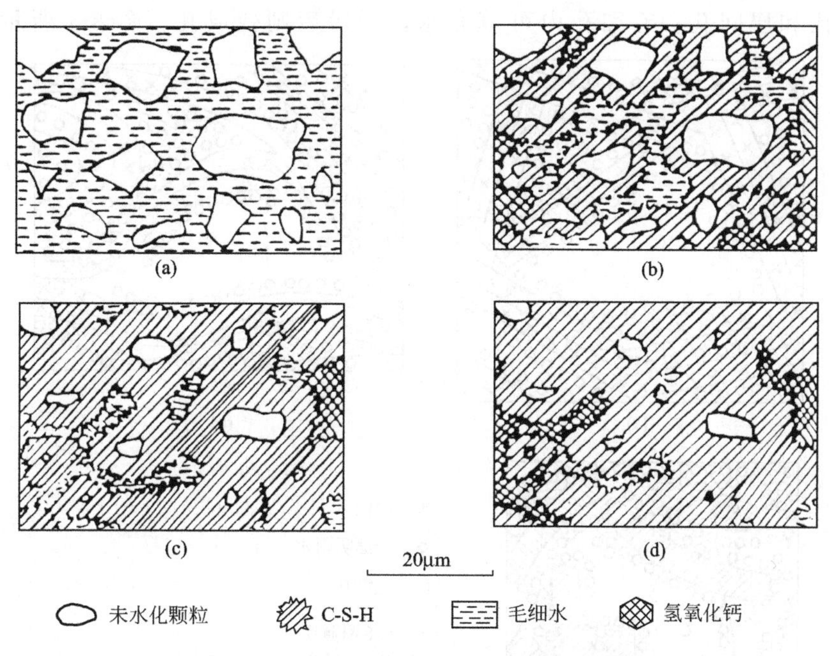

图 8-4 硬化水泥浆体显微结构发展示意图

一、水泥凝胶的结构

水泥凝胶系全部水泥水化产物的总称。Diamond 从三种不同的结构层次对水泥凝胶进行了研究，即原子结构层次，它关系到单个原子的聚集、结晶物质的单胞等，其尺度大致为几纳米；单个粒子结构层次，其尺度大致为几微米；“微组构”结构层次，其尺度大致为几十或几百微米。水泥的水化产物主要包括氢氧化钙、钙矾石、单硫型水化硫铝酸钙和C-S-H凝胶等。

（一）C-S-H凝胶

由于水化硅酸钙没有固定的组成，因此不能用化学计量的分子式来表达，而以C-S-H来表示。C-S-H的颗粒细小，为1nm至1μm，属胶体尺寸范围，故称之为凝胶。浆体水化所形成的C-S-H凝胶基本上是无定形的。硬化水泥浆体中C-S-H的化学组成和形貌均随水化的时间和液相中Ca^{2+}的浓度而变化。C-S-H凝胶在硬化水泥浆体中占50%～75%，对硬化水泥浆体的性质有重要影响。C-S-H凝胶中，C/S比的大小为1.5～2.0或更高，比值的高低主要取决于水泥液相中Ca^{2+}的浓度，若水泥中含有粉煤灰、硅粉等混合材料，则水泥液相中Ca^{2+}的浓度会降低，C/S比会低于1.5。即使在同一硬化水泥浆体中，C-S-H凝胶中的C/S比也会有所不同，如在各水泥颗粒之间的C-S-H凝胶和在水泥颗粒周围的C-S-H凝胶的C/S比就有差别。C-S-H凝胶中的含水量变化范围更大，这是因为参与C-S-H结构的水，与微孔的水或多层吸附膜中的水没有明显的区别，因此它与环境湿度有关，这也说明C-S-H中的水不是结晶水或结构水，现常将其称为凝胶水。

C-S-H凝胶的精确结构目前尚不清楚，但可考虑原子和离子彼此联结的几种可能性，粗略地看作分解的黏土结构，是以硅酸盐即$[SiO_4]^{4-}$四面体组成箔片，片与片之间由Ca^{2+}以静电引力相联结，水分子填充其间，其箔片是不规则的，可任意排列的箔片间的空间存在毛细孔、微孔和层间孔。毛细孔内可填充水，干燥后则变成孔。图8-5所示为Powers-

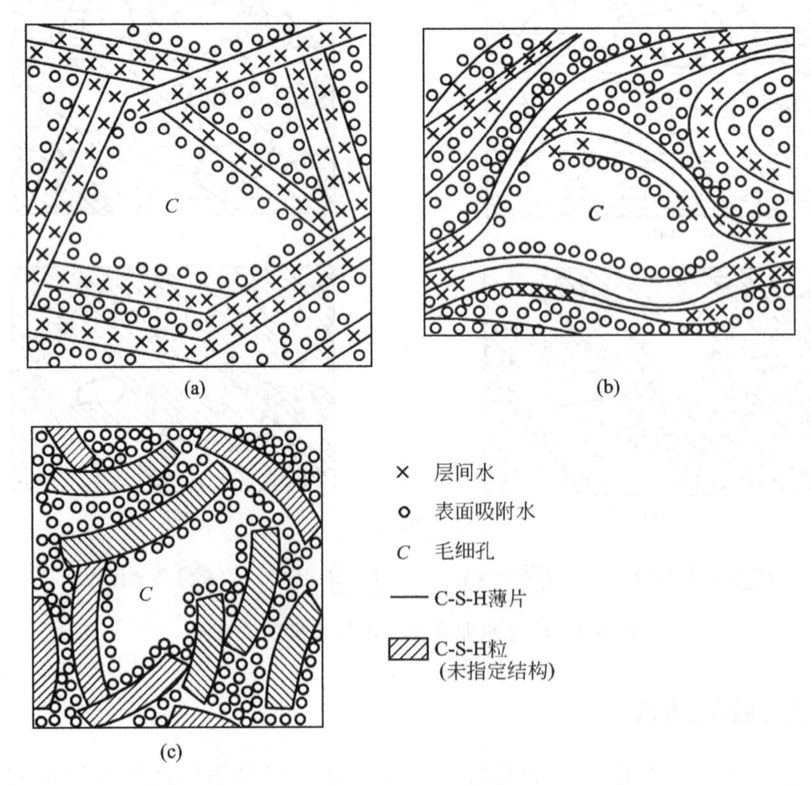

图8-5 C-S-H凝胶三种模型示意图

(a) Powers-Brunauer提出的模型；(b) Feldmann-Sereda提出的模型；(c) Wittmann提出的模型

Brunauer (a)、Feldmann-Sereda (b) 和 Wittmann (c) 等提出的三种模型。除了上述三种模型外，Taylor 也对 C-S-H 的结构提出过看法，Beaudoin 等提出了更为精细的 C-S-H 结构模型（如图 8-6 所示）。

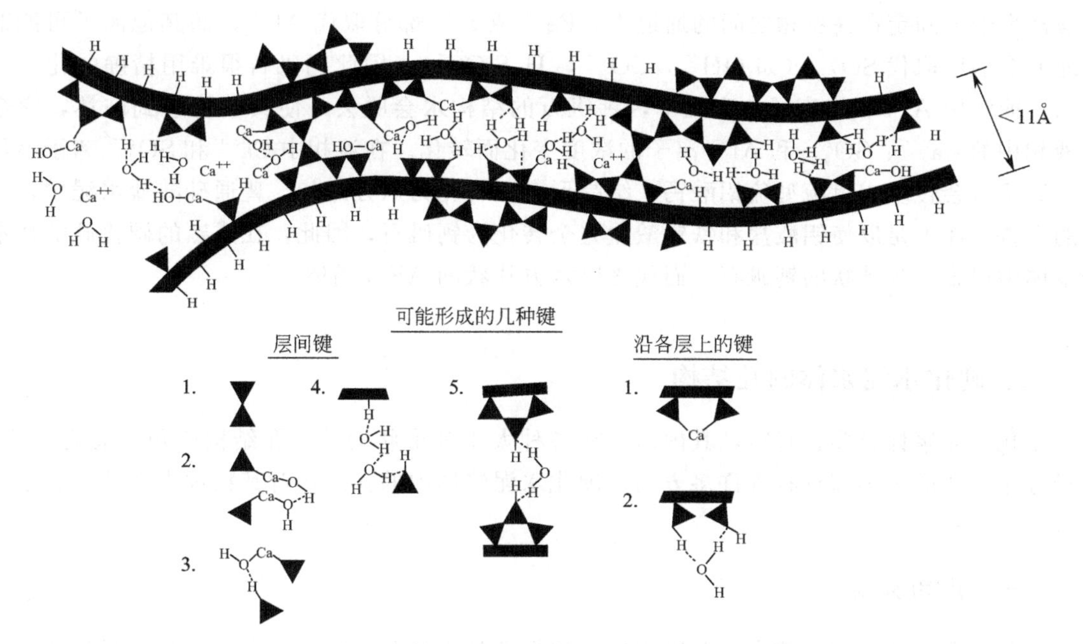

图 8-6　发射 TEM 观察到的 C-S-H 薄片示意图

水泥浆体中的 C-S-H 有多种形态，这些形态取决于所用的观察方法。Diamond 用扫描电子显微镜对不同水化龄期的水泥浆体观察后提出，C-S-H 在不同的水化龄期有 4 种形貌存在。Ⅰ型为纤维状（包括管状和针状）粒子，它在水泥水化早期就已出现，通常是从水泥粒子向外辐射出去的细长条物质，长为 0.5～2μm，宽度一般小于 0.2μm，辐射条通常不是平行的，而是向外稍变细，且往往在尖端上分叉成两枝或多枝；Ⅱ型为由一些小的粒子咬合而成的网络状或蜂窝状的三维粒子，它与Ⅰ型粒子同时或几乎同时出现，是硬化水泥浆体中最常见的；Ⅲ型为水化后期出现的小而不规则的等大或扁平粒子，尺寸约为 0.1μm，在水泥凝胶中占有相当数量；Ⅳ型为内部水化产物，在原水泥颗粒处形成，与其他产物外缘保持紧密接触，呈多孔状，尺寸也在 0.1μm 左右。

（二）氢氧化钙

氢氧化钙是 C_3S 和 C_2S 水化时析出的产物，其尺寸比 C-S-H 大 2～3 个数量级，结晶良好，一般呈六角棱柱结构。但氢氧化钙在生长过程中若遇到阻碍（如水泥颗粒），则会在其周围生长，所以随周围环境的不同，氢氧化钙可以生成扁平六方大晶粒、细长薄晶粒、层状晶簇等形状。

氢氧化钙在硬化水泥浆体固相中占 20%～25%，由于其结晶良好，有时存在于混凝土的内部孔洞中，可通过肉眼观测到。

（三）水化硫铝酸钙

钙矾石为细棱柱形结晶体，其长径比可达到 10。水化初期在水泥颗粒的周围就能见到钙矾石，随着它的生长，相互交叉的晶体形成水泥浆体的初次网络结构。生长环境对钙矾石晶体的形貌有很大影响，当溶液中 OH^- 和 Na^+ 离子浓度较大时，生成的钙矾石晶体短而粗。钙矾石的结构是以组成 $Ca_6[Al(OH)_6]_2 \cdot 24H_2O$ 的柱状物为基础的。外加的水分子和硫酸盐离子被固定在柱状物之间的通道中。Fe^{3+} 或 Si^{4+} 部分取代 Al^{3+}，而其他离子可能部分地或全部地取代 SO_4^{2-}（如 OH^-，CO_3^{2-}，$H_2SiO_4^{2-}$）。因此钙矾石很难用精确的化学式表示，而常用 AFt 相来表示。高温下，钙矾石的结构水会脱去，使其结构遭到破坏，它会随液相中的 Ca^{2+}、SO_4^{2-} 和 Al^{3+} 离子的浓度变化而转化。在液相中 Ca^{2+} 和 SO_4^{2-} 离子不足时，钙矾石会转变成单硫型硫铝酸钙，结晶形态也转化为六方片状。普通硅酸盐水泥中，所加的石膏往往不足以使铝酸盐和铁铝酸盐完全转化为钙矾石，因此，在成熟的硬化硅酸盐水泥浆体中很难见到针状的钙矾石，而代之以六方片状的 AFm 晶体。

二、硬化水泥浆体的孔结构

硬化水泥浆体属多孔材料，其内部存在各种大小和形状的孔。孔结构应包含总孔隙率、孔径分布、孔的大小和形状等许多方面。硬化水泥浆体中的孔结构对其物理力学性能有很大影响。

（一）孔的分类

硬化水泥浆体中的孔隙大小范围很广，根据孔的大小和性质，通常把孔分为凝胶孔、毛细孔和粗孔三大类。

凝胶孔为水泥凝胶粒子间的孔隙，按水力半径计算所得到的胶孔尺寸为 1.4～2.8nm，平均约为 1.8nm。凝胶孔约占凝胶体总体积的 28%。

毛细孔为水泥凝胶粒子组成的多孔密实体之间的空隙，即未被水泥浆体固体组分所填充的空间，其尺寸一般大于 10nm。毛细孔的尺寸和体积与初始水灰（胶）比和水泥水化程度有关。

粗孔为尺寸大于 100nm 的孔。

（二）孔隙率

水泥水化过程中，不同水化阶段所形成的水泥凝胶具有孔隙率相同的结构，水泥进一步水化对原先形成的水泥凝胶的孔结构影响不大。同种水泥制得的硬化水泥浆体，在硬化条件、龄期及初始水灰比等都不同的情况下，孔结构的差别主要在于其毛细管孔的数量及结构不同。Powers 计算了硬化水泥浆体中的孔隙率。

水泥凝胶内的孔隙率可按式(8-1) 计算：

$$P_g = 1 - \frac{\gamma_g}{\rho_g} \tag{8-1}$$

式中 P_g——水泥凝胶内的孔隙率；

γ_g——干水泥凝胶的表观密度；

ρ_g——干水泥凝胶的密度。

根据 Powers 的资料，$\gamma_g = 1/0.567$，$\rho_g = 1/0.411$，因此 $P_g = 1 - 0.411/0.567 = 0.28$，

即凝胶孔体积为水泥凝胶体积的28%。虽然水泥凝胶中凝胶孔所占体积为常数，但由于水灰比、水化程度等不同，硬化水泥浆体中凝胶孔孔隙率是不同的。

水泥水化时的化学结合水量为水泥质量的23%左右。

硬化水泥浆体中的凝胶孔孔隙率可按式(8-2) 计算：

$$P_j=\frac{V_{gp}}{V_p}=\frac{\alpha(c+0.23c)V_g\times0.28}{\frac{c}{\rho_c}+c\times\frac{w}{c}}=\frac{0.19\alpha\rho_c}{1+\rho_c\times\frac{w}{c}} \tag{8-2}$$

式中 P_j——硬化水泥浆体中的胶孔孔隙率；

V_{gp}——胶孔的体积；

V_p——硬化水泥浆体的体积；

V_g——1g 水泥凝胶所占的体积，为 $0.567cm^3$；

α——水化程度；

c——水泥的质量；

ρ_c——水泥的密度；

w/c——水灰比。

正常成型的硬化水泥浆体中，主要存在凝胶孔和毛细孔。所以硬化水泥浆体中的毛细孔孔隙率可按式(8-3) 计算：

$$P_c=P_0-P_j=\frac{c\left(\frac{w}{c}-0.23\alpha\right)}{\frac{c}{\rho_c}+c\times\frac{w}{c}}-\frac{0.19\alpha\rho_c}{1+\rho_c\times\frac{w}{c}}=\frac{\rho_c\left(\frac{w}{c}-0.42\alpha\right)}{1+\rho_c\times\frac{w}{c}} \tag{8-3}$$

式中 P_0——硬化水泥浆体的总孔隙率；

P_c——毛细孔孔隙率。

从式(8-3) 中可看出初始水灰比和水泥水化程度对孔隙率的影响。

（三）孔径分布

研究表明，除总孔隙率影响强度等性能外，孔径分布对强度等性能也有影响。在总孔隙率相同的情况下，孔径分布不同，性能也会不同。因此，除了要了解硬化水泥浆体的总孔隙率，还应该知道它的孔径分布情况。

最常用的测定硬化水泥浆体孔径分布的方法是压汞法（MIP)，此外，X射线小角散射法（SAXS）等也可用于测定硬化水泥浆体的孔径分布。

水泥浆体中掺入掺合料后，其孔结构会发生明显的变化。河海大学的研究结果表明，水泥浆体中掺入粉煤灰后，其总孔隙率和孔径分布均发生了较大变化。图8-7为掺与不掺粉煤灰的水泥浆体孔径分布情况。从图8-7可以看出，掺与不掺粉煤灰的水泥浆体中的大尺寸孔均随龄期的增长而减少。粉煤灰水泥浆体中孔径小于20nm的孔增加量明显多于不掺粉煤灰的水泥浆体。

三、硬化水泥浆体中的液相

硬化的水泥浆体中仍然存在液相，如毛细水、层间水和凝胶水等，这些水脱去后就成为

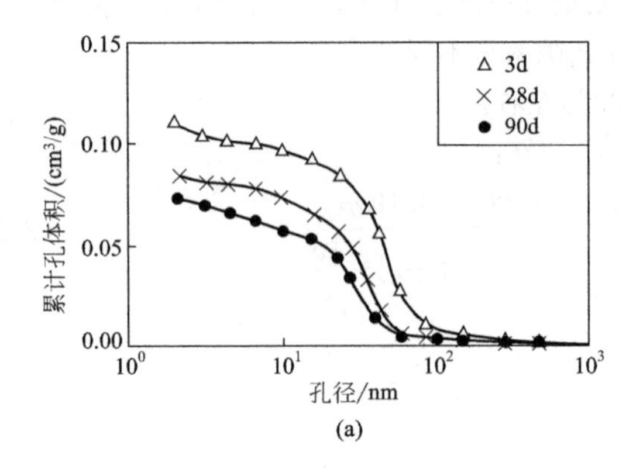

(a)

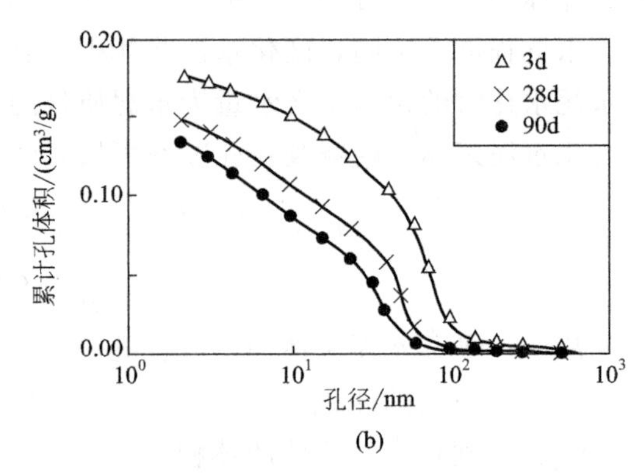

(b)

图 8-7 硬化水泥浆体的孔径分布情况

(a) 不掺粉煤灰的水泥浆体；(b) 掺 55%的粉煤灰水泥浆体

相应的孔。水泥石中的水并非纯水，而是一些离子的饱和液体，它们的浓度与水化过程和水化产物有关。

一般而言，水泥石中水的形态可分为可蒸发水和非蒸发水两大类。非蒸发水为化学结合水，它以原子形态参加晶格，改变物质的基本结构。水泥水化时的化学结合水量随水泥矿物成分的不同而略有差异。可蒸发水包括凝胶水、毛细管水和游离水三种。

凝胶水是存在于水泥凝胶胶孔中的水，为水泥凝胶粒子所包围，属未起化学反应的吸附水，包括有序排列的层间水和无序排列的吸附水。凝胶水占水泥凝胶体积的 28%，蒸发后留下的空间即为凝胶孔。

毛细管水是水泥石毛细管中的水，其数量与初始水灰比、水泥水化程度及周围环境有关。毛细孔和毛细管水的变化反映了硬化水泥浆体内部结构的变化。因此，毛细管水与硬化水泥浆体及混凝土的一系列性能密切有关。

游离水对硬化水泥浆体的结构和性能均无益处，应尽量减少。

孔（或缝）是水泥基复合材料的组分之一，它的发展与变化对硬化水泥浆体、砂浆及混凝土的性能有重要影响，尤其对强度、变形性能及耐久性能的影响极大。在孔对性能的影响方面，以往较多地着眼于不利的一面，如强度降低等。随着对孔研究的不断深入，发现硬化水泥浆体、砂浆或混凝土中的孔既有不利的一面，也有有利的一面，如孔（或缝）可为水泥的继续水化提供水源与供水通道；可为水化产物提供空间；尺寸小于一定数值的孔对硬化水泥浆体、砂浆及混凝土的一些性能无害；尺寸与分布恰当的孔对硬化水泥浆体、砂浆及混凝土的一些性能（如抗冻性）有益等。

孔对性能的影响并非仅仅体现在孔隙的数量即孔隙率上，还与孔径的分布以及孔的形貌和排列有关。河海大学的研究表明：水泥基复合材料的抗压、抗折强度均随总孔隙率的增加而降低，强度和孔隙率之间存在较好的线性关系；孔径分布和孔的形状对强度有影响，孔径越小，抗压强度越高，圆孔的强度高于方孔的强度；孔径分布对抗折强度的影响与对抗压强度的影响有所不同，小于 20nm 的孔对抗压强度的影响极微，大于 100nm 的孔对抗压强度影响显著，而对于抗折强度，所有孔径的孔均会产生影响；抗压强度与孔界面分形维数之间存在一定的关系，定量确切关系有待进一步研究。

第三节　混凝土中的两相界面结构

如前所述，混凝土中包括浆体、粗细集料、孔缝和水等。浆体中则包含水化产物、未水化矿物和毛细孔等。水化产物中又含有晶体、凝胶、胶孔。所以，混凝土是一种具有不同孔隙的多孔材料，同时其内部的许多组分间还形成众多的界面。对混凝土的研究表明，普通混凝土的水泥浆体和集料之间有一过渡区存在，其特点是多孔、疏松、晶体粗大且呈定向排列，是混凝土的薄弱环节，对混凝土的力学性能和耐久性有重要影响。

水泥浆体和集料间界面过渡区形成的原因是在新成型的混凝土中沿粗集料周围包裹了一层水膜，并且由于边壁效应的影响，使贴近粗集料表面区域的水灰比大于混凝土基体的水灰比。因此，界面区形成的钙矾石和氢氧化钙等晶体的尺寸较大，界面区结构中的孔隙也比水泥浆体或砂浆基体的孔隙多。

水泥浆体与集料的界面结合分为物理结合和化学结合两种。

物理结合是界面间的黏结和机械啮合作用所致，它与集料的形状、表面状态和刚度有关。

化学结合是由于集料与水泥浆体之间产生一定程度的化学反应的结果。化学反应与集料的化学成分有关。

一、界面过渡区性能

（一）力学性能

水泥浆体与集料界面过渡区的力学性能由物理结合和化学结合决定，是表面化学反应、范德华力（即分子间作用力）及机械作用共同作用的结果。水泥浆体与集料界面过渡区的力学性能可采用直接或间接方法测定，常用的包括界面黏结强度、界面刚度和界面断裂韧性与断裂能等。

1. 界面黏结强度

T. T. C. Hsu 等人研究表明，界面黏结抗拉强度与集料种类、表面粗糙程度及水灰比有关，砂浆与集料界面黏结抗拉强度只有砂浆抗拉强度的 33%～67%，水泥浆体与集料界面黏结抗拉强度是硬化水泥浆体抗拉强度的 41%～91%。此外，混凝土受压破坏时，裂缝首先沿着砂浆与集料的界面产生，在荷载达到一定数值后才延伸到砂浆内部。

除可测定界面黏结抗拉强度外，还可测定界面黏结抗剪、劈拉、抗弯、抗扭强度。图 8-8 所示为一些常用的水泥浆体与集料界面黏结强度试验方法。

2. 界面刚度

界面刚度可用间接刚度法或显微硬度法表征。显微硬度法可看作一种直接方法，该法要求先将待测样品表面进行抛光，然后施加一定荷载，测试该荷载作用下的压痕尺寸，由压头形状根据公式计算受压区的平均应力，此应力即为显微硬度值。由于界面尺寸很小（在微米量级），压头的尺寸必须足够小，施加的荷载也不能太高。在微米量级的界面过渡区，微观结构并不均匀，因此很难建立显微硬度与宏观物理性能或微观结构之间的定量关系。最近，W. Zhu 等提出可用深度敏感微压痕技术测试界面过渡区的弹性模量，并获得了弹性模量沿

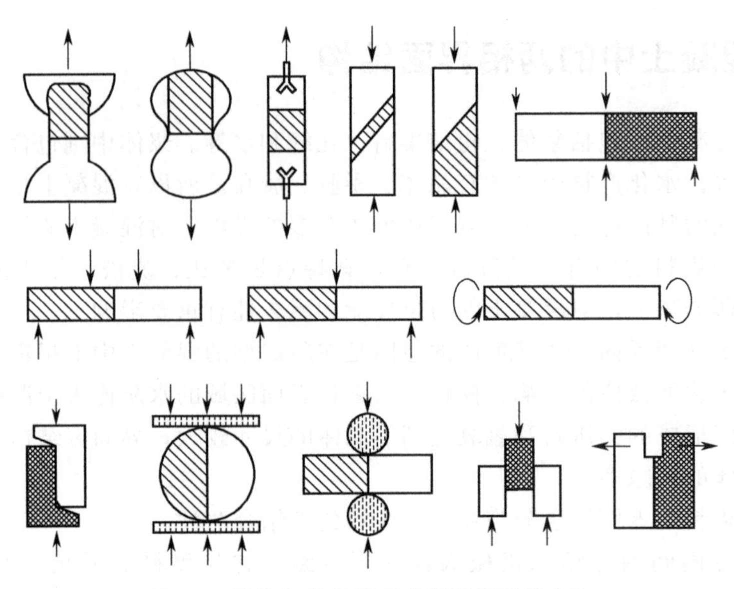
图 8-8 浆体与集料界面黏结强度试验方法

界面过渡区的分布。

也可采用间接刚度法研究界面刚度，如 Alexander 采用两相串联模型研究不同集料体积率下界面过渡区对复合材料弹性模量的影响；M. P. Lutz 等根据净浆、集料及复合材料的弹性模量和泊松比，在假定一定界面厚度的前提下可以反算界面过渡区的弹性模量，结果显示，界面过渡区的弹性模量是基体弹性模量的 30%～50%。

3. 界面断裂韧性与断裂能

B. Hillemeier 和 H. K. Hilsdorf 的研究表明，水泥浆体与集料界面的断裂力学参数——临界应力强度应子 K_{IC}，大大低于硬化水泥浆体或集料的数值。T. T. C. Hsu 的研究表明，在水泥浆体中有 0.3%的体积变化，就足以使水泥浆体与集料界面产生约 13MPa 的拉应力。F. O. Slate 等人认为，水泥浆体的体积变化可以大于 0.3%。因此，混凝土在承受荷载之前产生内部裂缝是可能的，大部分的裂缝发生在水泥凝结硬化时期。S. P. Shah 等人的实验指出，干燥收缩会在集料界面上产生拉应力和剪应力，拉应力和剪应力一般随集料粒径增大而增大，当它们超过水泥浆体与集料界面的黏结强度时，则产生细小裂缝。这些裂缝在砂浆内部也会产生，但更主要的是在砂浆与粗集料的界面上出现。

常用的研究界面过渡区断裂韧性与断裂性能的试验方法如图 8-9 所示。由于原材料组成、制备方法、集料类型及集料表面粗糙程度不同，在进行界面断裂性能试验时，破坏模式并不相同。对于采用轻集料或活性集料的混凝土，破坏有可能出现在集料中，也可能出现在基体一侧，这取决于界面黏结性能与基体性能及集料性能的相对比值。

（二）传输性能

混凝土的耐久性与其传输性能密切有关。传输性能不仅是指离子的扩散性能，还包括流体和气体的渗透性能、在电场作用下的离子迁移及各种介质的吸附性能。

J. D. Shane 等人采用交流阻抗谱法研究了不同集料体积率下砂浆的扩散性能。界面过渡区对材料渗透性能的影响可通过不同集料体积率下材料渗透系数的变化进行研究，也可采用

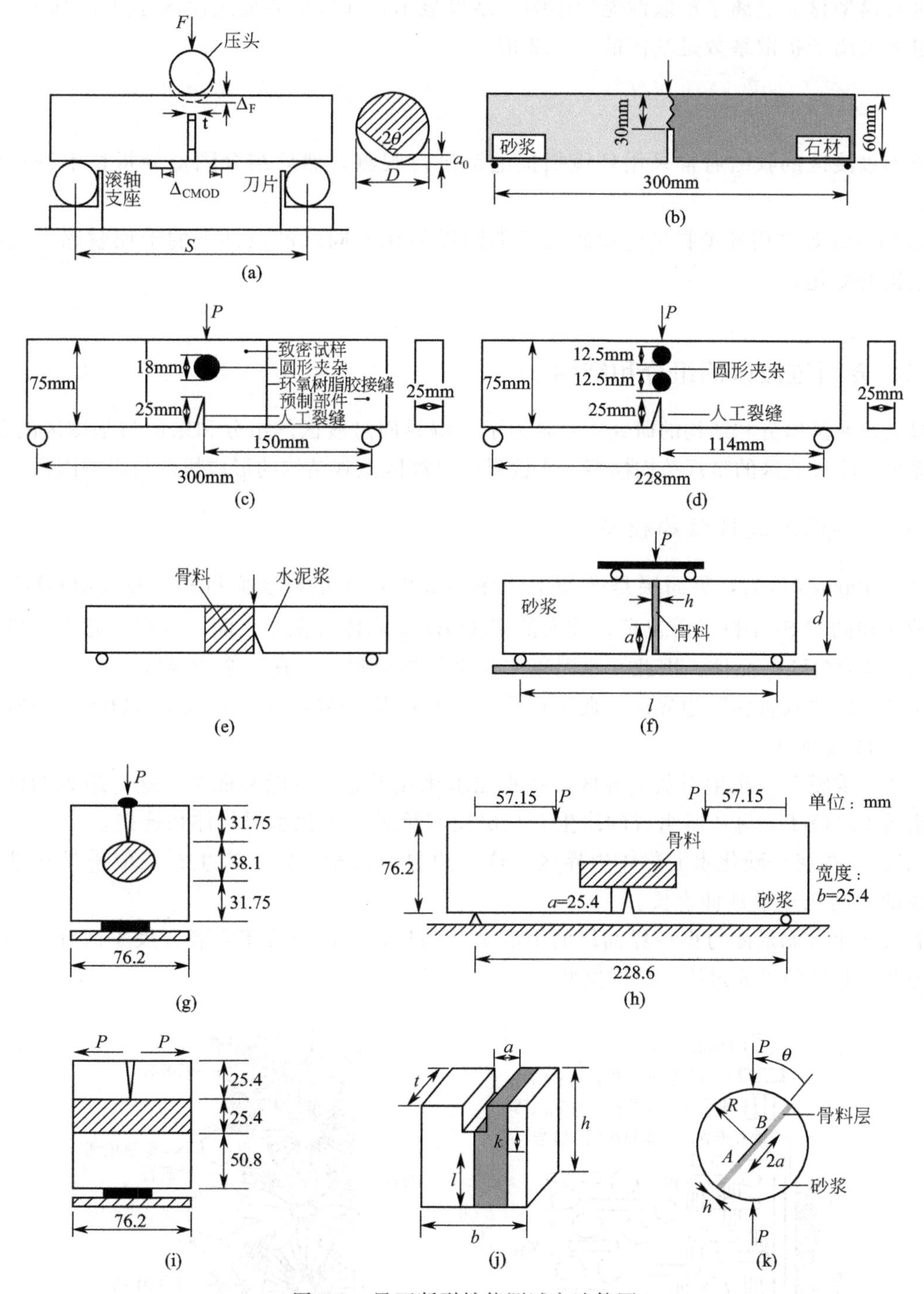

图 8-9 界面断裂性能测试方法简图

压汞法进行研究。除了从宏观角度研究界面过渡区对材料扩散渗透性能的影响外，也可用相对比较直接的方法研究界面过渡区的扩散性能和渗透性能，如 U. Costa 等采用中间为集料四周为净浆的圆柱形试件研究了界面过渡区对模型材料气体渗透性能的影响；D. Breton 等取一个圆柱形岩石样品，在岩石样品上钻取一定数量和一定直径的通孔，在孔中灌入一定水胶比的净浆，然后采用慢速氯离子扩散试验方法或 ASTM C1202 等快速试验方法研究界面过渡区对模型材料氯离子扩散性能的影响，结果显示，在假定界面过渡区厚度为 100μm 时，界面过渡区离子扩散系数是基体的 6～12 倍。

（三）收缩性能

界面过渡区的收缩通常采用环境扫描电镜进行观测，然后结合图像分析技术进行定量分析。

K. Sujata 等采用环境扫描电镜研究了不同样品在不同湿度条件下的干燥收缩引起的界面微结构的变化。

二、界面过渡区的组分和结构

界面过渡区组分和结构的研究主要是为了了解界面过渡区的组分和结构与基体区的差别，以便提出界面过渡区的微观结构模型，掌握界面过渡区微观结构的形成机理与影响因素。

（一）界面过渡区结构模型

B. D. Barnes 认为，界面层是按如下顺序形成的：在集料表面沉积一层 $Ca(OH)_2$ 膜；此膜被延伸的 C-S-H 粒子所包裹；较大的 $Ca(OH)_2$ 晶体沉积于表面；空间填充靠近界面形成的二次 $Ca(OH)_2$ 晶体。因此，水泥浆体与集料界面附近存在三个边界区：

① 集料—“双重膜”边界区，此区产生于集料的原始界面处，并被 $Ca(OH)_2$ 层所覆盖或和 C-S-H 凝胶共生。

②“双重膜”—次生石灰边界区，在水泥水化几天之后就能发现构成这一边界的微观结构，由纯 $Ca(OH)_2$ 薄片所组成的次生石灰层使双重膜与硬化水泥浆体相连接。

③ 次生石灰—硬化水泥浆体边界区，这一边界区最难确定，次生石灰似乎是从硬化水泥浆体的孔向双重膜延伸生长。

有关硬化水泥浆体与集料界面层的形成及其结构，国内外许多学者开展了研究，图 8-10 所示为几种典型的界面过渡区结构模型。

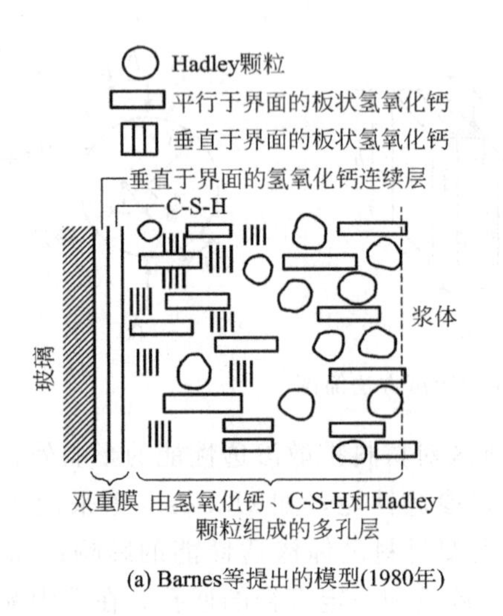

(a) Barnes等提出的模型(1980年)

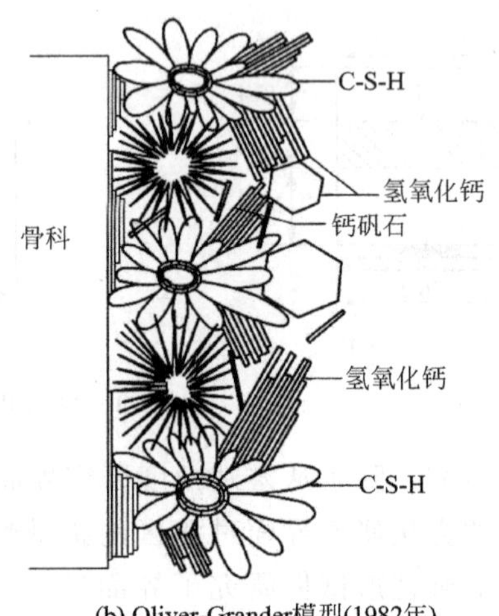

(b) Oliver-Grander模型(1982年)

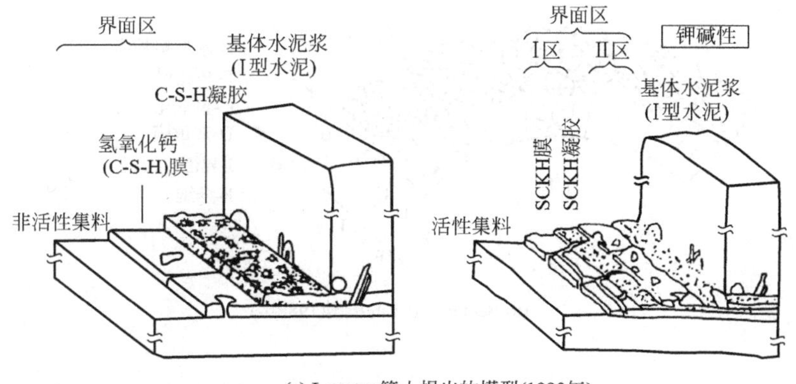

(c) Langton等人提出的模型(1980年)

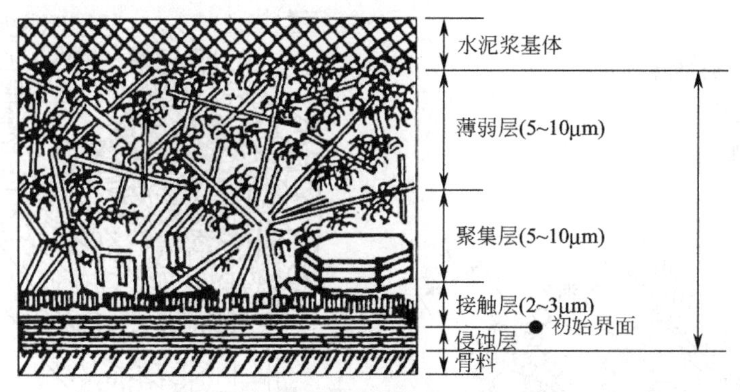

(d) 解松善模型(1983年)

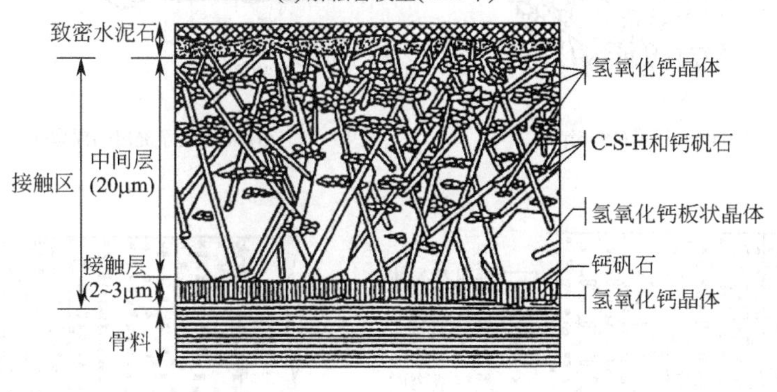

(e) Zimbelman模型(1985年)

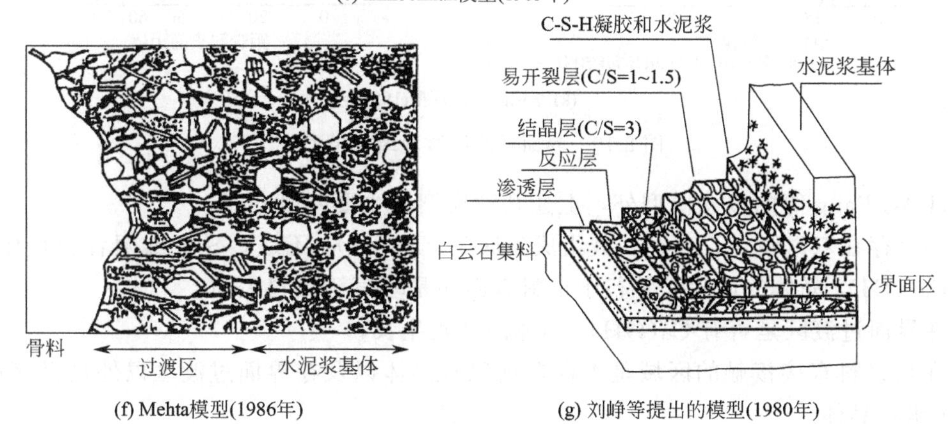

(f) Mehta模型(1986年)

(g) 刘峥等提出的模型(1980年)

图 8-10

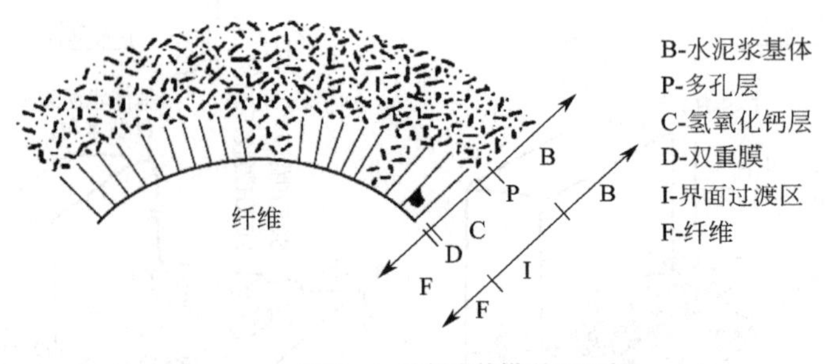

(h) Bentur等提出的模型(1986年)

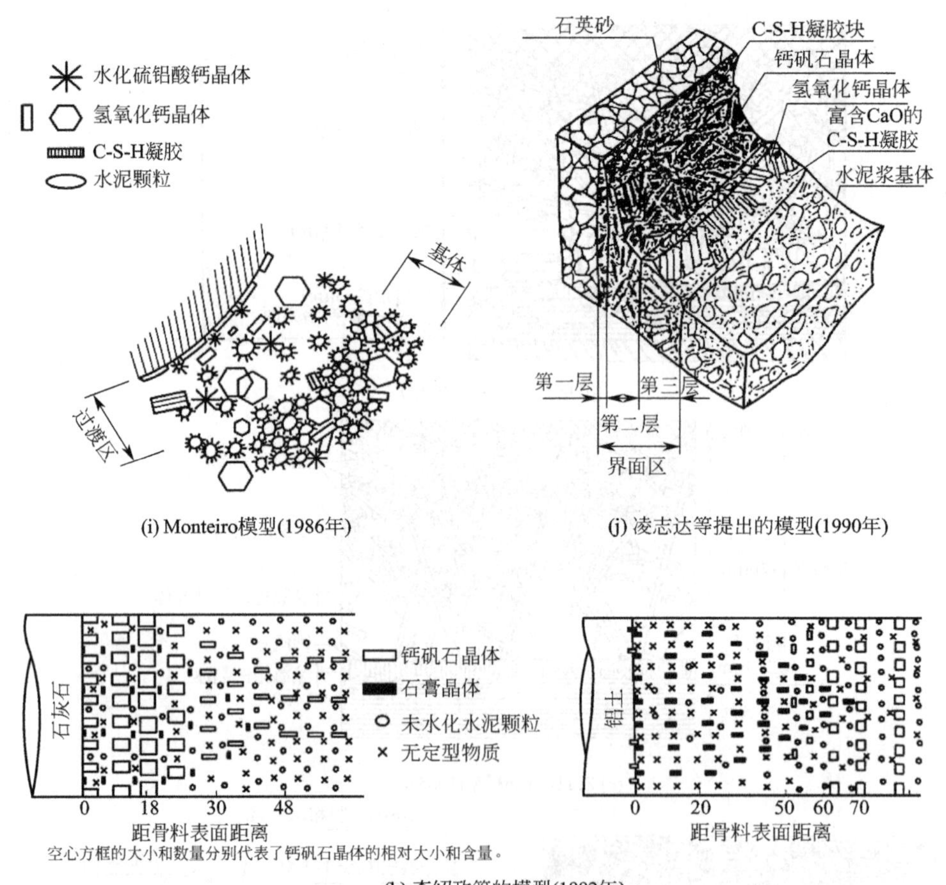

(i) Monteiro模型(1986年)

(j) 凌志达等提出的模型(1990年)

(k) 李绍政等的模型(1992年)

图 8-10　界面过渡区微观结构模型

除 H. W. Pang 等的概念模型外，上述几种模型的主要差别在于：

① 是否存在双重膜，若存在，其组成到底是 $Ca(OH)_2$ 还是 C-S-H 或两者兼而有之；

② $Ca(OH)_2$ 晶体的取向是平行于集料表面还是垂直于集料表面；

③ 在界面过渡区是否有 $Ca(OH)_2$ 晶体的外延生长；

④ 在与集料直接接触的区域是否存在钙矾石晶体以及在界面过渡区以外是否存在较高含量的钙矾石晶体。

（二）界面过渡区形成及劣化机理

在实际混凝土中，界面过渡区的形成除与胶凝材料粒子沿集料表面堆积以及水化有关外，还受到搅拌、养护及振动成型等许多因素的影响。硬化和使用过程中，界面过渡区受混凝土自身的物理化学作用和荷载、外界环境等因素作用的影响。因此，界面过渡区可以分新拌混凝土阶段及水化早期、硬化阶段和服役阶段中三个阶段进行研究。

1. 新拌混凝土阶段及水化早期

在新拌混凝土阶段及水化早期，界面过渡区形成主要与边壁效应、絮凝成团作用、微区泌水效应、离子迁移、沉积与成核生长、单边生长效应及脱水收缩效应有关。

所谓边壁效应是指胶凝材料粒子在临近集料表面区域堆积密度降低，在集料表面附近小尺度胶凝材料粒子的浓度高于基体部分，大尺度粒子的浓度低于基体部分。边壁效应的存在导致集料表面附近区域的孔隙率高于基体部分，从而为成型过程中水分的迁移及水化过程中离子的迁移提供了条件，导致 $Ca(OH)_2$ 及 AFt 等在集料表面附近区域的富集。特别在集料间距较小的时候，双侧边壁效应所形成的过滤效应会导致其间的浆体形成薄弱区。

絮凝成团作用是指粒子的尺寸小到一定程度的时候，在拌合过程中，粒子之间由于表面能的作用易于絮凝成团，S. Diamond 等发现絮凝团的尺寸可达数百微米，这使得胶凝材料在集料粒子表面的堆积降低，孔隙率增加。

微区泌水效应主要是指水分在集料表面附近区域的富集。产生微区泌水效应的原因是集料粒子、胶凝材料粒子和水的密度差别，在重力作用下，混合料中的胶凝材料粒子向下运动，水分则向上迁移，导致水分富集于临近的集料表面。此外，成型密实方法及工艺也会影响微区泌水。

离子迁移、沉积与成核生长是指胶凝材料水化过程中，不同组分的溶解度及离子的迁移速度并不相同且随水化进程而变化。通常情况下，胶凝材料粒子中含硅的组分会快速形成水化产物沉积在粒子表面，而大部分的 Ca^{2+} 离子、SO_4^{2-} 离子及部分 Al^{3+} 离子会进入溶液中并富集在集料表面附近以 $Ca(OH)_2$ 及 AFt 的形式沉积并成核生长。

单边生长效应是对非活性集料而言的，与基体不同，对集料附近区域的孔隙起填充作用的只有胶凝材料的水化反应，而集料并没有贡献。

脱水收缩效应是指早期水化过程中，浆体的离子浓度超过临界浓度时，粒子之间由于静电引力和范德华力的共同作用会快速絮凝成团，为使整个体系势能达到最小，絮凝团会产生收缩，包裹在其间的水分会被排出到自由空间，从而在集料表面形成水膜层。水分排出会改变界面过渡区的结构。

2. 硬化阶段

混凝土材料在硬化过程中，由于自生收缩、化学收缩、自干燥收缩和干缩等作用导致浆体收缩，临近的集料会对浆体产生限制作用，当收缩应变超过临界值或收缩引起的拉应力超过其强度时，就会产生微裂纹，临近集料表面的浆体就可能脱离集料的表面。

混凝土中水泥的水化是一个放热过程，在水化早期，整个体系温度升高，浆体和集料按照各自的膨胀系数膨胀；随着水化的不断进行，体系的温度由于外界温度的影响而逐渐降低，浆体和集料则按照各自的膨胀系数收缩。由于浆体和集料的膨胀系数不同，产生的膨胀和收缩显然不同。当集料与邻近浆体的变形差异小于临界值时，浆体和集料具有整体性，但若两者的变形差异大于临界值，则浆体与集料之间就会产生局部脱黏或临近集料的浆体出现开裂。

此外，浆体的进一步水化及水化产物的重结晶会对界面过渡区产生影响。水泥的水化、活性混合材消耗 $Ca(OH)_2$ 等能填充集料表面的孔隙，对界面结构产生有利的作用；但水化过程中离子迁移形成 $Ca(OH)_2$ 及 AFt 或水化产物重结晶产生的过度膨胀会对界面结构产生有害作用。

3. 服役阶段

混凝土材料在服役过程中，由于所处环境不同，对界面结构产生的影响往往不同。

一般情况下，混凝土在使用过程中会受到荷载、环境介质、冻融和碱-集料反应等作用，这些作用通常会对界面过渡区的微观结构造成损伤。但混凝土中胶凝材料在内部环境下的缓慢水化以及外界水分通过各种途径进入到体系内部所产生的水化作用能使界面过渡区的孔隙率进一步降低。

三、界面过渡区的表征方法

采用各种手段对浆体与集料界面过渡区的研究表明，对于非活性集料制备的普通混凝土，存在以下结论：

① 界面过渡区的孔隙率、$Ca(OH)_2$ 含量及 $Ca(OH)_2$ 晶体取向性高于基体部分，未水化水泥的含量低于基体部分；

② 界面过渡区的强度、弹性模量低于基体部分；

③ 界面过渡区的渗透与扩散系数均高于基体部分。

上述得到的研究结论为定性结论。为得到定量分析结论，研究人员以孔隙率、未水化水泥的含量、$Ca(OH)_2$ 含量及晶体平均尺寸、AFt 含量及晶体平均尺寸、$Ca(OH)_2$ 晶体的取向性、Ca/Si 比以及显微硬度等沿集料表面的分布情况作为参数研究界面过渡区的微观结构梯度，发现在临近集料表面存在一个在微观结构上明显不同于基体部分的界面过渡区，并根据所研究参数特征沿集料表面的曲线趋势，提出了界面过渡区厚度的概念。由于界面过渡区与基体之间并没有明显的分界线，大多数研究者给出了一个笼统的概念，即当曲线趋于平缓时，就表示已经过渡到基体部分。普通混凝土浆体与集料界面过渡区厚度一般为几十微米。

四、界面过渡区的影响因素

（一）集料

集料的矿物组成和表面结构会影响水化产物的成核生长，影响界面过渡区的微观结构，进而影响界面过渡区的力学性能。集料的影响主要包括以下四个方面：

① 集料的矿物组成、结构；

② 集料表面的微观拓扑结构；

③ 集料的形状以及粒径分布；

④ 集料的开口孔隙率及饱水程度。

（二）水泥

水泥的影响包括以下三个方面：

① 水泥的类型和矿物组成；

② 水泥的细度；

③ 水泥的粒径分布。

水泥中石膏含量影响Aft晶体在界面过渡区的形成和生长。当水泥中C_3S和C_3A的含量相对较高时，生成的$Ca(OH)_2$和Aft也较多，会影响界面过渡区的结构和孔隙率。水泥的细度会影响界面过渡区的堆积密度，从而影响界面过渡区的微观结构。水泥的粒径分布不但影响浆体的稳定性，而且影响水泥的水化进程及界面过渡区的微观结构。

（三）矿物掺合料

矿物掺合料的影响包括以下三个方面：

① 掺合料的活性；

② 掺合料与水泥的细度比；

③ 掺合料的粒径分布。

活性及具有潜在活性的掺合料（如硅灰、粉煤灰、磨细矿渣、偏高岭土等）可以与$Ca(OH)_2$反应，吸收$Ca(OH)_2$，提高界面的密实性，并影响$Ca(OH)_2$和AFt在界面区的取向性。细度比水泥高的活性及非活性掺合料可以填充水泥粒子之间的空隙，提高浆体与集料之间界面过渡区的堆积密度，减少泌水，在一定程度上提高界面区及整个材料的性能。

（四）外加剂

外加剂的影响主要包括外加剂的品种和掺量。一些特殊的外加剂（如聚乙烯醇、硅烷偶联剂等）可通过偶联作用改善浆体与其他材料之间的界面黏结强度。减水剂能打破絮凝的胶凝材料团，将包裹于其中的水分释放出来，提高界面过渡区的堆积密度。外加剂的掺量必须适当，掺量过高或水胶比过大会出现泌水等现象，使界面过渡区的微观结构变差。

第九章 混凝土的强度和变形性能

第一节 抗压强度

混凝土是现代建筑中使用量最大的材料，混凝土轴向抗压强度是混凝土的最基本、最重要的力学性能指标，也是设计者和施工建设人员最为关心的一项基本参数。但是由于试件和试验方法不同，可以给出不止一种抗压强度值，在分析和设计混凝土材料或结构时，必须正确加以区别和应用。

混凝土在受压后的变形、干裂和破坏的全过程（包括强度峰值后的残余性能），具有很强的典型性，是了解和分析混凝土构件的极限承载力、变形状态、延性和恢复力特性等的主要依据。

一、 抗压强度试验方法

（一） 立方体抗压强度

混凝土的抗压强度是混凝土的主要力学特征，各国均以一定尺寸的试件，在一定条件试验所得到的抗压强度作为衡量混凝土强弱的一种标准，称为强度等级。按照《混凝土物理力学性能试验方法标准》（GB/T 50081—2019）规定：以边长为150mm的标准立方体试件，按标准方法成型，在标准养护条件（温度为20℃±2℃，相对湿度为95%以上）下，养护到28d龄期，用标准试验方法测得的极限抗压强度，称为混凝土标准立方体抗压强度。

在混凝土立方体抗压强度总体分布中，具有95%保证率的抗压强度，称为立方体抗压强度标准值。根据立方体抗压强度标准值（以MPa计）的大小，将混凝土划分为不同的强度等级：C7.5、C10、C15、C20、C25、C30、C35、C40、C45、C50、C55、C60。如强度等级为C20的混凝土，系指其立方体抗压强度标准值为20MPa。

在实际工程应用中，所使用粗集料最大粒径各不相同，混凝土抗压强度试件的尺寸则需要根据最大粒径的大小选择不同尺寸的立方体试块，除了150mm的立方体试块，常用的试件尺寸还有100mm和200mm立方体试块。即使同是立方体，不同边长的试件因为加载端面约束影响的范围和程度不同对混凝土试件强度产生的影响也不尽相同，同时由于混凝土由强度不同的组分组成，混凝土体积越大，包含最低强度组分的可能性就越大，因此，测试的试件强度往往随着试件尺寸的增大而减小。根据大量对比试验结果给出了不同尺寸试件的强度换算系数，表 9-1 给出不同粗集料最大粒径所选定的不同混凝土立方块尺寸以及强度的换算系数。

表 9-1 集料最大粒径对应试件尺寸以及换算系数

集料最大粒径/mm	30	40	60
试件边长/mm	100	150	200
换算系数	0.95	1	1.05

（二）棱柱体抗压强度

由于在立方体抗压强度测试过程中，试件端面受到支撑面的摩擦约束，无法得到理想的单轴受压应力状态，通过在钢承压板和试件之间插入一减摩垫层等方法可以减小部分摩擦约束，但是相比而言，采用棱柱体试件进行抗压强度试验则是一种比较简便、实用的解决方法。根据圣维南原理，试件加压端面的不均分布垂直压应力和合力为零的水平约束力只对端面附近、试件高度约等于宽度范围内的应力状态产生显著影响，试件的中间部分接近于均匀的单轴受压应力状态。

已有的试验研究表明，混凝土棱柱体的抗压强度随试件高宽比（h/b）的增大而降低，在 $h/b=1\sim2$ 的范围内，由于加压面上约束力对试件中部的影响明显减小，强度降低较快；当 $h/b\geqslant3$ 后，抗压强度接近稳定，其差别取决于试件中间均匀受压部分的强度随机分布。

《混凝土物理力学性能试验方法标准》（GB/T 50081—2019）规定，采用 150mm × 150mm ×300mm 的棱柱体作为标准试件，按照标准试验方法测得的强度，称为混凝土的轴心抗压强度。一般以此值代表混凝土的均匀、单轴抗压强度。在结构设计规范中，计算构件承载力所取的混凝土抗压强度，即相应于此值。

不同的原材料和强度等级的混凝土，其棱柱体抗压强度 f_{cp} 和立方体强度 f_{cu} 的比值在一定范围内波动，即

$$f_{cp}=(0.7-0.8)f_{cu} \tag{9-1}$$

其代表值可取 $f_{cp}=0.76f_{cu}$。

（三）圆柱体抗压强度

立方体试件抗压强度在我国、德国、英国以及部分欧洲国家常用，而美国、日本等国常用直径为 150mm、高度为 300mm 的圆柱体试件按照 ASTM C39 进行抗压强度试验测定。当混凝土拌合物中粗集料最大粒径不同时，其圆柱体的直径也不尽相同，但是试件始终保持高/径比为 2。同立方体试件抗压强度一样，在进行抗压强度试验时，直径越大，强度越小。

二、抗压强度影响因素

混凝土抗压强度试验比较简单，但是众多因素都可能显著影响测试结果。影响混凝土抗压强度的因素主要包括三个方面：混凝土组成各相的特性和比例、养护、测试参数。

（一）混凝土组成各相的特性和比例对抗压强度的影响

制备混凝土拌合物之前，合理选择组成材料以及确定其配比是获得满足规定强度混凝土的第一步。

1. 水灰（胶）比

1918 年 Illinois 大学 Lewis 研究所的 Duff Abrams 通过广泛的研究发现：水灰比和混凝土强度之间存在关系，其关系表达式为

$$f_c=\frac{k_1}{k_2^{W/C}} \tag{9-2}$$

式中 f_c——混凝土抗压强度；

W/C——表示混凝土拌合物的水灰比；

k_1、k_2——均为经验常数。

如今由于大量矿物掺合料的应用，混凝土中胶凝材料不再局限于纯水泥，因此将水灰比更广泛地称为水胶比。

混凝土的水灰（胶）比一强度关系可以解释为孔隙率随着水灰（胶）比增加而增加造成基体逐渐变弱的自然结果。但是这种解释并没有考虑到水灰（胶）比对过渡区强度的影响。以普通集料配制的低强和中强混凝土中，过渡区孔隙率和基体孔隙率两者决定着材料的整体强度，而水灰（胶）比则直接控制着基体的强度和孔隙率，因此可以在混凝土和水灰（胶）比之间建立直接关系。但是对于高强混凝土而言，水灰（胶）比低于 0.3 时，其微弱的降低就可以使得混凝土的抗压强度大幅度提高。这一现象主要归因于在水灰（胶）比非常低时，过渡区的强度明显提高。其原理之一就是随着水灰（胶）比的降低，生成的氢氧化钙等晶体的尺寸变小，过渡区的结构得到改善，从而提高过渡区强度和减小过渡区厚度。

2. 胶凝材料

这里所说的胶凝材料包括水泥和矿物掺合料。水泥对混凝土强度的影响取决于水泥的化学成分及其细度。影响硬化水泥浆体强度的主要是 C_3S（早期强度）及 C_2S（后期强度），而且这些影响贯穿于混凝土中。用 C_3S 含量较高的水泥配制的混凝土，其强度增长较迅速，但是在后期可能以较低的强度告终。水泥细度对混凝土强度也有很大影响，因为随着细度的增加，水化速率增大，导致较高的强度增长速率。典型的水泥细度是颗粒最大尺寸约为 50μm，其中有 10%～15%小于 5μm，或许还有 3%小于 1μm。直径小于 3μm 的颗粒所占的分数似乎对 1 天强度的影响最大，而 3～30μm 的颗粒分数对 28 天强度有极大的影响。尽管磨得较细的水泥强度增长较快，然而应避免粉磨过细的情况发生。超细颗粒由于有较强的团聚作用，可能导致局部高 W/C 区域。另外，有证据表明，直径大于 60μm 的颗粒对强度贡献甚微。

随着高性能混凝土的推广，矿物外加剂在胶凝材料中的比重越来越大。众所周知，使用矿物外加剂可以改善硬化水泥浆体的结构以及界面过渡区的性能。对于普通强度的混凝土，矿物外加剂，如粉煤灰和高炉矿渣可用来替代波特兰水泥，初始强度增长速率可能有所减小，但长期强度却有所增加。其他矿物外加剂主要是火山灰和硅灰，通常是用来增加强度的，即使 W/C 相同也是如此。硅灰不仅能与 C_3S 和 C_2S 水化所析出的氢氧化钙结合，还可以填充水泥颗粒之间的空隙，从而减小引发裂缝的缺陷尺寸。硅灰的火山灰效应和填充效应结合同样可以增加混凝土强度，并且大大减小混凝土界面过渡区的孔隙率。

3. 集料

虽然 W/C 是影响强度的最重要因素，但不能忽视集料的性质。对于普通强度混凝土，集料本身的强度不太重要，因为集料强度通常大大高于水泥基体以及过渡区的强度。换句话说，大多数天然集料的强度几乎不被利用，因为破坏决定于其他两项的性质。然而对于轻集料混凝土或者高强混凝土，由于这些混凝土的水泥浆体组分相对于集料强度而言有相对较高的强度，集料强度可能起相当大的作用。

集料除强度之外还有其他特性，诸如集料的形状、织构、最大尺寸、级配以及矿物成分，这些都会在不同程度上影响混凝土的强度。集料特性对混凝土强度的影响通常都可以追溯到水灰（胶）比的改变。

集料的织构取决于集料是天然出产的卵石——多为光滑的，抑或是破碎的岩石——多为粗糙而有棱角的。已有试验表明，表面粗糙集料表现出稍微高的强度。但是在后期，当集料和水泥浆体间化学反应起作用，集料表面织构对强度的作用可以减弱。但是，同样水泥用量时，含表面粗糙织构集料的混凝土拌合物获得指定的工作性所需要拌和水稍多，有可能抵消掉较好黏结性能对强度的提高作用，因此对整体强度的影响甚微。但是集料表面织构影响混凝土开始微裂的应力水平，因此，表面织构可影响到 σ-ε 曲线的形状。

在矿物成分一定的情况下，级配良好的粗集料改变其最大粒径对混凝土强度有两种相反的影响。水泥用量和稠度相同时，含较大集料粒径的混凝土拌合物比含较小集料粒径所需拌和水较少，因此可以提高混凝土强度。然而，较大集料趋于形成含较多微裂纹的弱过渡区，从而降低了混凝土强度。两者交互作用的结果取决于混凝土水灰（胶）比和所加的应力。

改变集料的级配而最大粒径保持不变，同时水灰（胶）比保持恒定时，这种改变若造成混凝土拌合物稠度和泌水性改变，则会影响混凝土强度。

不同的矿物组成同样影响混凝土强度。在同一条件下，以钙质代硅质集料会明显改善混凝土强度。

在通常的集料含量范围内，恰当的集料体积只是决定混凝土强度的次要因素。然而，若集料用量相对于水泥用量有较大变化（以及粗集料尺寸改变），对混凝土抗压强度有很大的影响。如果要保持恒定的工作性能，则混凝土的强度主要取决于水泥用量，因为集料颗粒尺寸增大时，需要的水量减少。这一规律针对素混凝土及引气混凝土是正确的。

4. 化学外加剂

化学外加剂本身对混凝土的极限强度影响甚微，除非它们影响到 W/C 或者混凝土的孔隙率。大多数情况下，在一定水化程度时，水灰（胶）比决定水泥浆基体的孔隙率；但是引气剂的加入会使气孔混入系统中，同样具有增加孔隙率和降低系统强度的作用。

通常，在固体，例如简单匀质材料，其孔隙率和强度之间存在如下关系：

$$S=S_0\mathrm{e}^{-kp} \tag{9-3}$$

式中 S——含有一定孔隙率 p 时材料的强度；

S_0——孔隙率等于 0 时材料的本征强度；

k——常数。

因此引气剂的加入相当于增加了水泥基体中的孔隙率，从而造成强度的大幅度下降，但是引气剂的加入也有两方面的作用，一方面降低了基体的强度，另一方面，由于引气剂的加入可以改善新拌混凝土的工作性和振捣性能，引气有利于改善过渡区的强度（特别是针对低用水量和低水泥用量的拌合物），从而提高混凝土的强度，这种现象对于低水泥用量的混凝土，引气并大量降低用水量时，引气对基体强度的副作用反而会被对过渡区的有利用作所补偿。

即使在同一 W/C 情况下，减水剂，尤其是超塑化剂，由于改善了水泥颗粒的分散，将导致更多水泥水化和排除内部有缺陷作用的大孔，从而使强度增加。

化学外加剂通过加速或者延缓水泥水化而对强度增长速率有极大的影响。而在这方面值得反复强调的是，混凝土强度增长初始速率减小通常导致长期强度有所提高，而增大强度增长初始速率（像用速凝剂那样）总是使混凝土的长期强度减小。

5. 拌和水

用于拌制混凝土用水中，当杂质过量时将不仅影响混凝土强度，而且影响凝结时间，导致盐霜（白色盐类在混凝土表面沉积）出现，并腐蚀钢筋以及预应力钢筋。通常，拌和水对混凝土强度在极少数情况下是一个影响因素，在较多的规范中，混凝土拌和水一般都规定为饮用水。

但是，不适于饮用的水未必不适于用作拌制混凝土。从混凝土强度的观点看，酸性，碱性、含盐的、味道不好的、有色的或者难闻的水不应一概排斥在外。这点很重要，因为采矿和许多工业操作的再循环水，可以安全地用作混凝土拌和用水。

决定未知的混凝土拌和水性能是否适用的最佳方法，就是将用未知水拌制的水泥凝结时间和砂浆强度与用清洁水所拌制的相对比，用未知水拌制的试块其 7d、28d 抗压强度应等于或至少是参考试件强度的 90%，同时，拌和水的质量不能严重影响到水泥的凝结时间。

海水中含大约 35000mg/L 溶解的盐类，其本身对素混凝土的强度并无危害。但是对配筋的混凝土和预应力混凝土，海水会增加钢材的侵蚀危险；因此海水作为混凝土拌和用水在这些情况下应该避免。

（二）养护条件与龄期

混凝土的养护主要是为了改善水泥水化，其中包括混凝土拌合物浇注入模板后立即控制时间、温度和湿度条件等。

水灰（胶）比一定时，硬化水泥浆体的孔隙率决定于水泥水化的程度。在常温条件下，硅酸盐水泥的一些矿物组成加水时立即水化，但是当水化产物包裹着未水化水泥颗粒时，其水化反应大大减慢。这是因为水化只能在饱和条件下才能充分地进行；当毛细管中水蒸气压力降至饱和湿度的 80% 时，水化几乎停止。因此，时间和湿度控制着混凝土中水分扩散，从而控制着水化过程。同样，与所有的化学反应一样，温度对水化反应有加速作用。

1. 时间

混凝土工艺学中混凝土强度—时间关系是建立在常温和潮湿养护条件基础上的。水灰（胶）比一定时，假定未水化水泥颗粒水化仍继续进行，潮湿养护期越长，强度越高。在薄的混凝土构件，如果水从毛细管蒸发失水，则空气养护条件占主要，强度将不随时间而增加。因此，人们最希望的是混凝土进行尽可能长时间的湿养护，最为理想的是甚至在它获得规定的强度之后仍然进行湿养护。显然，在实际情况中，由于施工进度、模具周转等原因，无法无限期进行湿养护，因此必须采取折中手段使得养护龄期、施工进度、模具周转之间协调平衡。ACI 混凝土养护标准准则（ACI308）建议对大多数结构混凝土进行 7d 的湿养护或达到规定的抗压或者抗弯强度的 70% 所需要时间的湿养护。

2. 湿度

即使处于不完全水饱和的条件下，混凝土也会水化。这是由于较大的毛细管孔隙里表面张力吸住的水低于100%RH。水泥能够从这些蓄水池中吸收水分而进一步水化，但是水化速度随着水泥浆体中的相对湿度的降低而减慢。局部失水的毛细管空隙会阻碍孔系统内水的流动。水首先用于处于浆体内部区域的水泥的水化，这些区域由于水化进行较迅速（例如存在较细的水泥颗粒）而变得缺水。在完全水饱和系统里补充的水分将迅速迁移到这些区域，但在部分水饱和系统里水的迁移就变得非常慢。在后一种情况下，水的迁移将变成由速率确定的步骤。因此为防止水分损失而密封的混凝土的水化和强度增长速率都会比一直处于水中湿养护的混凝土慢。水分无法进入密封的混凝土中，而且水化过程中水分的消耗会降低水泥浆内部的相对湿度，减慢水化速率。如果湿度降低到80%相对湿度以下，所有的水化都会停止，这可能发生在低水灰（胶）比的密封混凝土中。当水灰（胶）比小于0.3时，由于渗透性较低，这种现象甚至会发生在处于水下的混凝土中。暴露在外部相对湿度较小的环境中的混凝土也会发生这种情况。

外部相对湿度的大小，通过影响混凝土早期干燥程度而显著地影响混凝土强度发展。干燥程度对新拌混凝土的影响最为显著。混凝土干燥速率对停止湿养护后混凝土的剩余强度的增长有一定影响。混凝土的厚度、表面温度、风速和相对湿度都是重要的影响因素。

3. 温度

对于潮湿养护混凝土，温度对强度的影响取决于浇灌和养护的时间—温度制度。常见的养护时间—温度制度包括混凝土浇灌并养护于同样温度，混凝土浇灌于不同温度但养护于常温，以及混凝土浇灌于常温但养护于不同温度。

混凝土早期强度随着养护温度的升高而增加，但是在混凝土后期，养护温度的提高反而造成强度下降。对于这一现象的解释：在早期水化过程中，水化反应遵从温度升高水化过程加快的化学反应规律，快速的反应使得混凝土获得比较高的早期强度，但是在混凝土水化后期，即使水化温度达到45℃，水化产物的物理和化学结构也无根本改变，起有害作用的似乎是水化产物的不均匀分布，在水泥基体中留下了控制混凝土强度的薄弱区。值得注意的是水化在大约−10℃时仍然发生，并且在低温下养护混凝土能得到较高的最终强度，虽然强度发展的初期速率较低。因此，似乎存在这样一条规律：混凝土初期养护温度越高，后期强度就越低。

4. 高温养护

除上面所说的常温湿养护以外，施工过程中为了保证施工进度和材料质量可靠性，经常采用高温养护，常见的高温养护包括低压蒸汽养护和高压蒸汽养护。高温养护均有严格的养护制度，因此不存在上面所述的温度和时间影响因素。

（三）测试参数

这点常常为人们所忽略，它包括试件、试验机和加荷条件等影响混凝土强度试验结果的参数。

1. 测试技术

通常的试验机皆可用于测定混凝土抗压强度。混凝土试件置于试验机压板上时，应满足如下条件：

① 试件放置在试验机压板上，与试验机轴心线同心；

② 试件轴心应与压板表面垂直；

③ 试验机压板下应该设置同心球座；

④ 压板表面应该平整。

对钻芯试样（或圆柱体试件）端面应采用与试件混凝土的强度和弹性相近的材料进行压顶处理。

试验表明，试件轴线与试验机轴线不同轴度不大于试件端面尺寸的4%时，对抗压强度测定结果无影响。对15cm标准立方体试件，其轴心与试验机不同轴度不应大于6mm。试验机下压板表面都刻有不同直径的同心圆刻线。

边长为15cm的立方体试件的受压端面偏斜0.25mm时，试验测定的抗压强度约低35%。因此，有关试验规程对试件端面都做了规定：美国ASTM C617-76标准规定试件端面不平度不大于0.05mm；我国水工混凝土试验规程规定15cm标准立方体试件端面不平度不大于0.05mm，试验机压板的不平度也应限制在0.05mm以内。

试件端面或压板中心凹下，会导致试件周边压应力比中心高。相反，试件端面或压板中心凸起，结果比凹下引起更大的应力集中，抗压强度降低更多。

2. 试件端面约束

混凝土试件受压时，端面与压板之间由于试件横向膨胀受到约束而在接触面上产生摩阻力，所以试件表面接触区是处于三向应力状态。混凝土破坏是由内部微裂缝逐步扩展到贯通裂缝而使试件丧失承载能力。试件端面上的摩阻力则直接影响裂缝的扩展和贯通，从而使混凝土在较高的荷载破坏，使测定的混凝土单轴抗压强度增大。

端面约束程度取决于压板和试件之间的摩阻力，摩阻力愈大，约束愈强，测定的抗压强度也就愈高。当采取减少试件与压板之间摩阻力措施时，如在试件表面涂蜡、放置垫片等，混凝土试件抗压强度明显降低。当试件高度/直径比（或高度/宽度比）大于2时，试件中间部分不受摩阻力影响而处于单轴压缩破坏状态。如上面所说的棱柱体轴心抗压强度测试。

放置垫片可以减小试件端面的约束，垫片对混凝土试件接触面不产生摩阻力的理论条件是垫片横向变形等于试件横向变形（不产生相对位移）或垫片与试件端面之间的摩擦系数为零。从几种常用垫片材料的试验结果来看，聚四氟乙烯是一种比较理想的垫片材料。采用刷形承压板也是一种值得研究的减摩措施。

3. 试件高度对强度的影响

试件端面约束所产生的剪应力，由试件端部向中部逐渐减小，而横向膨胀则逐渐增大。由于约束的结果，在受压破坏的试件中留下一个未被毁坏的锥形体或棱锥体，其高度近似等于$\frac{\sqrt{3}}{2}b$（b为试件横向尺寸）。因此，试件高度大于$1.7b$时，端面约束可以认为减弱到不予考虑的程度。

美国、日本、加拿大等国家混凝土抗压强度标准试件采用直径150mm，高度/直径比为2的圆柱体，刚好将端面约束减至最小。采用标准圆柱体试件测定混凝土单轴抗压强度是一个比较好的方法。中国、英国、德国等国家采用边长为150mm的立方体作为标准抗压强度试件。显然，相同横向尺寸的标准试件，立方体将比圆柱体测定的抗压强度高。

英国BS1881：Part4：1970标准规定，标准圆柱体强度等于标准立方体强度的80%。然而试验表明，标准圆柱体试件强度与标准立方体试件强度的比值，主要取决于混凝土强度等级，混凝土强度愈高，其比值也愈高。

Murdock 的试验表明，不同高径比混凝土试件的抗压强度与高径比为 2 的试件的抗压强度的比值受混凝土强度等级影响，低强度混凝土的比值比高强度混凝土大。

4. 试件尺寸效应

试件尺寸效应是指试件尺寸和形状对混凝土抗压强度的影响，如前面混凝土抗压强度不同于试验方法中所述，测定的试件强度随着试件尺寸增大而减小。但是当试件尺寸超过某一界限后，尺寸效应会逐渐消失。此时构件尺寸的进一步增大并不会引起强度的降低。

5. 加荷速率的影响

加荷速率对混凝土抗压强度有较大的影响，试件加荷到破坏的时间由 40s 增长到 2h，混凝土抗压强度约降低 20%，但是压应变只是稍有增加。

由于加荷速率对混凝土抗压强度最终结果影响比较大，各国试验规程对测定混凝土抗压强度的加荷速率都做了规定。在试验规定的加荷速率范围内，加荷速率对混凝土抗压强度测试结果无显著影响。

当加荷速率非常低时，加荷速率对混凝土抗压强度的影响应归咎于混凝土的徐变。由于徐变的原因，混凝土变形增加，相继在低于极限强度下破坏。

6. 试验时的温度

试验时试件的温度对强度也有影响，即使是对于在标准条件下同样养护的混凝土来说，较高的试验温度将导致较低的强度，其中一部分原因可能是试件处于较高温度时失去水分。

三、混凝土受压破坏机理

混凝土受压破坏机理是混凝土强度理论中的一个重要的研究课题。各种不同强度理论对混凝土材料基于不同的假定：有把混凝土视为匀质的各向同性的材料与将之视为非匀质的各向异性材料之分；也有把混凝土的破损同在受荷过程中出现不连续点联系起来分析研究与将之视为一个整体的、连续的逐渐累积过程的不同见解。尽管宏观力学理论与微观或细观力学理论在上述观点上是有差别的，但是，各种论述中对混凝土的破损过程与机理的基本概念还算比较一致，主要有以下几点：

混凝土的破坏起始于混凝土在受载前就已经存在的原始潜在缺陷——裂隙或微裂缝。

混凝土在外荷载作用下，内部的微裂缝，不论其所在部位是处于粗集料与硬化水泥浆体的结合面（界面）还是在硬化水泥浆体基材中，由于应力集中的作用而不断扩展，微裂缝不断扩展的结果，导致了混凝土材料的破损。

混凝土在承受轴向（纵向）荷载后，其横向将产生拉伸应力和应变，当其达到极限后即引起材料的破坏。这是混凝土受压破损的力学特征。

混凝土在轴压荷载作用下，从混凝土的纵、横向应力-应变曲线与体积膨胀来分析混凝土的弹性与非弹性变形对混凝土的受压破损具有重要的意义。

任何材料的性能均与其内部组织结构有十分密切的关系。因此，研究混凝土的强度与破损必须与其内部组织结构及其组成材料联系起来，这样才能认识并掌握混凝土强度与破损的内在原因及其变化规律。

混凝土是一种多组分、多相（由固相、液相和气相所组成）的复合材料。它是以硬化水泥浆体为胶凝材料与粗细集料结合而组成的。在一般混凝土中硬化水泥浆体的含量约占总体积的四分之一。因此，在通常情况下，硬化水泥浆体对混凝土的性能起着主要作用。但是，不可忽视的是在混凝土中还存在毛细管（孔隙结构的特点）。而且，无论在混凝土的凝结硬化过程中以及其承受外荷载前，混凝土内部已存在着微细裂缝。这些孔隙与微裂缝是随机分布的，有存在于硬化水泥浆体中的凝胶孔与毛细管孔腔，而凝胶孔约占凝胶总体积的28%；有存在于硬化水泥浆体与集料的结合面处由于水分蒸发后留下的孔穴，也有由于混凝土在搅拌、成型时所带入并残存的气泡。此外，还存在由于硬化水泥浆体的干燥收缩、温度变形而引起的微裂缝以及混凝土在硬化过程中可能出现的沉陷裂缝和塑性收缩裂缝等。因此，可以认为混凝土材料至少由九种组分构成，即粗集料、细集料、未水化的水泥颗粒、氢氧化钙及其他结晶颗粒、水泥凝胶、凝胶孔、毛细管孔隙、空隙水和气泡，后四者所形成的混凝土孔隙率，一般不小于8%～10%。混凝土内部的孔结构对强度的影响取决于孔径、孔形与孔的分布，并非所有的孔对混凝土强度都有显著的影响。但是，混凝土内部在硬化过程中与受外荷载作用前所存在的微裂缝，对混凝土的一系列物理、力学性能特别是强度和耐久性能均能产生极为不利的影响，而称为混凝土破损的起源。近年来，硬化水泥浆体与集料界面的孔穴对混凝土强度和破损的影响，引起了国内外广泛的重视。

混凝土内部存在的微裂缝受荷载后能引起高度的应力集中。当外荷载较小时，裂缝的扩展比较缓慢，称为慢裂传播过程。但当荷载逐渐增大时，混凝土材料的应变能与裂缝的平衡称为不稳定状态，裂缝扩展则迅速增大而形成快裂传播过程。此时，即使微量的应力增加，应变也会迅速增大，并首先在裂隙的局部位置上形成微观破损。当荷载进一步增大后，局部的微观破损将成为薄弱环节而不断向整体扩大，当达到某一极限时即引起混凝土的整体破坏。

根据混凝土中原始的微裂缝的存在和受荷后而扩展，最终导致材料破坏的原理，A. A. Griffith 提出：实际强度与理论强度的矛盾，可用裂隙的存在来解释。

许多学者提出关于混凝土在轴向受压后导致最终破坏的力学特征，是由于在与作用荷载相平行的混凝土断面上存在着一个拉伸破坏面。这不仅通过材料的断裂进行了阐述，而且还通过不少试验证实。此拉伸破坏面，是混凝土内在的微裂缝在轴压荷载作用下不断扩展所产生的拉伸变形或应力达到了极限所形成的。

早在20世纪50年代末、60年代初，苏联科学家就预应力螺旋筋混凝土的试验研究，提出了混凝土在轴向压荷载作用下，其横向产生了拉伸变形，当拉伸变形达到和超过了混凝土极限拉伸变形值时，在混凝土的某个部位上即产生了与荷载作用方向相平行的裂缝。随着荷载的增加，此裂缝继续发展，而且在混凝土的其他部位上也不断产生新的类似裂缝，最终导致混凝土的破坏。近年来，用极限拉伸应变作为混凝土受压破损的准则又被 P. G. Lowe 用近代的先进测试分析方法所证实。

国际上也有一些学者认为混凝土受压破损的力学特征是由于在横向产生了内应力（拉应力），当混凝土全断面上的拉应力达到或超过了混凝土极限抗拉强度时，引起了混凝土的破坏。当混凝土所受到的压应力达到棱柱体强度的55%～60%时，在混凝土内部已有局部地方的拉应力达到了混凝土的抗拉强度极限而出现了微裂缝，但整个纵断面上的混凝土上平均拉应力仍较低，甚至接近于零。此时的混凝土应力状态称之RT，当RT在荷载继续作用下而不断增大到棱柱强度极限时，混凝土整个纵断面上的平均拉应力也就从近于零值增加到混凝土的极限抗拉强度，因此导致混凝土的破损。英国的 J. D. Jenkins 用光测弹性力学的方法也证实了脆性材料承受轴压后，其横向出现了拉应力。他进行了两个试验，一个是正方体试件，从光弹的应力条纹值分析，发现最高等级的应力条纹在试件的中部，并且由分析得出，在整个试件的纵轴上存在拉力，另一个试件是矩形试件，由光弹应力分析得到，在试件的两端各相当于整个试件长度的三分之一处的部位内，在纵轴上有拉应力存在，其值等于外荷载作用下所产生的压应力的二分之一，此外，荷兰学者在研究石材的受压脆性破坏时，也提出了其破坏面的性质为拉伸破坏，而且在内力分析时，有拉应力的存在。它是由横向拉伸变形引起的，被称为 Vagabund Stress。

国际上，也有些学者对混凝土受压后的破损特征表现为纵向开裂的情况，用剪切理论去解释。如 F. A. Blakey 认为混凝土的受压破损，主要是由于硬化水泥浆体与集料的弹性模量值不同，当混凝土受压后，硬化水泥浆体与集料的变形不一致，因此，在二者的结合面上会产生剪切力，而在平行于外荷载作用方向的截面上，其剪切应力为最大，因此在受轴压后出现纵断面的断裂破坏。

根据试验所得的结果，混凝土承受轴压后，在弹性变形阶段的终了时，混凝土的横向应变值为 $(1.0\sim2.0)\times10^{-4}$，已达到混凝土轴心受拉时的极限拉伸应变值。而在破坏阶段时的横向应变值达到了 $(25\sim30)\times10^{-4}$，已大大超过了混凝土的轴心受拉的极限拉伸应变值。这个数据引出了对混凝土塑性变形的探讨。

关于混凝土具有弹塑性变形特征的解释，过去一般均从混凝土中的主要成分——硬化水泥浆体结构及其性能来进行阐述。认为硬化水泥浆体结构中的晶体具有较高的强度与较完善的弹性，而硬化水泥浆体结构中由于多数水化产物是凝胶体，其中凝胶孔约占有凝胶体总体积的 28%。在外荷载作用下，凝胶体产生了塑性变形。但自从揭示了在受压过程中混凝土内部微裂缝的扩展与延伸以至导致混凝土丧失承载能力的实质以后，从力学概念上对混凝土塑性变形的理论提出了新的解释。

通过混凝土受压破损机理的研究，也启示了混凝土一些物理力学性能的试验方法还存在一定的问题，需要研究改进，以使从混凝土试件上所得的试验结果能更确切地反映工程结构中混凝土的实际性能。如混凝土抗压强度的测定，无论采用什么试件尺寸与几何形状，在轴向受压的过程中，其侧面均处于自由变形状态。而在实际工程结构中，特别是大体积混凝土，任何一个中间的混凝土部位，其四周均有一定的侧向限制变形。另外，试验所得的抗渗指标也难以与结构中的混凝土一致。

对混凝土受压后破损理论的研究是混凝土材料科学中一个很重要且令人感兴趣的问题。近二十年来已引起国内外学者的广泛重视，并取得了一些初步的进展。为进一步研究混凝土内部结构的裂缝与强度以及破损的关系，还有更多的工作有待继续深入研究。

第二节 抗拉强度

混凝土的抗拉强度也是其最基本的力学性质之一。它既是研究混凝土强度理论及破坏机理的一个重要组成部分，又直接影响钢筋混凝土结构抗裂性能。

一、抗拉强度试验方法

目前还没有一种方法被 ASTM 采纳为直接测定混凝土抗拉强度的标准方法。由于夹紧而引起的二次应力问题使得试验结果既难以解释又无法重复性试验。为此，RILEM 起草了一份混凝土直接拉伸试验的建议，它主要是为研究工作而不是为日常的控制而设计的。这一方法通过胶结在混凝土两端的板对圆柱体或者棱柱体（具有正方形截面）试件直接施加拉力，试件两端必须被锯掉以排除由于浇灌或振动所造成的端部影响。两端应垂至于试件的轴线，偏差在（1/4)°之内。而且两端应进行仔细的清洗，以便胶（一般为多聚环氧树脂）均匀地黏着于全部表面。以 0.05MPa/s 的速率加载至破坏。到目前为止，使用这种试验方法的经验尚不足以对其有效性做出适当的评定。

在实际工程应用中，估计混凝土抗拉强度最常用的方法是 ASTM C496 的劈裂抗拉试验以及 ASTM C78 的四点弯曲荷载试验。对应于《混凝土物理力学性能试验方法标准》GB/T 50081—2019 中劈裂抗拉强度试验和抗折强度试验。我国行业标准《水工混凝土试验规程》（DL/T 5150—2017）中给出了混凝土轴向拉伸试验方法。

（一）劈裂抗拉试验

美国 ASTM C496 的混凝土劈裂抗拉试验中试件为 $\phi 6\times 12$in 的圆柱体，以径向相对二轴线受到压力荷载。以恒定速率在劈裂抗拉应力 100～200psi 范围内连续施加荷载直至试件被破坏为止。压应力产生横向拉伸应力沿竖向直径均匀分布。劈裂抗拉强度按式(9-4)计算：

$$f_{ts}=\frac{2P}{\pi ld} \tag{9-4}$$

式中 f_{ts}——抗拉强度；

P——破坏荷载；

l——长度；

d——试件直径。

与直接拉伸比较，劈裂抗拉试验是过高估计混凝土抗拉强度 10%～15%。

但是沿试件顶部以及底部施加真正的“线性”载荷是不现实的，部分原因是边不够光滑，部分则是由于在靠近加载点处可能会引起极大的压应力。因而，通常是通过比较软的材料制成的狭窄支承条来加载。沿试件垂直直径的拉应力分布在靠近垂直直径两端，在整个试件中部 2/3 左右作用着近乎均匀的拉应力。因为混凝土的抗拉能力远弱于抗压能力，故发生劈裂抗拉破坏的载荷比受压时压坏试件的载荷要低很多，从而可以得到混凝土的抗拉强度。

《混凝土物理力学性能试验方法标准》（GB/T 50081—2019）中劈裂抗拉强度试验采用的是边长为 150mm 的立方体标准试件，试验过程中需要直径 150mm 的钢制弧形垫条，并且在垫条与试件之间应垫以宽 15～20mm、厚 3～4mm 的木质三合板。试件应受到连续而均匀的加荷，对于混凝土强度等级低于 C30 的，取 0.02～0.05MPa/s 的加载速率，对于强度等级高于或等于 C30 的，取 0.05～0.08MPa/s 的加载速率。当试件接近破坏时，应停止调整试验机油门，直至试件破坏，然后记下破坏荷载。劈裂抗拉强度按照式(9-5）计算：

$$f_{ts}=\frac{2P}{\pi A}=0.637\frac{P}{A} \tag{9-5}$$

式中 f_{ts}——混凝土劈裂抗拉强度；

P——破坏荷载；

A——试件劈裂面面积。

劈裂试验与直接拉伸测得的强度之间没有简单的相互关系。通常假定劈裂试验圆柱体所得到的抗拉强度值比从直接拉伸试验所得的值要高5%～12%，但这一数值并不一定总是正确的。最近的一些研究表明，这两种抗拉强度值之间的差别甚微，也发现某些混凝土直接抗拉强度稍高于劈裂抗拉强度。看来，直接抗拉强度与劈裂抗拉强度之比取决于混凝土的强度等级和最大集料颗粒尺寸。还应该注意，最近对劈裂抗拉试验进行比较仔细的分析表明，按这种试验程序确定的劈裂抗拉强度不应该被认为是材料的一种“真实的”性质，所得到的结果取决于试件尺寸和支承条宽度和类型。

（二）四点弯曲试验

混凝土的四点弯曲试验（三分点抗折试验）可以按ASTM C78的规定测定。试件为150mm×150mm×500mm的混凝土梁，梁按标准方法养护，然后进行三分点加载抗折试验。试件加载的两个平面需光滑且平行，并以860～1200kPa/min的速率加载。理论最大抗拉强度可用三分点加载的简支梁弯曲公式计算：

$$f_{w}=\frac{Pl}{bd^{2}} \tag{9-6}$$

式中　f_w——最大总荷载；

l——跨度；

b——试件宽度；

d——试件高度。

式(9-6)只适用于梁是在两个内部加载点之间（即在梁的1/3部分）破坏时。若梁在此点之外不超过跨度的5%处破坏，可用式(9-7)代替式(9-6)：

$$R=\frac{3Pa}{bd^{2}} \tag{9-7}$$

式中　a——断裂点与最近的支座之间的平均距离。

在更靠近支座处发生破坏的试验结果都应舍弃。

这种试验所得结果比真正的抗拉强度偏高了50%左右，主要是因为简单的抗折公式假设通过梁横截面的应力是线性变化的，而混凝土有非线性的应力-应变曲线，故这种假设是不符合实际情况的。尤其是接近破坏时，与三角形图形相比，应力图形更接近于抛物线。然而这种试验还是有用的，因为混凝土构件大多是承受弯曲而不是承受轴向拉伸，因而从抗折试验得到的数据能更好地反映人们所关心的混凝土性能。在公路与机场跑道的质量控制中广泛地采用了这种方法，此时它比抗压强度更能提供有用的信息。

也可以按照ASTM C293进行中点加载抗折试验。这种试验方法不如三分点那样有效，而且不能代替。其困难在于：在理想情况下，三分点加载试验中试件在跨中三分之一内承受纯弯矩，剪力为零，而在中点加载试验中，在加载点有很大的剪力及未知的应力集中，这些力通常又是沿试件破坏的线作用。中点加载会得到比三分点加载更高的强度。

和抗压试验一样，试验参数对测定的强度有很大的影响，尤其是尺寸效应很重要。抗折试验的结果高于直接抗拉试件结果的另一原因在于：直接拉伸时，试件全部体积受到应力作用，而在抗折试验时，只有靠近梁底部相对小的材料体积承受高的应力，因而，若我们接受“最弱链环”理论，则在抗折试验中发现相当薄弱的混凝土单元的可能性要小。如果加载点进一步分开，则强度继续降低。然而，随着试件尺寸增加，变异系数减小。这就是用三分点加载确定抗折强度的离散性比用中点加载时要小的原因。

（三）轴向拉伸试验

可以按照《水工混凝土试验规程》（DL/T 5150—2017）中给出的混凝土轴向拉伸试验方法测定混凝土轴心抗拉强度、极限拉伸值以及抗拉弹性模量。

试件可以采用哑铃型，可以采用在150mm×150mm×550mm试件两端内埋带螺纹的组合钢拉杆，也可以将混凝土试件两端用环氧树脂黏结到试验机上进行轴向拉伸试验。在标距内用千分表、电阻应变片或位移传感器等来测定试件的变形。到达试验龄期后进行轴向拉伸试验。试验开始时首先进行两次预拉，预拉荷载相当于破坏荷载的15%～20%。预拉时，应测读应变值，需要时调整荷载装置使偏心率不大于15%。偏心率按式(9-8)计算：

$$e(\%)=\left|\frac{\varepsilon_1-\varepsilon_2}{\varepsilon_1+\varepsilon_2}\right|\times 100 \tag{9-8}$$

式中　ε_1、ε_2——分别为试件两侧的应变值。

预拉结束后，重新调整测量仪器，进行正式测试，拉伸时荷载速度控制在0.4MPa/min，每加荷500N或1000N测读并记录变形值，直至试件破坏。轴心抗拉强度按式(9-9)计算：

$$f_t=\frac{P}{A} \tag{9-9}$$

式中　f_t——轴心抗拉强度，MPa；

P——破坏荷载，N；

A——试件断面面积，mm^2。

抗拉弹性模量按式(9-10)计算：

$$E_t=\frac{\sigma_{0.5}}{\varepsilon_{0.5}} \tag{9-10}$$

式中　E_t——轴心抗拉弹性模量，MPa；

$\sigma_{0.5}$——50%的破坏应力，MPa；

$\varepsilon_{0.5}$——$\sigma_{0.5}$所对应的应变值，1×10^{-6}。

轴向拉伸试验比较麻烦，且试件缺陷或加荷时很小的偏心都会严重影响试验结果，致使试验结果离散性较大，故一般多采用劈裂法。

二、抗拉强度影响因素

相比抗压强度而言，抗拉强度对混凝土中材质的薄弱环节更苛刻，因此影响混凝土抗压强度的因素对混凝土抗拉强度均有影响，包括混凝土本身材质的因素、养护条件，以及测试参数等。由于第一节中有详细的描述，本节仅就试件的尺寸对抗拉强度的影响予以比较详细的阐述。

无论是抗压强度还是抗拉强度，试件的尺寸对其最终结果的影响都不可忽略，而抗拉试验对其中的薄弱环节更为敏感，因此试件的尺寸对抗拉强度的影响更大。

因为混凝土未承受荷载以前就已存在微裂缝和缺陷，即薄弱环节。从统计强度理论来看，随着试件尺寸增大，“薄弱环”出现的概率增加，相应的抗拉强度下降。

Weibull 首先应用统计强度破坏理论于脆性材料，对同一种材料不同体积 V_1 和 V_2 的两个试件具有相等的断裂概率，两个试件破坏强度 R_1 和 R_2 的比率就是

$$\frac{R_1}{R_1}=\left(\frac{V_1}{V_2}\right)^{-\frac{1}{n}} \tag{9-11}$$

式中　n——材料均匀性因素。

齐斯克烈里采用 8 种不同尺寸的翼形试件，测定混凝土抗拉强度，以 100mm×100mm 断面为基准试件尺寸，试件的尺寸效应可用双曲线表示。

抗拉强度随着试件尺寸的增大而逐渐减弱。当试件端面大于 $300cm^2$ 时已趋平缓，约比基准试件抗拉强度低 20%。同时也说明尺寸效应只受截面面积影响，而与试件断面形状无关。

三、抗拉强度与抗压强度比值关系

抗压和抗拉强度间有密切关系，但是并无直接比值。当混凝土抗压强度增加时，抗拉强度同样增加，但增加速率逐渐减小。换句话说，拉/压强度比决定于抗压强度的总水平，抗压强度越高，比值越小。针对素混凝土而言，低强度混凝土直接抗拉/抗压强度比为 10%～11%，中强度为 8%～9%，高强度为 7%。

抗压强度和拉/压强度比间的关系似乎为影响混凝土过渡区及基体两者性质的诸因素所决定。已经观察到，不仅养护龄期，而且混凝土拌合物特性，如水灰（胶）比、集料品种和外加剂在不同程度上影响拉/压强度比。例如，养护约 1 个月后，混凝土抗拉强度增长较抗压强度为缓慢，亦即拉/压强度比随龄期增长而减小。当养护龄期一定时，拉/压值同样随水灰（胶）比减小而减小。

含钙质集料或矿物掺合料的混凝土，经适当养护后，可能获得比较高的拉/压强度比，即使在高抗压强度时也如此。抗压强度范围在 55～62MPa 的高强混凝土其拉/压强度比约为 7%（劈裂拉/压强度比稍高）。资料表明，劈裂抗拉/抗压强度比一般为 7%～8%的无粉煤灰高强混凝土，当混凝土中掺加粉煤灰后此比例明显增高。同样，资料也表明，降低粗集料最大粒径或改变集料类型对劈裂抗拉/抗压强度比值有有利作用。

然而引起基体和过渡区孔隙率减小的诸因素会导致全面改善混凝土抗压和抗拉强度，即混凝土抗拉强度包括过渡区在内其水化产物的本征强度同时得到改善，否则抗拉强度增加较小。

在具有低孔隙率过渡区的混凝土中，只要过渡区中存在大量氢氧化钙取向晶体，则其抗拉强度将继续减弱。过渡区内氢氧化钙晶体的尺寸和含量，可以因火山灰掺合料或活性集料所起化学反应的结果而减少。

第三节　复杂受力下的强度

混凝土在多轴应力状态下的强度和变形中所包括的应力状态有二轴的压/压（C/C）、拉/压（T/C）、拉/拉（T/T）和三轴压/压/压（C/C/C）、拉/压/压（T/C/C）、拉/拉/压

(T/T/C）以及三轴受拉（T/T/T，工程中极少出现）等。

由于国际上至今没有混凝土多轴试验的统一标准，各单位研究人员所用试件材料、形状和尺寸有很大差别，更主要的是加载设备和试验方法的区别，以至所给出的混凝土多轴性能，特别是应变值的试验数据有很大离散度。在20世纪70年代，美、德、英、意四国的7个研究机构间的合作项目，采用同一试验室、同样材料制作的混凝土试件，运至各国后在同一混凝土龄期进行试验，量测得到的多轴强度和变形的离散度仍然较大。即使用同一设备试验相同应力状态的同组试件，实测应力-应变曲线也有较大差别。原因是材料本身的随机性和离散性，以及临近试件破坏时，混凝土局部裂缝和损伤的随机性。

尽管如此，试验数据的离散仍不能淹没混凝土多轴强度和变形的一般性规律。这些规律得到了较普遍的认同。从掌握的试验数据和试验过程中观察到的现象，可以为分析混凝土的多轴性能特点和破坏机理，以及为验证其破坏准则和本构模型提供重要的依据。

国内清华大学、大连理工大学和河海大学等单位在20世纪80年代也开展了复杂受力下混凝土强度和变形试验的研究工作。

混凝土的多轴强度系指试件破坏时三方向主应力的最大（绝对值）值，以符号σ_{1f}、σ_{2f}和σ_{3f}表示。它们随压、拉应力状态而变化极大。

一、双轴加载应力状态

常用的双轴试验为混凝土板或棱柱体上进行的试验，有数据显示，在多轴抗压试验时，如不采取措施消除或减小摩擦约束，试件各承压面上的约束相互影响，可使混凝土的试验强度提高一倍，甚至更多。因此，为了获得真实的混凝土多轴抗压强度，必须解决试件表面的摩擦约束问题。在已有的混凝土多轴试验研究中，行之有效的减摩措施主要有以下三类：

(1) 各种材料和构造的减摩垫层；

(2) 刷形加载板；

(3) 柔性加载板。

后两类措施取得较好的试验数据，但是其加载附件的构造复杂，造价高，减摩效果也不够好。如刷形板的加载单元纵向不能调整，弯曲后试件表面的压应力不均匀，约束力也并非绝对为零，试验结果同样有较大的离散度。故至今应用最普通的措施还是加设减摩垫层。

在钢承压板和试件之间设置了减摩垫层，若是在荷载作用下垫层的横向应变与试件的相等，当然就不会产生相互约束。所以，理想的减摩垫层应满足

$$\left(\frac{\upsilon}{E}\right)_{\text{垫层}}=\left(\frac{\upsilon}{E}\right)_{\text{混凝土试件}} \tag{9-12}$$

式中 υ——相应材料的泊松比；

E——相应材料的弹性模量。

一般情况下，若式(9-12)中左边小于右边，试件仍受到摩擦约束而提高强度，反之，若左边大于右边，可称为“负摩擦”，垫层的变形使试件端面横向受拉，因而将降低试件的抗压强度。

但是，混凝土从开始受力到破坏为止，其泊松比和弹性模量值一直在不断变化，且因混凝土的强度等级和原材料性质而不等，因此要找到一种与混凝土泊松比/弹性模量比值变化完全相同的垫层材料几乎是不可能的。所以，寻找合理减摩垫层的主要根据：使有减摩垫层

的混凝土立方体抗压试验强度与无摩擦约束的抗压强度或近似取为棱柱体抗压强度相等。

（一）二轴压/压（C/C，$\sigma_1=0$）

混凝土的二轴抗压强度（σ_{3f}、σ_{2f}）随应力比例而变化。

$\sigma_2/\sigma_3=0\sim0.2$ 时，σ_{3f} 随应力比的加大而增长较快；

$\sigma_2/\sigma_3=0.2\sim0.7$ 时，σ_{3f} 的变化平缓，最大抗压强度为 $1.25f_c\sim1.60f_c$，发生在 $\sigma_2/\sigma_3=0.3\sim0.6$ 之间；

$\sigma_2/\sigma_3=0.7\sim1.0$ 时，σ_{3f} 随应力比的加大而降低，二轴等压（$\sigma_2/\sigma_3=1.0$）时的强度可达 $f_{cc}=1.15f_c\sim1.35f_c$。

可见，在任意应力比下混凝土的二轴抗压强度

$$|\sigma_{3f}|\geqslant f_c \tag{9-13}$$

混凝土承受二轴压应力 σ_2、σ_3 后，三个主方向的应变分别为 ε_3 受压，ε_1 受拉，而 ε_2 取决于 σ_1/σ_3 值的大小由受拉变为受压。

各主方向的应力-应变全曲线均为抛物线形状，与单轴受压的曲线相似。但是最大主压应力方向的峰值应力，即二轴抗压强度 σ_{3f} 和峰值应变 ε_{3p} 都大于单轴受压的相应值 f_{pr} 和 ε_{pr}。

（二）二轴拉/压（T/C，$\sigma_2=0$）

混凝土在二轴拉/压应力状态下的抗压强度 σ_{3f} 随主控应力 σ_{1f} 的增大而降低。同样，抗拉强度 σ_{1f} 随主应力的加大而减小。在任意应力比例 σ_1/σ_3 值下，混凝土的二轴拉/压强度均不超过其相应的单轴强度：

$$\begin{gathered}|\sigma_{3f}|\leqslant f_c\\ \sigma_{1f}\leqslant f_t\end{gathered} \tag{9-14}$$

（三）二轴拉/拉（T/T，$\sigma_3=0$）

在任意应力比例下，混凝土的二轴抗拉强度 σ_{1f} 与其单轴抗拉强度 f_t 接近：

$$T/T \qquad \sigma_{1f}\approx f_t \tag{9-15}$$

需要说明的是，试验的各批混凝土试件，其单轴抗拉和抗压强度的比值不等，为 $f_t/f_c=0.09\sim0.12$。

二、三轴应力状态

（一）常规三轴受压（$\sigma_1=\sigma_2>\sigma_3$）

这是最早实现的三轴受压试验。试件置于液压缸内，由油压提供侧向压应力（$\sigma_1=\sigma_2$），因而摩擦约束很小，试验稳定性好，准确度较高。

三轴抗压强度 σ_{3f} 随着侧压的加大而有很大的增长。并且是成倍的增长，而峰值应变 ε_{3p} 的增长幅度更大。

开始加载后，试件侧压应力的横向（泊松比）效应，使主应变小于单轴受压的相应应变值，应力-应变曲线陡直。继续加载，侧压应力限制了试件纵向裂缝的发展，即约束了混凝

土的横向膨胀变形，在提高试件承载力的同时，纵向塑性应变可有很大发展，应力-应变曲线平缓上升，斜率渐减。达到并超过三轴抗压强度，即曲线峰点之后，应力-应变曲线平缓地下降，残余强度慢慢地减小，侧压应力较高的试件，混凝土破坏前的应变值很大，曲线上形成一平台，峰点已经不明显。

混凝土在单轴受压时为柱状破坏形态，应力-应变全曲线有明显的尖峰。侧压应力的作用，约束了混凝土的横向膨胀，试件的破坏形态逐渐转化为斜剪破坏和挤压流动破坏，承载力和变形都有很大提高。应力-应变曲线的峰部逐渐抬高，并越趋平缓、丰满，尖峰已不明显，曲线形状与单轴受压的不再相似。

（二）真三轴受压（$\sigma_1 \neq \sigma_2 \neq \sigma_3$）

混凝土的真三轴受压强度，包括常规三轴抗压和二轴抗压强度的一般规律。

混凝土在真三轴受压应力状态下，试件三方向的主应变互不相等，应力-应变曲线也有不同。但是，试件的破坏形态与常规三轴受压下的相同。

（三）三轴拉/压（T/C/C和T/T/C）

有一轴或两轴受拉的混凝土三轴拉压试验，由于试验技术难度大，至今文献上发表试验资料很少，而且离散度较大，在此无法做定论介绍。河海大学的研究结果表明，混凝土在T/C/C状态下的抗压强度随σ_{1f}的增加而减小，表达式为

$$\frac{\sigma_{1f}}{f_t}+\frac{\sigma_{3f}}{f_{3c}}=1$$

$$\left(1-\frac{\sigma_{1f}}{f_t}\right)^2=\left(\frac{\sigma_{3f}}{f_c}-\frac{\sigma_{2f}}{f_c}\right)^2+0.42\left(\frac{\sigma_{3f}}{f_c}+\frac{\sigma_{2f}}{f_c}+\frac{\sigma_{1f}}{f_t}-1\right)^2 \tag{9-16}$$

（四）三轴受拉（T/T/T）

混凝土的三方向主应力都受拉的情况在实际结构中出现的可能性极小。这种应力状态的试验方法也复杂。

由于试件混凝土材料的离散性、试验方法的非标准和荷载绝对值小等原因，三轴受拉的试验结果精度稍差。但是仍然可得到结论：混凝土在二轴和三轴受拉应力状态下，不管应力比例如何，其多轴抗拉强度接近，并略低于相应的单轴抗拉强度，多轴抗拉强度偏低的原因是试件内部缺陷或损伤的概率更大。

混凝土在二轴和三轴的各种压、拉应力组合下的强度已经分别做了介绍。了解和掌握这些一般规律，特别如多轴抗压的强度提高、多轴拉/压则强度降低等，对于理解混凝土的破坏准则和本构关系、处理实际工程中有关设计、承载力和变形验算、事故分析和考虑加固措施等都将大有裨益。

第四节 非荷载作用下的变形

混凝土不仅在荷载作用下会产生变形，而且由于内部水分的改变、化学反应以及温度、

湿度的变化，也会引起体积变化，如塑性收缩、化学收缩、碳化收缩、温度变形以及干湿变形等。其中以化学收缩、干燥收缩和温度变形最为主要，这些变形统称为非荷载变形（或称体积变形）。

体积变形，随混凝土约束状态不同而产生不同的后果，在无约束的情况下，自由膨胀会导致开裂。因为自由膨胀使混凝土内部质点间的距离加大，产生背向变形，混凝土的结构会变得疏松，当膨胀超过某一限值时，混凝土就会开裂。相反，自由收缩不会引起裂缝。因为自由收缩使混凝土内部质点间的距离缩小，产生相向变形，混凝土的结构会变得紧密。在有约束的情况下，上述情况则正好相反。

工程实际中，自由变形几乎是不存在的。混凝土的体积变形会受到基础、配筋或相邻部位的约束，因而往往会引起温度或收缩裂缝，进而导致渗漏、钢筋锈蚀等病害，使混凝土结构的整体性、承载力特别是耐久性显著降低。因此，如何减少混凝土的体积变形，提高混凝土的体积稳定性，进而提高混凝土的抗裂性，一直是混凝土科技中的一项重大课题。

一、塑性收缩

塑性收缩是指混凝土未凝结硬化前，还处于塑性状态时发生的收缩。塑性收缩主要是由于两个方面的作用：一方面，混凝土浇筑密实后，由于混凝土原材料存在的密度、质量、形状等差异，沉降和泌水同时进行，对于大水灰比或明显泌水的混凝土，上表面的水分蒸发后，混凝土的体积比发生沉降和泌水前的体积有所减少，由此造成的收缩也称为沉缩；另一方面，由于新拌混凝土表面失水速率过快，内部形成凹液面，产生毛细管负压力，从而引起收缩。

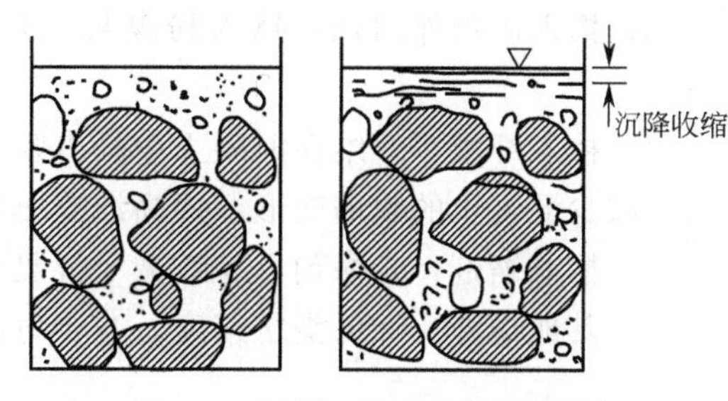

图 9-1 混凝土拌合物的沉降收缩

在混凝土沉缩过程中，水分一方面绕过集料的侧面渗透表面，另一方面易积聚在大颗粒集料、水平钢筋的底部，形成水囊或空隙（水分蒸发后），降低混凝土的强度和耐久性（如图 9-1 所示）。在混凝土模板的界面上形成砂纹；随泌水而挟带渗出的微细颗粒就沉积在表面，形成疏松层（乳皮）。沉缩通常发生在混凝土浇筑后一小时内，有时在浇筑后立即发生。沉缩的总量一般不超过 1%。

由于在发生沉缩时混凝土还处于塑性状态，混凝土内部还不致引起应力。在混凝土拌合物的沉降过程中，如果碰到钢筋或其他埋入物的局部阻碍，该处就会产生拉应力或剪应力。如果此时混凝土还不足以抵抗这种拉应力或剪应力，在这些障碍物的上部就会产生裂缝，这种裂缝叫沉降裂缝（如图 9-2 所示）。基础不均匀沉降、模板移动以及斜面浇筑时，也会出现类似的裂缝。这类裂缝的主要特征是顺筋方向表面开裂，裂缝宽度较大，通常在混凝土浇筑后 1～3h 发生。这类裂缝可通过在沉降基本结束后重新抹面使其闭合。但重新抹面的时间需严格掌握，夏季一般在浇筑后的 60～90min 内完成；其他季节在 90～180min 内完成。

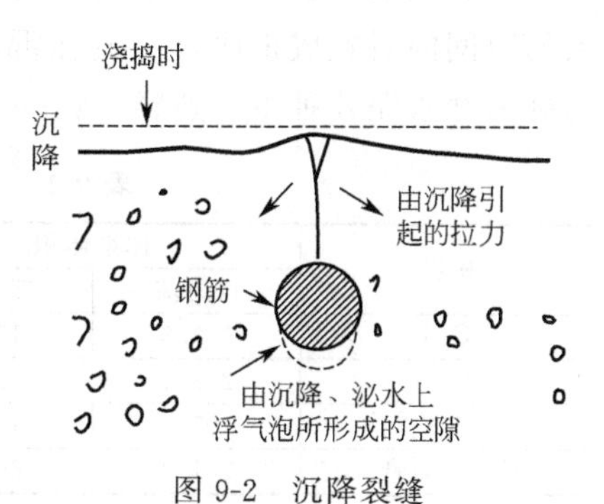

图 9-2 沉降裂缝

对于新拌混凝土，如果混凝土的表面蒸发速度比泌水的速度快，或由于地基、模板、集料等吸水造成脱水现象，这些部位会引起收缩，进而产生微细的裂缝，即塑性收缩裂缝。塑性收缩裂缝可能具有相当的长度和深度，甚至贯穿整个截面，宽度一般介于 0.1～3.0 mm，有的宽达 10 mm，很难自行愈合。即使是表面的细小裂缝，也有可能成为今后裂缝发展的根源，因此，对此类裂缝可能造成的危害应该引起足够的重视。

沉降裂缝和塑性收缩裂缝统称为混凝土的早期裂缝。

近年来，混凝土工程中相当普遍地出现了早期开裂的现象。早期裂缝既出现在建筑工程的地上和地下部位，也出现在桥梁、水工建筑物等工程结构中；既出现在大体积混凝土，也出现在断面仅几十厘米的梁板结构上。混凝土的早期裂缝主要与混凝土内部温度和湿度的分布剃度、收缩值及弹性模量与抗拉强度的比值等有关。防治早期裂缝的措施主要包括以下几种：

(1) 加强养护：养护对防治塑性收缩裂缝起着关键作用。对现代普通混凝土，特别是高强高性能混凝土，水胶比小，同时掺有硅灰、粉煤灰、矿粉及化学外加剂等，泌水量小，在较小水分蒸发速率的环境下，比如 0.2～0.7kg/(m^2·h)，塑性收缩裂缝依然有可能出现。因此，需要及时、有效的养护。

(2) 合理选用水泥，控制水泥用量：高早强水泥、过高的水泥用量均会增加混凝土早期开裂的风险。

(3) 掺入矿物外加剂：掺入粉煤灰、矿粉等矿物外加剂可降低水化热，控制早期水化过快。

(4) 掺入纤维：纤维在混凝土中具有阻裂和增韧的作用，混凝土中掺入聚丙烯等纤维，可明显减少混凝土的收缩变形，提高混凝土的抗裂性。

(5) 掺减缩剂：减缩剂可有效减小混凝土的自生收缩，延缓早期开裂、减少裂缝数量。

(6) 其他措施：降低浇筑速度、减少每次的浇筑高度等。

二、化学收缩

混凝土的化学收缩是混凝土在凝结硬化过程中由于水泥水化而引起的体积收缩。普通水泥混凝土中，水泥水化生成物的体积较反应前物质的体积小，从而使得混凝土的自生体积变形表现为收缩，且这种体积变形是不能恢复的。混凝土的化学收缩随龄期的延长而增长，大致与时间的对数成正比，一般在混凝土成型后 40 多天内增长较快，之后逐渐稳定。表 9-2 为硅酸盐水泥几种主要熟料矿物-水体系的体积变化。

表 9-2　几种熟料矿物-水体系中体积的变化

矿物	体系体积		固相体积		体积变化/%	
	反应前	反应后	反应前	反应后	体系	固相
C_2S	177.8	159.6	105.7	159.6	−10.20	+50.99
C_3S	253.1	226.1	145.0	226.1	−10.67	+55.93
C_3A	197.0	150.1	88.9	150.1	−23.79	+68.89
C_3A+石膏	761.9	691.1	311.5	681.1	−9.29	+121.86

可见，硅酸盐水泥的主要熟料矿物与水作用生成水化产物后，其固相体积比水化前要大得多，但体系的总体积却会减小。减缩值与水泥的熟料矿物组成有关，主要熟料矿物的减缩

顺序为：$C_3A>C_4AF>C_3S>C_2S$。

当水泥中含有膨胀组分或在混凝土中掺入膨胀剂时，混凝土的自生体积变形表现为膨胀。膨胀变形可以抵消混凝土的全部或部分收缩，避免或大大减轻混凝土的开裂。

国内外混凝土坝的实测结果表明，混凝土的自生体积变形既有收缩，也有膨胀。水泥品种对混凝土的自生体积变形有显著影响。受到不同温湿度条件的间接影响，混凝土所处部位不同，自变值相差较大。此外，混凝土的配合比、水泥用量以及掺合料等均会对混凝土的自变值产生影响。温度较高、水泥用量较大及水泥细度较细，自变值趋于增大。普通混凝土的自变值一般为（$-50\sim+50$）$\times10^{-6}$，相当于温度变化10℃引起的变形。因此，对混凝土的自生体积变形必须引起足够的重视。表9-3为我国湖南某大头坝混凝土自生体积变形的实测结果。表9-4为国外一些大坝混凝土的试验结果。

表9-3 湖南某大头坝实测混凝土自变值

测试位置	水泥品种	自变值（$\times10^{-6}$）			
		30d	90d	180d	730d
上游甲块	硅酸盐	−30	−39	−42	−55
中央乙块	矿渣	+16	+29	+35	+40
下游丙块	硅酸盐	−23	−27	−31	−42

注 “+”为膨胀；“−”为收缩。

表9-4 国外若干大坝混凝土的自变试验结果（$\times10^{-6}$）

龄期	安戈斯突拉	科尔特斯	饿马	渡口峡	蒙特赛罗	安苛尔	格兰峡	黄尾
90d	+3	+14	−44	+6	−15	−33	−32	−12
365d	0	−23	−52	−37	−38	−36	−61	−38

注 “+”为膨胀；“−”为收缩。

三、干湿变形

混凝土失水干燥时会引起收缩（干缩），已经干燥的混凝土再置于水中，混凝土又会重新发生膨胀（湿胀），但混凝土的干燥收缩是不能完全恢复的（如图9-3所示）。普通混凝土的不可逆收缩为收缩量的30%～60%。由干湿变化引起的体积变化称为混凝土的干湿变形。

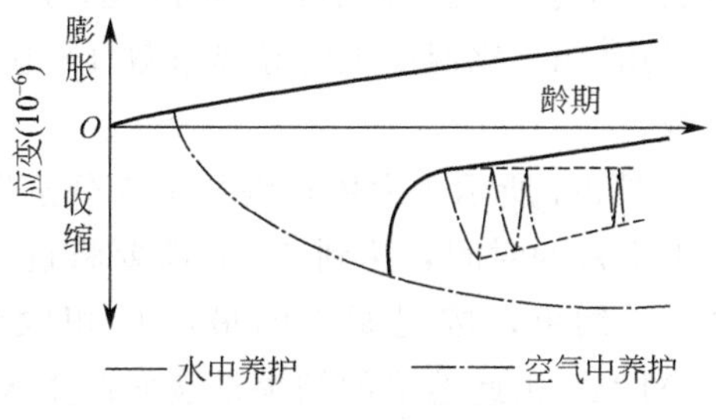

图9-3 混凝土的干湿变形

（一）混凝土的干缩和湿胀

混凝土的干缩湿胀是由于混凝土内部水分变化引起的。混凝土在干燥过程中，气孔水和毛细孔水首先蒸发。气孔水的蒸发不会引起混凝土的收缩。毛细孔水的蒸发，使毛细孔中形成负压，随着空气湿度的减低负压逐渐增大，产生收缩力，导致混凝土收缩。毛细孔水蒸发完毕后，如继续干燥，则凝胶颗粒的吸附水也会部分蒸发，由于分子引力的作用，粒子间距离会变小，凝胶体产生收缩。已干燥的混凝土再次吸水变湿时，原有的干缩变形大部分会消失。如果混凝土在水中硬化，体积不变甚至轻微膨胀。这是凝胶体中胶体粒子的吸附水膜增厚，胶体粒子间的距离增大所致。

混凝土干缩变形的大小用干缩率表示。干缩率按式(9-17)计算：

$$干缩率=(L_0-L_t)/L_b \quad (9-17)$$

式中 L_0——试件的初始长度；

L_t——试件干缩到 t 天龄期的长度；

L_b——试件的测量标距。

试验表明，水中养护的硬化水泥浆体置于相对湿度为50%的空气中干燥时，其干缩率可达（2000～3000）$\times10^{-6}$；完全干燥时，则可达（5000～6000）$\times10^{-6}$。混凝土由于有集料的抑制作用以及硬化水泥浆体含量少，其干缩率要小得多。水中养护的混凝土完全干燥时，其干缩率一般为（500～900）$\times10^{-6}$左右。试验还表明，混凝土在相对湿度为70%的空气中的收缩值约为水中膨胀值的6倍；相对湿度在50%时，则为8倍。

混凝土的膨胀值远比干缩值为小，一般没有破坏作用。实际工程结构中，构件的尺寸要比实验室采用的试件尺寸大得多，构件内部混凝土的干燥过程也比试件要慢得多，因此实际构件上混凝土的干缩率要比试件测得的干缩率小得多。设计上常采用混凝土的干缩率为 150×10^{-6}。表9-5为一些大坝混凝土365天龄期时的干缩试验结果。

表 9-5 若干大坝混凝土的干缩试验结果（$\times10^{-6}$）

坝名	胡佛	大苦利	安戈斯突拉	科尔特斯	饿马
干缩率	−270	−420	−390	−600	−520
坝名	渡口峡	蒙特赛罗	安苛尔	格兰峡	黄尾
干缩率	−397	−998	−588	−459	−345

注：试件尺寸——胡佛、大苦利、安戈斯突拉和科尔特斯坝为10cm×10cm×100cm；其他坝为10cm×10cm×76cm。

在受到约束的情况下，混凝土的干缩会引起应力，使构件产生变形，甚至产生裂缝。在混凝土内部产生的微裂缝，会破坏混凝土的内部结构，进而降低混凝土的强度（特别是抗拉强度）、刚度和耐久性。因此，混凝土的干缩对混凝土及钢筋混凝土的性能影响很大，在计算薄壁结构或大体积混凝土结构表面的应力时，均需考虑混凝土的干缩变形。

对大体积混凝土而言，干燥实际上只限于很浅的表层，内部很少出现干缩问题，但高性能混凝土会出现所谓的自干燥问题，应引起足够的重视。混凝土中的湿度扩散系数约为 $5\times10^{-6}m^2/h$，比混凝土的导温系数 $4\times10^{-3}m^2/h$ 要小1000倍左右，水分在混凝土内部扩散很慢。

图9-4所示为大体积混凝土水分蒸发计算曲线。可以看出，混凝土的干燥深度达7cm需要1个月的时间，达到60cm需要将近10年时间。但由于大体积混凝土的外部受到内部混凝土的约束，按混凝土的最小体积收缩率 300×10^{-6} 计算，混凝土的表面应力将超过7.0MPa，由此造成的结果是表面产生大量裂缝。这些裂缝将向混凝土内部延伸，然后在湿

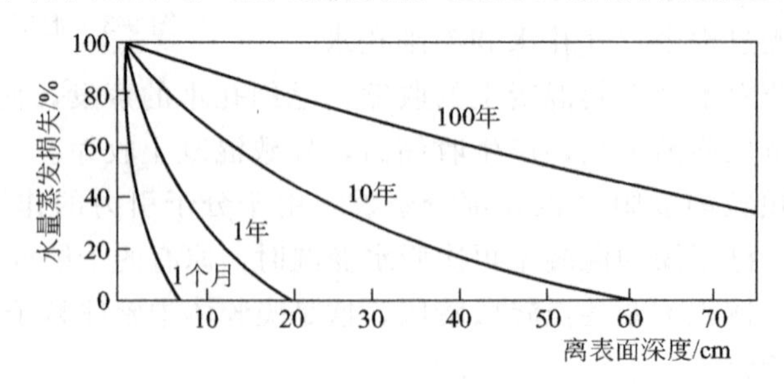

图 9-4 大体积混凝土水分蒸发曲线

度平衡区域内消失。在不利的条件下，表面裂缝会发展为危害性裂缝，因此对混凝土的干缩裂缝不能忽视。

（二）影响混凝土干缩变形的因素

影响混凝土干缩变形的因素很多，目前还不能用理论公式进行计算，一般结合具体条件通过试验来测定。

1. 环境湿度

混凝土周围介质的相对湿度对混凝土的干缩影响很大，如图 9-5 所示。延长养护时间可推迟干缩的发生和发展，但对最终的干缩率并无显著影响。干燥的速度也不影响最终的干缩率。

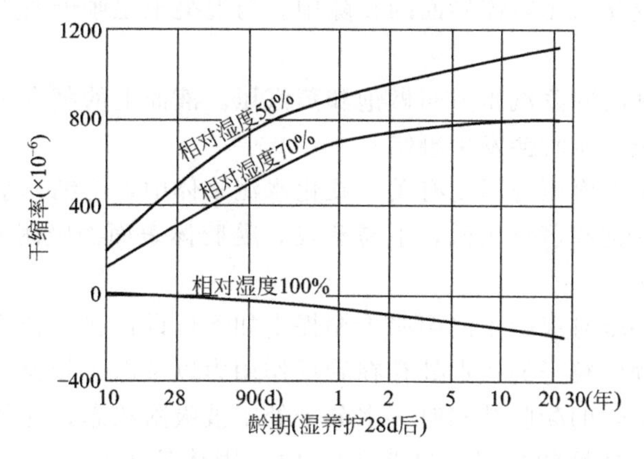

图 9-5　不同相对湿度环境中混凝土的干缩率

2. 集料

集料的数量和弹性模量对混凝土的干缩变形有很大影响。美国的 G. Pickett 根据材料力学理论，假设集料本身不收缩，集料与硬化水泥浆体均为弹性体，推导出了混凝土的干缩率与硬化水泥浆体的干缩率之间的关系：

$$S_c=S_p(1-V_a)^n=S_pV_p^n \tag{9-18}$$

式中　S_c——混凝土的干缩率；

S_p——硬化水泥浆体的干缩率；

V_a——集料的体积率；

V_p——硬化水泥浆体的体积率，$V_p=1-V_a$；

n——与集料弹性性质有关的常数，介于 1.2～1.7。

3. 水胶比与用水量

通常情况下，水胶比大，干缩也大；用水量多，干缩也大。

4. 水泥品种与外加剂

水泥品种不同，混凝土的干缩也不同。采用矿渣水泥比采用普通水泥的干缩大。外加剂对混凝土的干缩也会产生影响，掺入氯化钙会使干缩增大，掺入减水剂会使混凝土的早期干缩显著增加，掺入减缩剂显著减少混凝土的早期干缩。在水胶比不变的情况下，掺入矿渣、硅灰等矿物外加剂会增加混凝土的干燥收缩值。

5. 配筋

配筋率对混凝土的干缩有一定影响。

6. 构件的形状和尺寸

构件的形状对混凝土的干缩有一定影响，体积与表面积的比值小，则干缩大。构件尺寸增大，干缩则减小。

混凝土的干缩率随龄期而增加，一般可用双曲线型经验公式表示：

$$S_{ct}=at/(b+t) \tag{9-19}$$

式中　S_{ct}——混凝土在 t 天龄期的干缩率；

a、b——试验常数，取决于原材料及配合比。

（三）混凝土的湿胀干缩机理

混凝土的湿胀干缩是由混凝土中的水分变化引起的。混凝土中的水分存在于硬化水泥浆体、集料以及集料与硬化水泥浆体界面的孔隙中。与混凝土湿胀干缩关系密切的是毛细孔水和凝胶孔水。

液体和其蒸汽平衡时的蒸汽压力叫做饱和蒸汽压。液面上的蒸汽压低于饱和蒸汽压时会发生蒸发；高于饱和蒸汽压时会发生凝结。

平面状态水的饱和蒸汽压与温度有关。硬化水泥浆体中，毛细孔水和凝胶孔水的表面为曲面，比平面状态水的饱和蒸汽压低，不易蒸发。凝胶体表面的吸附水受分子引力的作用，更不易蒸发。

美国的 T. C. Powers 对混凝土的湿胀干缩提出如下假设：在凝胶的固体粒子间存在着吸引力，与此相反，在固体粒子的接点处存在着反作用力以及由于凝胶结构本身的刚性引起的反弹力。当水分进入干燥的凝胶结构时，水分子处于被吸附状态。这种吸附水均匀地分布在固体粒子的表面上。当环境的相对湿度为 50%时，固体粒子表面吸附水膜的平均厚度为 2 个水分子的直径，因此两个固体粒子之间至少需要 4 个水分子直径的间距来容纳吸附水。随着湿度的增大，固体粒子表面的吸附水膜厚度也增加。当环境的相对湿度达到 100%时，固体粒子表面的吸附水膜厚度可达到 5 个水分子的直径，也就是 2 个固体粒子之间需要有 10 个水分子直径的间距。但是凝胶中胶孔的平均尺寸只约为 5 个水分子的直径，容纳不下 10 个水分子直径厚度的吸附水，因而产生吸附水对固体粒子的推力，使混凝土的体积膨胀，即湿胀现象。推力的大小与环境湿度有关，当相对湿度达到 100%或放在水中时，推力最大。

湿度降低时，吸附水膜的厚度减小，吸附水对固体粒子的推力就减小，毛细孔水开始蒸发，使毛细孔内的水面后退，弯液面的曲率增大，在表面张力的作用下，毛细孔水内部压力小于外部压力，产生压力差 ΔP，相应地在周围固体结构中产生压应力。推力的减小和压应力的增加引起混凝土的收缩，即干缩现象。毛细孔愈多，压应力就愈大，收缩也就愈大。当相对湿度降到 40%以下时，固体粒子表面的吸附水膜厚度不到 2 个水分子的直径，胶孔中就不饱含水分，吸附水对固体粒子就不再产生推力，混凝土的体积收缩就更大。

当毛细孔液面的曲率半径为 r 时：

$$\Delta P=2\sigma/r \tag{9-20}$$

式中　σ——水的表面张力；

r——水面的曲率半径。

从式(9-20) 可以看出，毛细孔含量越多、孔径越小，压力差越大、干缩率也越大。对于凹液面，水面的曲率半径和饱和蒸汽压之间有如下热力学平衡关系：

$$\ln P/P_0=-2\sigma M/(RT\rho r) \tag{9-21}$$

式中　P——曲面水的饱和蒸汽压力；

P_0——平面水的饱和蒸汽压力；

M——水的摩尔质量；

R——气体常数；

T——绝对温度；

ρ——水的密度。

由式(9-20)，式(9-21) 可写为：

$$\Delta P = -(RT\rho/M)\ln P/P_0 \tag{9-22}$$

由式(9-22) 可以看出，随着空气湿度的降低，毛细孔中的压力差（负压）增大，产生收缩力，使混凝土的体积收缩。

在毛细孔中的水全部蒸发完后，如继续干燥，则凝胶体颗粒的吸附水也发生部分蒸发。失去水膜的凝胶体颗粒在分子引力的作用下，粒子间的距离变小甚至发生新的化学结合，混凝土则进一步收缩。

混凝土的湿胀干缩是个十分复杂的现象，涉及物理、化学和力学等过程，迄今尚未完全搞清楚。

四、自收缩

自收缩是指混凝土在与外界无水分交换的条件下，因水泥水化反应而产生的宏观体积的收缩。一方面，自收缩是由于胶凝材料水化消耗内部水分，引起内部湿度降低的干燥收缩；另一方面，自收缩源自于化学反应，属于化学收缩的一部分。

自收缩和干燥收缩均由水分迁移导致混凝土内部相对湿度的降低而引起，但二者存在一些不同点。自收缩主要发生在早期（浇筑后三天内），而干缩主要发生在养护结束之后。当水灰比降低时，混凝土的干缩减小，而自收缩增大。因此，对于水胶比较低的高强混凝土而言，其自收缩往往大于干燥收缩，且自收缩出现得更早更快。此外，自收缩在混凝土内部均匀发生，而干燥收缩由表及里地发生。

自收缩是化学收缩的一部分。在混凝土初凝前，拌合物具有良好的可塑性，化学收缩主要以宏观体积减小的形式呈现出来，即化学收缩和自收缩近似相等。在混凝土初凝之后，混凝土内部的自干燥现象引起自收缩，而化学收缩除了包含自收缩引起的体积变形之外，主要以水化生成的内部孔隙的形式表现出来，化学收缩远远大于自收缩。

五、碳化收缩

碳化收缩是混凝土中的水化产物与二氧化碳发生化学反应后引起的收缩，其主要原因是空气中的二氧化碳与水化产物中的氢氧化钙晶体生成碳酸钙而引起体积收缩。碳化作用由混凝土的表面向内部深入，过程极其缓慢。在适中的湿度下，如相对湿度在50%左右会较快地进行（如图9-6所示）。湿度过高，如100%，混凝土的孔隙中充满着水，二氧化碳不易扩散到硬化水泥浆体中。由硬化水泥浆体向外扩散的钙离子产生碳酸钙沉淀，并堵塞混凝土的表面孔隙，使碳化作用不易进行。湿度过低，硬化水泥浆体的孔隙中没有足够的水分吸收二氧化碳，而形成碳酸，碳化作用同样不易进行。

干燥和碳化的次序对总收缩量有很大影响。先干燥后碳化比干燥与碳化同时进行的总收缩量要大得多（如图 9-6 所示）。这是因为后者的大部分碳化作用发生在相对湿度高于 50%的条件下，故其碳化收缩大大减少。

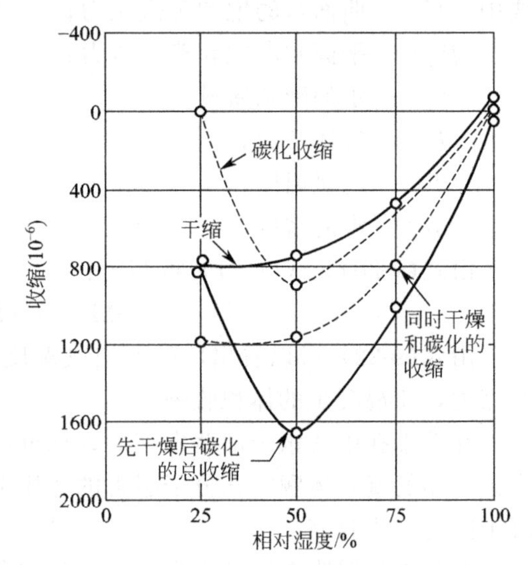

图 9-6　相对湿度对干燥收缩和碳化收缩的影响

高压蒸养混凝土的碳化收缩很小。因为高压蒸养混凝土中的氢氧化钙已与氧化硅进一步反应，形成了强度高、结晶度好、抗碳化性能强的水化硅酸钙。

混凝土的碳化速度随二氧化碳浓度的增加而加快，尤其是在水胶比大的情况下。混凝土的碳化速度还与混凝土的含水量及环境的相对湿度有关。

碳化可增加混凝土的强度和抗渗性，但碳化收缩会增加不可逆的收缩，并可能使混凝土表面产生裂纹，这不仅影响混凝土的表面美观，而且还会使混凝土更容易受到外部介质的侵蚀，进而影响混凝土的耐久性。

六、温度变形

与其他材料一样，混凝土也具有热胀冷缩的性质。

混凝土的导热能力很低。根据热传导规律，物质的热量散失与其最小尺寸的平方成反比。例如，15cm 厚的混凝土墙体，在两侧较冷的空气中，散失其内部 95%的热量约需 1.5h；而对于 150m 厚的重力坝，则需要 200 年。

大体积混凝土由于水泥的水化热，加上混凝土的导热性差，可使内部温度升高 20～30℃，甚至高达 50℃以上，并将积聚相当时日。随后，由于不断散热，内部温度下降，直至稳定。

图 9-7 所示为大体积混凝土的温度变化过程，其间要经历升温期、冷却期和稳定期三个阶段。在升温阶段，由于内部升温，大体积混凝土的内外形成温差，冷缩的外部因受到内部热膨胀约束而处于受拉状态，如果拉应力超过混凝土的抗拉强度，混凝土就会开裂（表层裂

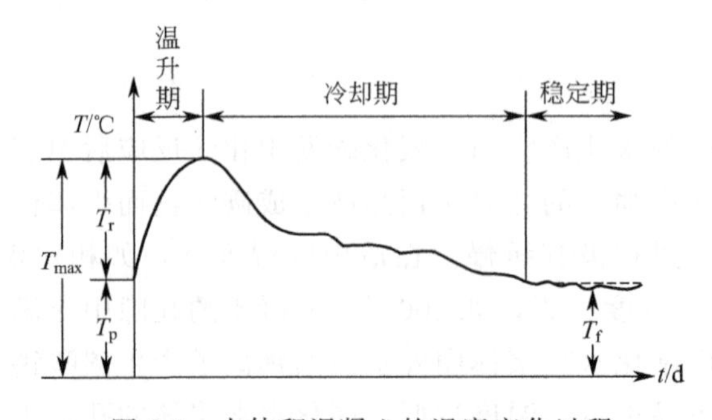

图 9-7　大体积混凝土的温度变化过程

缝）。在降温开始的冷缩阶段，由于受到基础、或相邻部件、或钢筋的约束，当冷缩变形超过混凝土的极限拉伸值时，会导致混凝土的开裂（内部裂缝）。在混凝土的温度变化过程中，混凝土的性能也在随着龄期而变化，表现为强度和弹性模量增加，脆性增大。因此，混凝土因温度变化而引起的变形以至开裂间的关系十分复杂。

在升温阶段，浇筑块处于约束状态，温升膨胀引起相向变形，产生压应力；但在硬化初期，混凝土的弹性模量较小，而徐变较大，由热膨胀引起的压应力大部分会抵消，不会引起受压破坏；若内外温差过大，则会引起表面裂缝。降温阶段，混凝土从约束下的膨胀转变为约束下的收缩，产生背向变形；随着混凝土龄期的增长，弹性模量增大，徐变减小，当冷缩变形超过混凝土的极限拉伸值（或冷缩引起的拉应力大于混凝土的抗拉强度）时，混凝土会产生裂缝。大体积混凝土中的温度、应力和应变的变化关系如图 9-8 所示。

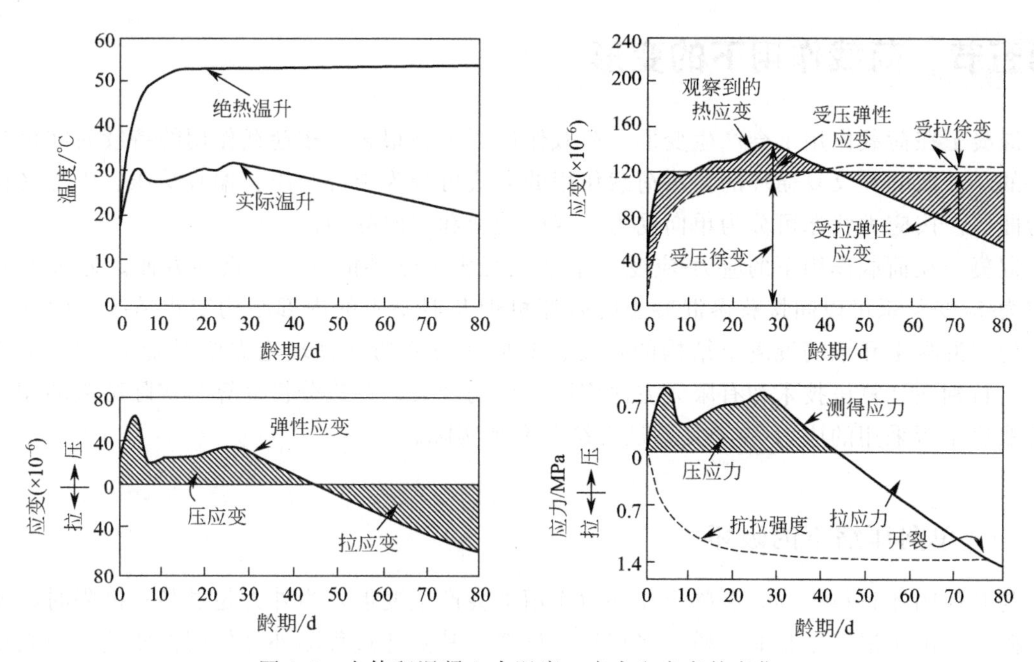

图 9-8　大体积混凝土中温度、应力和应变的变化

由基础约束产生的温度裂缝称为基础约束裂缝。基础约束裂缝大体上垂直于基面，由下而上发展，宽度可达 1～3mm，深度可达 3～5m 以上。由内外温差，特别是寒潮袭击、气温骤降引起的表面裂缝，方向不定，数量较多，但短而浅，宽度一般在 0.5mm 以下，深度一般在 1m 以内。因此，大体积混凝土中，由温度变化引起的裂缝要比干缩引起的裂缝更为普遍和严重，对混凝土结构的整体性和耐久性也有较大影响。由温度变化引起的大坝混凝土裂缝如图 9-9 所示。

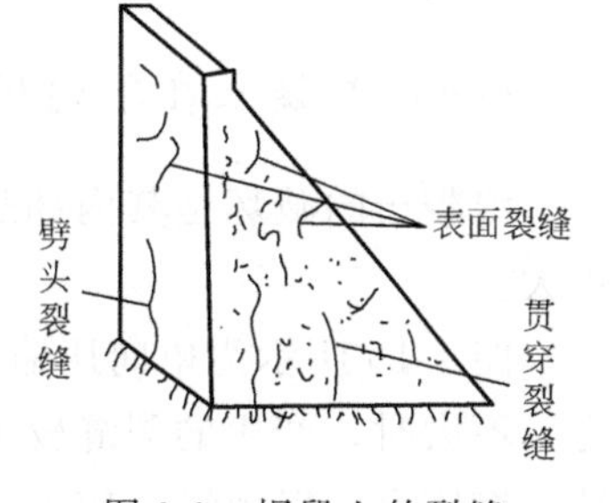

图 9-9　坝段上的裂缝

混凝土温度变形的大小可按式(9-23) 计算：

$$\Delta L=\alpha L\Delta T \tag{9-23}$$

式中　ΔL——温度变化 ΔT 引起的长度变化；

α——混凝土的热膨胀系数（温度变形系数）；

L——混凝土的长度；

ΔT——温度变化。

混凝土的热膨胀系数一般为$(6\sim13)\times10^{-6}/℃$，与混凝土的原材料和组成有关。集料品种对混凝土的热膨胀系数影响最大。当集料为石英岩、石英砂岩或花岗岩时，α 值较大；当集料为石灰岩、白云岩或玄武岩时，α 值较小。

缺乏试验资料时，对石灰岩人工砂石集料制作的混凝土，α 可取$(5\sim7)\times10^{-6}/℃$；对硅质砂岩人工砂石集料或天然砂石集料制作的混凝土，α 常取 $10\times10^{-6}/℃$。

热膨胀系数对混凝土的温度应力及结构的温度变形有很大影响。选用α 值较小的混凝土可减小大体积混凝土的温度应力，提高混凝土的抗裂性。

第五节 荷载作用下的变形

混凝土在荷载作用下会产生变形。荷载作用的类型很多。按荷载作用的持续时间可分为瞬时的、长期的和反复循环的。按荷载作用的方式可分为中心受压、偏心受压、中心受拉以及弯曲等。按应力状态可分为单向受力、双向受力和三向受力。

混凝土在荷载作用下的应力-应变关系是混凝土力学性能的一个重要方面。通过混凝土的应力-应变关系可以间接获得混凝土的破坏机理及混凝土的内部结构变化情况。此外，研究、建立混凝土和钢筋混凝土结构的强度、变形和裂缝的计算理论需要混凝土的应力-应变关系，特别在计算机技术和有限元方法广泛应用的今天，理论分析计算与实际结果的相符程度常取决于所采用的应力-应变关系是否符合客观实际。

一、单向压缩下的破坏

与其他固体材料一样，混凝土在外力作用下会产生变形，当外力超过某一极限时，就会发生破坏。由于混凝土是非均质的多相复合材料，其破坏过程随外力作用性质差异而表现出不同的形式，加上硬化水泥浆体与集料的界面在加荷前就存在微细裂纹，混凝土的破坏机理十分复杂。

（一）混凝土在单向压缩下的破坏过程

混凝土的破坏是其内部裂缝逐渐扩展的结果，裂缝扩展包括裂缝数量的增多和裂缝的扩大。

图 9-10 所示为单向压缩下混凝土各种特性指标的变化情况。由图可以看出，荷载（应力）不大时，产生的裂缝较少，混凝土在受荷前原有的孔隙和干缩裂缝，在荷载作用下可以被压缩闭合，以致纵向应力-应变曲线在开始时出现了略呈向上凹的弯曲，然后变成直线变化，直至受压荷载增加到极限荷载的 30%～50%为止。在这一阶段内，一方面由于混凝土内应力集中，使硬化水泥浆体与集料界面等局部应力集中处产生的拉应力超过其抗拉强度，而不断产生新的裂缝；另一方面，由于受压，原有孔、缝继续压缩。纵横向应力-应变曲线都表现为线性，但体积变形以压缩为主。荷载超过极限荷载的 30%～50%，并继续增加时，应力-应变曲线逐渐偏离直线变化，体积变形被压缩减小的程度逐渐减慢。表明此时混凝土

内不仅产生了新的裂缝，而且有些裂缝随荷载的增加在不断扩展。当荷载增加到超过极限荷载的70%～90%时，即通常所称的临界荷载时，应力-应变曲线明显地变为曲线变化，而体积变形开始由压缩转变为膨胀。说明在相应于体积开始膨胀时的临界荷载后，混凝土内的裂缝大量扩展，混凝土被断裂成若干分离的小块而最后破坏。此时混凝土试件表面会出现可见裂缝，内部存在大量裂缝。结合X射线的观察结果，单向压缩下混凝土内部微裂缝的产生、发展直至破坏的过程可用图9-11表示。

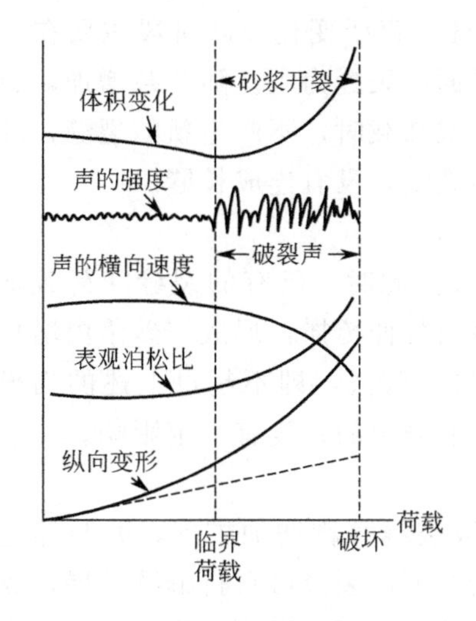

图9-10　单向压缩下混凝土各种特性指标的变化

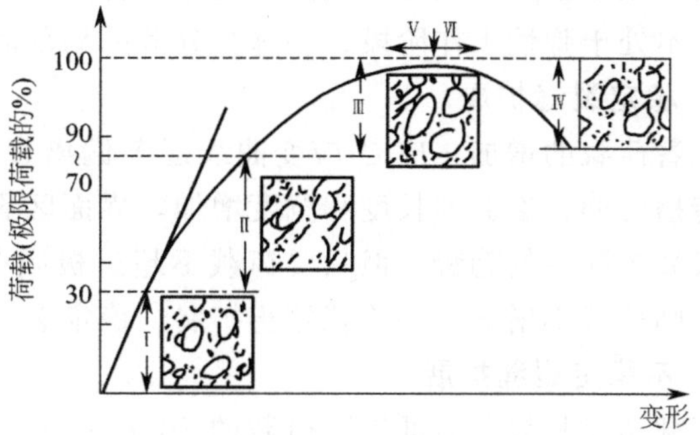

图9-11　单向压缩下混凝土的荷载-变形与裂缝发展过程示意图

Ⅰ—界面裂缝无明显变化；Ⅱ—界面裂缝扩展；Ⅲ—出现砂浆裂缝和连续裂缝；Ⅳ—连续裂缝迅速扩展；Ⅴ—裂缝缓慢扩展；Ⅵ—裂缝迅速扩展。

（二）混凝土的裂缝扩展

由混凝土的单向压缩试验过程可以看出，荷载加至极限荷载的40%～60%以前，混凝土没有明显的破坏征兆；高于这一应力水平后，可以听到内部破裂的声音；荷载加至极限荷载的70%～90%时，出现表面裂缝；荷载继续增加，裂缝进一步扩展并相互连通；荷载加至极限荷载时，混凝土试件裂成碎块，呈脆性破坏。混凝土单向压缩试验过程中内部裂缝的扩展可分成下列几个阶段（如图9-12所示）。

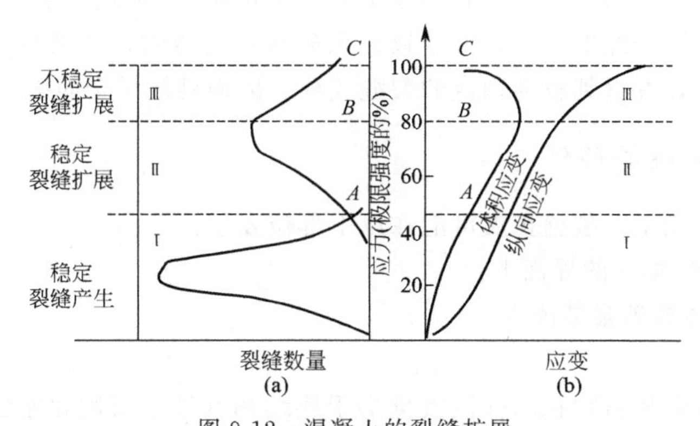

图9-12　混凝土的裂缝扩展

（a）裂缝的引发和扩展；（b）应力-应变曲线

1. 原生裂缝部分闭合及极少新生微裂缝产生

由于沉降、干缩等作用，混凝土试件在加载前内部（通常在较大粗集料的表面）一般会存在原生裂缝。加载初期，荷载作用会使原生裂缝部分闭合，混凝土变得密实，同时局部拉应力引发极少的新生微裂缝。在应力-应变曲线的原点附近可观察到一小段曲线向上弯曲。此阶段混凝土的弹性模量和超声脉冲速度有所提高。

2. 稳定裂缝产生

荷载在极限荷载30%～50%以下时，应力-应变曲线表现为直线变化。此阶段主要在较高局部拉应力或拉应变的各点上出现新的微裂缝，以新的界面区裂缝为主。随荷载增加，新增裂缝的数量会发生变化。此阶段裂缝的特点：荷载不增加或卸载时，不产生新的裂缝，混凝土基本处于弹性工作阶段，裂缝为分散的局部断裂的细小裂缝，没有连成长缝。

3. 稳定裂缝扩展

随着荷载的增加，应力-应变曲线逐渐偏离直线变化阶段。此时，已有的裂缝随荷载增加而传播延伸，裂缝的长度和宽度增加，界面区裂缝向砂浆内延伸传播，形成与砂浆内增长的砂浆裂缝联结的趋势。但只要荷载不超过极限荷载的70%～90%，即不超过上述的临界荷载，则荷载不增加，裂缝就停止扩展。稳定裂缝的扩展对混凝土的强度有一定影响。

4. 不稳定裂缝扩展

荷载超过临界荷载即极限荷载的70%～90%以后，砂浆裂缝急剧增加扩展，并与邻近向砂浆内伸展的界面区裂缝联成通缝，导致在荷载不变的情况下，裂缝可自行继续扩展，成为不稳定裂缝。此时，不管荷载是否增加或保持不变，裂缝都会自行扩展，最终导致混凝土的破坏。此阶段，混凝土的体积变形随应力的增加或裂缝的扩展而不断地膨胀增大。可见，不稳定裂缝的扩展，促进了混凝土的破坏，任何长期荷载都不应大于开始产生不稳定裂缝扩展的界限值，即临界荷载值。

从上述可以看出，在A点以下，混凝土只有局部断裂或稳定裂缝的产生出现，对混凝土的破坏强度影响不大，混凝土表现为准弹性状态；在B点以上时，裂缝自行扩展，而破坏则发生于C点。有学者把对应于A点的应力水平称为“不连续点”（discontinity point）。此时裂缝开始扩展，并在应力-应变曲线上表现为明显的非线性。混凝土材料的“不连续点”有类似于金属材料的屈服点的意义，但在本质上有区别，混凝土材料在“不连续点”以后，其内部结构的连续性已遭到破坏，此时，建立在连续性基础上的力学定律不再严格适用。混凝土材料在受拉和受压时的裂缝扩展有明显不同。受拉时，“不连续点”可高达极限强度的70%左右出现，且开裂一经发生，立即导致完全破坏；受压时，开裂只能改变裂缝的形状，使局部应力重新分布，并得到较为稳定的裂缝式样，因而延缓了全面破坏。

（三）混凝土裂缝的部位

混凝土在荷载作用下，裂缝扩展可能在以下部位发生：

① 硬化水泥浆体-集料的界面上；

② 硬化水泥浆体或砂浆基体内；

③ 集料颗粒内。

在单向压缩下，若集料颗粒的弹性模量小于连续相（砂浆或硬化水泥浆体），则在集料颗粒的上下部位将产生拉应力，侧边将产生压应力，如图9-13(a)所示。弹性模量低的集料，其强度一般也较低。因此，在集料颗粒内部会发生与荷载作用方向相平行的拉伸破坏面。若集料颗粒的弹性模量大于连续相，则在集料颗粒的上下部位将产生压应力，侧边将产生拉应力，如图 9-13(b) 所示。弹性模量高的集料，其强度一般也较高。因此，裂缝只能在连续相中或在较大集料颗粒的侧边界面上发生，而不是通过颗粒。当两相的弹性模量相当时，裂缝在集料颗粒的内外部都有可能发生。

单向压缩下“不连续点”时单个集料颗粒周围理想化的受力状态如图 9-14 所示。

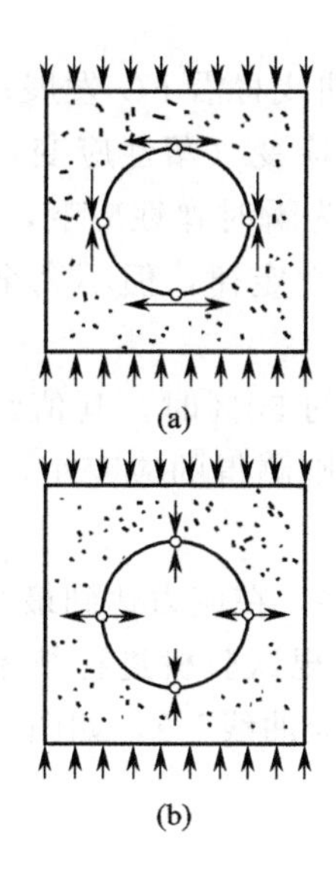

图 9-13 集料边界上的受力情况

(a) $E_{集料}<E_{连续相}$；(b) $E_{集料}>E_{连续相}$

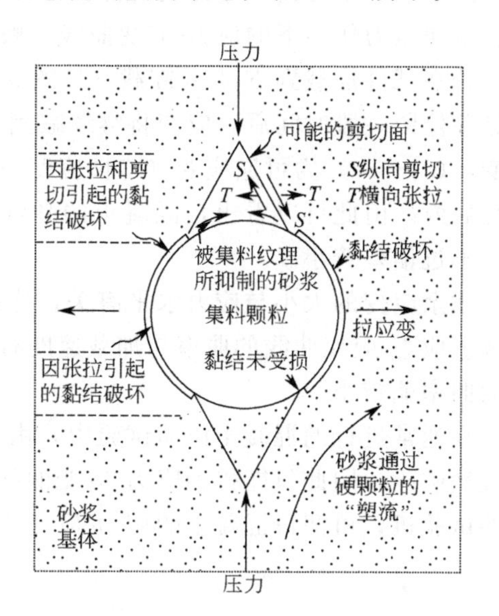

图 9-14 单向压缩下“不连续点”时单个集料颗粒周围理想化的受力状态

图 9-15 所示为砂浆基体内单个集料颗粒在单向拉伸、单向压缩和双向压缩下的裂缝轨迹示意图。

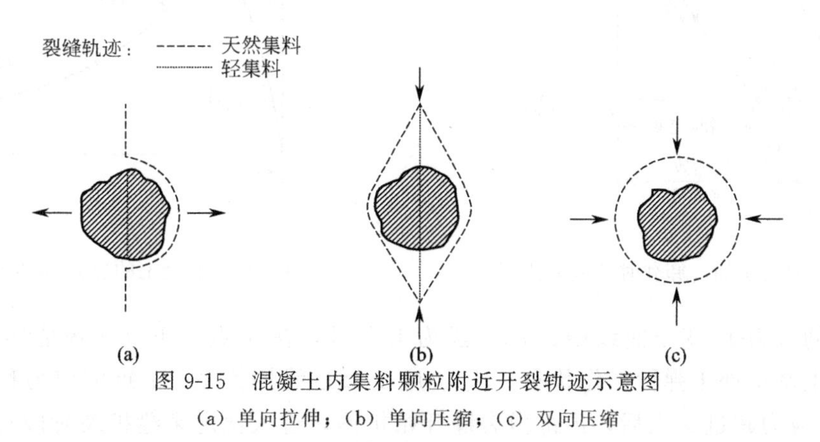

图 9-15 混凝土内集料颗粒附近开裂轨迹示意图

(a) 单向拉伸；(b) 单向压缩；(c) 双向压缩

综上所述，混凝土在外力作用下的破坏过程是内部裂缝的发生、扩展以至连通的过程，也是混凝土内部结构从连续到不连续的发展过程。

二、混凝土的应力-应变关系

材料在外力作用下，其内部质点间的平衡位置会发生改变或遭到破坏，由此会产生变形。对于完全的弹性体，应变与应力成正比；对于完全的塑性体，在应力小于屈服值时不产生变形，应力大于屈服值时产生流动。多数材料在应力较低时呈现为弹性，应力较高时呈现为塑性。对于混凝土材料，即使在应力很小的情况下，其应力-应变之间严格地讲也不符合直线关系。

由于混凝土材料并非完全的弹性体，在受到外力作用后，会同时产生弹性变形和塑性变形。单向压力作用下的应力-应变曲线一般如图 9-12 所示。

若在试件加载到 F 点后卸载（如图 9-16 所示），则卸载曲线将沿 FG 发展；在荷载全部卸除并停留一段时间后，应变将继续减到 G'，最后剩下残余应变（塑性应变）ε_3。ε_1 为全应变，（$\varepsilon_1-\varepsilon_3$）为可逆应变（弹性应变）；其中，（$\varepsilon_1-\varepsilon_2$）为瞬时弹性应变，（$\varepsilon_2-\varepsilon_3$）为弹性后效。由此可以看出，混凝土的弹性变形虽然服从于弹性定律，但不完全符合线性规律，不过偏差较小。

残余应变的大小与应力水平有关，应力水平为极限强度的 50%时，其值约为全应变的 10%。应力-应变曲线的曲率与加载速度有关，加载速度快，则测得的应变小，应力-应变曲线的曲率就较小。

在通常进行的混凝土压缩试验中，由于试验机的刚度不够，在应力达到最大值时，试件会突然破碎，因此只能得到应力-应变曲线的上升部分。对常规试验机进行技术改装或采用刚性试验机，可测得混凝土的应力-应变全过程曲线（简称“全曲线”），如图 9-17 所示。

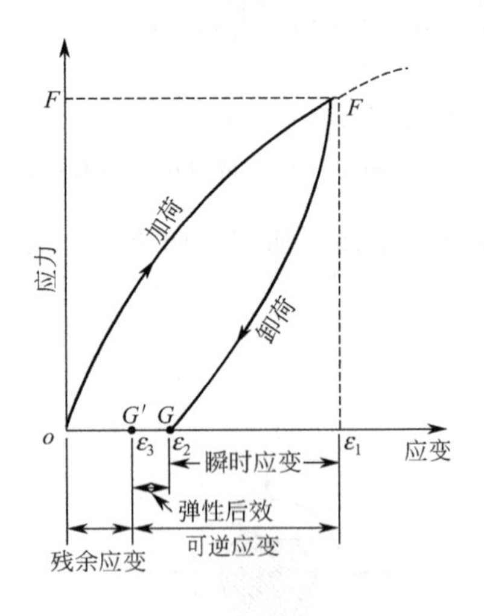

图 9-16　混凝土加、卸载时的应力-应变

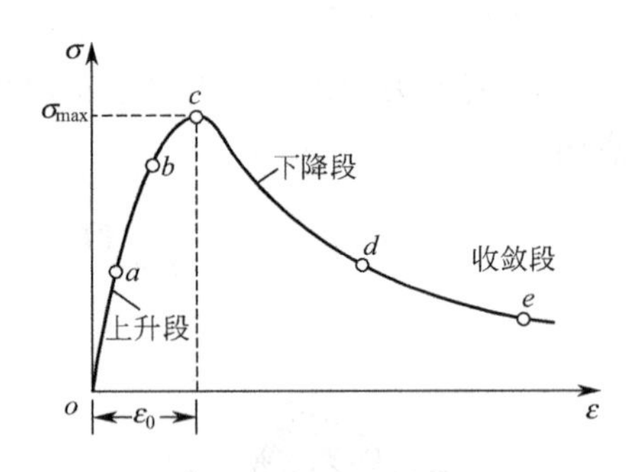

图 9-17　混凝土的应力-应变全曲线

混凝土的应力-应变全曲线中，$oabc$ 段为上升段，在 a 点以下（为峰值应力的 30%～50%）混凝土基本处于弹性工作状态，应力-应变接近线性关系（a 点的应力称为混凝土的比例极限）。应力超过 a 点后，内部微裂缝开始扩展，进入稳定裂缝扩展阶段直至 b 点，应力-应变曲线开始逐渐偏离直线，b 点的应力为峰值应力的 70%～90%。应力超过 b 点后，裂缝进入不稳定传播阶段，此时即使荷载不变，裂缝也可自行传播；应力-应变关系明显地向变形轴弯曲，至最大应力 c 点。b 点的应力称为临界点。

混凝土应力-应变全曲线的上升段，实质上是混凝土在荷载作用下，内部裂缝的出现、传播、扩展和形成通缝，引起内部能量变化和转换消失导致应力-应变变化的反映。在应力到达峰值应力以后，裂缝继续迅速传播、扩展。由于坚硬集料的存在，在沿裂缝面产生剪切滑移的摩阻力以及不连续接触面间的非弹性变化等，致使混凝土试件仍能继续保持一定的承载能力，并产生变形。

混凝土材料出现上述变形特点的原因是混凝土是由硬化水泥浆体和集料组成的两相复合材料。硬化水泥浆体和集料之间存在界面，在荷载作用之前界面上已存在微细裂纹，在应力作用下，微细裂纹会进一步扩展或闭合，进而使应变速率的增加快于应力速率的增加，应力-应变曲线就不断弯向变形轴方向，构成了上述表观假塑性特征。

混凝土的应力-应变全曲线是混凝土强度、弹性、塑性以及韧性等性能的综合表现，对研究混凝土的特性和混凝土结构的非线性设计等有极为重要的意义。

混凝土的轴心受拉应力-应变全曲线同样有上升段和下降段，情况与受压相似。

由于混凝土本身强度、组成材料、配合比、试验机刚度、加荷速率、测试方法等许多因素会影响混凝土的应力-应变全曲线，因此，试验得到的应力-应变全曲线差别较大，对试验结果拟合出的数学表达式也各不相同。

三、混凝土的弹性模量

（一）静弹性模量

如前所述，混凝土在短期一次连续加载时，其应力-应变关系在初始阶段近似呈直线变化。当应力超过极限强度的30%～50%时，应力-应变关系开始偏离直线成曲线变化。因此，不同应力水平下混凝土的应力与应变之比（变形模量）并不相同，即混凝土的变形模量不是一个常数。

混凝土的弹性模量可分为初始弹性模量、切线弹性模量和割线弹性模量。应力-应变曲线原点处的切线模量称为初始弹性模量 E_0；应力-应变曲线任意点处的切线模量称为瞬时弹性模量（切线弹性模量）E_i；在应力-应变曲线任意点处的割线模量称为割线弹性模量 $E_{割}$，如图 9-18 所示。

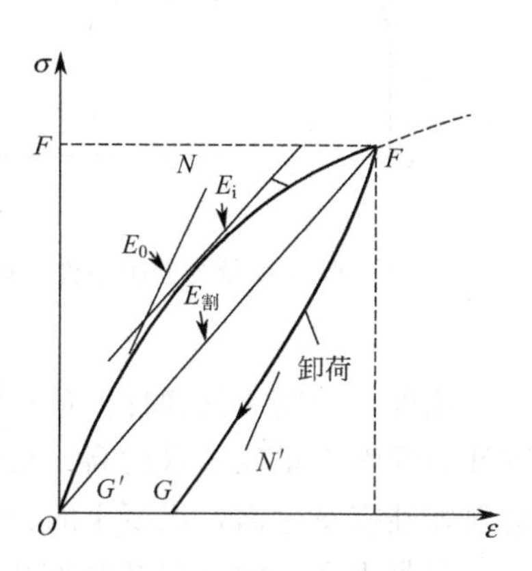

图 9-18　混凝土的弹性模量

初始弹性模量代表了混凝土的真正弹性模量。当混凝土强度一定时，初始弹性模量为一常量，与应力大小无关。混凝土的初始弹性模量不易测准，在实用上的重要性较小。瞬时弹性模量只适用于荷载变化范围很小的情况。因此，工程上一般采用割线弹性模量，即一般所指的混凝土弹性模量 E_h。

混凝土的割线弹性模量随应力水平提高而降低，因此割线弹性模量又称为可变或平均弹性模量。表 9-6 给出了应力水平与 $E_{割}/E_0$ 的关系。

表 9-6　应力水平与 $E_{割}/E_0$ 的关系

应力水平/%	10	20	30	40	50
$E_{割}/E_0$	1.0	0.95	0.89	0.83	0.77

注　应力水平为应力与极限强度之比。

当应力水平等于或小于极限强度的30%～50%时，在重复若干次加载、卸载之后，混凝土的应力-应变关系接近于直线变化，一般测定混凝土静力抗压弹性模量的方法即基于此。《水工混凝土试验规程》（DL/T 5150—2017）规定的应力水平为极限强度的40%，与结构中混凝土的允许应力相当。

对比试验和统计分析表明，混凝土的抗拉弹性模量与抗压弹性模量无显著差异，两者的比值接近于1，实用时通常认为两者相等。

混凝土的弹性模量与混凝土的强度密切有关。强度越高，弹性模量越大。混凝土的弹性模量还随养护温度的提高及龄期的增大而增大，如图9-19所示。在缺乏试验资料时，可按经验公式(9-24）近似计算：

$$E_h=\frac{10^5}{2.2+\frac{34.7}{f_{cu}}} \tag{9-24}$$

式中　f_{cu}——混凝土立方体抗压强度，MPa。

混凝土的弹性模量随集料与硬化水泥浆体的弹性模量和相对含量的变化而变化。一般情况下，硬化水泥浆体的弹性模量低于集料的弹性模量，所以混凝土的弹性模量介于集料与硬化水泥浆体的弹性模量，如图9-20所示。

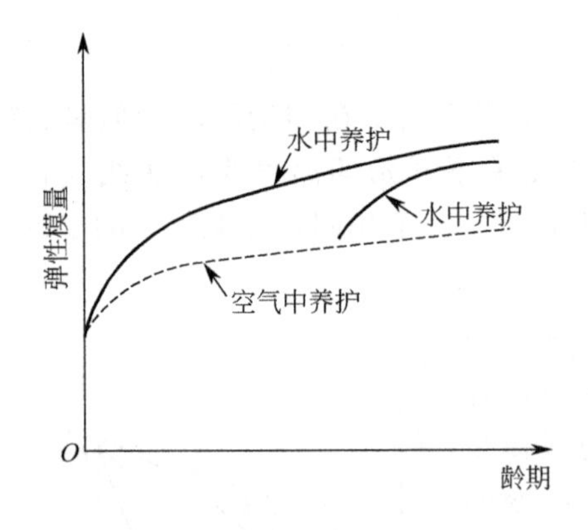

图9-19　弹性模量与养护条件和龄期的关系

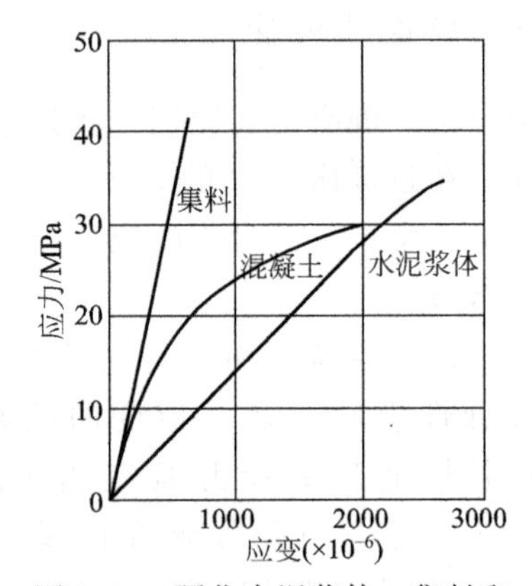

图9-20　硬化水泥浆体、集料和混凝土的应力-应变关系

此外，混凝土的弹性模量还与试验条件、集料性质与形状及表面特征有关。潮湿混凝土试件的弹性模量较干燥的高；集料的性质对弹性模量有影响，但一般对抗压强度影响不大；集料弹性模量愈高，混凝土的弹性模量也愈高。

混凝土在一定荷载持续作用下，由于徐变作用，其弹性模量会随持荷时间的增加而降低。混凝土在持荷下的弹性模量称为持续弹性模量或有效弹性模量、折减模量（E^*）。持续弹性模量与时间的关系可用式(9-25）表示：

$$E^*=E_h/(1+\varphi_t) \tag{9-25}$$

式中　φ_t——混凝土的徐变系数（见本节后面）。

（二）泊松比

混凝土的泊松比变化范围不大，当应力较低时，其值为0.15～0.20；在高应力状态下，因混凝土内部出现大量微裂缝并逐步扩展，泊松比不再为常数，随应力的增大急剧增大，到达临界应力和接近破坏时，其值可达0.5以上。

混凝土的泊松比一般随养护时间的增加而略有增长。与弹性模量一样，泊松比随集料和硬化水泥浆体的泊松比及两者之间的比例而变化。此外，泊松比还与应力状态有关。两向受压时，其值约为0.20；两向受拉时约为0.18；一拉一压时为0.18～0.20。

（三）剪切弹性模量

混凝土的剪切弹性模量G很难通过试验求得，但可通过弹性模量和泊松比，按式(9-26）计算：

$$G=\frac{E_h}{2(1+\mu)} \tag{9-26}$$

式中　μ——混凝土的泊松比。

当$\mu=1/6$时，$G=0.43E_h$。

（四）动弹性模量

除了静弹性模量外，混凝土的弹性模量还可根据试件的自振频率或超声波脉冲传播速度来确定。由自振频率或超声波脉冲传播速度确定的弹性模量称为动弹性模量E_d，可分别按式(9-27）和式(9-28）计算：

$$E_d=4L^2f_0^2\gamma \tag{9-27}$$

式中　L——混凝土棱柱体试件的长度，cm；

f_0——试件的自振频率，Hz；

γ——试件的表观密度，kg/m^3。

$$E_d=\frac{\gamma(1+\mu)(1-2\mu)}{1-\mu}V^2 \tag{9-28}$$

式中　V——混凝土试件的超声波脉冲传播速度，m/s。

动弹性模量不受徐变的影响，因此它近似于静力试验测定的初始切线弹性模量，其值较割线弹性模量高，一般要比静力弹性模量高15%以上。

由于动弹性模量能较好地反映混凝土内部结构的变化，且测试方法简易迅速，试件能多次重复使用，因此常用于混凝土抗冻、抗腐蚀等耐久性的评定。

四、混凝土的极限拉伸变形

混凝土在拉应力作用下断裂时的极限拉应变，称为极限拉伸值。混凝土的极限拉伸变形性能以极限拉伸值（ε_p）来表示。由于混凝土的极限拉伸值能反映混凝土的抗裂性，因此在一些要求混凝土抗裂的设计中，常用ε_p作为混凝土抗裂性的指标之一。

由于测试方法不同，混凝土的极限拉伸值相差很大。例如，用混凝土梁弯曲受拉边缘测得的极限拉伸值可达$(1.4\sim2.4)\times10^{-4}$，而轴心受拉混凝土试件断裂时的极限拉伸值一般小于$1.0\times10^{-4}$。目前，我国采用截面为100mm×100mm的混凝土轴心受拉试件，在静力短期荷载作用下断裂时的极限拉伸应变值作为极限拉伸值。一般认为，大坝内部混凝土的ε_p应在0.7×10^{-4}以上，外部混凝土的ε_p应在0.85×10^{-4}以上。

试验研究表明，混凝土的极限拉伸值与轴向抗拉强度、劈裂抗拉强度及弹性模量之间存在一定的相关关系，表达式如下：

$$\varepsilon_p = 1.3 f_t / E_h \tag{9-29}$$

$$\varepsilon_p = 1.28 f_{ts} / E_h \tag{9-30}$$

$$\varepsilon_p = (a + b f_t) \times 10^{-4} \tag{9-31}$$

式中 f_t——轴向抗拉强度；

f_{ts}——劈裂抗拉强度；

E_h——弹性模量；

a、b——均为试验常数。

影响混凝土极限拉伸值的主要因素如下。

1. 混凝土的抗拉强度

由式(9-29)、式(9-31) 可以看出，极限拉伸值随混凝土抗拉强度的增加而增加。但极限拉伸值的增长率低于抗拉强度的增长率，如图 9-21 所示。原因是随着混凝土抗拉强度的增加，混凝土的抗拉弹性模量也有所增加。

2. 集料的品种和弹性模量

采用粗糙的砂子、碎石等黏结力好的集料以及低弹性模量的集料可提高混凝土的极限拉伸值。

3. 胶凝材料用量

在抗拉强度相同时，混凝土中胶凝材料用量愈高，极限拉伸值愈大，如图 9-22 所示。

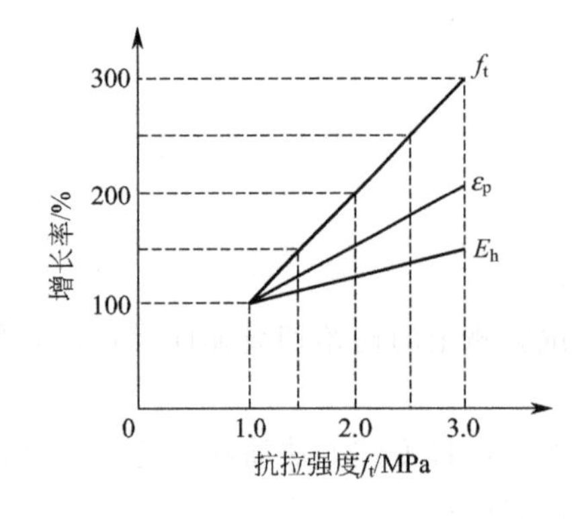

图 9-21 混凝土 f_t、ε_p 和 E_h 增长速率

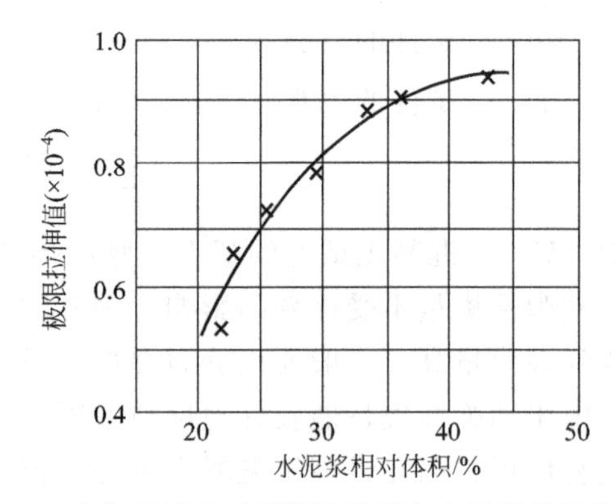

图 9-22 水灰比固定时极限拉伸值与水泥浆体积的关系

4. 养护条件及龄期

潮湿养护试件比干燥存放试件的极限拉伸值要大 20%～50%。极限拉伸值随养护龄期的增加而增大，在前 28d 增长较快，以后增长较小，如图 9-23 所示。

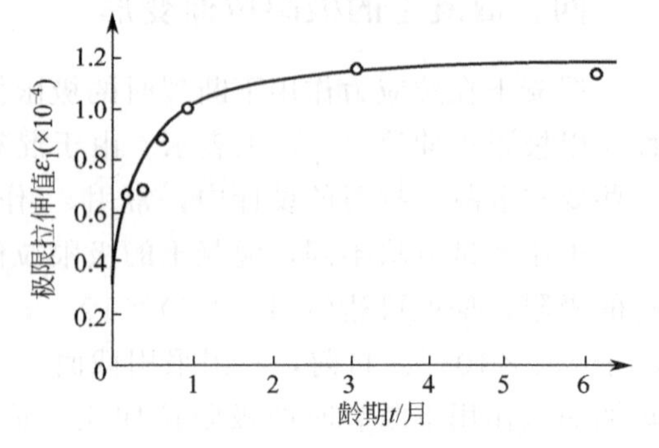

图 9-23 极限拉伸值随龄期的发展

水电八局和河海大学的试验结果显示，全级配混凝土大试件的极限拉伸值是湿筛小试件的 55%～60%。如何根据室内湿筛小试件的结果推定大坝混凝土的实际性能，进而为大坝混凝土的设计和施工提供更为可靠的参数是一个值得重视的问题。此外，在混凝土断裂前，内部已出现微

裂缝，测得的极限拉伸值中包括了一部分微裂缝的扩展，如何更本质地反映混凝土的抗裂性值得探讨。

五、混凝土的徐变

混凝土在荷载作用下，变形随荷载作用时间的延长而逐渐增大。这种随时间增长的变形称为混凝土的徐变。混凝土的徐变也可被定义为在持续应力下的应变增长。这种增长可达到短期荷载作用下应变的几倍，因此徐变对混凝土结构有重要的意义。若在恒定荷载持续作用下，保持变形不变，则随着时间的延长，混凝土内的应力将逐渐降低，这种现象称为应力松弛。

通常把混凝土在水中或相对湿度为100%环境中的变形，称为徐变。它与加荷龄期、作用应力水平及荷载持续时间有关。混凝土的徐变一般包括基本徐变和干燥徐变。因干燥而增加的徐变，称为干燥徐变，它是受力试件由于与环境湿度交换，随时间而引起的变形。

混凝土的徐变对建筑物既有有利的影响，也有不利的影响。有利的影响如可使建筑物的内力和变形不断发生重分布，可缓和局部的应力集中；对大体积混凝土来说，可消除一部分温度变化引起的破坏应力。不利的影响如会引起预应力钢筋混凝土结构的预应力损失。

（一）混凝土徐变的特性

混凝土在一定荷载（不超过使用荷载）的长期作用下，其变形与持荷时间的关系如图9-24所示。

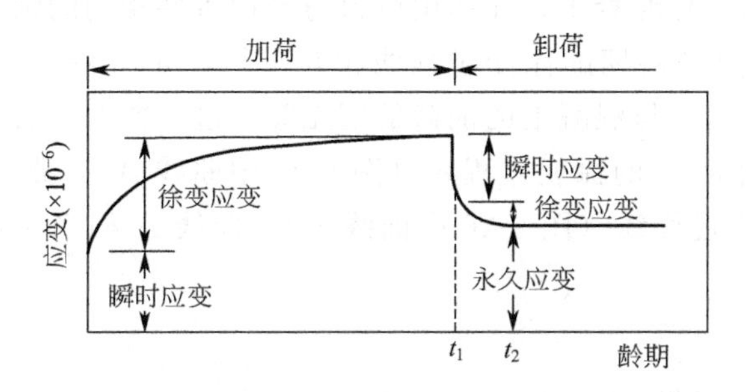

图9-24　混凝土的徐变曲线

从图中可以看出，在加荷的瞬间，产生瞬时应变（主要是弹性应变）。而后，有一部分随荷载持续时间增长而增加的应变，此即徐变应变。它在载荷初期增长较快，以后逐渐减慢，一般要延续2～3年才逐渐趋于稳定。如果在持荷到龄期 t_1 时卸去荷载，则在卸载的瞬间，变形急速恢复一部分，称为瞬时恢复。再经过一段时间到 t_2 时，变形还可以恢复一部分，称为徐变恢复（弹性后效）。剩下的变形就不能再恢复而成永久应变。恢复性徐变约在加荷后两个月就趋于稳定；而非恢复性的徐变，则在相当长的时间内仍将继续增加。通常把瞬时应变以上所增加的变形定为混凝土的徐变。一般情况下，持荷三个月的徐变变形可达最终徐变变形的50%左右；持荷一年，可达80%左右。最终的徐变变形可达瞬时变形的2～3倍。为方便起见，可假定极限徐变为持荷一年徐变的4/3。

当作用应力水平超过混凝土强度的75%左右时，会发生徐变破坏。

混凝土的徐变与作用应力水平有关。当应力-强度比值为30%～50%时，徐变应变与作

用应力成正比（Davis Granville 法则），即

$$\varepsilon_{徐}=C\sigma \tag{9-32}$$

式中 $\varepsilon_{徐}$——混凝土的徐变应变；

C——比徐变或徐变度；

σ——作用应力。

在上述应力水平内，混凝土的弹性应变与作用应力成正比，即

$$\varepsilon_{弹}=\frac{\sigma}{E_{\mathrm{h}}} \tag{9-33}$$

式中 $\varepsilon_{弹}$——混凝土的弹性应变；

E_{h}——混凝土的弹性模量。

因此，可以得到

$$\frac{\varepsilon_{徐}}{\varepsilon_{弹}}=CE_{\mathrm{h}}=\varphi，\varepsilon_{徐}=\varepsilon_{弹}\varphi \tag{9-34}$$

由式(9-34) 可以看出，徐变应变与弹性应变之比与作用应力无关，φ 称为徐变系数或徐变特性、徐变函数。

需要指出的是，$\varepsilon_{徐}$、C 和 φ 均为混凝土加荷龄期 τ 和荷载持续时间 t 的函数，E_{h} 是加荷龄期 τ 的函数。

当徐变为极限值时，徐变系数用 φ_{∞} 表示。则混凝土在应力 σ 作用下的总应变 ε_{∞} 为

$$\varepsilon_{\infty}=\frac{\sigma}{E_{\mathrm{h}}}+\frac{\sigma}{E_{\mathrm{h}}}\varphi_{\infty}=\frac{\sigma}{E_{\mathrm{h}}}(1+\varphi_{\infty}) \tag{9-35}$$

试验显示，对于同一种混凝土，在作用应力与养护条件相同的情况下，徐变过程线符合 Whitney 法则，即不同加荷龄期的徐变过程线相互平行，如图 9-25 所示。徐变过程线相互平行表明，徐变的增长速率与混凝土的加荷龄期无关。这一特性具有很大的实用价值。

如果已知加荷龄期为 t_0 的徐变过程线（图 9-26 中曲线 A），则可应用 Whitney 法则推算加荷龄期为 t_1 的徐变过程线（图 9-26 中曲线 B）。曲线 B 相当于曲线 A 向下平行移动，两条曲线的差值为 $\Delta\varepsilon$。

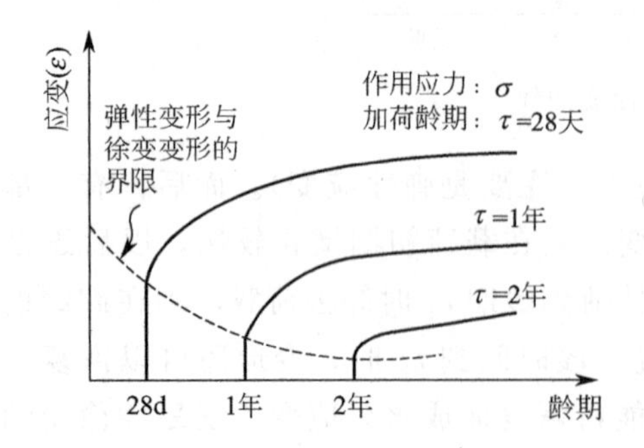

图 9-25 加荷龄期对弹性变形和徐变变形的影响

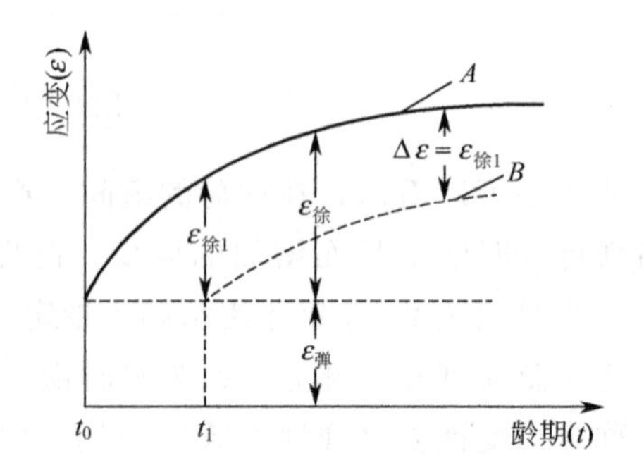

图 9-26 徐变变形的平行性

Whitney 法则并不十分严密，主要是为实际应用方便。图 9-26 中曲线 A 的总应变为

$$\varepsilon_{\mathrm{A}}=\varepsilon_{弹}+\varepsilon_{徐}=\varepsilon_{弹}\left(1+\frac{\varepsilon_{徐}}{\varepsilon_{弹}}\right)=\varepsilon_{弹}(1+\varphi_{\mathrm{t}})=\frac{\sigma}{E_{\mathrm{h}}}(1+\varphi_{\mathrm{t}}) \tag{9-36}$$

图 9-26 中曲线 B 的总应变为

$$\varepsilon_B = \varepsilon_{弹} + \varepsilon_{徐} - \varepsilon_{徐1} = \varepsilon_{弹}(1+\varphi_t-\varphi_{t1}) = \frac{\sigma}{E_h}(1+\varphi_t-\varphi_{t1}) \tag{9-37}$$

式中　φ_t——加荷龄期为 t_0 时的徐变系数；

φ_{t1}——荷载持续时间为 t_1 时 φ_t 的特征值。

（二）混凝土徐变的估算

为估算混凝土的徐变，国内外许多研究者提出了有关徐变与时间关系的表达式，其中最方便、最适用的是双曲线型表达式为

$$\varepsilon_{徐} = \frac{t}{A+Bt} \tag{9-38}$$

式中　$\varepsilon_{徐}$——混凝土的徐变应变；

t——荷载持续时间；

A、B——均为试验常数。

（三）影响混凝土徐变的因素

1. 集料的体积率和品种

在正常的应力条件下，混凝土中普通集料不易发生徐变，发生徐变的是硬化水泥浆体，由于集料的弹性模量比硬化水泥浆体高 10～20 倍，所以集料在混凝土中主要起抑制徐变的作用。研究表明，混凝土的徐变是混凝土中浆体体积率（或集料体积率）和集料品种的函数。混凝土中集料体积率越多、集料的弹性模量越大，混凝土的徐变越小。图 9-27 所示为集料品种对混凝土徐变的影响。

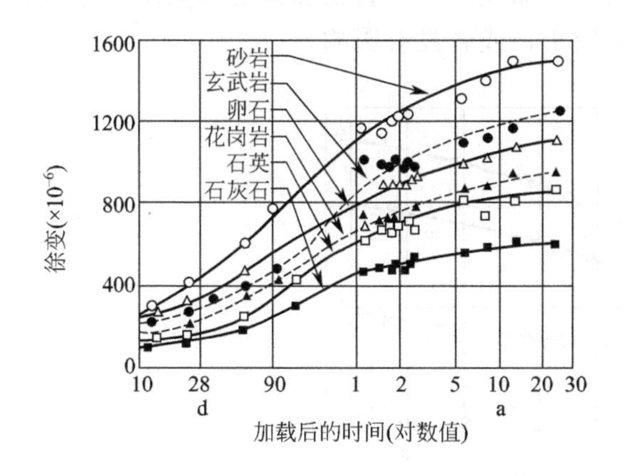

图 9-27　集料品种对混凝土徐变的影响

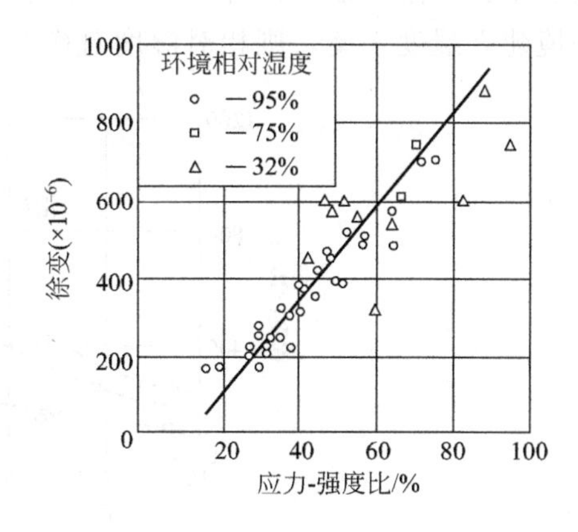

图 9-28　应力-强度比与徐变的关系

由于浆体体积率对混凝土徐变有影响，因此在用湿筛小试件测得的徐变推求全级配大试件混凝土的徐变时，必须考虑两者浆体体积率的变化。湿筛小试件中剔除了大粒径集料，浆体体积率增加，因此测得的徐变较全级配大试件混凝土的徐变要大。

2. 应力-强度比

混凝土的徐变与应力-强度比成正比，如图 9-28 所示。从图中可以看出，在强度相同的条件下，作用应力越大，徐变越大；在作用应力一定的情况下，加荷时混凝土的强度越高，混凝土的徐变越小，即徐变与加载时混凝土的强度成反比；在应力-强度比相同的情况下，

徐变与强度无关。当应力-强度比超过 30%～50%时，随着应力-强度比的增加，徐变的增加速率较快；当应力-强度比超过 70%～80%时，混凝土将由于变形的不断增加而破坏。持荷时间越长，破坏应力越低。

3. 环境温度

混凝土的徐变与环境温度密切有关，环境温度在 50～70℃范围内，徐变速率随温度升高而提高，超过 70℃后，反而降低，如图 9-29 所示。这是因为温度超过 70℃后，凝胶体表面水分的解吸作用使凝胶体逐渐变为承受分子扩散和剪切流变的单相物质，徐变速率减小。对于预先干燥过的混凝土，则不出现上述现象，徐变速率随温度升高而增大。

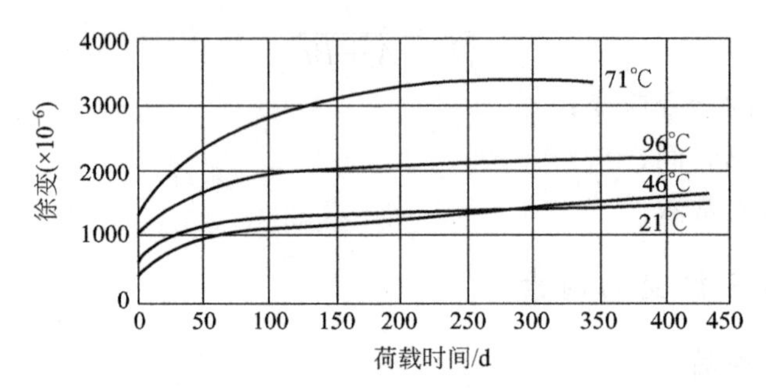

图 9-29　温度对徐变的影响（应力-强度比为 70%）

4. 环境湿度

混凝土周围空气的相对湿度对徐变有一定影响。较低的相对湿度对应较高的徐变，如图 9-30 所示。原因是相对湿度较低时，混凝土内部水气压力高于环境压力，在外力的作用下，混凝土本身产生收缩，内部水分向外迁移，从而增加徐变速率。若在加荷之前就使试件与周围环境建立湿度平衡，则相对湿度对徐变的影响较小，或者没有影响。

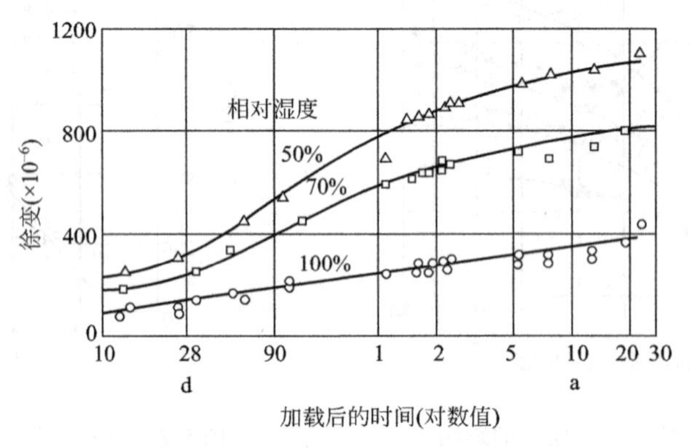

图 9-30　相对湿度对徐变的影响

5. 试件尺寸

试验发现，徐变随试件尺寸的增大而减小。大尺寸试件增加了内部水分迁移的阻力，减少了水分的渗出。此外，干缩使表面徐变较试件中心大，当干燥深入试件内部时，内部混凝土已充分硬化，强度较高，因而徐变较低。

除了上述因素影响徐变外，外加剂、水泥品种、混凝土龄期等也对混凝土徐变产生影响。一般情况下，掺少量减水剂会减小混凝土徐变；掺引气剂可增大混凝土徐变；在水泥中掺矿渣或火山灰质混合材料或采用掺混合材料硅酸盐水泥时可增大混凝土徐变；充分养护，特别是水中养护可减小混凝土徐变；强度较低的混凝土，徐变较大。

上面讨论的徐变为压缩徐变，混凝土在受拉情况下同样会产生徐变，称为拉伸徐变。混凝土的拉伸徐变较应力相等时的压缩徐变大 20%～30%。若在早龄期加荷，且处于相对湿度为 50%的环境中，这种差别可达 100%。拉伸徐变与时间的关系大致与压缩徐变相似，但徐变速率随时间减小的情况要比压缩徐变小得多。干燥同样会增大混凝土的拉伸徐变。

（四）混凝土的徐变机理

混凝土的徐变机理目前尚未完全认识清楚。不同学者提出了不同的混凝土徐变机理，如渗流理论、黏滞剪切理论、联合理论等。一般认为，混凝土的徐变主要是硬化水泥浆体徐变引起的，集料也会产生徐变，但普通集料的徐变非常微小。混凝土在一定荷载持续作用下产生的徐变是由硬化水泥浆体的黏弹性和硬化水泥浆体与集料间的塑性性质复合作用引起的。它是荷载持续作用下，硬化水泥浆体中凝胶水的迁移、凝胶体的黏性流动（颗粒间的相对滑动)、微细裂缝的闭合、结晶体内部的滑移及微细裂缝的发生等作用的叠加。随着时间的延长，硬化水泥浆体中凝胶体的黏度增加，相对体积减少，结晶体增加，从而使变形变得困难。此外，凝胶的黏性流动会将载荷转卸给晶体和集料，使应力重分布，因而，徐变随时间的延长逐渐减小，并趋于停止。

第十章 混凝土的耐久性

混凝土的耐久性是指混凝土在各种服役环境和条件下经久耐用的性能，常见的破坏作用有冻融循环、钢筋锈蚀、碱-集料反应等以及多因素的综合作用，所以混凝土耐久性是一项综合技术性质，主要包括抗渗性、抗冻性、抗侵蚀性、碱-集料反应、碳化等。混凝土的耐久性与国民经济、社会安定、环境保护、可持续发展等密切相关，是工程界普遍关注的问题，是混凝土材料科学研究的重要方向。

第一节 混凝土的抗渗性

一、概述

混凝土的抗渗性是指混凝土抵抗水、油、气等各种流体介质及化学物质在压力作用下渗透的性能。混凝土作为一种多孔结构的材料，一方面水很容易通过混凝土的孔隙进入混凝土内部，降低混凝土孔隙水溶液的 pH 值；另一方面水可以充当载体携带其他有害的离子（Cl^- 等）进入混凝土内部，导致混凝土内部钢筋锈蚀，最终引起混凝土胀裂直至破坏。北方寒冷地区的水工混凝土结构，如果混凝土抗渗性不好，水将很容易进入混凝土内部，使得混凝土结构发生冻融破坏。因此，混凝土的抗渗性对混凝土的耐久性有着极为重要的意义。一般来说，混凝土的抗渗性越好，其密实度也越高，耐久性越好。混凝土的抗渗性直接关系到它的抗碳化能力、抗冻性和抵抗各种侵蚀性介质的耐腐蚀性，且对混凝土的收缩也有很大影响，可以说抗渗性是保证许多重要工程安全、耐久的必要条件，比如地下结构、大坝、隧道、污水处理设施、核电站等都对混凝土抗渗性能提出了很高的要求。

二、混凝土的孔结构与抗渗性

混凝土的形成过程导致其固有的多孔性，硬化水泥浆体和集料都含有各种大小的孔隙和裂缝，但并非所有的这些孔隙都是渗透的通道，所以孔隙率并不是影响渗透性的主要因素，混凝土的渗透性主要取决于硬化水泥浆体的孔结构（孔隙的尺寸、孔径分布及连通孔的比例）和集料的性能。而在密实混凝土中，由于集料多数被硬化水泥浆体所包裹，集料本身的渗透性一般不大，对渗透性影响最大的是硬化水泥浆体的渗透性，即硬化水泥浆体的孔结构在很大程度上决定了混凝土的渗透性。

水泥的水化总是从水泥颗粒表面熟料矿物的溶解开始，到凝聚结构和结晶结构逐步形成这样一个由表及里的过程。水泥的水化产物以凝胶体、亚微观晶体、大晶体的形式存在，它们与未水化的水泥颗粒、水、粗细集料和成型时带入的大量气泡，形成了气相、液相、固相等多相多孔体，即硬化水泥浆体。硬化水泥浆体的孔隙主要由凝胶孔、毛细孔和大孔三部分组成。由于凝胶孔的孔径一般都在10nm以下，多为封闭型，虽然随着水泥的不断水化以及水分的蒸发，混凝土中凝胶孔的孔隙率会逐步增加，但是由于凝胶体本身的渗透系数很小，所以凝胶孔基本属于无害孔。毛细孔是水泥硬化到一定阶段后出现的一种对硬化水泥浆体渗透性影响最大的一种孔，是水迁徙的通道。这些迁徙的水是对混凝土诸多破坏因素的载体，其数量和平均孔径将随水泥水化的发展而下降，并且与水灰（胶）比的关系比较大，一般来说水灰（胶）比越大则硬化水泥浆体的毛细孔也就越大，孔径一般为0.1～10μm，体积约占硬化水泥浆体总体积的40%。大孔主要是指硬化水泥浆体的内部缺陷和微细裂缝，在混凝土拌合物凝结硬化的过程中集料沉降形成孔洞，以及由于水泥净浆、集料变形不一致或集料表面水膜蒸发而形成的接触孔往往是连通的，就属于这类孔，孔径比毛细孔大，是造成混凝土渗水的主要原因。

硬化水泥浆体的孔结构在很大程度上决定了混凝土的孔结构，但是混凝土结构要比硬化水泥浆体复杂，在实际工程中，对于混凝土的孔结构的描述见表10-1。

表10-1　混凝土的孔结构情况

<table>
<tr><th>序号</th><th colspan="2">孔隙和缺陷类型</th><th>形成原因</th><th>典型尺寸</th><th>开孔性</th></tr>
<tr><td>1</td><td colspan="2">大孔洞、缺陷</td><td>由于浇捣或振捣不密实</td><td>1～5cm</td><td>开放的</td></tr>
<tr><td rowspan="2">2</td><td rowspan="2">气孔</td><td>自然</td><td>搅拌、浇注和振捣时不可避免</td><td>0.1～5mm</td><td>大部分闭孔</td></tr>
<tr><td>引入</td><td>掺入专用外加剂人工引入</td><td>0.01～1mm</td><td>大部分闭孔</td></tr>
<tr><td>3</td><td colspan="2">微孔、毛细孔</td><td>水分蒸发形成</td><td>0.1～50μm</td><td>大部分开孔</td></tr>
<tr><td>4</td><td colspan="2">水平裂缝</td><td>混凝土拌合物的内离析造成</td><td>0.1～1mm</td><td>大部分开孔</td></tr>
<tr><td>5</td><td colspan="2">内泌水孔隙</td><td>位于集料和钢筋下部，
由于水泥砂浆离析、泌水所造成的</td><td>0.01～0.1mm</td><td>大部分开孔</td></tr>
<tr><td rowspan="2">6</td><td rowspan="2">微裂缝</td><td>温度</td><td>温度梯度</td><td>1～20mm</td><td>开放的</td></tr>
<tr><td>收缩</td><td>湿度梯度</td><td>1～5mm</td><td>开放的</td></tr>
<tr><td>7</td><td colspan="2">凝胶孔</td><td>水化和化学收缩</td><td>10nm以下</td><td>大部分闭孔</td></tr>
</table>

三、混凝土抗渗性的表征

《普通混凝土长期性能和耐久性能试验方法标准》（GB/T 50082—2009）中列入了逐级加压法，该方法以抗渗等级来表征混凝土的抗渗性。试件规格为上口直径175mm、下口直径185mm、高150mm的圆台体试件，6个一组，一般养护28d后进行试验。采用逐步加压法，水压从0.1MPa开始，以后每隔8h增加水压0.1MPa，并随时观察试件断面渗水情况，如有3个试件端面呈有渗水情况时，停止试验，记下当时水压。抗渗等级按式(10-1)计算：

$$P=10H-1 \tag{10-1}$$

式中　P——混凝土抗渗等级；

H——6个试件中有3个渗水时的水压力，MPa。

采用抗渗等级来表征混凝土的抗渗性，方法简单、直观，但对长龄期抗渗性较高的混凝土不适用，没有时间的概念，有时容易产生误会。如抗渗等级为P_{10}的混凝土，并不代表在1.0MPa的水压作用下长期不透水，当结构物的尺寸不大且水压力作用时间较长时，最后还是会透水的。因此，《水工混凝土试验规程》（DL/T 5150—2017）除规定采用抗渗等级外，还推荐使用一种一次加压法测定相对渗透系数来表征混凝土的抗渗性。试件的成型、养护、密封等都与测定抗渗等级的方法一样，但加压是将抗渗仪水压力一次加压到0.8MPa，恒定24h。恒压过程中，如有试件端面出现渗水，此时该试件的渗水高度即为试件的高度(150mm)，但是当混凝土试件较密实时，可将水压力改用1.0MPa或1.2MPa。从试模中取出试件后，用压力机将试件劈开，将劈开面10等分，在各等分点处量出渗水高度，以各等分点渗水高度的平均值作为该试件的渗水高度。相对渗透系数按式(10-2)计算：

$$K_r=\frac{aD_m^2}{2TH} \tag{10-2}$$

式中　K_r——相对渗透系数，cm/s；

D_m——平均渗水高度，cm；

H——水压力，以水柱高度表示（1 MPa水压力以水柱高度表示为10200cm），cm；

T——恒压时间，h；

a——混凝土的吸水率，一般为0.03。

一般来说，混凝土的相对渗透系数越小，抗渗等级越高，抗渗性越强。抗渗等级与相对渗透系数之间有表10-2所示的近似关系。

表10-2　混凝土的抗渗等级与相对渗透系数之间的关系

抗渗等级	相对渗透系数 K_r/(cm/s)	抗渗等级	相对渗透系数 K_r/(cm/s)
P4	0.783×10^{-8}	P10	0.177×10^{-8}
P6	0.419×10^{-8}	P12	0.129×10^{-8}
P8	0.261×10^{-8}	P16	0.767×10^{-9}

上述方法主要用于室内混凝土抗渗性的测定，对于实际工程中混凝土的抗渗性，国内外常采用钻孔压水法。钻孔压水法是用栓塞将钻孔隔离出一定长度的孔段，向该孔段压水，根据压力和流量之间的关系来确定混凝土的渗透性能。当试段位于地下水位以下，透水性较小($q<10$Lu)、P-Q曲线为A（层流）型时，可按式(10-3)计算混凝土的渗透系数：

$$K=\frac{Q}{2\pi HL}\ln\frac{L}{r_0} \tag{10-3}$$

式中　K——混凝土渗透系数，m/d；

Q——压入流量，m^3/d；

H——试验水头，m；

L——试段长度，m；

r_0——钻孔半径，m。

当试段位于地下水位以下，透水性较小，P-Q曲线为B（紊流）型时，可将第一阶段的压力P_1（换算成水头值，以m计）和流量Q_1代入式(10-3)近似地计算渗透系数。而当透水性较大时，宜采用其他试验方法测定混凝土的渗透系数。

四、混凝土抗渗性的影响因素

影响混凝土抗渗性的因素很多，主要有水灰（胶）比、集料品种、水泥品种、施工因素、养护条件等。

（一）水灰（胶）比

水灰（胶）比的大小对混凝土的抗渗性影响最大，起决定性的作用。水灰（胶）比越大，包围水泥颗粒的水层也就越大，水在硬化水泥浆体中形成相互连通的、无规则的毛细孔系统，使硬化水泥浆体的孔隙率增加，导致混凝土的抗渗性变差。表10-3列出了水灰（胶）比和孔隙率之间的近似关系，从中可以看出，在其他条件不变的情况下，随着水灰（胶）比的增大，积分孔隙率明显变大。

表10-3 水灰（胶）比和孔隙率之间的近似关系

水灰(胶)比	总孔体积 mL/g	积分孔隙率/%
0.25	0.105	19.50
0.30	0.100	18.90
0.35	0.145	24.80
0.50	0.219	23.00

（二）集料品种

集料对混凝土的孔结构有一定的影响，尤其是粗集料的影响，粗集料的最大粒径越大，在集料与水泥浆的界面处越易产生裂隙，而且较大集料的下方易形成孔洞，降低混凝土的抗渗性。采用不同种类的集料配制的混凝土，抗渗性变化较大。对于普通混凝土来说，集料一般采用密实的天然岩石，但随着集料品种和质量的不同，混凝土孔隙率变化较大，其中采用花岗岩作集料的混凝土抗渗性是最好的；而轻集料混凝土采用多孔的天然或人工的轻集料，与天然岩石相比具有更大的孔隙率，抗渗性较差。

（三）水泥品种

膨胀水泥和自应力水泥在硬化过程中，如果条件适当，会形成比较密实的硬化水泥浆体结构，抗渗性较好。普通硅酸盐水泥次之，而矿渣水泥和火山灰水泥较差。另外，水泥的细度也会对硬化水泥浆体的孔结构造成很大的影响。水泥颗粒越细，除凝胶孔外，越容易生成微细毛细孔，使毛细孔体积大大减少，提高了硬化水泥浆体的抗渗性，但是必须注意的是如果水泥的颗粒过细，需要增加用水量，也会导致混凝土的抗渗性下降。

（四）施工因素

混凝土的施工因素对混凝土的孔隙率和孔结构也会造成很大的影响。混凝土在施工过程中若搅拌不均匀、振捣不密实等，也会降低混凝土的密实度，提高混凝土的渗透性。混凝土拌合物的搅拌分为人工拌合和机械搅拌两种方式，机械搅拌与人工拌合相比能使拌合物拌合得更均匀，从而降低混凝土的孔隙率，提高混凝土的密实度，使混凝土的抗渗性变得更好，尤其是对于掺有减水剂或引气剂的混凝土效果更明显。混凝土拌合物的振捣同样有人工振捣和机械振捣两种方式。采用机械振捣浇筑的混凝土比人工振捣更密实、抗渗性较高。

（五）养护条件

采用潮湿环境或水中养护的混凝土，水泥的水化比较充分，混凝土中的大毛细孔减少，总孔隙率下降，混凝土的抗渗性较高。而且随着龄期的增加，水泥的水化越充分，混凝土的总孔体积减少得越多，越能降低混凝土的渗透性。另外，当混凝土采用加热养护时，养护制度对混凝土的孔隙率和孔结构有较大的影响。升温或降温速度太快等都会降低混凝土的抗渗性。

五、提高混凝土抗渗性的措施

提高混凝土抗渗性的措施主要可以从以下几方面考虑。

① 合理选用原材料。选用强度等级为32.5以上的抗水性好、泌水性小、水化热低以及抗侵蚀性好的水泥，不得使用过期和不同品种复合的水泥；选用级配良好的砂、石集料，对其清洁程度特别是含泥量必须加以限制。为减小水泥砂浆包裹石子的表面积和含泥量引起水泥与砂浆黏结力的降低，除大体积混凝土外，石子粒径宜小于40mm，含泥量不大于1%，砂子宜采用中、粗砂，含泥量小于3%。

② 合理设计混凝土的配合比，严格控制水灰（胶）比和水泥用量。

③ 在混凝土中掺入粉煤灰、减水剂、引气剂等外加剂。

④ 采用机械振捣和机械搅拌，提高混凝土的密实度。

第二节 混凝土的抗冻性

一、概述

混凝土在饱水状态下因为冻融循环而产生的破坏作用称为冻融破坏。混凝土的抗冻性是表示其抵抗冻融循环作用的能力，是评价严寒地区混凝土及钢筋混凝土结构耐久性的重要指标之一。冻融交替作用是我国北方地区，特别是东北、西北严寒地区混凝土破坏最常见的一个因素，大多发生在水工、海工混凝土结构物、道路、水池、发电站冷却塔和建筑物与水接触的部位，几乎所有的工程都局部或大面积地遭受不同程度的冻融破坏，如丰满坝、云峰坝等，有的工程在施工过程中或竣工后不久即发现严重的冻害。混凝土的冻融破坏是我国混凝土结构老化病害的主要形式之一，它将严重影响混凝土结构的长期使用和安全运行。

二、混凝土中水的冻结

混凝土中含有各种大小不同的孔，大至毫米级的粗孔，小至纳米级的凝胶孔，可分为三个范畴，即凝胶孔、毛细孔和气泡。凝胶孔中的水是不会冻结的，而封闭的气泡中是不存在水分的，所以在温度下降的时候，只有毛细孔中的水会冻结。但是当温度下降到0℃时，毛细孔中的水并不会结冰，这是因为在多种因素的共同作用下，毛细孔中水的冰点会降低，这种现象可以用下面三种理论来解释。

（一）溶液冰点理论

由拉乌尔定律可知：

$$\Delta T_f = K_f m \tag{10-4}$$

式中　ΔT_f——溶液冰点降低数；

K_f——溶液的摩尔冰点下降常数；

m——溶液的质量摩尔浓度。

液体冰点是指液体蒸气压与固体蒸气压相等时的温度。从式(10-4) 可以看出：在水溶液中溶液冰点的降低数与其质量摩尔浓度成正比。当溶剂水溶有溶质时，溶液的蒸气压就会下降，这时冰的蒸气压高于溶液的蒸气压，于是冰就融化，因此只有温度下降，冰的蒸气压和溶液蒸气压才会相等。混凝土毛细孔中的水溶液中溶有一些盐，如钙、钾、钠离子，所以冰点将低于0℃。当温度降至溶液的冰点时，溶液中开始有冰析出，与此同时，溶液的浓度上升，冰点继续降低，冰晶继续析出，直到溶液达到饱和。在此温度下，水全部冻结成冰。

（二）毛细孔半径冰点理论

由于毛细孔张力的作用，不同孔径的毛细孔水的饱和蒸汽压是不同的，孔径越小，毛细孔中水的饱和蒸汽压也越小，冰点也越低。冰点与孔径的关系可以用式(10-5) 表示：

$$\frac{T_0 - T}{T_0} = \frac{2V_f\sigma}{rQ} \tag{10-5}$$

式中　T_0——自由水的冰点，以绝对温度K表示，即273K；

T——毛细孔水的冰点，K；

V_f——冰的摩尔比容；

σ——表面张力；

r——毛细孔半径；

Q——熔解热。

从式(10-5) 可以看出，冰点的降低与毛细孔径成反比，孔径越小，冰点越低。如前所述，混凝土中水泥浆体的水溶液中溶有钙、钾、钠离子，溶液的饱和蒸汽压将低于纯水，在不外掺盐类的水泥浆体中自由水的冰点为－1～－1.5℃。当温度降低到－1～－1.5℃时，大孔中的水首先开始结冰，由于冰的蒸汽压小于水的蒸汽压，周围较细孔中的未结冰的水自然地向大孔方向渗透。冻结是一个渐进的过程，从最大孔开始，逐渐扩展到较细的孔。一般认为温度在－12℃时，毛细孔水都能结冰，但是对于凝胶孔中的水，由于它与水化物固相黏结较牢，孔径极小，冰点更低。根据Powers的研究，硬化水泥浆体中的可蒸发水要在－78℃时才能全部冻结，所以实际上凝胶孔中的水是不可能结冰的。

（三）压力冰点理论

热力学中，将热力学基本方程应用于纯物质的两相平衡，可以导出两相平衡时的压力与温度之间的函数关系——可拉佩龙方程。

假定在温度 T 和压力 P 下，纯物质的 α、β 两相处于相平衡状态，G_m (α)、G_m (β) 分别为两相的摩尔吉布斯自由能。当温度由 T 变为 $T+\mathrm{d}T$，平衡压力也相应由 P 变为 $P+$

dP，两相的摩尔吉布斯自由能也相应地由 G_m（α）、G_m（β）改变到 G_m（α）$+dG_m$（α）和 G_m（β）$+dG_m$（β）。根据吉布斯自由能判据，必然有

$$G_m(\alpha)=G_m(\beta) \tag{10-6}$$

$$G_m(\alpha)+dG_m(\alpha)=G_m(\beta)+dG_m(\beta) \tag{10-7}$$

综上可得

$$dG_m(\alpha)=dG_m(\beta) \tag{10-8}$$

由热力学基本方程可知：

$$dG_m=-S_m dT+V_m dP \tag{10-9}$$

代入式(10-8) 得

$$-S_m(\alpha)dT+V_m(\alpha)dP=-S_m(\beta)dT+V_m(\beta)dP \tag{10-10}$$

式(10-10) 整理后得

$$dP/dT=[S_m(\beta)-S_m(\alpha)]/[V_m(\beta)-V_m(\alpha)]=\Delta_\alpha^\beta S_m/\Delta_\alpha^\beta V_m \tag{10-11}$$

式中 $\Delta_\alpha^\beta S_m$——同样的平衡温度、压力下 β 相与 α 相的摩尔熵差；

$\Delta_\alpha^\beta V_m$——同样的平衡温度、压力下 β 相与 α 相的摩尔体积差。

由于 α、β 两相处于平衡状态，两相之间在平衡温度、平衡压力下的相互变化为可逆相变，β 相与 α 相的摩尔焓差 $\Delta_\alpha^\beta H_m$ 即为可逆热，所以有

$$\Delta_\alpha^\beta S_m=\Delta_\alpha^\beta H_m/T \tag{10-12}$$

代入式(10-11) 得

$$dP/dT=\Delta_\alpha^\beta H_m/T\Delta_\alpha^\beta V_m \tag{10-13}$$

式(10-13) 即为克拉佩龙方程。

对固-液平衡来说，克拉佩龙方程可以写成：

$$dT/dP=T\Delta_{fus}V_m/\Delta_{fus}H_m \tag{10-14}$$

$$\Delta_{fus}V_m=V_m(l)-V_m(s) \tag{10-15}$$

式中 V_m（l）——物质在液态时的摩尔体积；

V_m（s）——物质在固态时的摩尔体积。

将式(10-14) 变形以后可得

$$dT/T=(\Delta_{fus}V_m/\Delta_{fus}H_m)dP \tag{10-16}$$

式(10-16) 两边分别积分后得

$$\int_{T_1}^{T_2} d\ln T=\int_{P_1}^{P_2}(\Delta_{fus}V_m/\Delta_{fus}H_m)dP \tag{10-17}$$

即

$$\ln(T_2/T_1)=(\Delta_{fus}V_m/\Delta_{fus}H_m)(P_2-P_1) \tag{10-18}$$

众所周知，水在1个标准大气压下的冰点是0℃，设此平衡态为一初始状态，再根据水在一定温度下其摩尔熔化焓以及摩尔体积差等参数，可以求出水在任意压力下的冰点。

上述三种理论中，压力是影响水冰点的最主要因素。当混凝土的温度降到0℃时，混凝土中的水并不结冰，温度继续下降，并且从混凝土传到毛细孔，在达到符合孔内压力的冻结条件时，由于孔壁具备产生冰核的条件，首先在毛细孔壁上生成冰核，然后沿着孔壁冻结，形成一个完全封闭的冰壳，这时由于冰壳附近的水冻结成冰，体积膨胀，所以冰壳内的水承受的压力变大。如果要继续冻结，混凝土的温度就必须继续下降，温度下降的结果，必然导致毛细孔中的水不断冻结成冰，最终趋向于形成若干个由冰包围的圆球形水体。由于力的平

衡的关系使得结冰所产生的膨胀不仅使冰壳内的水体承受更大的压力，同时也把这个压力传向了毛细孔孔壁。温度越低，冻结的水量越多，压力也越大，毛细孔壁承受的压力也越大。

三、混凝土冻融破坏的机理

关于混凝土冻害机理的研究始于20世纪30年代，1945年美国学者Powers提出了混凝土冻融破坏的静力压假说，此后又与Helmuth一起提出了渗透压假说。Powers指出，混凝土是由水泥砂浆和粗集料组成的毛细孔多孔体，在拌制过程中，为了得到必要的和易性等指标，加入的拌合水量总要多于水泥实际水化所需的用水量，这部分多余的水便以游离水的形式滞留于混凝土中形成连通的毛细孔，并占有一定的体积。这种毛细孔自由水是导致混凝土遭受冻害的主要因素，因为水遇冷结冰后体积会膨胀，从而引起混凝土内部结构的破坏。其实在正常的情况下，毛细孔中的水结冰并不至于使混凝土内部结构遭到严重的破坏。因为在混凝土中除了毛细孔以外，还有一些水泥水化后形成的凝胶孔以及一些其他原因形成的非毛细孔，在毛细孔中的水结冰膨胀时，这些孔隙内部的空气能起到缓冲作用，从而减小膨胀压力，避免混凝土内部结构破坏。但当处于饱和水状态时，情况就不同了，此时毛细孔中水结冰，凝胶孔中的水处于过冷状态，因混凝土孔隙中水的冰点随孔径的减小而降低，凝胶孔中处于过冷状态的水分子因其蒸气压高于同温度的冰的蒸气压而向压力毛细孔中冰的界面渗透，由此产生一种渗透压力，其渗透结果也必然使毛细孔中的冰体积进一步膨胀。所以，处于饱和状态的混凝土受冻时，其毛细孔壁同时承受膨胀压和渗透压两种压力，当这两种压力超过混凝土的抗拉强度时混凝土就会开裂。在反复冻融循环过程中，混凝土中的裂缝会相互贯通，强度随之逐步降低，从而使混凝土由表及里遭到破坏。1972年，Fagerlund提出了其对抗冻性定义新的理解，他不是把抗冻性看作单纯取决于材料性质的混凝土内在结构，而是把气候条件以及材料的使用方式(环境）也看作其不可分割的部分，承认了事物的本来面貌。但由于混凝土结构冻害的复杂性，至今尚无公认的、完全反映混凝土冻害的机理理论。

（一）静力压假说

水转变为冰时体积膨胀9%，迫使未结冰的孔溶液从结冰区向外迁移，因而产生静水压力。Fagerlund为了进一步描述了Powers静力压假说，假定的物理模型如图10-1所示。

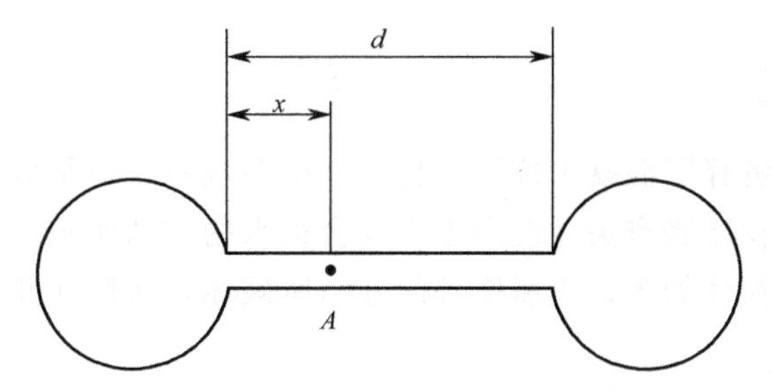

图10-1　静力压假说物理模型

设混凝土中某两个空气泡之间的距离为d，两个空气泡之间的毛细孔吸水饱和并部分结冰，空气泡之间的某点A离一侧空气泡的距离为x，结冰产生的水压力为p。根据D'Arcy定律，水的流量与水压力梯度成正比，见式(10-19)：

$$\frac{\mathrm{d}v}{\mathrm{d}t}=k\ \frac{\mathrm{d}p}{\mathrm{d}x} \tag{10-19}$$

式中 $\frac{\mathrm{d}v}{\mathrm{d}t}$——冰水混合物的流量，$m^3/(m^2\cdot s)$；

$\frac{\mathrm{d}p}{\mathrm{d}x}$——水压力梯度，$N/m^3$；

k——冰水混合物通过部分结冰材料的渗透系数，$m^3\cdot s/kg$。

冰水混合物的流量即厚度为 x 的薄片混凝土在单位时间内由于结冰产生的体积增量为：

$$\frac{\mathrm{d}v}{\mathrm{d}t}=0.09\times\frac{\mathrm{d}w_{\mathrm{f}}}{\mathrm{d}t}\times x=0.09\times\frac{\mathrm{d}w_{\mathrm{f}}}{\mathrm{d}\theta}\times\frac{\mathrm{d}\theta}{\mathrm{d}t}\times x \tag{10-20}$$

式中 $\frac{\mathrm{d}w_{\mathrm{f}}}{\mathrm{d}t}$——单位时间内单位体积的结冰量，$m^3/(m^2\cdot s)$；

$\frac{\mathrm{d}w_{\mathrm{f}}}{\mathrm{d}\theta}$——结冰速度，即温度每降低1℃，冻结水的增量，$m^3/(m^2\cdot ℃)$；

$\frac{\mathrm{d}\theta}{\mathrm{d}t}$——降温速度，℃/s。

将式(10-20) 代入式(10-19)，积分后得到 A 点的水压力 P_A 为

$$P_{\mathrm{A}}=\frac{0.09}{2k}\frac{\mathrm{d}w_{\mathrm{f}}}{\mathrm{d}\theta}\times\frac{\mathrm{d}\theta}{\mathrm{d}t}\times x^2 \tag{10-21}$$

在厚度 d 范围内，在 $x=\frac{d}{2}$处水压力达到最大，此处的水压力为

$$P=\frac{0.09}{8k}\frac{\mathrm{d}w_{\mathrm{f}}}{\mathrm{d}\theta}\times\frac{\mathrm{d}\theta}{\mathrm{d}t}\times d^2 \tag{10-22}$$

由式(10-22) 可知：结冰产生的最大静水压力与材料的渗透系数 k 成反比，即水越容易通过材料，所产生的静水压力也越小，与结冰速度$\frac{\mathrm{d}w_{\mathrm{f}}}{\mathrm{d}\theta}$和空气气泡间距的平方 d^2 成正比，而结冰速度$\frac{\mathrm{d}w_{\mathrm{f}}}{\mathrm{d}\theta}$又与降温速度$\frac{\mathrm{d}\theta}{\mathrm{d}t}$和毛细孔水的含量［与水灰（胶）比、水化程度有关］成正比。

（二）渗透压假说

静力压假说成功地解释了混凝土冻融过程中的很多现象，但是后来发现混凝土的冻融破坏并不一定与水结冰体积膨胀有关。混凝土不仅会被水的冻结所破坏，还会被一些冻结过程中体积并不膨胀的有机液体如苯、三氯甲烷的冻结所破坏，所以在此基础上又产生了渗透压假说。

由于冰的饱和蒸汽压小于同温下水的饱和蒸汽压，这个压差使附近尚未结冰的水向冻结区迁移；另外，混凝土的孔溶液中含有一些盐，如钙、钾、钠离子，冻结区的水结冰后，未冻溶液中的盐的浓度增大，与周围液相中的盐溶液将产生一个浓度差，该浓度差使得未冻溶液向冻结部分迁移，可见渗透压是由冰水饱和蒸汽压差和孔溶液中的盐浓度差共同产生的。

根据物理化学原理，冰、水（固、液）两相间的渗透压可按照式(10-23) 计算。

$$P_{osm}=RT\left(\frac{1}{V_w}-\frac{1}{V_i}\right)\ln\frac{P_w}{P_i} \tag{10-23}$$

式中　P_{osm}——渗透压；

R——气体常数；

T——绝对温度；

P_w、P_i——分别为水和冰在温度 T 时的蒸汽压；

V_w、V_i——分别为水和冰的克分子体积。

实际上渗透压的计算要比式(10-23) 复杂得多，深入研究发现：毛细孔的弧形界面即毛细孔壁受到的压力可以抵消一部分渗透压，另外，毛细孔水向未吸水饱和的空气泡迁移，失水的毛细孔管壁也能抵消一部分渗透压，该毛细孔压力不仅不会使硬化水泥浆体膨胀，还会使其收缩。实验也表明，当混凝土的水饱和度小于某个临界时，冻结反而引起混凝土的收缩。

综上可知：混凝土的冻融破坏是水结冰体积膨胀所产生的静水压力和冰水饱和蒸汽压差、孔溶液中的盐浓度差导致的渗透压力两者共同作用的结果。

目前，静水压和渗透压既不能采用试验的方法获得，也不能通过物理化学公式准确计算。对于静水压和渗透压在冻融破坏过程中何者占主导地位，尚未取得公认的结果。一般认为，水灰（胶）比较大、强度较低以及龄期较短的混凝土，静水压破坏是主要的，而对于水灰（胶）比较小、强度较高以及含盐量大的环境水作用下冻结的混凝土，渗透压破坏可能占主导地位。

四、混凝土抗冻性的表征

快冻法和慢冻法是目前国际上同时存在的两种混凝土抗冻性检测方法，美国、加拿大和日本等国采用快冻法，苏联和东欧国家则采用慢冻法，而我国目前是快冻法和慢冻法并存。

快冻法是以美国 ASTM 法为基础，其两种方法都是快速冻结，一种是饱水混凝土在水中冻结和融化，适用于自动化的冻融设备；另一种是在冷冻室的空气中冻结，然后移到室内的水池中融化。相比较而言，水中冻结比空气中冻结的受冻害程度更为严酷，效果更加明显。《普通混凝土长期性能和耐久性能试验方法标准》（GB/T 50082—2009）也列入了快冻法，该方法适用于在水中经快速冻融来测定混凝土的抗冻性能，其抗冻性能指标可以用能经受快速冻融循环的次数或耐久性指数来表示，特别适用于抗冻性要求高的混凝土。

试验方法是采用 100mm×100mm×400mm 的棱柱体试件，3 个一组，一般养护 28d 后进行试验，冻融试验前 4d 应将试件从养护地点取出，浸泡在 15～20℃的水中，每次冻融循环应在 2～4h 内完成，在冻结和融化终了时，试件中心温度应分别控制在（－17±2)℃和(8±2)℃，一般每隔 25 次循环作 1 次横向基频测量，并检查其外部损伤及质量损失。当冻融循环达到 300 次、相对动弹性模量下降至 60%以下或质量损失达 5%时即可停止试验。

快冻法评价混凝土抗冻性的方法有多种：经过若干次的冻融循环后，测定动弹模量变化、抗压强度变化、体积变化或质量损失。混凝土受冻膨胀，内部因出现裂纹而导致强度降低，但抗压强度损失对内部裂纹是不敏感指标；动弹模量是非破损测试方法，能敏感地反映内部结构的损伤；体积变化也是比较敏感的，在经过少数次冻融循环后即能以膨胀值评价抗冻性；质量损失反映了混凝土表面的损伤程度，但不能反映内部损伤情况。因此，国际通用的评价指标是动弹模量的变化，以耐久性性指数 DF 表示。DF 是冻融循环 300 次后试件的动弹模量与初始动弹模量之比值，若循环次数不足 300 次，动弹模量减小 40%或质量损失达 5%，则按式(10-24) 计算：

$$DF=P\times\frac{N}{300}=\frac{f_n}{f_0}\times\frac{N}{300} \tag{10-24}$$

式中 DF——混凝土的耐久性指数；

N——终止试验时的冻融循环次数；

P——N 次冻融循环后试件的相对动弹模量，%；

f_n——N 次冻融循环后试件的横向基频，Hz；

f_0——冻融循环试验前测得的试件横向基频初始值，Hz。

一般认为 DF 值小于 0.4 时混凝土的抗冻性不好，不能用于与水直接接触和遭受冻融的部位；DF 值介于 0.4～0.6 时被认为尚可使用；DF 值大于 0.6 时被认为抗冻性较好。

快冻法评价混凝土抗冻性的另一个指标抗冻等级（标号）是指混凝土能够同时满足相对动弹模量值不小于 60%和质量损失率不超过 5%时的最大冻融循环次数。混凝土试件的相对动弹性模量可按式(10-25) 计算：

$$P=\frac{f_n}{f_0}\times 100\% \tag{10-25}$$

式中 P——N 次冻融循环后试件的相对动弹模量，以 3 个试件的平均值计算，%；

f_n——N 次冻融循环后试件的横向基频，Hz；

f_0——冻融循环试验前测得的试件横向基频初始值，Hz。

混凝土试件冻融后的质量损失率可按式(10-26) 计算：

$$\Delta W_n=\frac{G_0-G_n}{G_0}\times 100\% \tag{10-26}$$

式中 ΔW_n——N 次冻融循环后试件的质量损失率，以 3 个试件的平均值计算，%；

G_0——冻融循环试验前的试件质量，kg；

G_n——N 次冻融循环后的试件质量，kg。

五、影响混凝土抗冻性的因素

如前所述，空气气泡间距和饱水程度是影响混凝土抗冻性的两个主要因素，另外，影响混凝土抗冻性的因素还有水泥品种、集料、水灰（胶）比、化学外加剂、矿物外加剂等。

（一）水泥品种

国外许多试验表明，水泥的化学组成、品种和细度对混凝土的抗冻性无显著影响，原因主要是国外各类型水泥的质量稳定且很少掺混合材料；而国内则不同，由于国内生产的水泥大部分掺混合材料，且掺量较大，大量的试验研究表明：水泥品种对混凝土的抗冻性有一定的影响，且随水泥中混合材掺入量的增加，混凝土的抗冻性降低。

原水电部东北勘测设计研究院科研所的试验成果指出：采用 3 种不同水泥拌制的水灰（胶）比为 0.60 的混凝土试件，经过相同次数的冻融循环之后混凝土的抗压强度，采用硅酸盐水泥损失最小，矿渣水泥其次，而火山灰水泥下降最大，具体见表 10-4。另外，铁科院的试验资料也同样表明：采用不同品种水泥拌制的混凝土，其抗冻性有明显的差异。水灰

（胶）比为 0.50 的普通硅酸盐水泥混凝土可经受 150 次以上的冻融循环，而同条件下的矿渣水泥混凝土只能承受 50 次，特别是矿渣掺量较大的低熟料矿渣水泥混凝土则不足 25 次。最后需要指出的是：上述试验结论主要是针对非引气混凝土，而对于引气混凝土，水泥品种对混凝土抗冻性的影响就比较小。

表 10-4 水泥品种对混凝土抗冻性的影响

试件编号	水泥品种	水泥用量/(kg/m^3)	水灰(胶)比	冻融次数	抗压强度损失/%
1	硅酸盐水泥	220	0.55	50	+1.02
				100	+2.06
2	矿渣硅酸盐水泥	222	0.55	50	−2.25
				100	−11.03
3	硅酸盐水泥	195	0.60	50	−0.95
				100	−9.14
4	矿渣硅酸盐水泥	195	0.60	50	−3.25
				100	−11.58
5	火山灰质硅酸盐水泥	200	0.60	50	−10.68
				100	−20.20

（二）集料

集料的孔隙率较小，为 0%～5%，又有足够高的强度承受冻结的破坏力，同时集料被硬化水泥浆体所包裹，所以混凝土受冻融破坏的薄弱环节应该是硬化水泥浆体，集料对混凝土抗冻性的影响相对来说比较小，但是对于轻集料混凝土，其抗冻性与集料的性质有很大的关系，集料可能成为冻融破坏的薄弱环节。

集料对混凝土抗冻性的影响主要体现在集料吸水率、集料尺寸和集料本身的抗冻性。集料的冻融破坏机理可用静力压假说来解释，当采用吸水饱和的集料拌制混凝土时，由于周围硬化水泥浆体的渗透性较低，集料中的水分不易排出，受冻后在集料孔隙和集料-水泥浆界面将产生静水压力，当该压力超过集料或界面强度时就会产生冻害。美国 ACI201 委员会指出，如果采用吸水性的集料，而混凝土又处于连续潮湿的环境中，则当粗集料吸水饱和时，集料颗粒在冻结时排出水分所产生的压力将使集料和水泥砂浆破坏。采用静力压假说还可以说明，集料的尺寸越大，受冻后越容易破坏，理论上讲集料的尺寸存在一个临界值，当大于该临界值时，在其他条件具备时，集料受冻后将会发生破坏，而细集料的尺寸都比该临界值小，所以一般细集料在冻融过程中不破坏。另外，一般的碎石和卵石都能满足混凝土的抗冻性要求，只有风化岩等坚固性差的集料才会影响混凝土的抗冻性，所以在严寒地区室外使用或经常处于潮湿或干湿交替作用状态下的混凝土，更应该注意选用优质的集料。

（三）水灰（胶）比

水灰（胶）比是设计混凝土的一个重要参数，也是影响混凝土抗冻性的重要因素。水灰（胶）比直接影响到混凝土的可冻水含量、平均气泡间距以及孔隙率和孔结构等，从而影响混凝土的抗冻性。水灰（胶）比越大，混凝土中可冻水的含量越高，结冰速度就越快；气泡结构越差，平均气泡间距越大；毛细孔越多，孔径也大，且形成了连通的毛细孔体系，因而其中起缓冲作用的孔将变少，受冻后极易产生较大的膨胀压力，反复冻融循环后，必然导致混凝土破坏。可见，水灰（胶）比越大，混凝土的抗冻性越差，但当水灰（胶）比较大时，抗冻性变化不明显。有资料表明：当水灰（胶）比在0.45～0.85范围内变化时，不掺引气剂混凝土的抗冻性变化不大，只有当水灰（胶）比小于0.45时，混凝土的抗冻性才随水灰（胶）比的降低而明显提高。我国有关规范对有抗冻性要求的混凝土规定了水灰（胶）比的最大允许值，其他国家的规范也有类似的规定。

六、提高混凝土抗冻性的措施

提高混凝土抗渗性的措施主要可以从以下几方面考虑：

① 根据环境条件，严格控制水灰（胶）比，提高混凝土的密实度。如前所述，水灰（胶）比是影响混凝土抗冻性的一个主要因素，我国各行业均对有抗冻要求地区的混凝土的最大水灰（胶）比作出了相应的规定，分别见表10-5～表10-8。

表10-5 水工混凝土最大水灰（胶）比（DL/T 5057—2009）

环境条件类别	最大水灰比	环境条件类别	最大水灰比
一类	0.60	四类	0.45
二类	0.55	五类	0.40
三类	0.50		

注 1. 结构类型为薄壁或薄腹构件时，最大水灰比宜适当减小。

2. 处于三、四、五类环境条件又受冻严重或受冲刷严重的结构，最大水灰比应按照《水工建筑物抗冰冻设计规范》的规定执行。

3. 承受水力梯度较大的结构，最大水灰比宜适当减小。

表10-6 大坝混凝土的分区和最大允许水灰（胶）比（SL 319—2018）

分区	最大允许水灰(胶)比	
	严寒和寒冷地区	温和地区
上、下游水位以上坝体外部表面混凝土	0.50	0.55
上、下游水位变化区的坝体外部表面混凝土	0.45	0.50
上、下游最低水位以下坝体外部表面混凝土	0.50	0.55
坝体基础混凝土	0.50	0.55
坝体内部混凝土	0.60	0.60
抗冲刷部位的混凝土(如溢流面、泄水孔、导墙和闸墩等)	0.45	0.45

注 在环境水有侵蚀的情况下，外部水位变化区及水下混凝土的水灰比应减少0.05。

表10-7 海水环境港工混凝土按耐久性要求的水灰（胶）比最大允许值（JTS 202—2011）

<table>
<tr><th colspan="3" rowspan="2">环境条件</th><th colspan="2">钢筋混凝土</th><th colspan="2">混凝土</th></tr>
<tr><th>北方</th><th>南方</th><th>北方</th><th>南方</th></tr>
<tr><td colspan="3">大气区</td><td>0.55</td><td>0.50</td><td>0.65</td><td>0.65</td></tr>
<tr><td colspan="3">浪溅区</td><td>0.40</td><td>0.40</td><td>0.65</td><td>0.65</td></tr>
<tr><td rowspan="4">水位变动区</td><td colspan="2">严重受冻</td><td>0.45</td><td>—</td><td>0.45</td><td>—</td></tr>
<tr><td colspan="2">受冻</td><td>0.50</td><td>—</td><td>0.50</td><td>—</td></tr>
<tr><td colspan="2">微冻</td><td>0.55</td><td>—</td><td>0.55</td><td>—</td></tr>
<tr><td colspan="2">不冻</td><td>—</td><td>0.50</td><td>—</td><td>0.65</td></tr>
<tr><td rowspan="4">水下区</td><td colspan="2">不受水头作用</td><td>0.55</td><td>0.55</td><td>0.65</td><td>0.65</td></tr>
<tr><td rowspan="3">受水头作用</td><td>最大作用水头与混凝土壁厚之比<5</td><td colspan="4">0.55</td></tr>
<tr><td>最大作用水头与混凝土壁厚之比为5～10</td><td colspan="4">0.50</td></tr>
<tr><td>最大作用水头与混凝土壁厚之比>10</td><td colspan="4">0.45</td></tr>
</table>

注 除全日潮型港口外，其他海港有抗冻性要求的细薄构件（最小边尺寸小于30cm者，包括沉箱工程）水灰（胶）比最大允许值应酌情减小。

表 10-8 淡水环境港工混凝土按耐久性要求的水灰（胶）比最大允许值（JTS 202—2011）

<table>
<tr><th colspan="3">环境条件</th><th>钢筋混凝土</th><th>混凝土</th></tr>
<tr><td rowspan="6">水位变动区</td><td colspan="2">水气积聚或通风不良</td><td>0.60</td><td>0.65</td></tr>
<tr><td colspan="2">无水气积聚或通风不良</td><td>0.65</td><td>0.65</td></tr>
<tr><td colspan="2">严重受冻</td><td>0.55</td><td>0.55</td></tr>
<tr><td colspan="2">受冻</td><td>0.60</td><td>0.60</td></tr>
<tr><td colspan="2">微冻</td><td>0.65</td><td>0.65</td></tr>
<tr><td colspan="2">不冻</td><td>0.65</td><td>0.65</td></tr>
<tr><td rowspan="4">水下区</td><td colspan="2">不受水头作用</td><td>0.65</td><td>0.65</td></tr>
<tr><td rowspan="3">受水头作用</td><td>最大作用水头与混凝土壁厚之比<5</td><td colspan="2">0.60</td></tr>
<tr><td>最大作用水头与混凝土壁厚之比为5～10</td><td colspan="2">0.55</td></tr>
<tr><td>最大作用水头与混凝土壁厚之比>10</td><td colspan="2">0.50</td></tr>
</table>

② 合理选用水泥品种和集料。

③ 在混凝土中掺用减水剂、引气剂和引气减水剂等化学外加剂。

④ 加强早期养护或掺入防冻剂，防止混凝土早期受冻。混凝土的早期冻害将直接影响混凝土的正常硬化和强度增长，因而冬季施工时，必须加强早期养护或适当掺入防冻剂，严防混凝土早期受冻。

第三节 混凝土的抗侵蚀性

一、概述

混凝土的化学侵蚀破坏，不仅取决于侵蚀介质的化学性质，还取决于接触条件、液体介质的流速和压力、地下水作用时相邻土壤的密度、环境温度、强荷载作用下结构材料的受力状态等，在不同的情况下，侵蚀作用的机理也不尽相同。混凝土被侵蚀的原因，就其本身而言，是由于水泥熟料水化后生成有氢氧化钙、水化硅酸钙、水化铝酸钙、水化铁铝酸钙等水化产物。在一般情况下这些水化产物是稳定的，但在某些特殊的环境中，也会发生化学变化，从而破坏混凝土结构。产生侵蚀的基本原因如下。

① 氢氧化钙及其他水化产物能在一定程度上溶解于水；

② 氢氧化钙、水化硅酸钙等都是碱性物质，若环境介质中有酸类或某些盐类时，能与其发生化学反应，若新生成的物质或易溶于水、或没有胶结力、或因结晶膨胀而产生内应力，都将引起混凝土破坏；

③ 混凝土本身不密实，在其内部存在很多毛细孔通道，侵蚀性环境介质易于进入其内部。

二、侵蚀性环境介质

（一）固态介质

常见的侵蚀性固体介质包括干燥含盐土层、颜料、肥料、杀虫剂及其他松散的化学制品等。粉状固体介质对混凝土结构的侵蚀程度与介质的湿度有关。侵蚀性固体介质只有变成液相或吸收大气中的水分、地下水并产生溶液时，侵蚀作用才会发生。

《工业建筑防腐蚀设计规范》（GB/T 50046—2018）就固态介质对混凝土的腐蚀等级进行了相应的划分，具体见表 10-9。

表 10-9 固态介质对混凝土的腐蚀性等级

介质类别	介质在水中的溶解性	介质的吸湿性	介质名称	环境相对湿度/%	钢筋混凝土	素混凝土
G1	难溶	—	硅酸盐，磷酸盐，铝酸盐，钙、钡、铅的碳酸盐和硫酸盐，镁、铁、铬、铝、硅的氧化物和氢氧化物	>75	弱	微
				65～75	微	微
				<60	微	微
G2			钠、钾、锂的氧化物	>75	中	弱
				65～75	中	微
				<60	弱	微
G3			钠、钾、铵、锂的硫酸盐和亚硫酸盐，铵、镁的硝酸盐，氯化铵	>75	中	中
				65～75	中	中
				<60	弱	弱
G4			钠、钾、钡、铅的硝酸盐	>75	弱	弱
				65～75	弱	弱
				<60	微	微
G5	易溶	难吸湿	钠、钾、铵的碳酸盐和碳酸氢盐	>75	弱	弱
				65～75	弱	弱
				<60	微	微
G6			钙、镁、锌、铁、铟的氯化物	>75	强	中
				65～75	中	弱
				<60	中	微
G7			镉、镁、镍、锰、锌、铜、铁的硫酸盐	>75	中	中
				65～75	中	中
				<60	弱	弱
G8			钠、锌的亚硝酸盐，尿素	>75	弱	弱
				65～75	弱	弱
				<60	微	微
G9			钠、钾的氢氧化物	>75	中	中
				65～75	弱	弱
				<60	弱	弱

（二）液态介质

侵蚀性液体介质包括天然水、含各种溶解物质的工业水溶液和某些有机溶剂等。其中含有不同含量的酸、碱和盐类物质，对混凝土结构的安全造成危害。

《工业建筑防腐蚀设计规范》（GB/T 50046—2018）就液态介质对混凝土的腐蚀等级进行了相应的划分，具体见表 10-10。

表 10-10 液态介质对混凝土的腐蚀性等级

介质类别	介质名称		pH 值或浓度	钢筋混凝土	素混凝土
Y1	无机酸	硫酸、盐酸、硝酸、铬酸、磷酸、各种酸洗液、电镀液、电解液、酸性水/pH 值	<4.0	强	强
Y2			4.0～5.0	中	中
Y3			5.0～6.5	弱	弱
Y4	有机酸	氢氟酸/%	≥2	强	强
Y5		醋酸、柠檬酸/%	≥2	强	强
Y6		乳酸、C_5-C_{20}脂肪酸/%	≥2	中	中

续表

介质类别	介质名称		pH值或浓度	钢筋混凝土	素混凝土
Y7	碱	氢氧化钠/%	＞15	中	中
Y8			8～15	弱	弱
Y9		氨水/%	≥10	弱	微
Y10	盐	钠、钾、铵的碳酸盐和碳酸氢盐/%	≥2	弱	弱
Y11		钠、钾、铵、镁、铜、镉、铁的硫酸盐/%	≥1	强	强
Y12		钠、钾的亚硫酸盐、亚硝酸盐/%	≥1	中	中
Y13		硝酸铵/%	≥1	强	强
Y14		钠、钾的硝酸盐/%	≥2	弱	弱
Y15		铵、铝、铁的氯化物/%	≥1	强	强
Y16		钙、镁、钾、钠的氯化物/%	≥2	强	弱
Y17		尿素/%	≥10	中	中

注：表中的浓度系数指质量百分比，以“%”表示。

（三）侵蚀性气体介质

侵蚀性气体介质对混凝土的侵蚀程度主要取决于气体的种类、浓度、湿度等，根据其侵蚀混凝土后生成物的情况，可将侵蚀性气体介质分为三类：第一类是生成易溶性盐的吸湿性气体，即在潮湿的空气中，该类气体吸收水蒸气变成溶液，渗透混凝土的内部，由于钙盐的溶解和结晶作用，固相体积发生膨胀，造成混凝土逐层破坏，如 HCl、Cl_2、NO_2 等。第二类是生成低溶性盐的气体，即生成的盐中含有一部分结晶水，使混凝土固相体积膨胀，从而在混凝土内部产生较大的内应力，使混凝土逐层破坏，如 SO_2、SO_3、H_2S 等。第三类是生成不溶性盐的气体，即生成的盐中不含结晶水或含少量结晶水，混凝土的固相体积在大多数情况下都是膨胀的，且渗透性很低，该类气体包括 CO_2、HF 等。

《工业建筑防腐蚀设计规范》（GB/T 50046—2018）就气态介质对混凝土的腐蚀等级进行了相应的划分，具体见表 10-11。

表 10-11 气态介质对混凝土的腐蚀性等级

介质类别	介质名称	介质含量/(mg/m^3)	环境相对湿度/%	钢筋混凝土	素混凝土
Q1	氯	1～5	＞75	强	弱
			60～75	中	弱
			＜60	弱	微
Q2		0.1～1	＞75	中	微
			60～75	弱	微
			＜60	微	微
Q3	氯化氢	1～15	＞75	强	中
			60～75	强	弱
			＜60	中	微
Q4		0.05～1	＞75	中	弱
			60～75	中	弱
			＜60	弱	微
Q5	氮氧化物	5～25	＞75	强	中
			60～75	中	弱
			＜60	弱	微
Q6		0.1～5	＞75	中	弱
			60～75	弱	微
			＜60	微	微

续表

介质类别	介质名称	介质含量/(mg/m^3)	环境相对湿度/%	钢筋混凝土	素混凝土
Q7	硫化氢	5～100	＞75	强	弱
			60～75	中	微
			＜60	弱	微
Q8		0.01～5	＞75	中	微
			60～75	弱	微
			＜60	微	微
Q9	氟化氢	1～10	＞75	中	弱
			60～75	弱	微
			＜60	微	微
Q10	二氧化硫	10～200	＞75	强	弱
			60～75	中	弱
			＜60	弱	微
Q11		0.5～10	＞75	中	微
			60～75	弱	微
			＜60	微	微
Q12	硫酸酸雾	经常作用	＞75	强	强
Q13		偶尔作用	＞75	中	中
			≤75	弱	弱
Q14	醋酸酸雾	经常作用	＞75	强	中
Q15		偶尔作用	＞75	中	弱
			≤75	弱	弱
Q16	二氧化碳	＞2000	＞75	中	微
			60～75	弱	微
			＜60	微	微
Q17	氨	＞20	＞75	弱	微
			60～75	弱	微
			＜60	微	微
Q18	碱雾	偶尔作用	—	弱	弱

三、侵蚀的过程

根据侵蚀过程的特征和环境介质所含各种物质对混凝土的侵蚀程度，混凝土的化学侵蚀可以分为以下三类。

（一）溶出性侵蚀

混凝土中的水化产物需在特定浓度的 Ca^{2+} 溶液中才能稳定存在，当溶液中的 Ca^{2+} 浓度低于水化产物的极限 Ca^{2+} 浓度，水化产物即会被溶解或分解，直至溶液 Ca^{2+} 浓度达到动态平衡时水化产物停止溶解。只有在一定压力的流动水中，密实性较差即渗透性较大的混凝土，水化产物 $Ca(OH)_2$ 才会不断溶出并流失。$Ca(OH)_2$ 的溶出使得水化硅酸钙和水化铝酸钙失去稳定性而水解、溶出，这些水化产物的溶出导致混凝土的孔隙率增大，强度和耐久性能下降，对工程的长期安全形成威胁。

通常混凝土的溶蚀速度较慢，由溶蚀引起的性能退化幅度较小，因此普通混凝土的溶蚀问题并不突出。但水利工程中的一些输水隧洞、大坝以及处置放射性废物的容器等长期与水接触的混凝土工程，其溶蚀耐久性必须得到保证，否则工程的安全和使用寿命难以满足，甚至造成比较严重的后果。譬如输水洞在水利水电工程中承担着输、泄水的任务，在经过多年的运行之后，大多呈现出不同程度的病害，除比较常见的高速泄水隧洞中的气蚀破坏、高含砂量输水洞的冲磨破坏以外，在低速（流速低于5m/s）输水隧洞中，洞壁混凝土受到环境水的溶蚀破坏也比较突出。国内运行多年的大坝，如丰满、佛子岭、新安江、响洪甸、磨子潭、梅山等，都存在不同程度的溶蚀病害，其中一些轻型坝尤为严重；20世纪80年代以后兴建的混凝土坝，坝龄虽短，但也逐渐显露出溶蚀病害的征兆，有的已相当严重，如南告和水东大坝，虽曾多次进行治理，但至今尚未摆脱溶蚀病害的困扰。另外，1912年美国的科罗拉多（Colorado）拱坝和1924年鼓后池（drum after bay）拱坝的报废，均主要与溶蚀破坏有关。

影响混凝土溶蚀的因素很多，除了外部环境因素（如温度、水质、水压力、与混凝土表面的接触面积等）外，还有混凝土本身的因素，如混凝土的渗透性、$Ca(OH)_2$ 含量、水泥熟料的矿物组成和矿物外加剂的成分等。

（二）溶解性侵蚀

1. 酸侵蚀

实践表明，环境水的pH值小于6.5时就会对混凝土造成酸侵蚀。酸侵蚀可分为碳酸、硫氢酸等弱酸侵蚀和盐酸、硝酸、硫酸等强酸侵蚀。

（1）弱酸侵蚀

雨水、某些泉水及地下水中常含有一些碳酸，当pH值小于6.5且水中 CO_2 浓度较大时，这种水具有侵蚀作用，它与混凝土中的水化产物 $Ca(OH)_2$ 将会发生如式(10-27)、式(10-28)的反应。

$$CO_2+H_2O \longrightarrow H_2CO_3 \tag{10-27}$$

$$Ca(OH)_2+H_2CO_3 \longrightarrow Ca(HCO_3)_2+H_2O \tag{10-28}$$

生成的可溶性的 $Ca(HCO_3)_2$ 将会被水带走，使硬化水泥浆体中的 $Ca(OH)_2$ 浓度下降，从而引起溶出性侵蚀，对混凝土造成破坏。碳酸侵蚀包括溶解性侵蚀和溶出性侵蚀。

碳酸对混凝土的侵蚀程度按其pH值或 CO_2 浓度分级见表10-12。

表10-12 酸性水的侵蚀程度分级

侵蚀程度	pH值	CO_2 浓度($\times10^{-6}$)
轻微	5.5～6.5	15～30
严重	4.5～5.5	30～60
非常严重	<4.5	>60

另外，在受污染的土壤、城市污水管道和食品加工工业产生的废水中，通常存在硫氢酸，它将与混凝土中的水化产物 $Ca(OH)_2$ 发生如式(10-29)、式(10-30)的反应。

$$Ca(OH)_2+H_2S \longrightarrow CaS+2H_2O \tag{10-29}$$

$$CaS+H_2S \longrightarrow Ca(HS)_2 \tag{10-30}$$

与碳酸侵蚀类似，反应生成的可溶性的 $Ca(HS)_2$ 将会随水流失，使硬化水泥浆体中的 $Ca(OH)_2$ 浓度下降，从而对混凝土造成侵蚀。

（2）强酸侵蚀

某些地下水或工业废水中常含有一些游离的酸类，如盐酸、硫酸、硝酸等。这些酸首先与混凝土中的 $Ca(OH)_2$ 发生反应，然后再与水化硅酸钙等反应，具体情况见式(10-31)、式(10-32)。

$$Ca(OH)_2 + 2H^+ \longrightarrow Ca^{2+} + 2H_2O \quad (10\text{-}31)$$

$$3CaO \cdot 2SiO_2 \cdot 3H_2O + 6H^+ \longrightarrow 3Ca^{2+} + 2(SiO_2 \cdot H_2O) + 4H_2O \quad (10\text{-}32)$$

强酸的侵蚀程度在很大程度上取决于水泥水化产物的溶解与侵蚀产物的可溶性。侵蚀产物的可溶性越高，水泥水化产物的溶解就越快，混凝土的破坏速度也越快。若生成易溶性盐，则会使混凝土内部 $Ca(OH)_2$ 浓度持续降低，不断析出易溶性盐。若生成难溶性盐，则会在生成处停留并阻止侵蚀介质进一步渗透，但仍会降低混凝土强度，直至破坏。另外，强酸还会直接与水化硅酸钙及水化铝酸钙反应，大大破坏混凝土中的凝胶体结构，使其力学性能劣化。

在水泥或混凝土中掺入粉煤灰、矿渣等矿物外加剂，由于其与水化产物 $Ca(OH)_2$ 反应生成水化硅酸钙，降低了 $Ca(OH)_2$ 的浓度，从而提高了混凝土的抗酸性侵蚀的能力。

2. 碱侵蚀

碱侵蚀主要是指苛性碱（NaOH、KOH）对混凝土的侵蚀作用，包括化学侵蚀和结晶侵蚀两个方面。当苛性碱的浓度不大（15%以下）、温度不高（低于 50℃）时，其对混凝土的侵蚀作用很小，但如果 NaOH(KOH) 溶液渗透混凝土内部，且混凝土具有蒸发面，将会与从空气中扩散进入的 CO_2 反应生成 $Na_2CO_3 \cdot 10H_2O$（$K_2CO_3 \cdot 15H_2O$）晶体，体积增长较大，会在混凝土内部产生很大的结晶压力，破坏混凝土的内部结构，这就是所谓的结晶侵蚀，具体情况见式(10-33)、式(10-34)。

$$NaOH + CO_2 \longrightarrow NaCO_3 + H_2O \quad (10\text{-}33)$$

$$NaCO_3 + 10H_2O \longrightarrow NaCO_3 \cdot 10H_2O \quad (10\text{-}34)$$

如果苛性碱的浓度较高或处于熔融状态时，将会对混凝土造成化学侵蚀，主要是与硬化水泥浆体中的水化硅酸钙、水化铝酸钙等水化产物发生如式(10-35)、式(10-36) 的反应，生成的物质胶结性差、易于浸析。

$$3CaO \cdot 2SiO_2 \cdot 3H_2O + 4NaOH \longrightarrow 3Ca(OH)_2 + 2Na_2SiO_3 + 2H_2O \quad (10\text{-}35)$$

$$3CaO \cdot Al_2O_3 \cdot 6H_2O + 2NaOH \longrightarrow 3Ca(OH)_2 + Na_2O \cdot Al_2O_3 + 4H_2O \quad (10\text{-}36)$$

（三）膨胀性侵蚀

硫酸盐溶液能与混凝土中的水化产物发生反应而使混凝土遭受膨胀性侵蚀，是典型的膨胀性侵蚀。硫酸盐侵蚀是混凝土化学侵蚀中最广泛和最普通的形式，主要是 Na_2SO_4、K_2SO_4、$CaSO_4$、$MgSO_4$ 的侵蚀，而石膏、钙矾石和钙硅石的产生是引起混凝土腐蚀开裂的主要原因。

1. 石膏腐蚀

溶液中的 Na_2SO_4、K_2SO_4、$MgSO_4$ 等硫酸盐会与水泥的水化产物 $Ca(OH)_2$ 可发生如式(10-37) 的反应（以 Na_2SO_4 为例）：

$$Ca(OH)_2 + Na_2SO_4 + 2H_2O \longrightarrow CaSO_4 \cdot 2H_2O + 2NaOH \quad (10\text{-}37)$$

在流动的水中，反应可不断进行，使 $Ca(OH)_2$ 的浓度不断下降，引起溶出性侵蚀。在不流动的水中，反应可达到化学平衡，一部分石膏晶体将析出，体积增加 1 倍多，从而对混凝土造成膨胀破坏作用。另外，石膏的形成也消耗了一定的 $Ca(OH)_2$，导致 $Ca(OH)_2$ 的浓度降低，因此梅塔称之为酸型硫酸盐侵蚀。

2. 钙矾石腐蚀

$CaSO_4$ 与水泥熟料矿物 C_3A 水化生成的水化铝酸钙（$4CaO \cdot Al_2O_3 \cdot 19\ H_2O$）及水

化单硫铝酸钙（$3CaO \cdot Al_2O_3 \cdot CaSO_4 \cdot 18H_2O$）会发生如式(10-38)、式(10-39）的反应：

$$4CaO \cdot Al_2O_3 \cdot 19H_2O + 3CaSO_4 + 14H_2O \longrightarrow 3CaO \cdot Al_2O_3 \cdot 3CaSO_4 \cdot 32H_2O + Ca(OH)_2 \tag{10-38}$$

$$3CaO \cdot Al_2O_3 \cdot 18H_2O + 2CaSO_4 + 14H_2O \longrightarrow 3CaO \cdot Al_2O_3 \cdot 3CaSO_4 \cdot 32H_2O \tag{10-39}$$

生成水化三硫铝酸钙（钙矾石）的浓度很低，容易从溶液中结晶沉淀出来，随着钙矾石的长大造成的压力，使混凝土膨胀开裂。

3. 钙硅石侵蚀

硫酸盐侵蚀的另一种产物——钙硅石（$CaCO_3 \cdot CaSO_4 \cdot CaSiO_2 \cdot 15H_2O$），是$Ca(OH)_2$、$CaCO_3$与无定型的$SiO_2$及石膏在低温下形成的。钙硅石会使混凝土表面产生鼓泡、胀裂和凸起现象，使混凝土松软，强度降低。

综上可知：Na_2SO_4、K_2SO_4、$MgSO_4$对混凝土可同时产生石膏、钙矾石和钙硅石侵蚀，而$CaSO_4$主要产生钙矾石和钙硅石侵蚀。另外，$MgSO_4$还会与水化硅酸钙发生如式(10-40）的反应：

$$3CaO \cdot 2SiO_2 \cdot 3H_2O + 3MgSO_4 + 10H_2O \longrightarrow 3(CaSO_4 \cdot 2H_2O) + 3Mg(OH)_2 + 2SiO_2 \cdot 4H_2O \tag{10-40}$$

由于$Mg(OH)_2$的溶解度很低，沉淀出来，使上述反应不断向右进行，所以$MgSO_4$会破坏水化硅酸钙胶体结构，比其他硫酸盐具有更强的破坏的作用。

受硫酸盐侵蚀的混凝土的强度变化一般经历两个阶段：

① 腐蚀初期，由于新生成的结晶体体积膨胀，混凝土的孔隙率降低，密实度提高，强度有所提高；

② 腐蚀后期，由于在混凝土的孔隙内大量生成膨胀性产物，导致膨胀应力不断增长，破坏混凝土的孔结构，内部裂缝不断发展，强度下降，最终破坏混凝土结构。

硫酸盐对混凝土的侵蚀作用与其浓度有关。当混凝土处于液态介质中时，一般认为当介质中的SO_4^{2-}浓度大于200mg/L时，开始有弱侵蚀作用。而当混凝土处于固态介质中时，由于硫酸盐的侵蚀作用是液相反应，反应过程需要水的参与，因此多数学者认为，在相对干燥的固态介质中，只有当SO_4^{2-}浓度大于2000mg/L时，才能在空气湿度和毛细引力作用下对混凝土产生侵蚀作用。

表10-13、表10-14分别列出了各类标准规定的液态、固态介质中SO_4^{2-}浓度对混凝土的侵蚀作用程度。另外，美国ACI标准ACI 201.2R—2016按SO_4^{2-}浓度把侵蚀程度分为4级，见表10-15。

表10-13　液态介质中硫酸盐浓度对混凝土的侵蚀影响　　单位：mg/L

标准名称	侵蚀作用		
	弱	中等	强
国际标准(ISO)	250～500	500～1000	>1000
欧洲标准(CEB) 德国标准(DIN)	200～600	600～3000	>3000
欧洲水泥协会(Cemb)	200～6000	600～6000	>6000

表 10-14　　固态介质中硫酸盐浓度对混凝土的侵蚀影响　　单位：mg/L

标准名称	侵蚀作用		
	弱	中等	强
国际标准(ISO)	<600	600～1000	>1000
欧洲标准(CEB) 德国标准(DIN)	2000～5000	>5000	—
欧洲水泥协会(Cemb)	200～600	>6000	—

表 10-15　美国 ACI 标准对硫酸盐侵蚀程度分级

侵蚀程度分级	SO_4^{2-} 浓度		技术要求		性能要求		
	土壤中/%	地下水中/(mg/kg)	水泥品种	水灰(胶)比	最大膨胀率(ASTM C1012/C1012M)		
					6 个月	12 个月	18 个月
S0(忽略不计)	<0.1	<150	—	—	—	—	—
S1(中等)	0.1～0.2	150～1500	ASTM Ⅱ型波特兰或火山灰波特兰或矿渣波特兰	<0.5	0.1%	—	—
S2(严重)	0.2～2.0	1500～10000	ASTM Ⅴ型	<0.45	0.05%	0.1%	—
S3(极严重)	>2.0	>10000	ASTM Ⅴ型加火山灰混合材	<0.4	—	—	0.1%

提高混凝土抗硫酸盐侵蚀性能的措施如下：

① 控制混凝土的水灰（胶）比，提高其密实性；

② 正确选择水泥品种，混凝土中 $Ca(OH)_2$ 和 C_3A 的水化产物水化铝酸钙是产生硫酸盐侵蚀的根源，因此应选用熟料中 C_3A 含量低的水泥，一般认为 C_3A 含量低于 7%的水泥具有良好的抗硫酸盐侵蚀性能；

③ 在水泥或混凝土中掺入粉煤灰、矿渣等矿物外加剂，由于这些矿物外加剂能与水泥的水化产物 $Ca(OH)_2$ 反应生成 C-S-H 凝胶，减少了混凝土中 $Ca(OH)_2$ 的含量，另外，C-S-H 凝胶会在易于被侵蚀的表面形成一层保护层，从而降低混凝土受侵蚀的程度。

④ 采用高压蒸汽养护，能消除游离的 $Ca(OH)_2$，并使 C_3A、C_3S、C_2S 均形成相对稳定的水化产物，改善混凝土的抗硫酸盐侵蚀性能。

第四节　混凝土的碱-集料反应

一、概述

碱-集料反应(alkali-aggregate reaction，AAR) 是指混凝土中的碱与集料中的活性组分发生的膨胀性反应。这种反应往往引起混凝土的膨胀、开裂，而且开裂是整体性的，且目前尚无有效的修补方法，尤其是碱-碳酸盐反应还没有有效的预防措施，因此被称为混凝土的“癌症”。

半个多世纪以来，碱-集料反应已经在全世界二十多个国家造成了巨大的损失。丹麦在 20 世纪 50 年代调查了全国 431 座混凝土建筑物，其中 3/4 的建筑物发生了不同程度的 AAR 破坏；英国自 1975 年发现首个集料反应破坏的实例后，目前已有数百座建筑物遭受不同程度的 AAR 破坏；20 世纪 80 年代美国对全国范围内的约 50 万座公路桥梁调查后发现，有20万座已经损坏，其中多数是由AAR造成的破坏。类似的情况在加拿大、德国、瑞典、日本等国家均有发现。直到1988年我国还未发现有较大的AAR破坏，但从20世纪90年代开始，陆续在北京、山东、天津、河南等地的立交桥、机场或铁路轨枕中发现AAR引起的混凝土结构破坏。

二、碱-集料反应的种类和发生条件

（一）碱-集料反应的种类

根据集料中活性成分的不同，碱-集料反应可分为碱-硅酸反应和碱-碳酸盐反应。有研究表明，碱-集料反应除上述两种外，还包括碱-硅酸盐反应。但唐明述等经过上百种硅酸盐矿物碱活性研究，提出碱-硅酸盐反应实质上就是碱-硅酸反应。

（1）碱-硅酸反应（alkali-silica reaction，ASR）　混凝土中的碱与集料中的活性二氧化硅之间的反应。反应产物硅胶体遇水后体积膨胀，产生较大的膨胀压力，引起混凝土的开裂。

（2）碱-碳酸盐反应（alkali-carbonate reaction，ACR）　混凝土中的碱与某些碳酸盐矿物之间的反应。

（二）碱-集料反应的发生条件

发生碱-集料反应的必要条件：混凝土中含有一定数量的碱（Na_2O、K_2O）、集料是碱活性的以及潮湿环境。

1. 混凝土中含有一定数量的碱

混凝土中碱主要来自配制混凝土时带入的碱，也可以是工程使用过程中从周围环境侵入的碱。

（1）配制混凝土时带入的碱

配制混凝土时带入的碱等于各种原材料（水泥、化学外加剂、矿物外加剂、集料、水等）中碱的数量之和，由原材料中碱的含量及其在混凝土中的用量所决定的，其中水泥和化学外加剂是最主要的来源。

水泥的中碱主要是由生产水泥的原料黏土和燃料煤引入的。我国北方地区黏土中钠、钾含量较高，所以该地区水泥厂生产的水泥中碱的含量一般要高于南方地区。新型干法水泥生产工艺中富碱的烟气在流程中重复循环，水泥厂为了节能一般不采取措施将其排放出去，所以采用该方法烧成的水泥中含碱量比湿法和立窑烧成的要高。钠、钾含量折合成Na_2O（$Na_2O+0.66K_2O$）小于0.6%的水泥称为低碱水泥，国际公认，采用低碱水泥一般不会发生碱-集料反应。

外加剂的使用是现代混凝土技术发展的一个重要动力，但同时也带来了某些外加剂引入碱的问题。如掺加Na_2SO_4早强剂，掺量以水泥用量的2%计，则引入的Na_2O约为水泥用量的0.9%，等于甚至大于水泥本身的含碱量。另外，最常用的萘系高效减水剂中含Na_2SO_4量可达10%左右，如掺量为水泥用量的1%，则引入的Na_2SO_4约为水泥的0.1%，折合Na_2O约为0.045%。所以，在有碱-集料反应潜在危险的工程中，即暴露在水中或潮湿环境下，并采用碱活性集料时，不应使用Na_2SO_4、$NaNO_2$等钠盐外加剂。

(2) 周围环境带入的碱

混凝土工程建成以后，从周围环境可能会侵入碱，如冬季城市的公路与桥梁为防止路面打滑而撒的除冰盐中的碱离子会渗入混凝土排水管道和桥梁中；浸在海水中的混凝土构件的孔隙中也会储存含碱离子的海水。在这种情况下，即使配制混凝土带入的碱含量较低，只要环境中外来碱的含量增加到一定程度，混凝土结构同样会发生 AAR 破坏。

2. 混凝土中含有相当数量的活性集料

碱-硅酸反应是碱与微晶或无定形的 SiO_2 之间的反应。多数集料的主要矿物成分是 SiO_2，以石英、方石英等形式存在。石英是结晶良好、排列有序的硅氧四面体，具有稳定的化学键，因此是惰性的，不容易起反应，不会引起严重的 AAR 破坏。而方石英等则不同，结晶程度较差、排列不规则；另外，水与 SiO_2 的独特结构关系使水替代部分的 SiO_2，形成无定形的水化 SiO_2，令其易于与碱发生化学反应，引起 AAR 破坏。

常见的碱-活性岩石及其活性组分见表 10-16。

表 10-16 常见的碱-活性岩石及其活性组分

岩石类别	岩石名称	碱活性矿物
火成岩	流纹岩 安山岩 松脂岩 珍珠岩 黑曜岩	酸性-中性火山玻璃、隐晶-微晶石英、鳞石英、方石英
	花岗岩 花岗闪长岩	应变石英、微晶石英
沉积岩	火山熔岩 火山角砾岩 凝灰岩	火山玻璃
	石英砂岩	微晶石英、应变石英
	硬砂岩	微晶石英、应变石英、喷出岩及火山碎屑岩屑
	硅藻土	蛋白石
	碧玉	玉髓、微晶石英
	燧石	蛋白石、玉髓、微晶石英
	碳酸盐岩	细粒泥质灰质白云岩或白云质灰岩、硅质灰岩或硅质白云岩
变质岩	板岩 千枚岩	玉髓、微晶石英
	片岩 片麻岩	微晶石英、应变石英
	石英岩	应变石英

一般碳酸盐集料是无害的，$CaCO_3$ 晶体与碱不起反应，碱-碳酸盐反应是碱与白云质石灰岩（$MgCO_3 \cdot CaCO_3$）之间的反应。白云质石灰岩、石灰质白云岩以及有隐晶的石灰岩易于与碱反应。

3. 潮湿环境

碱-集料反应只有在空气中相对湿度大于 80%，或直接与水接触，才可能发生。如果混凝土具备了碱-集料反应的发生条件，则当处于高湿度或直接与水接触的环境中，反应生成物就会吸水膨胀，使混凝土内部受到膨胀压力，最终导致混凝土被破坏。但在相对湿度较小的干燥环境中，混凝土的平衡含水率较小，即使含碱量大并采用碱活性集料，AAR 也进行得很缓慢，不易产生破坏性的开裂。

三、碱-集料反应的机理

（一）碱-硅酸反应

碱-硅酸反应是由 SiO_2 在集料颗粒表面的溶解开始的。首先集料表面的氧原子被羟基化，见式(10-41)，在高碱溶液（即 pH 值较高）中，羟基化继续加剧，见式(10-42)。

$$\text{Si}-\text{O}-\text{Si}+\text{H}_2\text{O}\longrightarrow\text{Si}-\text{OH}\cdot\cdot\cdot\text{OH}-\text{Si} \tag{10-41}$$

$$\text{Si}-\text{OH}+\text{OH}^-\longrightarrow\text{SiO}^-+\text{H}_2\text{O} \tag{10-42}$$

水泥中碱（Na_2O、K_2O）在水化过程中溶解于孔溶液中，以 Na^+、K^+ 和 OH^- 等离子的形式存在。水泥的水化产物 $Ca(OH)_2$ 也在孔溶液中溶解，但由于 Na^+、K^+ 和 OH^- 等离子的存在，使得 $Ca(OH)_2$ 变得难溶解，孔溶液中的 pH 值远高于 $Ca(OH)_2$ 饱和溶液，OH^- 的浓度较高。混凝土中孔溶液的碱度（pH 值）对 SiO_2 的溶解度有很大影响，见表 10-17。

表 10-17　pH 值对 SiO_2 的溶解度的影响

介质	pH 值	SiO_2 的近似溶解度（$\times10^{-6}$）
天然水	7～8	100～150
中等碱性的水	10	<500
$Ca(OH)_2$ 饱和溶液	12	90000
低碱水泥浆	～12.5	～500000
高碱水泥浆	>13	没有限量

当更多的 S_i-O-S_i 被打开，在集料表面就会逐步形成凝胶，见式(10-43)（以 Na 为例）。带负电的凝胶会吸引 Na^+、K^+ 和 Ca^{2+}，使其向集料表面的凝胶扩散。上述反应可能在集料颗粒表面进行，也可能贯穿颗粒，决定于集料的缺陷。在低碱水泥中，Ca^{2+} 较多，而 Na^+、K^+ 较少，则生成的 C-S-H 凝胶会转化成稳定的固态结构，类似于混凝土的硬化过程，不足以引起混凝土的破坏。但在高碱水泥中，Na^+、K^+ 较多，而 Ca^{2+} 较少，生成的硅酸盐凝胶更具黏性，能吸收大量的水，并伴有体积膨胀，引起集料颗粒的崩坏或周围水泥浆体的开裂。

$$\text{NaOH}+n\text{SiO}_2\longrightarrow\text{N}_{a2}\text{O}\cdot n\text{SiO}_2\cdot\text{H}_2\text{O} \tag{10-43}$$

上述机制认为膨胀是由于胶体吸水引起的，即所谓的肿胀理论，而 Hansen 提出了另外一种理论——渗透理论：集料周围的水泥水化生成的硬化水泥浆体起半渗透膜的作用，允许 NaOH、KOH 和水扩散至集料表面而阻止碱-硅酸反应生成的硅酸离子向外渗透，从而产生渗透压，导致混凝土膨胀、开裂。

从热力学角度，形成肿胀压和渗透压是源于系统中胶体吸附水与孔溶液中水的自由能差别，或者说两种蒸汽压的差别是推动水向颗粒流动的动力，两者都可用热力学公式(10-44)来描述。

$$\Delta P=-\frac{RT}{V}\lg\frac{P}{P_0} \tag{10-44}$$

式中　ΔP——肿胀压或渗透压；

R——气体常数；

T——温度；

V——摩尔体积；

P——硅酸钠（钾）体系中水的蒸汽压；

P_0——T 温度下的饱和蒸汽压。

（二）碱-碳酸盐反应

碱-碳酸盐反应的机理与碱-硅酸反应完全不同。Gillott 首先提出了碱-碳酸盐反应的机理，认为碱与白云石之间发生如式(10-45）的去白云石化反应（以 Na 为例)：

$$CaCO_3 \cdot MgCO_3 + 2NaOH \longrightarrow Mg(OH)_2 + CaCO_3 + Na_2CO_3 \qquad (10\text{-}45)$$

Hadley 提出，反应生成物与水化产物 $Ca(OH)_2$ 继续反应，见式(11-46)：

$$Na_2CO_3 + Ca(OH)_2 \longrightarrow CaCO_3 + 2NaOH \qquad (10\text{-}46)$$

这样，NaOH 继续与白云石反应，不断被循环使用。由于上述去白云石化反应是一个固相体积减小的过程，即反应生成物的体积要小于反应物的体积，所以反应本身不能引起体积膨胀。但是，白云石中包裹有黏土，去白云石化反应破坏了白云石晶体，使基体中的黏土暴露出来，黏土吸水后导致体积膨胀，破坏混凝土结构。所以碱-碳酸盐反应产生破坏的本质是黏土吸水膨胀，而去白云石化反应为其提供了前提条件。

刘峥、韩苏芬等对碱-碳酸盐反应提出了不同于 Gillott 的吸水膨胀的机理，即碱-碳酸盐反应的膨胀结晶压机理；而后邓敏、唐明述对该机理进行了修正，认为去白云石化反应生成的水镁石和方镁石晶体颗粒较细，颗粒之间存在大量的孔隙，使固相反应产物的框架体积大于反应物的体积，在限制条件下，固相反应产物框架体积的增大以及水镁石和方镁石晶体生长形成了结晶压，从而产生膨胀应力，导致混凝土被破坏。

四、碱-集料反应的破坏特征与检测方法

（一）碱-集料反应的破坏特征

混凝土的碱-集料反应有其固有的一些特征：时间特征、膨胀特征、表面开裂特征、凝胶析出特征、潮湿特征等。

1. 时间特征

大量的工程实例表明：AAR 破坏一般发生在混凝土浇筑后几年甚至更长的时间，比其他耐久性问题导致的混凝土破坏速度快。

2. 膨胀特征

AAR 破坏是混凝土体积膨胀引起的，可使混凝土结构物发生整体变形和位移现象，如大坝坝体膨胀升高、桥梁支点膨胀错位、横向构件在两端约束条件下因膨胀而发生的弯曲、扭翘等现象。

3. 表面开裂特征

在不受约束和荷载（或两者较小）的部位，AAR 破坏一般在混凝土表面会形成网状裂缝；在钢筋限制力较大的区域，裂缝常常平行于钢筋方向；而在外部压应力的作用下，裂缝也会平行于压应力方向。另外，碱-集料反应在开裂的同时有时出现局部膨胀，以致裂缝两侧的混凝土出现不平的现象，这是碱-集料反应所特有的现象。

4. 凝胶析出特征

ASR 反应生成的碱-硅酸凝胶有时会从裂缝中流到混凝土表面，新鲜凝胶呈透明或淡黄

色，外观类似树脂状，脱水后变成白色，长时间干燥后变为无定形粉末状。凝胶的析出程度取决于 ASR 反应的程度和集料的种类，反应程度较轻或集料为硬砂岩时，一般难以看到明显的凝胶析出。由于 ACR 反应中未生成凝胶，因此混凝土表面不会有凝胶析出。

5. 潮湿特征

大量工程实践表明，越潮湿的部位反应越强烈，膨胀和表面开裂破坏越明显。而对于 ASR 引起的破坏，湿度越大，凝胶析出的特征也越明显。

6. 内部裂缝特征

当 AAR 反应引起超量膨胀时，会在混凝土集料间产生网状的内部裂缝，在钢筋等约束或外压力的作用下，裂缝会平行于压应力方向成列分布，与外部裂缝相连，而且裂缝中常常充满了凝胶。

7. 内部凝胶特征

通过检测混凝土芯样的原始表面、切割面、光面和薄片，可在空洞、孔隙、裂纹、集料-浆体的界面处发现凝胶。

8. 反应环特征

有些集料在与碱发生反应以后，会在集料周围形成一个深色的薄圈，称为反应环。

当然，由于 AAR 的复杂性，仅凭上述特征还不能推断混凝土已经发生 AAR 破坏，还必须结合集料的活性测定、混凝土碱含量测定、渗出物鉴定、残余膨胀试验等手段来综合判定是否发生了 AAR 破坏。

（二）集料的碱活性检测方法

如前所述，碱-集料反应(AAR) 作为导致混凝土耐久性下降的重要原因之一，已在世界范围内造成了大量混凝土工程被破坏和巨大的经济损失。各国都采取了大量的措施预防 AAR 的发生，其中使用非活性集料是预防 AAR 最安全可靠的措施。因此，如何判断集料的碱活性便成为预防 AAR 的关键。综合国内外的有关标准，集料的碱活性检测方法主要包括以下几种：岩相法、化学法、岩石柱法、砂浆棒长度法、砂浆棒快速法、混凝土棱柱体法和压蒸法。其中化学法检测误差大、重复性差，仅适用于某些特定骨料，国外已取消这种方法，《水工混凝土砂石骨料试验规程》（DL/T 5151—2014）及《水工混凝土试验规程》（SL/T 352—2020）也将该方法取消。砂浆棒长度法试验检测周期较长，且检测结果受水泥碱含量、水灰（胶）比、养护容器的湿度控制精度等影响较大，有时甚至得出相反的结论。砂浆棒长度法将被逐渐淘汰，《水工混凝土试验规程》（SL/T 352—2020）已将砂浆棒长度法取消。

1. 岩相法

岩相法是通过肉眼或偏光显微镜鉴定矿物成分及其含量，以及矿物结晶程度和结构。如果分辨有一定困难，还可借助于扫描电镜，X 射线衍射分析、差热分析、红外光谱分析等手段，对矿物作出判断。该方法检测速度快，可直接观察到集料中的活性组分，检测结果是选择其他合适方法的重要依据，所以一直作为集料碱-活性鉴定的首选方法。但是该方法不能对集料碱-活性进行定量的分析，必须与其他方法配合使用。

2. 岩石柱法

岩石柱法适用于碱-碳酸盐反应活性骨料。具体检验方法：钻取相互垂直的 3 个直径为 (9±1)mm、长 (35±5)mm 的圆柱体岩石试件，将试件浸泡在 1mol/LNaOH 溶液中并定期测试试件的膨胀率，试验周期为 84d。《水工混凝土试验规程》（SL/T 352—2020）规定：

浸泡 84d 后的试件膨胀率大于 0.1%或试件出现开裂、弯曲、断裂等现象，则判定集料具有潜在碱活性。

3. 砂浆棒快速法

砂浆棒快速法能在 16d 内检测出集料在砂浆中的潜在有害的碱-硅酸反应，尤其适用于检验反应缓慢或只在后期才产生膨胀的集料。具体做法是以试件在 80℃的 1mol/LNaOH 溶液中的 14d 膨胀值作为集料碱活性的评判依据。《水工混凝土砂石骨料试验规程》（DL/T 5151—2014）规定当膨胀率＜0.1%为非活性集料，膨胀率＞0.2%为活性集料，膨胀率为 0.1%～0.2%时为潜在活性。

砂浆棒快速法成功解决了砂浆棒长度法不能检测的慢性膨胀岩石活性的问题，但该方法也存在一定的缺点：可能是由于高温的影响，集料的膨胀速率、膨胀值、水泥中的碱含量等对膨胀的影响程度难以体现，使实际工程中膨胀缓慢、膨胀量较小的集料也被判定为活性，存在错判的危险。

4. 混凝土棱柱体法

混凝土棱柱体法用于评定混凝土试件在升温及潮湿条件养护下，水泥中的碱与集料反应引起的膨胀是否具有潜在危害。具体做法是按规定制备混凝土试件，成型后置于温度为（23±2)℃、相对湿度 100%的环境中养护 24h 后脱模测量初始长度，再在温度（38±2)℃的环境中养护，如果养护 12 个月的试件膨胀率大于 0.04%，则认为集料是活性的。

混凝土棱柱体法的优点是所采用的试件与实际混凝土较接近，既适用于检测硅质集料，又能检测碳酸盐集料，但该方法检测周期较长，而且检测结果受水泥细度、水灰（胶）比、配比、养护条件等影响较大。

5. 压蒸法

压蒸法是为加速集料的活性组分与碱反应，缩短判定时间，使 AAR 在高温高压的条件下进行，以检测集料的碱活性。根据所用试件的不同，压蒸法可分为压蒸砂浆试体法和压蒸混凝土试体法。在压蒸法中，比较有影响的是中国压蒸砂浆试体法和法国压蒸混凝土试体法。中国压蒸砂浆试体法采用单级配、多胶砂比制备 10mm×10mm×40mm 砂浆试体，在室温养护 1d 后脱模，在以 100℃蒸汽养护 4h，然后浸泡在 150℃、10 %KOH 溶液中压蒸 6h，最后冷却至室温测定试件的膨胀率。若试体膨胀率大于 0.1 %，集料为活性。法国压蒸混凝土试体法采用现场实际混凝土配比，试体尺寸为 70mm×70mm×280mm，在 150℃碱溶液中压蒸 21d，测量试体的膨胀率，若 21d 的膨胀率大于 0.11 %，集料为活性。压蒸砂浆试体法所需试体量小且检测速度快，缺点是由于试体尺寸较小，难以得到有代表性的试件。压蒸混凝土试体法不仅能评定集料的碱活性，还能判断新鲜混凝土中发生 AAR 的可能性。两者相比，压蒸混凝土试体法接近具体工程的实际，就评价具体工程的碱-集料反应危害而言，优于压蒸砂浆试体法，但对评价集料的碱活性，压蒸砂浆试体法因更方便而优于压蒸混凝土试体法。

由于 AAR 的复杂性和集料种类、性质差异较大，仅采用一种方法不可能对所有集料进行确切的评价，只有综合运用几种检测方法才能对集料的碱活性进行比较准确的判定。

五、碱-集料反应的主要影响因素及抑制措施

（一）碱-集料反应的主要影响因素

混凝土中含有一定数量的碱、碱活性集料以及潮湿环境是发生碱-集料反应的三个必要

条件，除此以外，影响碱-集料反应的因素还包括水灰（胶）比、活性集料的粒度和孔隙率、混凝土的孔隙率、环境温度等。

1. 水灰（胶）比

水灰（胶）比越大，混凝土中的孔隙体积增大，各种离子的扩散和水的移动速度加快，会促进 AAR 的发生，但孔隙体积增大，又降低了孔溶液中的碱度，减缓 AAR。在通常水灰（胶）比的范围内，随着水灰（胶）比减小，AAR 的膨胀量有增大的趋势。

2. 活性集料的粒度和孔隙率

活性集料的粒度过大或过小都能使 AAR 的膨胀量减小，如当集料颗粒很细（≤75μm）时，虽有明显的碱-硅酸反应，但膨胀甚微，中间粒度（0.15～0.6mm）的集料引起 AAR 的膨胀量最大，因为此时活性集料的总表面积最大。

活性集料的孔隙率对其反应膨胀量也有一定的影响，多孔集料能缓解膨胀压力，从而减缓碱-集料反应。

3. 混凝土的孔隙率

混凝土的孔隙能减缓 AAR 反应时胶体吸水产生的膨胀压力，所以随着孔隙率的增加，反应膨胀量减小，特别是细小的孔隙减缓效果更好。

4. 环境温度

每一种集料都有一个温度限值。在该温度以下，AAR 反应产生的膨胀量随温度的升高而增大，当超过温度限值时，膨胀量迅速下降，原因是高温下碱-集料反应加快，在混凝土未凝结之前已完成了膨胀，而塑性状态的混凝土仍能吸收膨胀压力。

（二）碱-集料反应的抑制措施

根据碱-集料反应的发生条件、机理及其影响因素，提出抑制措施如下：

1. 控制水泥及混凝土中的碱含量

采用低碱水泥，以降低混凝土中的碱含量，并在一定程度上缓解 AAR 问题，但研究表明，由于混凝土中的碱能随水分子的迁移而富集，该措施并不总是有效。

2. 使用非活性集料

使用非活性集料是抑制 AAR 最有效和最安全可靠的措施。因此，为防止碱-集料反应，应对集料的这一特性加以控制，特别是重点工程更应注意选用非活性集料。但是受集料资源的影响，这种措施的实际应用是非常有限的。另外，目前对评定集料的碱活性特别是慢膨胀集料的潜在碱活性尚无绝对可靠的方法，所以准确判断集料的碱活性并非易事。

3. 掺加矿物外加剂

在混凝土中掺加粉煤灰、矿渣、硅灰等矿物外加剂，由于本身含有大量的活性 SiO_2，颗粒较细，能吸收较多的碱，降低混凝土的碱性，从而控制碱-集料反应。如在混凝土中掺入水泥质量为 20%～25%的粉煤灰可有效控制碱-集料反应及由此引起的膨胀与损坏。

4. 掺加化学外加剂

使用某些化学外加剂可抑制 AAR 膨胀，如在混凝土中掺加引气剂，引入的空气泡提供了硅酸钠凝胶吸水膨胀释放能量的空间。

5. 控制相对湿度

研究表明，相对湿度减小可降低 AAR 膨胀。从使用条件来看，应尽量使混凝土结构处于干燥状态，特别是防止经常受干湿交替的影响。

第五节 混凝土的碳化

一、概述

空气、土壤或地下水中的酸性物质，如 CO_2、HCl、SO_2、Cl_2 等，侵入混凝土中，与硬化水泥浆体中的碱性物质发生反应，使混凝土的 pH 值下降的过程称为混凝土的中性化；其中大气环境中的 CO_2 引起的中性化过程称为混凝土的碳化，它是混凝土中性化最常见的一种形式。

碳化会使混凝土的碱度降低，破坏钢筋表面的钝化膜，引起钢筋锈蚀。另外，碳化还会使混凝土脆性变大，这些都会导致混凝土结构出现裂缝，甚至破坏。

二、混凝土的碳化机理

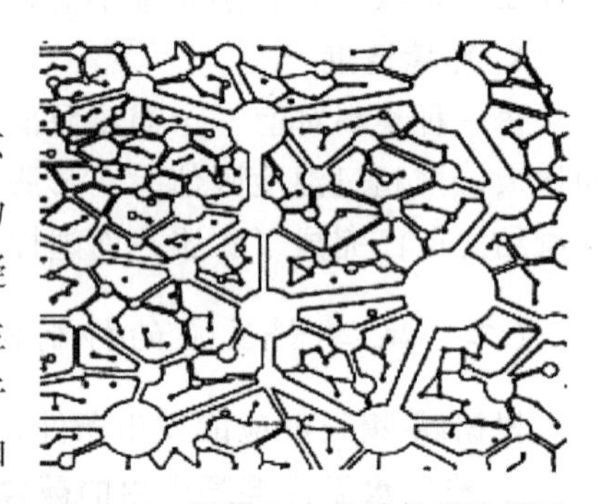
图 10-2　混凝土内部结构示意情况

混凝土本身是一个多孔物质，内部存在着许多大小不同的毛细管、孔隙、气泡，甚至缺陷等，图 10-2 所示为 Houst 提供的混凝土内部结构示意图，从中可以看出，混凝土内部的这些毛细管、孔、气泡等互相连通，彼此交互生长。空气中的二氧化碳（CO_2）渗透混凝土内部时，溶解于毛细管中的液相，并与水泥水化过程中产生的 $Ca(OH)_2$ 和 C-S-H 等水化产物相互作用，形成碳酸钙。碳化过程是 CO_2 由表及里向混凝土内部逐渐扩散，主要的反应见式(10-47)～式(10-49)。

$$CO_2+H_2O \longrightarrow H_2CO_3 \tag{10-47}$$

$$2Ca(OH)_2+H_2CO_3 \longrightarrow CaCO_3+H_2O \tag{10-48}$$

$$3CaO\cdot 2SiO_2\cdot 3H_2O+3CO_2+\longrightarrow CaCO_3\cdot 2SiO_2\cdot 3H_2O \tag{10-49}$$

可以看出，混凝土的碳化是在气相、液相和固相中进行的一个十分复杂的多相物理化学连续过程。大量试验研究表明，在混凝土中存在完全碳化区、碳化反应区（部分碳化区）和未碳化区三个区域。

混凝土碳化反应的结果：一方面生成的 $CaCO_3$ 及其他固态物质堵塞在孔隙中，降低了混凝土的总孔隙率，从而提高混凝土的密实度和强度；另一方面，碳化使混凝土的脆性变大。由于一般情况下混凝土的碳化深度较浅，大致与钢筋保护层厚度相当，故碳化引起的混凝土强度、脆性变化对混凝土的力学性能及构件受力性能的影响并不大。混凝土碳化的最大危害在于会引起钢筋锈蚀。

在混凝土硬化过程中，约 1/3 的水泥将生成 $Ca(OH)_2$，生成的 $Ca(OH)_2$ 在硬化水泥浆体中结晶，或在其孔隙中以饱和水溶液的形式存在。新鲜的混凝土呈高碱性，pH 值一般大于 12.5。在这样高的碱性环境下，钢筋容易发生钝化作用，在钢筋表面会产生一层钝化膜，从而阻止钢筋锈蚀的发生。但当碳化现象发生时，CO_2 会中和混凝土中的碱性物质，导致混凝土的 pH 值下降，当混凝土被完全碳化后，就会出现 pH<9 的情况，在这种环境下，钢筋表面的钝化膜会逐渐破坏，引起钢筋锈蚀。

三、混凝土碳化的表征

（一）混凝土碳化深度的检测方法

混凝土的碳化是采用碳化深度来表征，检测方法主要有 X 射线法和化学试剂法。X 射线法采用专门的测试仪器，不仅能测出完全碳化深度，还能测出部分碳化深度，主要适用于试验室的精确测量。而化学试剂法是采用特定的化学试剂来测出混凝土的碳化深度，主要用于现场检测。

（二）混凝土快速碳化试验

《普通混凝土长期性能和耐久性能试验方法》（GB/T 50082—2009）中规定了室内快速碳化试验方法，采用棱柱体混凝土试件，长宽比不应小于 3，3 个一组，一般养护 28d 后进行碳化，试验前 2d 应将试件从标准养护室取出，在 60℃下烘 48h，然后试件在温度为 20±5℃、湿度为 70±5%、CO_2 浓度为 20±3%的条件下碳化，到规定的龄期后破型以测定混凝土的碳化深度。混凝土在各龄期的平均碳化深度可按式(10-50）计算：

$$d_t = \frac{\sum_{i=1}^{n} d_i}{n} \tag{10-50}$$

式中 d_t——试件碳化 td 后的平均碳化深度，mm；

d_i——两个侧面上各点的碳化深度，mm；

n——两个侧面上的总点数。

（三）混凝土碳化深度的预测

对于混凝土碳化深度的预测可分为两大类：理论推导和试验分析得出的经验公式。

理论推导是应用扩散理论来研究混凝土的碳化规律。假设：

（1）混凝土中 CO_2 浓度呈直线下降；

（2）混凝土表面的 CO_2 浓度为 C_0，而未碳化区的浓度为 0；

（3）单位体积混凝土吸收 CO_2 起化学反应的量为恒定值。

在此假设下，混凝土的碳化过程遵循 Fick 第一扩散定律，由此得到理论上计算混凝土碳化深度的公式(10-51)：

$$X = [(2D_{CO_2} C_0 / M_0) \cdot t]^{1/2} \tag{10-51}$$

式中 X——碳化深度；

D_{CO_2}——CO_2 在混凝土中的有效扩散系数；

C_0——混凝土表面 CO_2 的浓度；

M_0——单位体积混凝土吸收 CO_2 气体的量；

t——碳化时间。

式(10-51) 还可简写为式(10-52) 的形式：

$$X=k\sqrt{t} \tag{10-52}$$

式中 k——碳化速度系数，是反映碳化速度快慢的综合系数。

经验公式由于各学者考虑的影响因素不同而为数众多，主要体现在碳化深度预测公式 $X=\alpha t^{\beta}$ 中碳化系数 α 的不同上。对于其取值，有代表性的是中国建筑科学研究院提出的公式，见式(10-53)：

$$X=\eta_1 \cdot \eta_2 \cdot \eta_3 \cdot \eta_4 \cdot \eta_5 \cdot \eta_6 \cdot \sqrt{t} \tag{10-53}$$

式中 X——碳化深度；

η_1——水泥用量的影响系数；

η_2——水灰（胶）比影响系数；

η_3——粉煤灰取代量影响系数；

η_4——水泥品种影响系数；

η_5——集料品种的影响系数；

η_6——养护方法影响系数；

t——碳化时间。

四、影响混凝土碳化的主要因素

根据混凝土的碳化机理及预测公式可知，混凝土的碳化速度主要取决于 CO_2 的扩散速度以及 CO_2 与混凝土中可碳化物质的反应性。CO_2 的扩散速度受混凝土本身的密实性、CO_2 的浓度、环境湿度等因素的影响，而 CO_2 与混凝土中可碳化物质的反应性又与混凝土中 $Ca(OH)_2$ 的含量、水化产物的形态及环境的温湿度有关。这些影响因素可归结为混凝土自身内部因素与外部环境因素。

（一）混凝土自身内部因素

1. 水泥品种和用量

水泥品种和用量共同决定水泥水化后单位体积混凝土中可碳化物质的含量。在水泥用量及其他条件相同时，掺矿物外加剂的水泥水化后，单位体积混凝土中可碳化物质的含量减少，因此碳化速度加快。水泥用量直接影响混凝土吸收 CO_2 的量，水泥用量越大，单位体积混凝土内可碳化物质的含量越多，碳化消耗 CO_2 的量也越多，减缓混凝土的碳化速度。

2. 水灰（胶）比

CO_2 是通过毛细孔组织等孔隙由表及里向内扩散，而混凝土微观结构的形成，受水灰（胶）比的影响较大。在通常范围内，水灰（胶）比增加，混凝土的孔隙率也加大，CO_2 的有效扩散系数变大，混凝土的碳化速度也加快。

3. 集料品种与粒径

某些天然或人造的轻集料中的火山灰在加热养护过程中会与 $Ca(OH)_2$ 结合，另外硅质集料发生 AAR 时也会消耗 $Ca(OH)_2$，降低混凝土中可碳化物质的含量，均会加速碳化。集料的粒径对水泥浆-集料的黏结有很大影响，在水灰（胶）比相同时粒径越大，与水泥浆的黏结越差，混凝土越容易碳化。

4. 施工与养护

施工中振捣不密实而出现蜂窝、裂纹会加快碳化速度。混凝土早期养护不良，水泥水化不充分，不仅降低混凝土的密实度，还会使混凝土中可碳化物质的生成量下降，从而使混凝土的碳化速度变快。

（二）外部环境因素

1. CO_2 浓度

一般来说，混凝土的碳化速度与 CO_2 浓度的平方根近似成正比。环境中的 CO_2 浓度越高，混凝土内外 CO_2 浓度梯度就越大，CO_2 就越容易扩散进入混凝土的内部，加快混凝土的碳化。

2. 环境温湿度

温度升高加快了碳化反应速度，更加快了 CO_2 的扩散速度，另外温度的交替变化也有利于 CO_2 的扩散。

环境相对湿度决定着混凝土孔隙的水饱和程度。当湿度较小，即混凝土处于较为干燥或含水率较低的状态，由于缺少碳化反应所需的水分，碳化难以发展；当湿度较高时，混凝土含水率较高，接近水饱和状态，减缓 CO_2 的扩散速度，碳化速度也较慢。研究表明，环境相对湿度为70%～80%时，碳化速度最快。

第六节 混凝土的抗氯离子侵蚀性

一、概述

混凝土中钢筋锈蚀是导致混凝土损坏的一种主要形式，且发生较普遍，修补成本也很高。氯离子被认为是产生钢筋锈蚀的主要因素，所以氯盐是一种最有害的侵蚀性化合物，能导致混凝土迅速被侵蚀损坏。在不含有氯离子的条件下也可能产生钢筋锈蚀，如混凝土的碳化导致其碱度降低，使得锈蚀易于发生。但是碳化是一个缓慢的过程，尤其是在低水灰（胶）比条件下，碳化导致的锈蚀不及氯离子引起的锈蚀普遍。应注意的是氯离子广泛存在于自然环境中，有时还被无意混入到混凝土组分中，如氯盐离子被用作促凝剂而加入到混凝土组分中；当暴露于海洋环境、以氯离子为主的腐蚀环境或是采用除冰剂，溶解的氯离子可以侵入未受保护的硬化混凝土基体中。

二、氯离子引起钢筋锈蚀的机理

对氯离子引起钢筋锈蚀的理论主要有三种：氧化膜理论、吸附理论和过渡络合理论。

（一）氧化膜理论

钢筋在高碱环境下形成起钝化作用的氧化膜，保护钢筋防止锈蚀，Cl^- 比其他离子（如

SO_4^{2-}）更容易通过膜上的缺陷或孔隙穿过氧化膜，或者 Cl^- 分散氧化膜使之更易穿透，从而引起钢筋锈蚀。

（二）吸附理论

Cl^- 与溶解的 O_2 或 OH^- 竞争，吸附于钢筋表面，促进金属离子的水化，因而使金属更容易溶解。

（三）过渡络合理论

Cl^- 与 OH^- 相互争夺由锈蚀产生的二价铁离子，并形成可溶的铁氯盐络合物，该络合物自阳极扩散，从而破坏 $Fe(OH)_2$ 保护层，使锈蚀持续进行，络合物在离开电极一段距离后转化为 $Fe(OH)_3$ 沉淀，Cl^- 又可以自由地从阳极处输送更多的 Fe^{2+}，由于锈蚀作用得不到抑制，更多的铁离子会从锈蚀区域向混凝土内迁移，并与氧气反应生成高氧化物（$Fe_3O_4 \cdot 4H_2O$、$Fe_2O_3 \cdot 3H_2O$），体积急剧膨胀，最终导致混凝土开裂。

如果大面积的钢筋表面具有高浓度氯化物，则氯化物所引起的腐蚀可能是均匀腐蚀，但是在不均质的混凝土中，常见的是局部腐蚀。Cl^- 对钢筋表面钝化膜的破坏发生在局部，使这些部位露出了铁基体，与尚完好的钝化膜区域形成单位差；铁基体作为阳极而受腐蚀，大面积钝化膜区域作为阴极。阳极铁的溶解向深处扩展成坑穴，在坑穴处形成酸性环境，并为锈蚀产物所保护，为维持其酸性环境，锈蚀继续发展。坑穴形成之后，邻近部位的钢筋电位随之下降，故在一段时间内不会形成新的坑穴，但最终可能发生大范围锈蚀，当混凝土内含有大量 Cl^- 时则可能发生全部锈蚀。

三、氯离子侵蚀的表征

Cl^- 在混凝土中的传输机理很复杂，但在大多数情况下扩散仍然被认为是主要的传输方式之一。对于现有的没有开裂且水灰（胶）比不太低的混凝土结构，大量的检测结果表明 Cl^- 的浓度可以被认为是一个线性扩散过程，该过程可以用 Fick 第二扩散定律来近似描述。

假定混凝土中的孔隙分布均匀，表面 Cl^- 的浓度是一定值，孔隙溶液中 Cl^- 的初始浓度为 0，由 Fick 第二扩散定律，可见式(10-54)：

$$\frac{\partial C}{\partial t}=D_{Cl^-}\frac{\partial^2 C}{\partial X^2} \tag{10-54}$$

式中 C——Cl^- 浓度；

t——扩散时间；

X——扩散深度；

D_{Cl^-}——扩散深度。

微分方程式(10-54) 的解见式(10-55)：

$$\frac{C_1}{C_0}=\mathrm{erf}\left(\frac{X}{2\sqrt{\frac{D_{Cl}t}{K_d}}}\right) \tag{10-55}$$

式中 C_1——钢筋开始锈蚀的极限 Cl^- 浓度，mol/cm^3；

C_0——混凝土表面的Cl^-浓度，mol/cm^3；

X——混凝土保护层厚度，cm；

D_{Cl}——混凝土的Cl^-有效扩散系数，cm^2/s；

K_d——在混凝土固相与在孔溶液中的Cl^-浓度之比；

t——达到钢筋失钝所需的时间，s。

由于Fick第二扩散定律的简洁性及与实测结果的较好吻合性，现其已成为预测Cl^-在混凝土中扩散的经典方法。但式(10-55)是一个理论计算模型，忽略了一些实际条件的影响，如环境湿度、溶液中其他离子、裂纹等，因此计算精度不高。此外，严格地说混凝土中的Cl^-扩散并非完全符合Fick扩散定律，水泥水化及结合氯导致混凝土孔结构和扩散系数随时间而变化。

目前国内外混凝土抗氯离子渗透性能常用的测试方法包括RCM法、电通量法等。RCM法是通过测定氯离子在混凝土中非稳态迁移的迁移系数，从而确定混凝土抗氯离子渗透性能。采用直径为100mm±1mm、高度为50mm±2mm的圆柱体试件。试件的标准养护龄期为28d。非标准养护龄期可根据设计要求选用56d或84d。养护完成后再将试件在饱和面干状态下置于真空容器中进行真空处理。测试时采用专门的RCM测定仪（如图10-3所示），测试电压调为30V±0.2V，并记录每个试件的初始电流，后续施加的电压应根据初始电流值决定。根据实际施加的电压，记录新的初始电流，再按照新的初始电流值确定试验持续的时间。

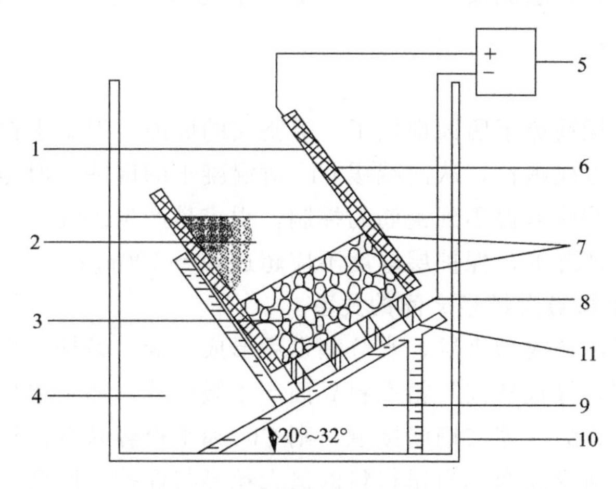

图10-3 RCM测定仪装置示意图

1—阳极板；2—阳极溶液；3—试件；4—阴极溶液；5—直流稳压电源；6—有机硅橡胶套；7—环箍；8—阴极板；9—支架；10—阴极试验槽；11—支撑头

混凝土的非稳态氯离子迁移系数按式(10-56)计算：

$$D_{RCM}=\frac{0.0239(273+T)L}{(U-2)t}\left(X_d-0.0238\sqrt{\frac{(273+T)LX_d}{U-2}}\right) \tag{10-56}$$

式中 D_{RCM}——混凝土的非稳态氯离子迁移系数，m^2/s；

U——所用电压的绝对值，V；

T——阳极溶液的初始温度和结束温度的平均值,℃；

L——试件厚度，mm；

X_d——氯离子渗透深度的平均值，mm；

t——试验持续时间，h。

以 3 个试样的氯离子迁移系数的平均值作为改组试件的氯离子迁移系数测定值。混凝土抗氯离子渗透性能的等级划分见表 10-18。

表 10-18　混凝土抗氯离子渗透性能的等级划分（RCM 法）

氯离子迁移系数 D_{RCM}（$\times10^{-12}m^2/s$）	等级	氯离子迁移系数 D_{RCM}（$\times10^{-12}m^2/s$）	等级
≥4.5	RCM-Ⅰ	1.5～2.5	RCM-Ⅳ
3.5～4.5	RCM-Ⅱ	<1.5	RCM-Ⅴ
2.5～3.5	RCM-Ⅲ		

四、氯离子侵蚀的影响因素

（一）混凝土自身内部因素

1. 水灰（胶）比

Cl^- 是通过毛细孔组织等孔隙由表及里向内扩散，而混凝土微观结构的形成，受水灰（胶）比的影响较大。在通常范围内，水灰（胶）比增加，混凝土的孔隙率也加大，Cl^- 的有效扩散系数变大，Cl^- 侵蚀速度也加快。

2. 养护条件

混凝土早期养护不良，水泥及一些矿物外加剂水化尚不充分，混凝土内部孔隙率较大，不利于抵抗 Cl^- 的侵蚀。

3. 保护层厚度

保护层厚度为保护钢筋免于腐蚀提供了一道坚实的屏障，混凝土保护层越大，则 Cl^- 到达钢筋表面所需的时间也就越长，从而减缓 Cl^- 对混凝土的侵蚀。但是，过厚的保护层在硬化过程中温度应力和收缩应力得不到钢筋的控制，很容易产生裂缝，一旦产生裂缝将大大削弱保护层的作用。一般情况下，保护层厚度不应超过 80～100mm。

4. 保护层厚度与集料最大粒径之间的关系

由于粗集料表面容易形成积水层，水分蒸发后形成裂缝；另外，在水化过程中由于水泥浆与集料的收缩不相同，导致砂浆与粗集料界面产生微裂缝。如果粗集料粒径大于保护层厚度，那么一端在暴露面，另一端与钢筋接触，则 Cl^- 和水很容易沿粗集料周围产生的裂缝渗入钢筋周围引起锈蚀。研究表明，当粗集料的最大粒径与保护层厚度大于 3/5 时，将随比值的增大钢筋锈蚀的失重率明显增加。

（二）外部环境因素

1. 表面 Cl^- 浓度

表面 Cl^- 浓度越高，混凝土内外部的 Cl^- 浓度差就越大，扩散至混凝土内部的 Cl^- 就会越多，加快 Cl^- 侵蚀混凝土的速度。

2. 温度

温度升高一方面会加快水分蒸发，使混凝土的表面孔隙率增大；另一方面，又会加快水泥的水化速度，提高混凝土的致密程度。所以只有当胶凝材料的水化趋于稳定时，温度升高才会加速 Cl^- 的侵蚀。

五、氯离子侵蚀的防护措施

（一）混凝土中Cl^-含量的限定值

钢筋腐蚀的危险程度随混凝土中Cl^-含量的增加而增大，当Cl^-含量超过一定浓度时，在其他条件具备的情况下就会发生钢筋锈蚀。那么，能引起钢筋钝化膜破坏的钢筋周围混凝土孔溶液中的游离Cl^-的最低浓度，称为混凝土Cl^-的临界浓度。为使混凝土结构在使用期内避免发生钢筋锈蚀破坏，严格控制Cl^-在混凝土中的含量是很有必要的。在通过大量试验研究和工程实践的基础上，世界各国对混凝土中Cl^-的含量均作出了相应的规定。表10-19列出了美国混凝土学会的相关规定。

表10-19　美国混凝土学会规定的混凝土中Cl^-含量限定值（水泥质量的%计）

类型		ACI201	ACI318	ACI222
普通混凝土	预应力混凝土	0.06	0.06	0.08
	湿环境、有Cl^-	0.10	0.15	0.20
	一般环境、无Cl^-	0.15	0.30	0.20
	干燥环境、有外防护层	无规定	1.0	0.20

从表10-19可以看出美国混凝土学会所属的几个委员会的规定不完全相同，其中以ACI201的规定比较严格，并被世界各国采用。

Cl^-的临界浓度与混凝土本身的内在条件及外部环境条件有关，其测定方法还缺乏统一的标准，所以目前尚无定论。一般认为，该临界浓度主要取决于混凝土孔溶液中的碱度即OH^-浓度或pH值。当OH^-浓度较高时，钢筋表面的钝化膜较稳定，破坏钝化膜所需的Cl^-浓度就大。Cl^-引起的混凝土中的钢筋锈蚀并不单纯取决于钢筋周围混凝土孔溶液中的游离Cl^-的浓度，更重要的是$[Cl^-]/[OH^-]$的值。

（二）混入型Cl^-侵蚀的防护

对混入型Cl^-侵蚀主要采取的防护措施是对配制混凝土所用的各种原材料中的Cl^-加以控制。

1. 细集料

河砂很少含有Cl^-，一般可以直接使用。海砂含有一定量的Cl^-，只有在河砂匮乏的情况下，并采取相应的预防措施后才可使用。

2. 拌合用水

国外相关规范规定，拌合用水中Cl^-含量为200～350mg/L，我国尚没有统一的规定，为350～1200mg/L。

3. 化学外加剂

早期我国允许向混凝土中掺加不超过水泥质量2%的氯盐，结果造成大量工程出现严重的钢筋锈蚀问题。由于氯盐有良好的早强、防冻作用而价格低廉，所以仍将其作为混凝土的化学外加剂使用。有的规范仍允许掺加1%的量，而且混凝土外加剂规范中没有对Cl^-含量作出明确的规定。所以，氯盐外加剂引入的Cl^-必须重视。

（三）渗入型Cl^-侵蚀的防护

对渗入型Cl^-侵蚀的防护采取的主要措施是尽量阻止Cl^-侵入混凝土内部。

1. 提高混凝土的质量

对混凝土进行合理的配合比设计，并掺加合适的矿物外加剂和化学外加剂，加强施工质量控制，以提高混凝土的密实性，抵抗 Cl^- 侵蚀。

2. 混凝土表面涂层

在修补过的或新浇混凝土的表面，再涂覆混凝土，以减缓 Cl^- 侵蚀。

3. 确定防护地区及等级

对可能产生 Cl^- 侵蚀的地区，按环境中 Cl^- 浓度划分防护等级，并制定相应的防护措施。

第十一章 专用混凝土

第一节 水工混凝土

凡经常或周期性地受环境水作用的水工建筑物所用的混凝土称为水工混凝土。水工混凝土大多数为大体积混凝土，如大坝、船闸、泄洪建筑物、电站厂房等。由于水工混凝土往往工程量大，结构体积大，长期与环境水接触，上游面水位变化幅度大，受干湿循环、冻融循环的破坏作用，过流面受悬移质、推移质及高速水流的冲刷磨损、气蚀，要求快速连续高强度施工。因此，水工混凝土与其他行业的混凝土不同，对混凝土的抗渗、抗冻、抗侵蚀、耐磨、温控防裂以及技术经济性有较高的要求，而对混凝土的强度要求则往往不是很高。

一、水工混凝土对原材料的技术要求

（一）水泥

水工混凝土中常用的水泥品种包括普通硅酸盐水泥、矿渣硅酸盐水泥、火山灰硅酸盐水泥、粉煤灰硅酸盐水泥、中热硅酸盐水泥和低热矿渣硅酸盐水泥等。除个别部位外，水工混凝土对水泥的强度等级要求并不高，为解决用高强度等级水泥配制低强度混凝土的问题，常掺用活性掺合料。而对水工建筑物外部水位变化区、溢流面及受冻融作用部位的混凝土，所用水泥的强度等级不宜低于42.5MPa，水泥品种应优先选用中热硅酸盐水泥、硅酸盐水泥或普通硅酸盐水泥。水工混凝土对水泥的技术要求除应满足相关标准外，还应考虑以下方面：

1. 低热性

如前所述，水泥的水化反应是一个放热反应。混凝土浇筑后，水泥水化产生的水化热会使混凝土内部的温度升高，体积膨胀，待达到最高温度以后，随着热量向外部介质散发，温度将由最高温度降至一个稳定温度或准稳定温度场，这一过程（特别是气温骤降时）会使混凝土产生内外温差，在混凝土内引起拉应力。如果拉应力超过混凝土的抗拉强度或拉应变超过混凝土的极限拉伸值，混凝土就会产生裂缝。由于混凝土的裂缝会影响水工结构的整体性

和耐久性，因此必须控制和防止混凝土温度裂缝的形成和发展。

水工大体积混凝土常用的温控防裂措施如下。

① 采用低水化热的水泥或掺活性掺合料；

② 降低水泥用量；

③ 限制浇筑层厚度和最短的浇筑间隙期；

④ 采用降低混凝土组成材料温度和加冰、加冷水拌合的方法降低混凝土的浇筑温度；

⑤ 在混凝土浇筑后，采用预埋冷却水管，通循环水来降低混凝土的水化热温升；

⑥ 保护新浇混凝土的暴露面。其中采用低热水泥、掺粉煤灰等掺合料是减少混凝土温升热源、降低温升、减少裂缝的最有效措施之一。

表 11-1 为硅酸盐水泥几种主要矿物的最终水化热。由表可知，要限制水泥的发热量，必须控制水泥熟料中的 C_3S 和 C_3A 的含量。中热硅酸盐水泥、低热硅酸盐水泥和低热矿渣硅酸盐水泥规定各龄期的水化热不得超过表 11-1 的指标。

表 11-1　水泥矿物的水化热

矿物成分	C_3S	C_2S	C_3A	C_4AF
水化热/(kJ/kg)	502	260	867	419

2. 微膨胀性

普通水泥混凝土中，水泥水化生成物的体积较反应前物质的总体积小。混凝土的自生体积变形为收缩型。混凝土在空气中硬化时，由于水分蒸发，硬化水泥浆体逐渐干燥收缩，使混凝土产生干缩。此外，混凝土在降温过程中会产生降温收缩。混凝土产生收缩时若受到基础或周围老混凝土的约束，会使混凝土出现拉应力。采用具有微膨胀性质的水泥，可使混凝土产生膨胀型的自生体积变形，抵消部分（或全部）的干缩及温降收缩变形，防止混凝土出现裂缝。

硫铝酸盐型和氧化镁型是水工混凝土常用的两种产生微膨胀的类型。低热微膨胀水泥等水泥的水化产物中形成的钙矾石是其膨胀源，属硫铝酸盐型。水泥熟料中含有适量的氧化镁或外掺轻烧氧化镁，其中的游离方镁石晶体水化后生成氢氧化镁，产生膨胀，属氧化镁型。

水泥中的 MgO 主要是高镁石灰石原料带入的，MgO 含量过多会引起水泥的安定性不良。硅酸盐水泥熟料中，MgO 的形态有固溶体和游离态晶体两种。以固溶体形态存在的 MgO 为 2%左右，其余的为游离方镁石晶体。存在于熟料矿物相或玻璃相中的 MgO（固溶体）没有危害，不会影响水泥的安定性。对混凝土产生危害作用的膨胀主要是游离的方镁石晶体。方镁石晶体一般较难水化，且在水泥浆凝结硬化后才开始水化，水化生成的氢氧化镁体积膨胀达 148%，晶体颗粒愈大，膨胀量愈大，MgO 含量多时会造成硬化水泥浆体开裂。由于水泥生产中 MgO 的存在形态不宜控制，水泥标准通过限制 MgO 的含量来控制体积膨胀。

水泥熟料中 MgO 含量在一定范围内时，其膨胀性能对混凝土有利，膨胀能补偿大体积混凝土的部分收缩，但生产水泥时，因使用的原料及采用的生产工艺不同，MgO 的存在形态有差异，膨胀效果不尽相同。

3. 耐久性

水工混凝土建筑物大多处在与水相接触的环境中工作。当环境水中含有侵蚀性介质时，水工混凝土会受到侵蚀作用，发生侵蚀破坏，常见的侵蚀作用有溶出性侵蚀、酸性侵蚀、硫酸盐侵蚀和镁盐侵蚀等，应根据建筑物所处的环境条件选择适当的水泥品种。如环境水对混凝土有硫酸盐侵蚀时，宜选用抗硫酸盐水泥。

处于水位变化区的外部混凝土、水工建筑物的溢流面和有耐磨要求的水工混凝土、有抗冻要求的混凝土，应优先选用中热硅酸盐水泥、硅酸盐水泥或普通硅酸盐水泥。

处于水中或潮湿环境中的水工混凝土，若使用的骨料具有碱活性，需要选用低碱水泥，否则就可能发生碱-集料反应。水泥中的碱以当量 Na_2O 表示，即 $Na_2O+0.658K_2O$。一般控制水泥中的碱含量不超过 0.6%，低热水泥熟料中的碱含量不得超过 1.0%。

对于水工钢筋混凝土结构，选用水泥时应考虑水泥的抗碳化能力，沿海的水工钢筋混凝土结构还应考虑水泥的抗离子渗透能力。

4. 拌合物性能

为降低大体积水工混凝土的用水量和水泥用量，减少混凝土的发热量，水工混凝土一般采用大粒径集料（DM 可达 150mm）和小坍落度等措施。因此，水工混凝土选用水泥时需要考虑大粒径集料和小坍落度混凝土的抗离析、少泌水、易振捣密实等性能。此外，由于水工混凝土的施工仓面一般较大，需要的作业时间较长，要求水泥的初凝时间较长。

5. 三峡工程对水泥的技术要求

根据混凝土的耐久性、拌合物性能及现场管理等需要，三峡工程主要使用 42.5 中热硅酸盐水泥。考虑到三峡工程有很高的质量要求，结合其他水利水电工程的实践经验，在《中热硅酸盐水泥、低热矿渣硅酸盐水泥》GB 200—1989 的基础上，对国家标准进行了部分修改和补充，并提出了更为严格的要求，专门制定了中国长江三峡工程标准《混凝土用水泥技术要求及检验（试行）》（TGPS03—1998）。

三峡工程标准对水泥技术要求作的主要修改和补充如下。

（1）氧化镁含量。由于 MgO 含量多时会使水泥安定性不良，因此 MgO 一般作为水泥的有害成分要加以限制。但如果将 MgO 含量适当提高并控制在合适的范围内，可以利用其水化后具有延迟膨胀来补偿混凝土的收缩和降温变形，减少混凝土出现裂缝的可能性，从而简化温控措施，提高施工效率。MgO 微膨胀混凝土可应用于重力坝大坝基础约束区、拱坝的基础垫层和基础深槽、护坦和导流洞封堵、压力钢管外围回填及小型薄拱坝等水工结构中。

提高水泥中 MgO 含量的方法主要有外掺法、内掺法和内含法三种。外掺法是在混凝土拌合时外掺轻烧 MgO，优点是混凝土的膨胀量和膨胀时间较易控制，缺点是 MgO 掺入的均匀性和准确性不易控制，施工质量控制较复杂。内掺法是在水泥粉磨时掺入轻烧 MgO，轻烧 MgO 较易磨细，但其均匀性不易保证，需要采用专门的均化措施。内含法是在烧制水泥熟料时利用高镁石灰石带入 MgO，由于在烧制过程中原材料内本身含有 MgO，其均匀性有一定保证。三峡工程采用了内含法来提高水泥中的 MgO 含量。

我国已在刘家峡、白山、红石、水口、铜街子等水利水电工程中采用 MgO 筑坝技术（见表 11-2）。

表 11-2 运用 MgO 筑坝技术的部分已建混凝土坝

建造时间/年	工程名称	坝型	氧化镁含量/%	施工和运行状况
1966	刘家峡	重力坝	内含 4.2	原型观察混凝土有微膨胀，预留分缝灌浆不吸浆或吸浆极少

续表

建造时间/年	工程名称	坝型	氧化镁含量/%	施工和运行状况
1973	白山电站	重力拱坝	内含 4.5	温差超过 40℃时，混凝土无裂缝
1982	红石电站	重力坝	内含 4.5	原型观察混凝土有微膨胀
1989	铜街子电站	重力宽缝	内含 4.0 外掺 3.5	微膨胀达 $(42\sim80)\times10^{-6}$
1990	青溪电站	重力坝	外掺 5.0	微膨胀达 $(80\sim100)\times10^{-6}$，补偿应力 0.6MPa
1990	东风电站	拱坝 (基础)	内含 1.8 外掺 3.5	微膨胀达 90×10^{-6}
1991	水口电站	重力坝	外掺 4.6	微膨胀达 $(40\sim60)\times10^{-6}$，补偿应力 0.3～0.5MPa
1999	长沙坝	双曲拱坝	内含 2.5 外掺 4.5	微膨胀达 133×10^{-6}，坝体无裂缝，连续铺筑，无温控
2001	沙老河水库	双曲拱坝	外掺 4.5	微膨胀达 $(100\sim120)\times10^{-6}$，坝体不分缝全年施工

三峡工程在借鉴国内水利水电工程掺轻烧 MgO、水泥中内含 MgO 的研究成果和应用经验的基础上，提出水泥中 MgO 含量的范围为 3.5%～5.0%，并以此作为三峡工程标准。

(2) 碱含量。三峡工程混凝土使用的集料主要为花岗岩人工集料，经检验分析为非活性集料。考虑到三峡工程的重要性及目前认识水平的局限性，仍对水泥的碱含量提出了严格限制，以防止发生碱-集料反应，确保工程的耐久性。由于限制水泥熟料中的碱含量并不能有效控制水泥中的碱含量，而且熟料中的碱含量用户无法检测，三峡工程除对熟料中的碱含量提出要求外，对水泥中的碱含量也提出了要求，具体指标：中热水泥熟料中的碱含量不得超过 0.5%，中热水泥中的碱含量不得超过 0.6%。

(3) 三氧化硫含量。水泥中的 SO_3 主要是粉磨熟料时掺入石膏带来的。水泥中掺入适量石膏既可调节凝结时间，又可提高水泥的性能；但过量的石膏会使水泥的性能变差。石膏掺量要根据 C_3A 含量、水泥强度、水化热和凝结时间等确定。由于过量石膏会对水泥安定性和强度产生不利影响，国家标准规定了水泥中 SO_3 含量的上限。三峡工程在初期也只规定了 SO_3 含量的上限，但 2001 年 5 月部分大坝混凝土出现了异常的缓凝现象。经对混凝土原材料调查分析及试验验证，认为水泥中 SO_3 含量过低是混凝土过度缓凝的主要原因之一。后经试验确定三峡工程中热水泥 SO_3 含量的适宜范围为 1.4%～2.2%。中热水泥中 SO_3 含量的范围为 1.4%～2.2%，于 2001 年 8 月起作为三峡工程标准的补充规定。

除了对水泥中氧化镁含量、碱含量和三氧化硫含量的要求进行补充和修改外，三峡工程标准还对水泥温度、工地取样及留样和判定规则增加了补充规定。

（二）集料

水工混凝土通常用天然砂、河卵石或由岩石破碎而成的碎石作集料。在缺少天然砂时，也可用人工砂代替。水工混凝土中，集料的体积占混凝土总体积的 3/4 左右，建筑物需要的集料数量相当庞大，集料的质量对水工混凝土的性能和水泥用量影响很大，应十分重视集料的选择工作，并要求于工程开工前细致勘探好集料的储量、质量和开采条件，应尽量利用工程附近的集料资源。水工混凝土对集料的技术要求主要包括以下几方面：

1. 一般要求

水工混凝土的集料质量应符合《水工混凝土施工规范》(DL/T 5144—2015) 对粗细集料的质量要求（见表 11-3、表 11-4）。

表 11-3　细集料的品质

项目		指标		备注
		天然砂	人工砂	
含泥量/%	设计龄期混凝土抗压强度标准值大于或等于 30MPa 和有抗冻要求的	≤3	—	
	设计龄期混凝土抗压强度标准值小于 30MPa	≤5		
泥块含量		不允许	不允许	
有机质含量		浅于标准色	不允许	如深于标准色，应进行混凝土强度对比试验
云母含量/%		≤2	≤2	
0.16mm 及以下颗粒含量/%		—	6～18	最佳含量通过试验确定；经试验论证可适当放宽
表观密度/(kg/m^3)		≥2500	≥2500	
细度模数		2.2～3.0	2.4～2.8	
坚固性/%	有抗冻要求的混凝土	≤8	≤8	
	无抗冻要求的混凝土	≤10	≤10	
硫化物及硫酸盐含量/%		≤1	≤1	折成 SO_3，按质量计
轻物质含量/%		≤1	—	

表 11-4　粗集料的品质

项目		指标	备注
含泥量/%	D_{20}、D_{40} 粒径级	≤1	
	D_{80}、D_{150}(D_{120})粒径级	≤0.5	
泥块含量		不允许	
有机质含量		浅于标准色	如深于标准色，应进行混凝土强度对比试验，抗压强度比不应低于 0.95
坚固性/%	有抗冻要求的混凝土	≤5	经试验论证可适当放宽
	无抗冻要求的混凝土	≤12	
硫化物及硫酸盐含量/%		≤0.5	折成 SO_3，按质量计
表观密度/(kg/m^3)		≥2550	
吸水率/%		≤2.5	
针片状颗粒含量/%		≤15	经试验论证可适当放宽
超径含量	原孔筛	<5%	
	超、逊径筛	0	
逊径含量	原孔筛	<10%	
	超、逊径筛	<2%	
各级粒径的中径筛余量		40%～70%	方孔筛检测

2. 粗细程度与颗粒级配

水工混凝土通常将粗集料分成 5～20mm、20～40mm、40～80mm 和 80～150（120）mm 四级，应尽量采用粗集料粒径较大的三级配、四级配混凝土，以提高混凝土的密实性，减少混凝土的发热量和收缩，节约水泥。

使用前，根据最大粒径的不同，将石子分为二级、三级或四级，分别堆放，拌制混凝土时各级石子按比例掺配使用。粗集料的级配通过大小石子的掺配实现，要使粗集料的空隙率及表面积都比较小，这样拌出的混凝土水泥用量少，质量也较好。各级石子的具体搭配比例需通过试验确定，先将各级石子按不同比例掺配，进行堆积密度试验，从中选出几组堆积密度较大（即空隙率较小）的级配，进行混凝土和易性试验，由混凝土和易性试验选出能满足和易性要求且水泥用量较小的搭配比例。表 11-5 为粗集料分级及配合比例的推荐值，可供水工混凝土选择集料级配时参考。

表 11-5 粗集料分级及配合比例推荐值

粗集料最大粒径/mm	分级/mm							总计
	5～20	5～30	5～40	20～40	30～60	40～80	80～150(120)	
	各级石子比例/%							
40	45～60			40～55				100
60		35～50			50～65			100
80	25～35			25～35		35～50		100
80			60～65			35～50		100
150(120)	15～25			15～25		25～35	30～45	100

水工混凝土粗集料级配有连续级配和间断级配两种。连续级配是从最大粒径开始，由大到小各粒径级相连，每一粒径级都占有适当比例。连续级配是工程广泛采用的级配。间断级配是各粒径级石子不相连，即抽去中间的一、二级石子。间断级配能减小集料的空隙率，节约水泥。但间断级配往往与天然集料级配不相适应，拌制的混凝土容易产生离析现象，施工较困难，且称量要求高，因此在工程中较少采用。

选择粗集料级配时，应根据工程实际情况，将试验选出的最优级配与料场中集料的天然级配结合起来考虑，对各级集料比例进行必要的调整和平衡，由此确定工程实际使用的级配，这样可以减少弃料，避免浪费。

砂的粗细程度常用细度模数表示，施工时宜用 2.6±0.2 的中砂，颗粒级配同样应符合《建设用砂》（GB/T 14684—2022）的要求。水工混凝土的砂子用量往往很大，选用时应充分遵循就地取材的原则。若有些地区的砂料过粗、过细或级配不良时，应尽可能将粗细砂掺配使用，以调节细度，改善级配。在只有细砂或特细砂的地方，可以考虑采用人工砂或采取一些其他措施。

3. 强度

为了保证混凝土的强度，要求粗集料质地致密、具有足够的强度。粗集料的强度一般用 50mm×50mm×50mm 的立方体或 ϕ50×50mm 的圆柱体试件浸水 48h 后的抗压强度表示。一般要求粗集料的强度与混凝土的强度之比不小于 1.5，且要求火成岩的抗压强度不宜低于

80MPa，变质岩不宜低于60MPa，沉积岩不宜低于30MPa。

对于人工粗集料，可以用母岩测定强度；对于天然粗集料，因岩性较为复杂，强度不易测定和确定。考虑到岩石的抗压强度不能完全反映粗集料在混凝土中的实际受力情况，通常采用压碎指标间接地推测其相应的强度。表11-6为集料的压碎指标要求。

表11-6 集料压碎指标要求

集料类别		设计龄期混凝土强度等级	
		≥40MPa	<40MPa
碎石	沉积岩	≤10%	≤16%
	变质岩或深成火成岩	≤12%	≤20%
	喷出的火成岩	≤13%	≤30%
卵石		≤12%	≤16%

4. 碱活性

为避免大体积水工混凝土产生碱-集料反应，在条件允许时，应选用非活性集料。必须使用活性集料时，要采取限制水泥的碱含量及掺粉煤灰等掺合料等措施。

（三）外加剂

水工混凝土中常掺减水剂、引气剂等外加剂，目的是使混凝土拌合物和硬化混凝土具有所需要的性能，以及节约水泥降低工程造价。

1. 水工混凝土对外加剂的要求

水工混凝土具有体积大、用量集中、强度等级多、要求发热量低、抗裂性要求高、耐久性要求高和安全性要求高等特点，是一种综合性能要求很高的混凝土。外加剂的品质直接影响混凝土的质量、进度和工程造价。因此，水工混凝土对外加剂具有很高的质量要求，主要要求如下：

① 能根据施工季节和气温的不同，调整混凝土的凝结时间，适应施工的需要。如夏季要适当延长凝结时间，以避免混凝土出现冷缝。凝结时间不能过长，否则会影响施工进度。

② 能使混凝土具有良好的工作性。混凝土中掺入外加剂后，应具有坍落度损失小、泌水少、黏聚性好等特点。

③ 外加剂（减水剂、引气剂等）应与水泥具有良好的适应性。

④ 对钢筋不应有锈蚀作用，要求氯离子含量低。

⑤ 用于有碱活性集料的工程时，要求碱含量低。

⑥ 减水剂的减水率应达到相关技术标准和工程的要求。

⑦ 减水剂的强度比应达到相关技术标准。当强度比大于100%时，可以取得节约水泥降低胶凝材料用量的效果。

⑧ 引气剂应产生合理的气泡结构、气泡稳定性好，混凝土强度比应接近100%。

2. 三峡工程选用外加剂的原则及技术要求

三峡工程初期使用天然集料，在使用一般高效减水剂和Ⅱ级粉煤灰的情况下，四级配混凝土用水量为80kg/m^{3}左右，因此混凝土的用水量不高。但当使用花岗岩人工集料后，四级配混凝土用水量增至104～110kg/m^3，造成水泥用量增多，温控难度加大，并对混凝土的性能和造价产生影响。因此，需要选用品质优良、减水率更高的高效减水剂来降低花岗岩人工集料混凝土的用水量。除了需要高效减水外，三峡工程混凝土选用外加剂还要考虑满足大仓面高强度浇筑等施工条件需要的缓凝性能以及为确保三峡大坝混凝土耐久性需要的适宜含气量和合理的气泡结构。为选好外加剂，业主于 1995 年 10 月召开了“三峡工程混凝土配合比设计技术讨论会”，确定了如下外加剂选用原则：

① 产品必须符合国家标准要求，并经过技术鉴定。

② 生产厂家具有一定的生产规模和科学的生产工艺，有完善的质量保证体系，能保证产品质量均匀稳定。

③ 产品曾在大中型水利水电工程中应用或进行过成功的商业性使用，并取得良好的技术经济效益。

④ 必须经过三峡工程混凝土原材料的适应性试验，符合工程需要。

⑤ 价格合理，现场技术服务及时周到。

根据三峡工程混凝土原材料的实际情况以及三峡工程水工大体积混凝土的需要，制定了中国长江三峡工程标准《混凝土用外加剂技术要求及检验》(TGP S05—1998)。三峡工程混凝土外加剂标准在国家标准《混凝土外加剂》(GB 8076—1997) 中一等品的基础上对五项技术指标进行了适当调整，并新增了三项出厂和验收的技术指标。调整的技术指标有凝结时间差、收缩率比、抗冻耐久性、硫酸钠含量和不溶物；增加的检验指标是减水率、含气量和强度比。三峡工程标准要求掺外加剂混凝土的性能指标满足表 11-7 的要求。

表 11-7　掺外加剂混凝土性能指标

指标		缓凝高效减水剂	缓凝减水剂	引气剂
减水率/%		≥18	≥8	≥6
泌水率比/%		≤100	≤100	≤70
含气量/%		≤3.0	≤3.0	5±0.5
凝结时间差/min	初凝	+120～+300、>+360	+120～+300	−90～+120
	终凝	—	—	−90～+120
抗压强度比/%	3d	≥125	≥100	≥95
	7d	≥125	≥110	≥95
	28d	≥120	≥110	≥90
28d 收缩率比/%		≤125	≤125	≤125
抗冻性能(冻融循环次数)		—	—	≥300
硫酸钠含量/%		<8	<8	<8
对钢筋锈蚀作用		应说明对钢筋无锈蚀危害		

注　1. 除含气量外，表中所列数据为掺外加剂混凝土与基准混凝土的差值或比值；
2. 凝结时间指标，“−”表示提前，“+”表示延缓。

（四）掺合料

水工混凝土中常掺粉煤灰，以改善混凝土的和易性，减少混凝土的水化热温升，提高混凝土的密实性、抗渗性和抗化学侵蚀能力。水工混凝土中掺粉煤灰还能缓和碱-集料反应，节约水泥，降低成本。

1. 水工混凝土对粉煤灰的要求

水工混凝土用粉煤灰应满足《水工混凝土掺用粉煤灰技术规范》(DL/T 5055—2017)的要求，该规范与《用于水泥和混凝土中的粉煤灰》(GB/T 1596—2017)一样，根据粉煤灰的细度、需水量比和烧失量指标划分为三个级别，并对三氧化硫含量和含水量作了规定。

2. 三峡工程对粉煤灰的技术要求

三峡工程根据工程建设需要，制定了三峡工程标准《混凝土用粉煤灰技术要求及检验》(TGPS 04—1998)，其中Ⅰ级粉煤灰的技术要求是在国家标准的基础上做了一些补充，Ⅱ级粉煤灰的技术要求与国家标准一致，但制定了细度、需水量比和烧失量三项内控指标，具体技术要求列于表 11-8。

表 11-8　混凝土用粉煤灰的技术要求 (TGPS 04—1998)

序号	指标	Ⅰ级粉煤灰		Ⅱ级粉煤灰	
		优质品	合格品	国家标准	内控指标
1	细度(45μm 方孔筛筛余)/%,≤	12	12	20	16
2	烧失量/%,≤	5.0	5.0	8.0	6.0
3	需水量比/%,≤	91	95	105	100
4	三氧化硫含量/%,≤	3.0	3.0	3.0	3.0
5	含水量/%,≤	1.0	1.0	1.0	1.0
6	碱含量(以 Na_2O 当量计)/%,≤	1.5	1.5	—	—

二、水工混凝土的主要技术性质

(一) 和易性

水工混凝土体积大，钢筋配筋量小或无钢筋，集料最大粒径可用到 150mm，拌合料的运距一般较长，在运输和浇筑过程中易造成离析和泌水。为保证混凝土具有良好的和易性，除应控制拌合物坍落度、水灰比和砂率外，还可采用掺引气剂和粉煤灰、火山灰掺合料等措施。

(二) 凝结时间

水利水电工程的混凝土搅拌厂离浇筑地点一般较远，浇筑仓面大，分层分块浇筑，层面之间有一定的间隔时间，所以混凝土拌合物的凝结时间要适当，不能过短，否则层面会产生冷缝，影响建筑物的整体性。

(三) 设计龄期

水工混凝土从浇筑完毕到承受全部荷载需要很长一段时间，加上水工混凝土基本上都掺外加剂和掺合料，采用 28d 龄期不能很好地反映和有效地利用外加剂和掺合料的特性，因此，可采用比普通混凝土更长的设计龄期。我国水工大体积混凝土的设计龄期常采用 60d 或 90d。

(四) 变形与抗裂性

水工混凝土最常见且影响最大的变形是降温和干燥引起的收缩变形。大体积混凝土的裂缝主要是由此引起的。此外，混凝土的自身体积变形对混凝土抗裂也有重要影响。混凝土的徐变则能使建筑物中的局部应力集中现象得到缓和。为防止水工混凝土产生裂缝，对混凝土应作出极限拉伸值规定，并以该值作为混凝土的抗裂性指标。除混凝土极限拉伸值外，抗裂度（极限拉伸值与混凝土温度变形之比）、热强比（某龄期单位体积混凝土发热量与抗拉强度之比）及抗裂性系数（极限拉伸值与热变形之比）等可作为比较混凝土抗裂性能优劣的相对指标，供研究和选择混凝土原材料及配合比时参考。

（五）耐久性

水工混凝土常与环境水相接触，对混凝土的抗渗、抗冻、抗环境水侵蚀及抗冲刷磨损等耐久性能有较高要求。

三、水工混凝土的配合比设计

（一）水工混凝土配合比设计的特点

如前所述，水工混凝土建筑物的工程量大、结构体积大，长期与环境水接触，上游面水位变化幅度大；受干湿循环、冻融循环的破坏作用，过流面受悬移质、推移质及高速水流的冲刷磨损、气蚀，因此水工混凝土的配合比设计与其他行业混凝土的配合比设计有所不同，除需考虑强度要求外，还要考虑低热性、耐久性、凝结时间及料场集料平衡等因素。

低热性要求是为了减少水工大体积混凝土的温度裂缝，可采取选用水化热低的水泥、掺掺合料、掺外加剂及采用大粒径集料和低坍落度等措施。

耐久性要求主要是考虑到水工混凝土建筑物所处的环境往往较差，混凝土需要有足够的抗渗、抗冻、抗冲耐磨、抗气蚀、抗侵蚀和抗碳化性能，此外还应采取措施防止碱-集料反应。

凝结时间要求是考虑到水工混凝土的施工仓面面积大，完成一个浇筑坯层需要的时间较长，特别是夏季施工时还受到高温、太阳辐射及风的影响，混凝土要有足够的初凝时间保证层间结合，避免出现冷缝。水工混凝土的凝结时间应根据施工季节通过加缓凝剂等措施来调节。

料场集料平衡要求是考虑到水工混凝土建筑物的工程量大，需要的混凝土集料数量巨大，施工时往往需要使用工程附近的天然集料，因此要考虑混凝土集料级配与工程附近天然集料级配的平衡，尽可能减少弃料。

（二）水工混凝土配合比设计的原则

为使配制的水工混凝土能满足工程所要求的强度、耐久性和施工和易性，并符合经济的原则，水工混凝土配合比设计时应遵循下列原则。

1. 最小用水量原则

在其他条件不变的情况下，水胶比的大小直接影响混凝土的强度和耐久性。在满足施工和易性的条件下，单位用水量应力求最小。

2. 最大集料粒径和最多集料用量原则

集料最大粒径增大，集料的空隙率和表面积都减小，水泥用量减少，混凝土的密实性增加、发热量和收缩减少。集料用量增加，水泥浆量减少，同样可减少水泥用量、混凝土发热量和收缩。选用集料最大粒径时应考虑结构物的断面尺寸、钢筋间距及施工设备等情况。

3. 最佳集料级配与料场集料平衡原则

应选择空隙率和表面积较小的集料级配，但必须考虑与料场天然级配的平衡问题，尽量减少弃料。

4. 优先采用掺合料和外加剂原则

应经济合理地选择水泥品种和强度等级，优先考虑采用优质、经济的掺合料和外加剂。

（三）水工混凝土配合比设计的方法与步骤

1. 确定混凝土的各项技术要求

混凝土的技术要求可分为设计技术要求和施工技术要求两部分。

设计对混凝土的技术要求如下：

① 混凝土的设计强度等级、强度保证率和龄期；

② 混凝土的耐久性要求，如抗渗等级、抗冻等级及抗冲耐磨性、抗侵蚀性等；

③ 混凝土的其他性能要求，如低热性、变形性能指标等；

④ 设计规范的要求。

施工对混凝土的技术要求如下：

① 拌合物的工作性；

② 允许采用的粗集料最大粒径；

③ 机口混凝土强度的均方差或离差系数；

④ 施工规范的要求。

2. 合理选择原材料和明确原材料的品质及技术特性

① 水泥品种、强度等级和密度；

② 粗集料种类、最大粒径、级配、紧密密度、饱和面干表观密度和吸水率；

③ 细集料种类、级配、细度模数、饱和面干表观密度和吸水率；

④ 料场的天然级配；

⑤ 掺合料的种类及主要特性；

⑥ 外加剂的种类及主要特性。

3. 配合比设计

水工混凝土配合比设计的主要步骤如下：

（1）选择混凝土拌合物的工作性

水工混凝土拌合物的工作性需根据施工工艺、钢筋密集程度和振捣条件等确定，坍落度（或 VC 值）过大或过小会影响混凝土的质量或经济性。应在保证混凝土浇筑与成型密实的前提下，选择较小值。

（2）选择粗集料最大粒径

粗集料最大粒径愈大，所需水泥浆量愈小也愈经济。水工混凝土一般选择较大的粗集料最大粒径，但选择时需要考虑如下因素：

① 构件的断面尺寸和钢筋的疏密程度：水工混凝土粗集料最大粒径不应超过钢筋净距的 2/3、构件最小边长的 1/4、素混凝土板厚的 1/2。

② 工程部位：抗冲耐磨混凝土应减小粗集料最大粒径，较小的粗集料最大粒径有利于保持抗冲耐磨混凝土的平整度。有抗气蚀要求的外部混凝土，粗集料最大粒径应不超过 40mm。

③ 施工工艺：泵送、喷射等混凝土的最大集料粒径受输送管直径的限制，碾压混凝土为减少集料的分离，一般采用 80mm 及以下的粗集料最大粒径。

④ 搅拌机容量：粗集料最大粒径增大会加剧对搅拌机的磨损。混凝土搅拌机的容量小于 $0.8m^3$ 时，粗集料最大粒径不宜超过 80mm；使用大容量搅拌机时，粗集料最大粒径也不宜超过 150mm，否则易打坏搅拌机叶片。此外，粗集料最大粒径超过 150mm 后，对减少混凝土用水量已不明显，但会增加集料分离。因此，水工混凝土常采用集料最大粒径为 150mm 的四级配混凝土。

（3）选择粗集料级配

为使混凝土的用水量减少，选择粗集料级配时，应使其振实密度最大、空隙率最小和比表面积较小。研究表明，粗集料级配在一定范围内变化时，级配对混凝土用水量的影响小于砂率对混凝土用水量的影响，但 5～20mm 集料中的 10mm 以下颗粒含量对混凝土用水量有较大影响，人工集料尤为明显。对于天然集料，选择集料级配时，应考虑与天然级配的平衡，以减少弃料；对于人工集料，应根据选择的级配调节各级集料的产量。

（4）确定混凝土含气量

引气剂能显著提高混凝土的抗冻性。混凝土的含气量对混凝土的和易性、强度及耐久性等有很大影响。对有抗冻要求的混凝土，应使混凝土具有适宜的含气量值。混凝土的含气量与集料最大粒径有关，应根据集料最大粒径确定最优含气量。表 11-9 为国内外推荐的混凝土含气量。

表 11-9 国内外推荐的混凝土含气量

集料最大粒径/mm	混凝土拌合物含气量/%					三峡工程 40mm 筛湿筛混凝土含气量/%
	日本土木学会	美国混凝土学会(ACI)	美国垦务局	《混凝土质量控制标准》(GB 50164—2011)	三峡工程	
20	5	6.0	5±1	≤5.5	6	5±0.5
40	5	4.5	4±1	≤4.5	5	
80	5	3.5	3.5±1	—	4	
150	—	3.0	3±1	—	3	

由于水工混凝土的集料最大粒径一般大于 80mm，因此混凝土的含气量需要通过湿筛来测定，也可以直接用 40mm 筛湿筛混凝土拌合物的含气量表示。

（5）确定水胶比和掺合料掺量

通过试验建立水胶比、掺合料掺量与混凝土强度、抗冻、抗渗性能的关系，由设计指标选择满足要求的水胶比和掺合料掺量，确定的水胶比和掺合料掺量还应符合设计、施工规范对混凝土水胶比和掺合料掺量的规定。

（6）确定用水量

混凝土的用水量与混凝土拌合物的流动性密切相关。在混凝土工作度确定的情况下，混凝土的用水量主要与集料最大粒径、颗粒形状、级配等有关，外加剂品种与掺量、掺合料品种与掺量及水泥品种等也影响混凝土的用水量。水工混凝土的用水量需要通过试拌确定。

（7）确定砂率

水工混凝土的最佳砂率同样为满足和易性要求条件下用水量最小时对应的砂率，具体应通过试拌并结合仓面集料分离情况及浇筑后仓面浮浆多少合理确定。

（8）试拌调整

在上述确定的参数基础上，进行试拌，根据坍落度、黏聚性、含砂量、棍度和泌水等情况判断混凝土的和易性。若不符合要求，可适当调整用水量、砂率或外加剂等，直至和易性满足要求。

（9）检验强度及耐久性、确定混凝土配合比

按试拌得到的基准配合比，成型强度、抗渗、抗冻等试件，标准养护至规定龄期，进行试验。若混凝土的各项性能满足要求且超过指标不多，则配合比为经济合理的配合比。否则，应对水胶比进行必要的修正，并重新进行试验，直至符合要求。

对于大型水利水电混凝土工程，常对混凝土配合比进行系统试验。通过试验，绘制水胶比与混凝土用水量，水胶比与合理砂率，水胶比与强度、抗渗等级、抗冻等级等的关系曲线，并综合这些曲线最终确定配合比。

四、全级配混凝土试验

大坝全级配混凝土的最大粒径多为 120～150 mm，粗细集料的含量一般为 85%以上，其中大于 5 mm 的粗集料含量为 70%左右。目前，我国大坝混凝土的设计、施工和质量检测等均以全级配混凝土经湿筛除去大于 40 mm 的集料颗粒后成型的小试件的结果来表示大坝混凝土的性能，温控设计、抗裂分析等大多也以此为依据。由于全级配混凝土经湿筛后粗集料含量约占原粗集料含量的 20%～30%，因此湿筛后混凝土中的砂浆含量异常丰富，其性能与全级配混凝土有显著差异，用它表示大坝混凝土的性能显然不够合理。

早在 20 世纪 40 年代，美国在建造胡佛坝时就对集料粒径、试件尺寸的影响进行了大量的试验研究，以期寻找大体积混凝土强度和变形降低的原因。表 11-10 为尺寸效应试验结果，由表可以看出，相同配合比的混凝土，由于成型的试件尺寸不同，混凝土的抗压强度随试件尺寸的增大而逐步降低。

表 11-10　胡佛坝混凝土试件尺寸效应试验结果

试件尺寸/in	$\phi3\times6$	$\phi6\times12$ （约 $\phi15\times30$cm）	$\phi8\times16$	$\phi12\times24$	$\phi18\times36$ （约 $\phi45\times90$cm）	$\phi24\times48$
抗压强度（lb/in^2）	4710/103%	4580/100%	4390/95.9%	4470/97.6%	3840/83.8%	4000/87.3%

注　1. 混凝土的配合比为 C∶S∶G∶W=1∶2.44∶3.30∶0.53；
1lb=453.6g；
1in=2.54cm。
2. 混凝土的最大集料粒径为 1.5in(约 38mm)。

20 世纪四五十年代，苏联的齐斯克烈研究了轴拉和弯拉试验中的尺寸效应。试验结果表明，抗拉强度随试件横截面面积和体积的增大而降低，尺寸效应系数与试件受拉截面面积之间有较好的相关关系，并可用式（11-1）表示：

$$k_L = 0.3\left(1+\frac{11}{\sqrt[3]{S}}\right) \tag{11-1}$$

式中　k_L——轴拉尺寸效应系数，它等于不同截面尺寸试件的抗拉强度与截面为 10cm×10cm 试件抗拉强度的比值；

S——试件受拉截面面积，cm^2。

同时，齐氏还用分析法表示抗拉强度随试件体积增大而减小，见式（11-2）：

$$k_L = 1-\sqrt{0.051gV-0.18} \tag{11-2}$$

式中　V——试件体积。

式（11-2）表明，试件尺寸超过一定数值后，k_L 减小缓慢了。因此，对水工建筑物中的大体积混凝土结构物，齐氏建议限制 $k_L=0.7$。

20 世纪 60 年代，中国水科院对全级配混凝土进行了试验。初步研究表明，全级配混凝土大试件拉伸极限应变仅为湿筛后混凝土小试件的 50%左右。

80 年代初，河海大学与水电八局合作对东江大坝混凝土进行了全级配混凝土强度和变形试验研究，分别对不同级配、最大集料粒径、水灰比以及试件尺寸做了大量对比试验，分析了尺寸效应、粒径效应及砂浆含量对全级配混凝土及湿筛后小试件之间强度差异的影响，建立了湿筛小试件强度与全级配混凝土大试件强度之间的关系式，见式（11-3）：

$$f_L = k_p \cdot k_m \cdot k_a \cdot f_s \tag{11-3}$$

式中　f_L——全级配混凝土大试件强度；

f_S——湿筛小试件强度；

k_p——尺寸效应系数；

k_m——砂浆含量影响系数；

k_a——粒径效应系数。

河海大学与水电八局得到的全级配混凝土大试件与湿筛后小试件混凝土强度的比值范围：抗压 0.50～0.99；弯曲 0.47～0.85；轴拉 0.48～0.80。全级配混凝土大试件的拉伸极限应变为对应湿筛后小试件的 50%～60%。

1990 年，河海大学与葛洲坝工程局合作进行了三峡全级配混凝土性能试验研究。

“八五”期间，以二滩工程为依托，国内组织了河海大学、成都勘测设计院等单位对大体积混凝土材料的特性进行了专题研究。

全级配混凝土与普通混凝土性能产生差异的主要原因：随着粗集料粒径的增大，粗集料与水泥浆体的黏结被削弱，混凝土材料的内部缺陷增多；在水泥浆体的凝结硬化过程中，粗集料对水泥浆体的收缩有约束作用，集料粒径愈大，约束作用越强，在浆体-集料界面产生的微裂缝的数量越多、尺寸越大；全级配混凝土的集料含量相对较高，弹性模量相对较大，在温度等作用下，产生的拉应力数值较大；粗集料粒径越大，集料下部越易形成水的富集，水分蒸发后界面区容易产生较大的界面缝。

全级配混凝土性能研究若全部采用试验方法，往往工作量过于庞大，研究经费过多，难以实现。近年来，计算材料科学在混凝土领域的应用日益增多。河海大学研制了任意形状集料生成软件，采用大型通用有限元软件 MARC 对东江三级配混凝土试件的单轴受拉、弯曲受拉以及小湾三级配混凝土在静、动荷载作用下的力学性能和破坏过程进行了数值模拟，为全级配混凝土性能研究采用试验与数值模拟结合的方法进行了有益尝试，效果良好。

第二节　海工混凝土

海工混凝土，也称海洋混凝土，是指服役于海洋环境的海洋工程建筑物所用的一类混凝土。常见海工建筑物如港口码头、防波堤、挡潮闸、滩涂围堤、滨海火电站、核电站、海洋平台、人工岛等。

海工混凝土通常有四项基本要求：力学性能、工作性能、体积稳性和耐久性能。

一、海工混凝土对原材料的技术要求

（一）水泥

水泥是混凝土的胶凝组分，占混凝土总体积的约 30%左右，是影响混凝土性能的最重要的原材料。海工混凝土在服役中面临着更加复杂的环境，海水中富含大量的氯离子和硫酸根等侵蚀离子，还面临着海水冲刷、干湿交替、温度变化、盐雾和微生物附着等不利因素，这些因素极易加剧混凝土结构破坏。提升混凝土耐久性，对水泥性能的要求也在不断提升。目前海工混凝土最常用的是通用硅酸盐水泥，另外，在一些重大工程和特殊工程中也开始使用海洋工程专用水泥，如抗硫酸盐水泥、低热硅酸盐水泥、硫（铁）铝酸盐水泥和磷酸镁水泥。

通用硅酸盐水泥是以硅酸盐水泥熟料和适量的石膏，以及规定的混合材料制成的水硬性胶凝材料，包括 6 种类型：硅酸盐水泥、普通硅酸盐水泥、矿渣硅酸盐水泥、火山灰质硅酸盐水泥、粉煤灰硅酸盐水泥和复合硅酸盐水泥。通用硅酸盐水泥相关技术性质已经在前述章节介绍，此处不再赘述。

抗硫酸盐水泥是以特定矿物的硅酸盐水泥熟料，加入适量石膏，磨细制成的具有抵抗中等或较高硫酸根离子侵蚀的水硬性胶凝材料。美国、欧洲和我国均有相关标准，主要是对熟料中 C_3S 和 C_3A 的含量做出了一定的限制，见表 11-11。目前我国使用的抗硫酸盐水泥主要有 32.5 和 42.5 两个等级。

表 11-11　抗硫酸盐水泥国内外相关标准

标准	分类	CSA/%质量分数	C_3S/(%)质量分数
EN 197-1—2011	CEM I-SR0	=0	—
	CEM I-SR0	≤3	—
	CEM I-SR0	≤5	—
ASTM C150/150 M-15	Ⅱ	≤8	—
	V	≤5	—
GB 748—2005	中抗	≤5	≤55
	高抗	≤3	≤50

低热硅酸盐水泥，又称高贝利特水泥，是以适当成分的硅酸盐水泥熟料加入适量石膏，经磨细制成的具有低水化热的水硬性胶凝材料。其具有水化热低，抗裂性能好等特点。低热水泥最早源于美国 20 世纪 30 年代在建造胡佛大坝中采用的Ⅳ水泥。而后欧洲、日本和我国相继进行了低热水泥的研究和生产。自 20 世纪 90 年代以来，中国建筑材料研究总院一直致力于低热硅酸盐水泥的研究，并已经将低热硅酸盐水泥投入规模化应用，如在三峡大坝、溪

洛渡大坝和向家坝等水电工程建设规模应用。为了降低水泥水化时的放热量，和通用硅酸盐熟料相比，低热硅酸盐水泥降低了熟料中 C_3A 和 C_3S 的含量，同时提升了熟料中 C_4AF 和 C_2S 的含量。国内外相关标准通常限制了把 C3S 含量限制在 35%～55%。我国对低热硅酸盐水泥矿物组成、强度和水化热均有相关限定。矿组组成方面，熟料中 C_2S 含量不应小于 40%，C_3A 含量不应超过 6%。42.5 强度等级低热硅酸盐水泥力学性能和水化热方面的要求见表 11-12。

表 11-12　低热硅酸盐水泥技术性质

技术性质	抗压强度/MPa	抗折强度/MPa	水化热/(kJ/kg)
3d	—	—	230
7d	≥13.0	≥3.5	260
28d	≥42.5	≥6.5	—

硫（铁）铝酸盐水泥是以无水硫（铁）铝酸钙、硅酸二钙和铁铝酸钙为主要矿物组成的新型水泥。国内也通常把硫（铁）铝酸盐水泥及其它们派生的水泥品种称为第三系列水泥。该系列水泥熟料矿物的主要特征是含有大量的 C_4A_3 矿物。该体系水泥是由中国建筑材料研究总院于 20 世纪 70 年代自主研发的，具有早强、高强、低碱、烧成温度低和低排放等特点。硫铝酸盐水泥熟料按熟料中 Al_2O_3 含量分为三级，代号分别为 SACC-Ⅰ、SACC-Ⅱ和 SACC-Ⅲ，其化学成分要求见表 11-13。

表 11-13　硫铝酸盐水泥化学成分

代号	三氧化二铝/(wt,%)	烧失量/(wt,%)	游离氧化钙/(wt,%)
SACC-Ⅰ	≥33		
SACC-Ⅱ	≥30,且<33	<0.8	<0.2
SACC-Ⅲ	≥24,且<30		

磷酸镁水泥是由氧化镁、可溶性磷酸盐、矿物掺合料、外加缓凝剂按一定比例，在酸性条件下和水混合发生化学反应，生成以磷酸盐为主要胶凝产物的一类水泥。发现之初，磷酸镁水泥的原材料并不丰富，生产成本也相对较高，但与人体具有良好的适应性，主要作为生物医学材料应用于牙科修复。从二十世纪八九十年代开始，随着硼砂、硼酸等缓凝剂的应用，磷酸镁水泥逐渐应用于军事建筑、机场、海港等混凝土设施的抢修抢建中。与硅酸盐水泥相比，磷酸镁水泥具有早期强度高、耐磨性好、可在低温下硬化、干缩小、抗冻性、抗盐冻剥蚀性能优良、防钢筋锈蚀性能和抗干湿循环性能优良等特点。磷酸镁水泥在不同 MgO/H_2PO_4-（M/P）下最终 pH 和水化产物有所差别，见表 11-14。

表 11-14　不同 M/P 物质的量比下的最终 PH 和最终水化产物

M/P 物质的量比	pH	水化产物
<0.64	4.3～7.4	$MgHPO_4 \cdot 3H_2O$
0.64～0.67	7.4～8.5	$MgHPO_4 \cdot 3H_2O$; $Mg_2KH(PO_4)_2 \cdot 15H_2O$
0.67～1	8.5～12.1	$Mg_2KH(PO_4)_2 \cdot 15H_2O$; $KMgPO_4 \cdot 6H_2O$
>1	12.1	$KMgPO_4 \cdot 6H_2O$

（二）集料

集料是混凝土的主要组分，一般占混凝土体积70%～80%，在混凝土中起到骨架和填充作用。在建筑行业，集料的分类依据粒径、来源、组成、性质等有不同方法。其中最为常见的分类依据是粒径和来源。粒径方面，可分为粗集料和细集料。粒径为0.16～5.00mm的岩石颗粒称为细集料，粒径大于5.00mm的岩石颗粒称为粗集料。来源方面，可分为天然集料和细集料。天然集料来源于地质过程中形成的沉积岩、变质岩和岩浆岩，如河砂、海砂、山砂和卵石等。人工集料是通过人工或机械手段按照科学标准加工制得的集料，例如膨胀珍珠岩、陶粒、工业矿渣、再生混凝土集料等。

海工混凝土应用于海洋环境，考虑到建设和服役环境的特殊性，集料的一般使用要求如下：

① 应选用质地坚硬、级配良好、粒径合格、吸水率低、有害杂质少。

② 应选用无碱活性的集料，对集料应该进行完整的碱活性检测。

③ 处于冻融服役环境下的，需进行抗冻性和坚固性实验，必须达到相关标准，保证其致密坚硬。

④ 海砂的使用应该严格要求，必须符合《海砂混凝土应用技术规范》（JGJ 206—2010）和《建筑及市政工程用净化海沙》（JGJ/T 494—2016）的规范要求。

⑤ 考虑到氯离子的侵蚀，不宜采用抗渗性能较差的岩质作为集料。

相对于普通混凝土，考虑到就近取材的便利和经济优势，近些年来，海工混凝土中出现了海砂和珊瑚礁被用作集料使用。

海砂是指海洋和入海口附近的砂，经海水冲刷、滚动、碰撞、打磨而成。海沙除了含有二氧化硅外，还含有少量的氯离子、长石、钙、镁、云母等。我国拥有长达18000km的海岸线，海砂资源丰富，浅海海砂储量约为1.6万吨，均有广阔的应用前景。但是海砂和河砂不同，必须净化后使用，否则会引发严重的后果。我国《建筑及市政工程用净化海沙》（JGJ/T 494—2016）对混凝土及其制品用砂（Ⅰ）和建筑砂浆用砂中（Ⅱ）有害物质提出了明确的限量要求，见表11-15。

表11-15　净化海砂有害物质限量

类别	Ⅰ	Ⅱ
云母/%(质量分数)	≤1.0	≤2.0
轻物质/%(质量分数)	≤1.0	≤1.0
有机物	合格	合格
硫化物及其硫酸盐(以 SO_3 计)/%(质量分数)	≤ 0.5	≤ 0.5
氯化物/%(质量分数)	≤0.003	≤0.005
贝壳/%(质量分数)	≤3.0	≤5.0
放射性	符合GB 6566的规定	符合GB 6566的规定

珊瑚礁是一种特殊的岩土类型，它们是成千上万的由碳酸钙组成的珊瑚虫的骨骼在数百年至数千年的生长过程中形成的。各国为提高海洋资源开发能力和增强海洋军事能力，大力推进了岛礁基础设施的建设。岛礁建设中为了就地取材，工程人员利用岛礁上开采的珊瑚礁石，经过破碎、筛分等工序处理生产粗、细集料，来制备海工混凝土。美国是最早开发珊瑚

混凝土的国家，其军方于第二次世界大战期间发表了第一份珊瑚混凝土相关资料《unified facilities criteria tropical engineering》。为了规范珊瑚礁石的使用，我国也于2020年开始实施了实施《混凝土用珊瑚骨料》（T/CECS 10090—2020）和《珊瑚骨料混凝土应用技术规程》（T/CECS 694—2020）。与普通集料相比，珊瑚集料的化学成分主要为碳酸钙，含量可达96%以上，因此不易发生碱-集料反应。为了确保海工混凝土耐久性，《混凝土用珊瑚骨料》T/CECS 10090—2020规定了珊瑚粗骨料和细骨料相关质量要求。珊瑚粗骨料质量要求见表11-16。

表11-16 珊瑚粗骨料质量要求

项目	要求
表观密度/(kg/m^3)	≥1600
松散堆积密度/(kg/m^3)	≥850
筒压强度/MPa	≥1.5
吸水率/%	≤15
软化系数	≥0.7
含泥量(按质量计)/%	≤1.0
泥块含量(按质量计)/%	≤0.5
硫化物及硫酸盐含量(折算为SO_3,按质量计)/%	≤1.0
氯离子含量(按质量计)/%	≤0.02
有机物含量(比色法)	合格

（三）拌合用水

混凝土拌合用水按水源可分为饮用水、地表水、地下水、再生水、海水和经适当处理或处置后的工业废水等。其中，符合国家标准的生活饮用水（自来水、河水、江水、湖水），可直接拌制各种混凝土。地表水和地下水首次使用前，应按标准规定进行检验，合格后方能使用。《混凝土用水标准》JGJ 63—2006对混凝土版和用水的水质提出了相关要求，见表11-17。

表11-17 混凝土拌合用水水质要求

项目	预应力混凝土	钢筋混凝土	素混凝土
pH值	≥5.0	≥4.5	≥4.5
不溶物/(mg/L)	≤2000	≤2000	≤5000
可溶物/(mg/L)	≤2000	≤5000	≤10000
Cl^-/(mg/L)	≤500	≤1000	≤3500
SO_4^{2-}/(mg/L)	≤600	≤2000	≤2700
碱含量/(rag/L)	≤1500	≤1500	≤1500

海水中含有大量的硫酸根及其氯离子，对混凝土的耐久性有较大负面作用，特别是高含量的氯离子，极易引发钢筋锈蚀。因此，直接利用海水一般只被允许用于拌合素混凝土，而不得用于拌合钢筋混凝土和预应力混凝土。另外，海水易引发盐霜，对混凝土饰面有要求的

结构工程业不得采用海水拌合。对于钢筋混凝土和预应力混凝土，如需要采用当地海水拌合，需要对海水进行淡化处理。海水淡化常用的方法有反渗透法、多级闪蒸、多效蒸发、压汽蒸馏、电渗析法和冷冻法。

（四）外加剂

混凝土是指为改善和调节混凝土的性能而在拌合前或拌合过程中掺加的物质。常见的如高性能减水剂、高效减水剂、普通减水剂、引气减水剂、泵送剂、早强剂、缓凝剂和引气剂等。在海工混凝土中应用较多的主要包括聚羧酸系高性能减水剂、钢筋阻锈剂、抗硫酸盐类侵蚀防腐剂及其引气剂。

钢筋阻锈剂是一种不明显改变腐蚀介质浓度，适当浓度下能够降低钢筋腐蚀速率的化学物质。阻锈剂的阻锈机理主要是通过在钢筋表面形成隔离膜，抑制阳极二价铁离子的溶解和阴极吸氧腐蚀的过程。按作用机理主要可分为阳极型阻锈剂、阴极型阻锈剂和复合型阻锈剂。阳型阻锈剂主要以无机亚硝酸盐为主，包括硅酸盐、钼酸盐和铬酸盐等，其中亚硝酸盐应用较为广泛。阴极阻锈剂包括碳酸盐、锌酸盐、某些磷酸盐以及一些有机化合物等。复合型阻锈剂是一类可以同时抑制阴极和阳极过程的阻锈剂，主要包括吸附型有机物以及阳极阻锈剂和阴极阻锈剂的复合。

抗硫酸盐类侵蚀剂是一种在混凝土搅拌时加入，可有效改善通用硅酸盐水泥混凝土耐久性的外加剂。抗硫酸盐类侵蚀剂的添加，可以提升海工混凝土抗海水中盐类侵蚀物质作用。现有抗硫酸盐类侵蚀剂的作用机理主要包括提升凝胶体系的化学稳定性、降低外界硫酸盐向混凝土内部的渗入和内部氢氧化钙的溶出、以晶格占位的方式阻碍膨胀反应的发生。《混凝土抗侵蚀防腐剂》(JC/T 1011—2021) 规定了抗硫酸盐类侵蚀剂主要性能指标，见表 11-18。

表 11-18　混凝土抗侵蚀防腐剂性能要求

项目		性能指标
比表面积/(m^2/kg)		≥300
凝结时间/min	初凝	≥45
	终凝	≤600
抗压强度/%	7d	≥90
	28d	≥100
膨胀率/%	1d	≥0.05
	28d	≤0.06
抗蚀系数(K)		≥0.90
膨胀系数(E)		≤1.50
氯离子扩散系数比	28d	≤0.85

引气剂是一类能够在混凝土拌合物中引入大量均匀分布的、闭合而稳定的微小气泡的外加剂。引气剂可以改善混凝土拌合物的和易性、保水性和黏聚性，减少离析和泌水，还能提升硬化混凝土的耐久性。海工混凝土大多与水环境接触，这对混凝土抵抗冰冻破坏和抗渗能力提出了较高的要求，这使得引气剂成为海工混凝土中不可缺少的外加基组分。引气剂的主要品种包括松香树脂类、皂苷类、烷基-芳基磺酸类、烷基聚醚磺酸盐类，以及蛋白质盐、

石油磺盐酸等。其中松香和皂苷类引气剂属于天然衍生物，制备简单且价格便宜，但是引气和稳泡效果均略显不足；烷基-芳基磺酸类引气剂，价格便宜且引气效果好，但稳泡效果较差；烷基聚醚磺酸盐类引气剂，其引气和稳泡效果均较佳，且与高效减水剂和高性能减水剂都有较好的适应性，是性能较佳的一类产品，其缺点是合成方法复杂，工艺成本较高。

二、海工混凝土耐久性及其设计方法

海工混凝土耐久性主要指海工混凝土在海洋服役环境下抵抗各种环境介质侵蚀破坏，长期保持其使用性能和外观完整性的能力。海工混凝土耐久性主要包括护筋性、抗硫酸盐侵蚀、抗冻融、抗碱-集料反应、抗溶蚀等。

混凝土结构设计寿命一般要求为50年，重大工程要求一般要求100年以上。海工混凝土面临的服役环境比普通混凝土更加严酷，提高混凝土结构耐久性意义重大。耐久性是确保混凝土结构安全性和适用性的前提。

各国人员对海工混凝土耐久性设计方法进行了大量研究，目前的设计方法主要包括以下三个方面：

（1）规范性设计法　这种方法主要是在经验的基础上附加相关理论叠加而成。具体而言，首先根据混凝土劣化的诱因进行环境作用划分，然后对不同环境采取相应技术措施。技术措施包括最小水泥用量、最大水灰比、最小保护层厚度、最大裂缝宽度等。

（2）劣化避免型策略设计法　该策略是通过附加措施来保证耐久性，其主要方法包括采用涂层、选用耐蚀钢筋、涂层钢筋、抗硫酸盐水泥、阻锈剂等。Fib Model Code 2020 和 DuraCrete 等均给出了相关指南。

（3）基于可靠度理论的耐久性设计法　主要以性能和可靠度理论为基础的设计方法，根据使用的概率计算方法分类，可分为全概率设计法和近似概率设计法。全概率设计法所需统计数据较多，复杂性较高，一般多用于规范的调校和重大工程设计上。近似概率法，计算简便，不需要过多考虑变量统计特性，在一般工程中使用较多。

第十二章 新型混凝土

第一节 超高性能混凝土

一、概述

超高性能混凝土（ultra-high performance concrete，UHPC）是近年来发展起来的一种先进水泥基复合材料。相比普通水泥基材料，UHPC具有极其优异的力学性能和耐久性，能够满足当代建筑结构高层化、大跨化、轻量化以及长寿命等设计要求，在建筑和国防工程等领域具有广阔的应用和发展前景。

在UHPC早期的发展过程中，具有代表性的研究主要包括宏观无缺陷水泥（Micro-defect free cement，MDF），超细粒聚密材料（densified system containing homogenously arranged ultra-fine particles，DSP）以及注浆纤维混凝土（slurry infiltrated fiber concrete，SIFCON）等，这些材料由于自身的某些缺陷以及应用的局限性，逐渐淡出了研究者的视野。20世纪90年代初，法国Bouygues公司在上述研究的基础上，研发出活性粉末混凝土（reactive powder concrete，RPC）并逐步将其商品化，取得了空前的成功。1994年，Larrard等首次提出了UHPC的概念。对于UHPC的定义，目前国际上缺乏统一的规定，总体上认为它是一种比高性能混凝土具有更为优越的力学性能和耐久性的水泥基复合材料。在技术指标上，各国的相关规范或指南主要对材料的抗压强度提出了要求。例如，法国AFGC和日本JSCE均规定材料的抗压强度不低于150MPa，瑞士SIA和美国ASTM对抗压强度的要求是120MPa以上，而我国的相关标准对抗压强度的最低要求仅为100MPa。

二、性能及应用

对于水泥基材料而言，孔结构是影响其性能的主要因素。UHPC的基本制备原理就是提高材料的密实度，改善孔结构，同时掺入纤维进行增韧。以RPC为例，其制备原理主要包括：

（1）剔除粗骨料以提高材料的匀质性，从而减少材料的内部缺陷；

（2）掺加多种不同粒径的活性粉体材料并优化基体颗粒级配，提高基体密实度；

（3）采用高效减水剂，最大限度地降低水胶比；

（4）对处于塑性状态的材料施加外压，以排出内部滞留气孔以及多余水分；

（5）在材料凝结后进行热养护，以加速水化反应和火山灰反应；

（6）掺入适量微细钢纤维以提高材料的抗拉弯性能和韧性。

目前，UHPC在新建结构和既有结构加固改造中都得到了一定的应用，其性能和应用主要集中在以下几个方面：

① 利用材料比强度高的特点，可以降低结构尺寸，从而减小高层建筑下层支撑柱的截面尺寸，增大建筑使用空间，这在装配式建筑领域具有较大的应用空间，另外可用于建造大跨度的桥梁等。

② 利用材料的密实性高、耐久性好的特点，可用于极其严酷的服役环境中，如近海和海岸工程、海上石油钻井平台、海底隧道等，并可用于制作核废料容器、核反应堆防护罩等。

③ 材料的抗冲击性能好，可用于军事防护工程。

④ 材料的强度发展较快，且后期强度高，可以用于结构加固或者工程修补。

⑤ 材料的工作性能优异，脱模后材料表面光洁度高，可用于制作工艺品或者用于建筑物的外装饰。

近年来，UHPC桥面板在我国桥梁工程领域应用较多，如杭瑞高速洞庭湖大桥、南京长江五桥、京雄高速白沟河特大桥等。此外，在建筑幕墙和装配式建筑构件等领域的应用也越来越多。作为一种先进水泥基复合材料，UHPC能为轻量化结构和耐久耐用工程提供创新的源泉。伴随着全球低碳环保、可持续和高质量发展的要求以及材料技术的不断突破，UHPC在工程建设中将发挥越来越重要的作用。

第二节 自密实混凝土

一、概述

自密实混凝土（self-compacting concrete，SCC）由日本东京大学的冈村甫教授（Hajime Okamura）研制成功，当时称为“不振捣高性能混凝土”，后来称为“自密实高性能混凝土”，并很快成为一种实用的、施工性能非常优良的混凝土。

自密实混凝土拥有高流动性、良好的抗离析性，在浇筑过程中无需任何人工振捣即可在自重作用下流动、密实和充满模板空间，过程快捷、安全和经济，拌合物均匀密实，硬化后能够获得优良的力学和耐久性能。

二、性能及应用

（一）流变性能

自密实混凝土的流变性近似于宾汉姆体，可用屈服剪切应力和塑性黏度两个参数来表达其流变特性。根据流变学理论，材料的变形必须克服屈服剪切应力，只有当材料内部产生的剪切应力大于屈服剪切应力时，材料才能发生流动变形。普通混凝土是通过外加的振捣作用来使混凝土流动的，但自密实混凝土仅依靠自重来使混凝土流动，这就要求自密实混凝土自身的屈服剪切应力较小。混凝土的稳定性与黏度有很大的关系，黏度太小，混凝土容易离析，自密实混凝土必须有较高的稳定性，因而黏度不能太小；同时要在较小的自重作用力下产生较大的流动，黏度还不能太大。所以，自密实混凝土的屈服剪切应力和塑性黏度必须处在适当的范围。

自密实混凝土中经常使用的矿物掺合料有粉煤灰、矿渣、石灰石粉、硅灰等，自密实混凝土的触变性能随着粉煤灰掺量增加呈现出先变弱后增强的趋势，而混凝土的屈服剪切应力和塑性黏度随粉煤灰掺量的增加而逐渐降低，从而提高混凝土的流变性能；矿渣可显著增强自密实混凝土拌合物的触变性能，可使自密实混凝土拌合物的屈服剪切应力先降低再增加，但拌合物的屈服应力值接近为零；石灰石粉使自密实混凝土的触变性能和屈服剪切应力均有所增大，掺5%石灰石粉的自密实混凝土拌合物的塑性黏度明显高于基准拌合物，而掺10%和15%的石灰石粉对塑性黏度的影响不显著；硅粉含量对混凝土的流变性能有显著的影响，随硅灰含量的增加，屈服应力随之增加，而塑性黏度先减小后增大，塑性黏度的最小值出现在约4%硅灰含量，掺加15%硅灰自密实混凝土拌合物已经完全失去流动性。

影响自密实混凝土流变性能的外加剂主要有减水剂和缓凝剂。减水剂显著降低了水泥浆的屈服应力。掺萘系减水剂的混凝土的坍落度较小，坍落度经时损失亦较小，拌合物黏聚性较好，但其扩展度、通过L型流变仪的流动速度和间隙通过率亦较小，而掺聚羧酸系减水剂混凝土的扩展度较大，流动速度和间隙通过率也较大，但坍落度经时损失相对偏高，聚羧酸系减水剂合适用量为0.6%～0.7%（以水泥质量计），过多则易导致混凝土离析；缓凝剂可明显减小掺聚羧酸系减水剂混凝土的坍落度经时损失，其掺量变化对流动速度和间隙通过率等流变性参数的影响不大，掺0.2%以下即可。与不掺加缓凝剂相比，掺加缓凝剂之后，新拌自密实混凝土的坍落度有略微的增加，一般为0～25mm，但有轻微的泌水现象。

（二）力学性能

自密实混凝土中粗骨料用量偏少，会导致弹性模量偏低，但与同强度普通混凝土相比，低强度自密实混凝土弹性模量偏高。一般来说自密实混凝土的粉体材料用量偏大，也会造成其弹性模量偏低，但随着粉煤灰掺量的增大，自密实混凝土的弹性模量逐渐增大。当粉煤灰掺量不大时，自密实混凝土的弹性模量相对于普通混凝土稍小；当粉煤灰掺量较大时，其弹性模量反而略高于普通混凝土，这与自密实混凝土硬化后更加均匀密实有关。

胶凝材料用量的增加引发了自密实混凝土一系列的收缩和早期裂缝问题，因此在配制自密实混凝土时可掺入一定量的膨胀剂，以补偿自密实混凝土的收缩，降低其开裂的可能性。自密实混凝土拌合物基本没有泌水问题，减少了骨料界面上硬化后作为渗透通道的原生裂缝的产生，同时矿物掺合料的火山灰反应使得氢氧化钙在界面上的富集与结晶的定向排列得到了较好的解决，界面结构致密强度高，因此抗渗性得到提高。自密实混凝土的碳化深度与28d抗压强度有良好的线性关系，其抗碳化性能较同强度等级的普通混凝土为优。

在进行自密实混凝土的设计时，相关工作人员需要从各个层面着手来做好工程的控制，要保证混凝土的配合比满足施工应用的需求，并在此基础上做好性能的优化。要注意从各个角度出发，使用合理的计算方法来保证计算的科学合理性。不同的材料有不同的特性，施工人员需要结合实际情况来做好水胶比的选择，及时调整。此外还需要合理地计算用水量，控制好单位体积的相体量。通常来说，自密实混凝土比较适合用在量比较大的工程中，所以相关的工作人员需要从实际情况出发来做好工程的控制，使其能够真正发挥出对应的作用。相关工作人员要明确工程结构以及工程进度，从各个层面出发来进行混凝土结构的调整，结合各项工程内容来有针对性地展开工作，使施工推进能够真正满足工程的预期。

目前自密实混凝土已广泛应用于各类工业民用建筑、道路、桥梁、隧道及水下工程、预制构件中，特别是在一些截面尺寸小的薄壁结构、密集配筋结构等工程施工中显示出明显的优越性。在一些复杂结构、加固建筑以及大体积复杂结构中都有应用。

第三节 水下不分散混凝土

一、概述

水下不分散混凝土（non-dispersible underwater concrete，NDC）也称为水下浇筑混凝土（underwater construction concrete），是一种可以在水下浇筑、不会像普通水泥混凝土那样在水的作用下集料与水泥浆发生分离的新型混凝土。

二、性能及应用

（一）新拌 NDC 的性能

新拌 NDC 应具备如下性能。

1. 良好的抗分散性

所谓抗分散性就是衡量在水中自由灌注混凝土时，新拌混凝土组分材料对产生分离、水泥流失、砂石沉降的抵抗能力。水下不分散混凝土在新拌合时的抗分散性是一个关键的技术指标，直接关系到水下不分散混凝土的施工工艺与工程质量。

2. 良好的流动性和填充性

由于水下混凝土施工不能像陆地施工那样可以对混凝土进行振捣，因此要求水中混凝土能够自流平。

3. 保水性

水下不分散混凝土由于掺入了絮凝剂或聚合剂，显著地提高了保水性。水下不分散混凝土的高保水性，不仅可提高施工的和易性及可泵性，还能提高混凝土与钢筋的握裹强度以及混凝土层间的黏结强度。

4. 有一定的缓凝特性

为保证浇筑施工有足够的时间，NDC 不能凝结过快，即 NDC 应具有一定缓凝特性。一般掺入水下不分散剂（NDCA）可以使其缓凝性符合浇筑要求。如不需要缓凝或需缩短初凝和终凝时间，可以掺入一些调凝剂进行调节。

如配合比设计合理，并采用符合质量要求的水下不分散剂，完全可以达到上述要求。

（二）硬化 NDC 的性能

1. NDC 的强度

影响 NDC 强度的因素与普通混凝土类似，主要包括水泥用量、W/C、硬化 NDC 的密实度（与集料级配、砂率、施工质量、养护条件及养护时间有关）。

此外，NDCA 的质量和掺入量也会影响 NDC 的强度。

2. NDC 的抗渗性及抗冲磨性

NDC 由于能在水下自流平，自密实，水泥浆散失小，其抗渗性能及抗冲磨性能皆优于普通混凝土。

3. NDC 的抗冻性

水下不分散混凝土的抗冻性一般比普通混凝土略差。据二航工程科研所研究，只使用普通引气剂，空气含量在 4%以下的，可经受 100～150 次冻融循环，如果采取措施使空气含量达到 5%以上，则可经受 250 次以上冻融循环。

4. NDC 的干缩湿胀性

由于 NDC 的保水性好且泌水少，与普通混凝土相比，陆地干缩比普通混凝土大，而水中湿胀却比普通混凝土小。

（三）应用

很多混凝土工程是需要在水下进行施工的。例如混凝土桥墩、海上油气井台的桩基、海岸的防浪堤坝、混凝土码头和船坞等。水下工程建设离不开水下混凝土。另有一些水下混凝土构筑物的修补及加固工程也需要在水下进行混凝土的浇筑施工。

长期以来人们一直在研究寻找一种解决混凝土能在水下施工而不分散的措施。常用的措施是在施工过程中尽量减少水与混凝土拌合物的接触。传统的水下混凝土施工技术通常分为以下两种：

一种是通过修筑围堰后进行排水，形成无水或少水的施工环境，按陆地施工方法进行浇灌混凝土。此种方法存在先期工程量大、工程造价高、工期长等问题。

另一种则是利用专用的施工机具，把混凝土与环境水隔离，将新拌混凝土直接发送至水下工程部位。具体的施工方法包括导管法、底开容器法、混凝土泵送法、袋装叠置法、预埋集料压浆法等。

施工方法尽管基本实现了将新拌混凝土直接向水下浇灌，将混凝土与水的接触尽量维持在最小的范围内，可减少由于水的影响而使混凝土产生分离、水泥流失导致的强度降低。但这些施工方法，对施工机具的技术要求较高，施工工艺也较复杂，在实际操作中，稍有不当就会产生难以补救的工程质量事故。另外，该施工方法工程造价也高。

由此可知，采用一种适宜的施工方法只能部分解决混凝土水下分散的问题。如果混凝土即使接触到水也不会因水泥浆与集料的分离而分散，必将大大提高混凝土的质量，同时也可以减少混凝土的浪费而使工程成本降低。

从 20 世纪 70 年代初开始，一些国家着手研究这种水中不分散的混凝土。1974 年，联邦德国首先研制出这种混凝土，并以“不分散混凝土”（NDC）为其定名。NDC 除了在水中不分散外还有优良的流动性和填充性，通过导管法或压浆法对 NDC 施工，不仅可以在水下高质量地浇筑桥墩这样的大体积钢筋混凝土构件，还可以对水下混凝土构筑物进行抢修和补强等。

NDC问世后，很快在世界各国得到推广应用。我国是在20世纪80年代开展对水下不分散混凝土的研究，并在工程中得到应用，取得了良好的技术经济效果。

第四节 纤维混凝土

一、概述

纤维混凝土是以混凝土或砂浆为基材，外掺适量的纤维材料而制成的一种水泥基复合材料。通过掺入一定量的纤维，能够有效降低混凝土的收缩开裂，显著提升材料的韧性和耐久性。作为一种新型土木工程材料，纤维混凝土目前被广泛应用于航空航天、建筑、交通、水利、能源等领域的土建工程中。

制备纤维混凝土通常使用的是具有一定长径比的短纤维，但有时也使用长纤维（如玻璃纤维无捻粗纱、聚丙烯纤化薄膜）或纤维制品（如纤维网格布、纤维毡）。目前常用的纤维包括钢纤维，玻璃纤维，碳纤维，合成纤维（如聚丙烯，聚乙烯醇，尼龙）和植物纤维（如剑麻，纤维素）等。其中钢纤维、玻璃纤维和碳纤维属于高弹性模量纤维，其约束开裂的能力较强，能够提高混凝土的强度和韧性，而大部分的合成纤维和植物纤维属于低弹性模量纤维，其对混凝土的强度影响较小，但能够有效减少混凝土的塑性收缩裂缝，改善混凝土的韧性和高温抗爆裂性能等。

二、性能及应用

纤维混凝土通常具有较为优异的抗裂性和韧性，同时其耐磨性、抗渗性和抗冻性等也优于普通混凝土。纤维对混凝土强度的影响与纤维自身的力学性能有关，高强高弹模类纤维的掺入能够在一定程度上提高混凝土的强度，而低弹模类纤维的掺入通常会降低混凝土的强度。纤维对混凝土的增韧阻裂机理较为复杂，主要包括了纤维的桥接、拔出、脱黏、变形、断裂以及混凝土基体的多缝开裂等。对于纤维的增强理论，在开裂前的线弹性阶段，常采用基于混合定律的复合材料力学模型进行分析，而对于裂后复合材料的行为，通常采用断裂力学模型进行分析。

纤维混凝土的性能一方面与混凝土基体性能、纤维性能和掺量，以及纤维与基体间的黏结作用密切相关，另一方面也受纤维空间分布和取向的影响。对于普通混凝土而言，由于纤维与基体间的黏结力较弱，通常将纤维制作成一定的几何形状，如端钩型、波纹型等，用以增强纤维与基体间的机械锚固作用，从而提高复合材料的力学性能。从成型工艺和经济性等方面考虑，短纤维增强混凝土中纤维的体积掺量一般不超过2%，当掺量高于临界体积率时，复合材料能够呈现出应变硬化行为。纤维在混凝土中的分布和取向受到材料的流变性能、成型工艺以及模板的形状和尺寸等多种因素的影响。对于大尺寸构件，纤维近似于三维杂向分布，而对于薄壁构件，纤维呈现出二维杂向分布。

目前，纤维混凝土已应用于机场跑道、路面桥面、隧道衬砌、地下管道等领域中。一些基于碳纤维、空心玻璃纤维等的智能混凝土的探索研究，为纤维混凝土的发展注入了新的内容与活力。随着研究的不断深入和相关技术的不断发展，纤维混凝土在工程领域将得到更为广泛的应用。

第五节 喷射混凝土

一、概述

喷射混凝土是用压缩空气喷射施工，用于加固和保护结构或岩石表面的一种具有速凝性质的混凝土。该混凝土的初凝时间一般为2～5min，终凝时间不大于10min，由于这种速凝的特性，其必须采用特制的混凝土喷射机进行喷射施工，因此也被称为喷射混凝土。

二、性能及应用

（一）力学性能及其影响因素

喷射混凝土的力学性能主要包括抗压强度、抗拉强度和黏结强度。喷射混凝土的强度及密实性均较高，一般28d抗压强度均在20MPa以上，抗拉强度在1.5MPa以上。抗压、抗拉强度越高，黏结强度也高，同时，黏结强度还取决于受喷面的粗糙程度和受喷面本身的强度。较为粗糙、强度较高的受喷面与喷射混凝土的黏结强度也较高。

喷射混凝土的抗压强度和抗拉强度与水泥的强度等级、各种原料的配合比及施工工艺等有关。一般说来，混凝土喷出的压力较高，由于冲击力和压实力较高，混凝土密实性增加，可以得到较高的抗压强度。但过高的喷射压力会使回弹率增加。

是否加入速凝剂及速凝剂加入量对混凝土的抗压、抗拉强度都有较大的影响。加入适量的速凝剂可以较大程度地提高混凝土的早期（1～3d）强度，但对28d后的强度有不良影响。一般情况下，掺速凝剂的喷射混凝土与不掺速凝剂的喷射混凝土相比，1～3d强度前者比后者高20%～40%，而28d后，前者比后者低30%～45%。

（二）耐久性及其影响因素

喷射混凝土一般抗渗等级在W8以上。对于一些要求高抗渗的地下工程，可以掺加减水剂和防水剂及适当加厚混凝土层的厚度，以提高喷射混凝土的抗渗能力。湿法喷射工艺与干法喷射工艺相比，由于前者W/C较大，因此一般情况下孔隙率较高，抗蚀性、抗冻性和抗渗性相应也差一些。

无论是何种施工工艺，喷射混凝土施工时，高压空气有少量空气留存在混凝土中形成了一些封闭的气泡，在一定程度上可以提高混凝土的抗冻性。

（三）应用

喷射混凝土目前主要用于地下建筑工程（如矿山竖井、平巷的支护、隧道、水电站地下厂房及大型涵洞的衬砌），护坡及某些建筑结构的加固和修补等。应用中，喷射混凝土显示出以下优点：

① 混凝土拌合物直接喷射在施工面上，可以不用模板或少用模板。不仅节省了模板材料，而且节省了支模、拆模时间，缩短了工期。

② 喷射混凝土施工是使混凝土拌合物在一定的压力下喷到施工面上，并且反复连续冲击，从而使混凝土得以压实，密实性强，因此具有较高的强度和抗渗性能。而且混凝土拌合物还可以借助喷射的压力黏结到旧结构物或岩石的一些缝隙中，因此混凝土与施工基面有较高的黏结强度。

③ 在施工时混凝土喷射的方向可以任意调节，所以特别适于在高空顶部狭窄空间及一些复杂形状的施工面上进行操作。

由于上述优点，喷射混凝土的应用越来越广泛，但也存在一些缺点。目前存在的最大缺点是施工时由于强烈的喷射力使混凝土撞击到施工面后部分混凝土在反弹力的作用下弹落到地下，不仅造成了混凝土材料的浪费而且落下的混凝土快速凝结，很难清理，污染了施工环境。反弹落下的混凝土占喷射混凝土总量的百分比称为回弹率，降低回弹率已成为喷射混凝土应用研究中的重要课题。

第六节 碾压混凝土

一、概述

以适宜干稠呈松散状态且不具有流动性的混凝土拌合物经振动碾压密实、凝结硬化后形成的混凝土为碾压混凝土。

筑坝用碾压混凝土包括以下三种主要的类型。

① 超贫碾压混凝土。该类碾压混凝土中胶凝材料用量少，总量不大于110kg/m^3，掺合料用量不超过胶凝材料总量的30%。水胶比大（一般达到0.90～1.50），混凝土孔隙率大，强度低。

② 干贫碾压混凝土。该类混凝土中胶凝材料用量为120～130kg/m^3，其中掺合料占胶凝材料总量的25%～30%，水胶比一般为0.70～0.90。

③ 高掺合料碾压混凝土。该类混凝土中胶凝材料用量为140～250kg/m^3，其中掺合料占胶凝材料总量的50%～75%，水胶比0.45～0.70。有较好的密实性及较高抗压强度和抗渗性。

二、性能及应用

（一）原材料

碾压混凝土是由水泥、掺合料、水、砂、石子及外加剂6种材料组成。

1. 水泥

凡适用于水工常态混凝土使用的水泥均可用于配制碾压混凝土。但根据工程的重要性及混凝土所处工程部位的不同，所用的水泥应该有所区别。

2. 掺合料

掺合料是解决碾压混凝土中水泥用量尽可能少和拌合物工作度不达标矛盾的有效途径。一般应选用活性掺合料，如粉煤灰、粒化高炉矿渣以及火山灰或其他火山灰质材料等。掺合料的细度应与水泥处于同一数量级，以代替部分水泥弥补碾压混凝土中由于水泥用量减少而造成的灰浆量不足。并且使碾压混凝土后期强度增长率大、长龄期强度高，抗渗性能等随龄期的延长明显增长，绝热温升低。

3. 集料

集料占碾压混凝土总质量的85%～90%，占混凝土总体积的80%～85%。除要求集料质地坚硬、表观密度合格外，还必须注意不含过多的页岩、黏土质岩、云母、活性氧化硅等有害物质，必须选择良好的集料级配，使碾压混凝土具有良好的抗分离能力。

（1）粗集料　国内外多数工程目前使用的最大粗集料粒径为80mm。当集料最大粒径为80mm时，使粗集料振实堆积密度最大（即孔隙率最小）的大、中、小三级粗集料所占的比例为4∶3∶3。当大、中、小三级粗集料所占的比例为3∶4∶3时，粗集料的振实堆积密度稍小，但拌合物抗分离能力较强，我国不少已建碾压混凝土工程的粗集料选用该比例。

（2）细集料　细集料应洁净，不含过多的有机杂质和有害物质，质地坚硬，级配良好。人工砂细度模数宜为2.2～2.9，天然砂细度模数以2.0～3.0为宜，应严格控制超径颗粒含量。

砂中含有一定量（10%～22%）的微细颗粒（<0.16mm的颗粒）可改善拌合物的工作性，增进混凝土的密实性，提高混凝土的强度、抗渗性，改善施工层面的胶结性能和减少胶凝材料用量。

4. 外加剂

常用外加剂有减水剂、引气剂和缓凝剂。从碾压混凝土外加剂的发展来看，能够具有多功能联合作用的复合型外加剂正得到越来越普遍的应用。

（二）主要技术性质

1. 碾压混凝土拌合物的工作性

碾压混凝土拌合物的工作性包括工作度、可塑性、易密性及稳定性。

（1）碾压混凝土拌合物的工作度

① 碾压混凝土拌合物工作度的测定。由于碾压混凝土拌合物是一种超干硬的拌合物，不具有流动性，坍落度为零，碾压混凝土拌合物工作度用*VC*值表示，即在固定振动频率及振幅、固定压强条件下，拌合物从开始振动至表面泛浆所需时间的秒数。*VC*值越大，拌合物越干硬。施工现场碾压混凝土拌合物的*VC*值一般选10±5s较为合适。

② 影响VC值的主要因素。碾压混凝土拌合物的*VC*值主要受水胶比及单位用水量、粗细集料的特性及用量、掺合料的特性及掺量、外加剂、拌合物停置时间等因素影响。

（2）碾压混凝土拌合物的易密性　碾压混凝土拌合物的易密性是指获得密实混凝土所需耗费的能量大小，主要取决于作用在其上的振动碾的振动压力和频率。拌合物表面泛浆说明拌合物已基本密实，因此*VC*值的大小一定程度上反映了拌合物的易密性。

（3）碾压混凝土拌合物的稳定性　碾压混凝土拌合物的稳定性主要指混凝土拌合物抗离析的性质。应正确选定粗集料最大粒径，确定合适的粗集料大石、中石、小石的比例，选择合适的砂率，保持适当的胶凝材料用量等。另外要在施工方面采取切实有效的防止或减少集料分离及泌水的措施。

2. 硬化碾压混凝土的特性

(1) 碾压混凝土的强度特性　碾压混凝土的抗压强度＞抗剪强度＞抗拉强度。碾压混凝土强度的发展规律与普通混凝土有所不同。碾压混凝土的早期强度较低，28d 以后强度发展较快，90d 以后其强度仍显著增长。工程中碾压混凝土强度设计龄期一般都不短于 90d。

(2) 碾压混凝土的受力变形特性　碾压混凝土的变形分为有荷载作用下的变形和非荷载作用下的变形两类。

碾压混凝土的极限拉伸值与碾压混凝土类型有关。超贫或干贫碾压混凝土的极限拉伸值小于普通混凝土；高掺合料碾压混凝土的极限拉伸值与普通混凝土相当，且随龄期延长而明显增长。

当碾压混凝土与普通混凝土强度等级相近时，碾压混凝土的徐变值较小，但早期加荷时，其徐变值大于普通混凝土。碾压混凝土干缩率远低于普通混凝土的干缩率，自身体积变形明显小于普通混凝土的自身体积变形，早期弹性模量低于普通混凝土。

(3) 碾压混凝土的物理性能及耐久性　碾压混凝土的抗渗性主要取决于水胶比、胶凝材料用量和压实程度。抗渗性除关系到混凝土结构物的挡水作用外，还直接影响到其抗冻性、抗化学侵蚀、抗渗透溶蚀的能力。提高混凝土强度等级，降低混凝土的渗透性，能提高混凝土的抗冻性，但最根本的途径是掺入引气剂，改善碾压混凝土的孔隙构造。

第七节　生态混凝土

一、概述

生态混凝土是日本混凝土工学会生态混凝土研究委员会在生态材料 (environmental materials) 概念的基础上于 1995 年提出的，认为生态混凝土 (environmentally friendly concrete) 是一种特种混凝土，具有特殊的结构和表面特性，能减少环境负荷，与生态混凝土相协调，并能为环境保护做出贡献。提出生态混凝土的目的是主动从生态角度考虑，开发具有特殊结构和表面特性的混凝土 (主要是多孔混凝土)，在其生产、使用等过程中能减轻对生态环境的负荷，协调人类与自然环境的物质和能量交换，使人类与自然能和谐共生。国内对生态混凝土的理解可谓仁者见仁，智者见智，主要观点如下：

① 认为生态混凝土和减轻环境负荷型混凝土为环保型混凝土，生态混凝土是指能够适应生物生长，对调节生态平衡、美化环境景观、实现人类与自然的协调具有积极作用的混凝土材料。透水或排水混凝土、生物适应型混凝土、绿化和景观混凝土等均属于生态混凝土。

② 认为生态混凝土是指既减少对地球环境的负荷，同时又能与自然生态系统协调共生，为人类构造舒适环境的混凝土材料。可根据使用功能分为植被混凝土、海洋生物保护型混凝土和透水性混凝土等三类。

③ 认为生态混凝土是指能够适应生物生长、美化环境景观，对实现人类与自然的协调具有积极作用的混凝土材料。这与第一种观点非常相似，但内涵不同。具体为把生态混凝土

分为环境友好型生态混凝土和生物相容性生态混凝土两大类。

④ 认为生态混凝土与绿色高性能混凝土的概念相似，但绿色的重点在于无害，而生态强调的是直接有益于生态环境。

日本学者提出的“environmentally friendly concrete”有“环境友好型混凝土”“生态混凝土”“环保型混凝土”“绿色混凝土”等译法。虽然名称各不相同，但其实质相同，就是从生态角度出发，协调混凝土在生产、使用等过程中与自然环境物质和能量的交换，改善人类与生态环境之间的关系，满足可持续发展的要求。

二、性能及应用

生态混凝土需要具有以下主要特点。

① 具有优异的使用性能；

② 生产时少用或不用天然资源，大量使用废弃物作为再生资源；

③ 采用清洁的生产技术，废气、废渣和废水的排放量相对较少；

④ 使用过程中有益于人体健康、有利于生态环境改善及与环境相和谐；

⑤ 废弃后使之作为再生资源或能源加以利用，或能作净化处理。

生态混凝土的主要实现途径如下：

(1) 降低混凝土生产过程中的环境负担　主要通过固体废弃物的再生利用来实现，如用城市垃圾焚烧灰、下水道污泥和工业废渣作原料生产的水泥来制备混凝土。这种混凝土有利于解决废弃物的处理、减少石灰石资源消耗和有效利用能源等问题。也可以通过利用高炉矿渣等工业废渣生产混凝土，以节省资源、减少 CO_2 排放。还可以利用废弃混凝土制作的再生集料生产再生混凝土，解决集料资源短缺、建筑废弃物的处置等问题。

(2) 降低使用过程中的环境负荷　主要通过使用新技术和新方法来降低混凝土的环境负担，如采用免振捣、自密实混凝土进行施工，降低施工噪声等。

(3) 通过提高混凝土性能改善混凝土的环境影响　主要通过改善混凝土的性能，延长结构物的使用寿命等来降低其环境负担。目前研究较多的是多孔混凝土，通过控制不同的孔隙特征和孔隙数量赋予混凝土不同的性能，如控制适当的空隙率配制用于交通、道路、广场、人行道铺筑的透水、排水性混凝土，解决城市排水不畅、地下水位下降和地表透水、透气性能带来的生态平衡失调问题。多孔混凝土放置在河流、湖泊和海滨等水域后，在其凹凸不平的表面和连续孔隙内有陆地和水中的植物和小动物栖息，因彼此的相互作用和共生作用而形成食物链，从而创造多样性生物的生存基础。通过附着在多孔混凝土内、外表面上的各种微生物间接地净化河流和湖泊的水质，连通孔隙的吸附作用可直接用于水质净化。多孔混凝土在集料和胶结材料中使用特定的气体吸收物质可吸附硫化物、氮化物等有害气体，实现无公害化。

多孔混凝土的另一个重要应用是植生型多孔混凝土。普通混凝土由于水泥的水化作用，使混凝土呈强碱性，pH 值高达 12～13。碱性不利于植物和水中生物的生长，通过开发低碱、内部有一定空隙的混凝土，能够提供植物根部或水中生物生长所必需的养分存在的空间，适应生物生长。

第八节 再生混凝土

一、概述

在城镇化的建设不断推进的同时，也产生了大量的建筑和拆卸垃圾。建筑和拆卸垃圾是指建筑物在修建、改造维修和拆除重建过程中产生的建筑废弃物。目前，欧洲建筑业每年产生 8.2 亿吨建筑垃圾，占欧盟统计局产生的总废物的 46%，而欧洲国家已经实现了回收 70%建筑垃圾的目标，而中国建筑垃圾的平均回收率低于 10%。目前，我国的废弃混凝土等建筑废弃物除小部分被用作建筑物以及道路的基础垫层外，大部分被运往郊区，采用堆放或填埋的方式进行处理。建筑垃圾对城市发展和人居环境造成了严重危害，主要表现如下：

① 日益增长的混凝土需求需要大量开采砂石资源，而废旧垃圾被直接填埋处理不仅消耗能量、浪费资源，造成砂石资源的匮乏，而且天然岩石资源的长期开采会造成生态破坏、山体滑坡等，危害人类生存的自然环境；

② 垃圾堆放占用大量土地资源，阻碍城市的发展进程，影响市容市貌，而且垃圾的清运工作耗费大量的人力财力，造成环境的二次污染；

③ 垃圾堆放及运输过程中带来的大量粉尘会造成环境的污染，并且长时间堆放的垃圾经过雨水的冲刷，其中残留的重金属等有毒物质会造成土壤、水源质量的恶化，危害周边居民的身心健康。

二、性能及应用

将废弃混凝土再利用作为可再生资源应用于建筑行业主要通过以下方式：废弃混凝土中粗细骨料的占比可高达 80%，将废弃混凝土经过一系列处理得到再生混凝土骨料，其粒径范围为 4.75～20mm；用再生混凝土骨料替代天然粗/细骨料制备出用于钢筋混凝土结构的再生骨料混凝土（recycled aggregate concrete，RAC），简称再生混凝土（recycled concrete，RC）。

大量的试验和研究资料显示，由于废弃混凝土破碎再生骨料表面黏附水泥砂浆，与天然骨料相比，再生骨料具有如下特点：

① 棱角较多，表面粗糙，有大量的微细裂缝；

② 表观密度和堆积密度较低，吸水率大，表观密度较普通骨料降低 10%左右，吸水率则增大许多；

③ 强度下降，压碎指标增大，耐磨性较差。

因此，与采用天然骨料相比，采用再生骨料配制的再生混凝土需水量增加、和易性下降，同比条件下强度显著下降、弹性模量和耐久性也有所降低，而收缩、徐变和强度变异系数有所增大，因而其工程应用受到了很大限制。所以使用再生骨料前，往往需要对其进行预处理，再生骨料表面附着老砂浆是造成骨料缺陷的主要原因。基于以上研究现状和存在问题，国内外有许多研究人员认为对骨料本身的改性和强化是改善再生混凝土性能的一条根本性路径，因此目前已有以下一些对再生骨料进行强化的研究。

① 聚合物溶液浸泡　有研究表明，聚合物溶液浸泡强化再生骨料主要是通过以下几个方面作用：一是聚合物对附着于再生骨料的老砂浆孔隙有填充作用；二是在用于拌制再生混凝土时，聚合物能溶解于其中改变水泥水化的絮凝结构；三是减少新砂浆的泌浆现象；四是降低界面水胶比；五是聚合物的加入能增强水泥浆与骨料之间的黏结。

② 纳米溶液浸泡　通过纳米材料溶液或浆体的浸泡，利用纳米材料的火山灰活性和纳米颗粒的填充作用，一方面填补再生骨料表面微裂缝缺陷并附着于骨料表面，强化再生混凝土新界面区；另一方面，纳米材料渗透进入老砂浆层对老界面区和老砂浆层本身都有一个强化作用。

③ 矿物掺合料浆液浸泡　用高活性矿物掺合料的浆液对再生粗骨料进行浸泡，超细矿物掺合颗粒能直接填充再生粗骨料的孔隙，或与再生骨料中的某些成分（基体混凝土中水泥水化产物 CH、C-S-H 等）反应的生成物能填充孔隙并改善再生骨料表层孔结构，或浆液能将再生粗骨料本身的微裂缝黏合，从而改善骨料孔隙结构，使得再生混凝土的薄弱环节得到强化。

④ 机械活化　机械活化的原理是破坏弱的再生碎石颗粒或除去黏附于再生碎石上的残留老砂浆层从而改善再生骨料。经球磨机活化的再生骨料质量大大提高，骨料的吸水率和压碎指标值都明显下降，可用于生产钢筋混凝土构件或结构。它从根本上消除了再生骨料的薄弱环节，也就是老砂浆层的存在，如果能将这种方法经济可行地融入再生骨料的生产工艺中去将是极好的改善再生骨料的方式。实验室先对骨料进行干拌也相当于是一种机械活化，在拌合再生混凝土时是值得考虑的。

2020 年 9 月 22 日，习近平总书记在第七十五届联合国大会一般性辩论上郑重承诺："CO_2 排放力争于 2030 年前达到峰值，努力争取 2060 年前实现碳中和。"这意味着我们需要加快形成绿色发展方式和生活方式，建设生态文明和美丽地球。废弃混凝土等建筑垃圾是放错位置的资源，所以采用科学的手段将废弃混凝土等建筑垃圾变废为"宝"生产再生混凝土是解决建筑垃圾最合理、最有效的方法。废弃混凝土等建筑垃圾用于再生混凝土不仅可以减少建筑行业对水泥砂石等资源的过度消耗，还可以减少生产建筑原材料所排放的 CO_2 等温室气体。废弃混凝土等建筑垃圾的再利用可实现"开源节流"，对顺利完成"双碳"目标具有积极意义。综上，在我国可持续发展和"双碳"目标的大背景下，废弃混凝土等建筑垃圾资源化再利用技术必会越发受到重视。

第九节　3D 打印混凝土

一、概述

3D 打印混凝土是应用于 3D 打印建筑技术的一类混凝土。3D 打印建筑技术起源于美国，1997 年美国纽约伦斯勒理工学院 Pegna 首次对 3D 打印建筑技术进行了探索，证明了 3D 打印在建筑领域的应用前景。1998 年，美国南加州大学 Khoshnevis 等开发了著名的轮廓工艺，该工艺模拟了传统浇筑步骤，即支模、浇筑、抹面，其特点在于采用计算机精确控制，自动化完成建筑过程，保证了较高精度的打印，在建筑领域得到广泛报道和关注。近些年来，各类 3D 打印建筑技术不断涌现，促进了技术的发展和一定量的应用。

二、性能及应用

3D 打印建筑技术是基于 3D 打印技术的新型自动化建筑技术，主要具有如下的潜在优势：①机械化程度较高，施工周期短，成本低；

② 无模板施工，资源环境友好；

③ 劳动强度低，节省劳动力；

④ 施工过程安全、精确度搞；

⑤ 设计自由，可实现功能化；

⑥ 高度定制化，实现标准化与个性化的统一。

从工艺看，目前 3D 打印大致可以分为 5 类：

① 挤出型，典型如轮廓工艺和混凝土打印技术；优势是系统简单、易于控制，缺点是悬挑结构需要支撑、连续打印高度受限。

② 选择沉积，典型如 D-shape 技术；优势是打印精确度高、对材料性能要求低，缺点是打印过程较为复杂、打印尺寸受限、材料用量较多。

③ 模具打印，典型如网状模具技术；优势是可实现复杂异性结构，缺点是打印程序复杂、材料模式度难以保障。

④ 滑模成型，典型如 SDC 技术（智能动态浇筑技术）；优势是布筋方便、无严重的分层结构，缺点是不能打印悬挑结构、过程控制难度系数高。

⑤ 喷射成型，典型如 SC3DP 技术（喷射打印成型技术），优点是布筋方便、可快速施工以及用于隧道施工，缺点是混凝土表面质量差、精度不高。

3D 打印混凝土和传统混凝土相比，具有一定的差别性。从原材料组分上看，发生了一定变化。其一，受限于喷嘴尺寸及其打印精度的控制，通常 3D 混凝土不引入粗骨料。其二，为了更好控制体积稳定性，通常要引入纤维。其三，流变性能对 3D 打印混凝土打印性能影响较大，为了调控流变性能，通常需要引入黏度改性剂、促凝剂和缓凝剂等。在性能设计方面，良好的工作性能、力学性能及其耐久性能仍然作为主要的设计原则。然而，由于 3D 打印混凝土的施工工艺的要求，对 3D 打印混凝土的可打印性提出更具体的要求。目前国际上关于对可打印性的评价及其测试方法还未有完善和统一的规范，依旧在不断的探索当中。我国的中国工程建设标准化协会于 2020 年 12 月发布的《混凝土 3D 打印技术规程》（T/CECS 786—2020）基于 3D 打印混凝土材料特性给出了 3D 打印混凝土配合比的设计方法，对设计方法的进步有重要的促进作用。

3D 打印混凝土作为一类新型的混凝土，正在快速发展。相关的标准技术、配合比设计原则，以及和建筑施工直接的匹配技术正在逐渐建立和完善。虽然 3D 打印建筑技术工艺和设备研发尚不够充分，大规模商业化应用还较少，但作为一项重要的潜在技术，值得进一步研究和开发，可能存在如下的发展趋势：

① 工艺方面，加速和数字化的结合，朝着施工全面数字化方向发展。

② 原材料方面，加速出现各类新型添加剂，系统解决 3D 打印混凝土可打印。

③ 性能方面，将功能化进一步融入 3D 打印混凝土，实现混凝土的智能化和生态化。

④ 应用场景方面，将逐渐从中小型构件，到局部建筑，再到整体建筑一体化施工。

第十节 智能混凝土

一、概述

随着人类社会科技水平的不断提高以及人类对生命认识的不断深化，从仿生角度出发，人们提出了智能材料概念。所谓智能（intelligent）或机敏（smart）材料为能感知外部刺激（传感功能）、能判断并适当处理（处理功能）且本身可执行（执行功能）的材料。为实现材料的智能化，智能材料在传统材料中至少需引入传感元件、信息处理元件、执行元件。根据引入方式的不同，智能材料可分为本征型和集成型两类。根据执行方式的不同，也有人将智能材料分为主动式智能材料和被动式智能材料。

碳纤维增强混凝土（carbon fiber reinforced concrete，CFRC）即是一种将极少量具有某种特殊功能的材料复合于混凝土中的智能材料。由于这种材料是在混凝土搅拌制作的同时完成的，具有天然的相容性，是一种应用于混凝土结构的本征机敏材料。智能混凝土的另一特点是具有多种功能，调整特殊功能组分的种类和掺量，可使混凝土结构具有自诊断、自调节、自增强和自愈合的智能特性。此外，智能混凝土是一种十分经济的高性能材料，仅比传统混凝土成本高30%左右。由于智能混凝土独特的本征性、多功能性以及经济性，展示了它在重要混凝土结构中进行智能性诊断与监控的广阔应用前景。

二、性能及应用

（一）智能混凝土的力敏性

智能混凝土的力敏性是指在荷载作用下，由于体积电阻率的变化与外界荷载呈一定响应关系，从而可利用体积电阻率的变化规律，研究应力、应变以及损伤自诊断等。

混凝土材料本身并不具有自诊断功能，但在混凝土中复合导电相可使混凝土具备自感应功能。常用的导电组分可分为三类：聚合物类、碳类和金属类。碳纤维是碳类导电组分的一种，具有高强度、高弹模且导电性能良好等性能。

研究单调压力加载下碳纤维水泥基材料的力敏性能可以发现，整个受力过程划分为三个区域：安全区、损伤区和破坏区。在加荷的初始弹性阶段，随着荷载的增加，电阻率不断减小；大概在80%破坏荷载前后，电阻率随荷载变化很小，并且电阻率由随荷载增大而减小转而变为随荷载增大而增大；荷载继续增大，直至破坏前，电阻率剧烈增大，预示试件即将破坏。出现这样的规律，是因为在复合材料在弹性变形阶段，材料受压变形，内部碳纤维间距变小，使材料的电阻率随应力的增大而下降；在非线性阶段，微裂纹不断增多，碳纤维被拔出或被拉断，导电通路部分被阻断，材料的电阻率逐渐增加。根据碳纤维水泥基材料受荷过程的这种电导敏感性，可以掌握材料内部的应力-应变关系，从而利用碳纤维水泥基材料的这种力敏特性用于应力、应变的自诊断。

影响碳纤维水泥基复合材料电导性能的主要内在因素包括纤维长度、纤维含量和基材的含水量等。

（二）智能混凝土的温敏性

碳纤维混凝土除具备压敏特性以外，还具有温敏特性。现有的研究主要集中在赛贝克（Seebeck）效应以及碳纤维混凝土的温度一电阻特性。碳纤维混凝土的热电效应由碳纤维的阳极空穴导电、电子导电和离子导电三部分组成，而且空穴导电起主要作用。这一结论表明温敏特性与压敏特性的导电机制完全不同。

1. 赛贝克效应

赛贝克效应最早由德国医生赛贝克于1821年发现，磁针的偏转是由于两接点间的温度差，而且温差越大，磁针偏转越大，即导体（或半导体）材料内部由于温差使得电子（空穴）从高温段向低温段移动而形成电动势。赛贝克的发现很快就被用于温度测量。

碳纤维的加入使混凝土的赛贝克效应由非线性滞回转为线性特性。通过研究赛贝克效应提出了温度智能监测与控制系统并进行研究，结果表明，温差与电动势之间有很好的对应性和重复性。

2. 温度-电阻特性

碳纤维水泥基材料的电阻率随温度变化而变化，温度升高亦会引起碳纤维水泥基材料发生体积形变。这两种变化共同作用使不同掺量的碳纤维水泥基材料在温度升高的初始阶段，试件电阻率随温度的升高而下降，呈现NTC（negative temperature coefficient）效应；当温度升高到一定数值，电阻率随温度的升高而逐渐升高，呈现出PTC（positive temperature coefficient）效应，并且随碳纤维掺量的变化，NTC/PTC转变温度也发生变化。

利用碳纤维混凝土独特的温阻关系，有望开发出特殊的热敏元件和火灾报警器，应用于有温控和火灾预警要求的智能混凝土结构中。

自调节智能混凝土的研究主要集中在利用其电热（由电产生热）、电力（由电产生变形）等效应。

1. 智能混凝土的电热效应

智能混凝土的电热效应又称焦耳效应。加拿大的Xie Ping、J. J. Beaudoin等研究了钢纤维水泥复合材料（同时掺入钢屑）的焦耳效应，并用于化雪融冰试验。

我国也有研究者研究了碳纤维混凝土、钢纤维碳纤维混杂增强混凝土的电热性能，并将其用于融雪化冰试验。研究表明：碳纤维混凝土具有良好的导电性，通电后其发热功率十分稳定，可用来对混凝土路面、桥面和机场跑道等结构进行融雪化冰。

有学者将电热效应与赛贝克效应结合起来，研制了具有温度自诊断、自调节功能的碳纤维混凝土板，提出利用热电效应进行温度自诊断、利用其电热效应进行自调节的智能混凝土结构的构想。但在混凝土温度自调节作用下材料耐久性、引起的结构温度应力、组分对各种热力学参数的作用机理等问题尚待进一步研究。

2. 智能混凝土的电力效应

F. H. Wittmann（1973）首次报道水泥净浆小梁弯曲时，通过附着在梁上下表面的电极检测到了电压。同时对其逆效应——电力效应进行了研究：即通过给该梁表面的电极施加电压，发现梁产生弯曲变形，改变电压方向，弯曲的方向也相应改变。Jie-Fang Li，Lijian Yuan（1995）等研究了水泥净浆的电力效应，给直径为12mm、厚5mm的圆柱状水泥净浆试样施加0.45kV/cm的交变或直流电场，发现在电场方向上将产生微米级的膨胀变形。

我国研究者对电力效应进行研究发现，在外加电场激励下，碳纤维混凝土和素混凝土均产生变形，且随外加电压升高变形增加；如果改变电场的方向，变形的方向发生改变，同时发现碳纤维混凝土存在明显电力与电热的耦合效应。

智能混凝土的力电、电力效应是基于电化学理论的可逆效应。因此，将电力效应用于混凝土结构的传感和驱动时，可以在一定范围内对它们实施变形调节。有关力电和压敏效应、电力和电热效应之间的耦合关系、信息采集和控制，对混凝土结构的调节效益评估等尚待进一步研究。

自修复机敏混凝土是能够对混凝土内部的损伤自行进行修复的混凝土。Abrams（1925）是第一个发现混凝土具有自愈合现象的学者，他注意到混凝土抗压强度测定后的开裂试件放在户外 8 年后居然愈合了，且其抗压强度为 28 天强度的两倍多。自此，引起了人们对混凝土自愈合特性的关注。

国内外研究混凝土裂缝自愈合的方法是在水泥基材料传统组分中复合特殊的修复功能的材料，在内部形成仿生自愈合的网络系统。美国伊利诺伊斯大学的 Carolyn Dry（1994）将空心玻璃纤维中注入缩醛高分子溶液作为黏结剂，埋入混凝土中。当材料在使用过程中发生损伤，空心玻璃纤维中的黏结剂流出愈合损伤，恢复甚至提高材料性能。

同济大学材料学院（2001）采用在硅酸盐水泥中掺入特殊的活性无机掺合料和有机化合物的方法，利用无机掺合料的二次水化反应和有机化合物在碱性和含氢氧根离子的环境中缓慢硬化的特征，对出现微裂缝的混凝土进行多次愈合。

从上述研究方法可见，自修复方法可大致分为两类：一类是“自然愈合”，即依靠自身的进一步水化以及材料内部钙矾石及氢氧化钙生成、水中杂质粒子的渗入等进行愈合裂纹；第二类是埋入修复材料的愈合方法。

加利福尼亚大学的 Jae-Suk Ryu 和东京工业学院的 Nobuaki Otsuki（2002）应用电沉积技术使钢筋混凝土裂缝闭合。研究结果表明，在前两个星期，裂缝闭合速度最快，混凝土表面的电沉积覆盖层厚度为 0.5～2mm，实验结束时，混凝土试件的裂缝几乎完全闭合。此外，该方法还提高了钢筋混凝土的抗锈蚀能力，因此特别适应于海洋混凝土工程结构。河海大学、同济大学率先在国内开展了电沉积修复技术研究，设计试验装置，研究辅助电极、电极距离、混凝土参数、溶液浓度、试件表面电流密度、添加剂等对电沉积效果的影响，提出电沉积效果的评价指标，并就耐久性能、修复机理等开展研究。

综上所述，开展具有自诊断、自调节、自修复等功能的智能混凝土的研究，是基于智能材料发展的需要，也是基于智能混凝土优良的多功能特性所展现的潜在而广阔的应用前景。

智能混凝土材料的研究发展趋势可归纳为以下几个方面：

① 混凝土中智能组件的集成化和小型化；

② 开发智能控制材料；

③ 实现混凝土材料结构-智能-体化。

参考文献

[1] GB/T 14684—2022. 建设用砂 [S].
[2] GB/T 14685—2022. 建筑用卵石、碎石 [S].
[3] GB/T 18046—2017. 用于水泥和混凝土中的粒化高炉矿渣粉 [S].
[4] GB/T 25176—2010. 混凝土和砂浆用再生细骨料 [S].
[5] GB/T 25177—2010. 混凝土用再生粗骨料 [S].
[6] GB/T 50046—2018. 工业建筑防腐蚀设计标准 [S].
[7] GB/T 50080—2016. 普通混凝土拌合物性能试验方法标准 [S].
[8] GB/T 50081—2019. 混凝土物理力学性能试验方法标准 [S].
[9] GB/T 50082—2009. 普通混凝土长期性能和耐久性能试验方法标准 [S].
[10] GB 50119—2013. 混凝土外加剂应用技术规范 [S].
[11] GB/T 50146—2014. 粉煤灰混凝土应用技术规范 [S].
[12] GB 50164—2011. 混凝土质量控制标准 [S].
[13] GB/T 51003—2014. 矿物掺合料应用技术规范 [S].
[14] GB/T 200—2017. 中热硅酸盐水泥、低热硅酸盐水泥 [S].
[15] GB/T 1596—2017. 用于水泥和混凝土中的粉煤灰 [S].
[16] JGJ 52—2006. 普通混凝土用砂、石质量及检验方法标准 [S].
[17] JGJ 55—2011. 普通混凝土配合比设计规程 [S].
[18] JGJ 63—2006. 混凝土用水标准 [S].
[19] JGJ 206—2010. 海砂混凝土应用技术规范 [S].
[20] JGJ/T 283—2012. 自密实混凝土应用技术规程 [S].
[21] JGJ/T 494—2016. 建筑及市政工程用净化海沙 [S].
[22] DL/T 5144—2015. 水工混凝土施工规范 [S].
[23] DL/T 5150—2017. 水工混凝土试验规程 [S].
[24] DL/T 5055—2007. 水工混凝土掺用粉煤灰技术规范 [S].
[25] DL/T 5151—2014. 水工混凝土砂石骨料试验规程 [S].
[26] DL/T 5330—2015. 水工混凝土配合比设计规程 [S].
[27] SL/T 352—2020. 水工混凝土试验规程 [S].
[28] JTS 202—2—2011. 水运工程混凝土质量控制标准 [S].
[29] JC/T 1011—2021. 混凝土抗侵蚀防腐剂 [S].
[30] CCES 02—2004. 自密实混凝土设计与施工指南 [S].
[31] CECS 203—2006. 自密实混凝土应用技术规程 [S].
[32] T/CECS 10090—2020. 混凝土用珊瑚骨料 [S].
[33] T/CECS 694—2020. 珊瑚骨料混凝土应用技术规程 [S].
[34] 安爱军，周永祥．天然火山灰质材料与火山灰高性能混凝土 [M]．北京：中国铁道出版社，2019.
[35] 毕进红，刘明华．粉煤灰资源综合利用 [M]．北京：化学工业出版社，2018.
[36] 陈文耀，李文伟 (2005)．三峡工程混凝土试验研究及实践．北京：中国电力出版社．
[37] 陈先华．土木工程材料学 [M]．南京：东南大学出版社，2021.
[38] 陈雅福．土木工程材料 [M]．广州：华南理工大学出版社，2001.
[39] 冯乃谦，邢锋．高性能混凝土技术 [M]．北京：原子能出版社，2000.
[40] 管学茂，杨雷．混凝土材料学 [M]．北京：化学工业出版社，2021.
[41] 郭晓潞，徐玲琳，吴凯．水泥基材料结构与性能 [M]．北京：中国建材工业出版社，2020.
[42] 过镇海．混凝土的强度和变形，试验基础和本构关系 [M]．北京：清华大学出版社，1997.
[43] 胡红梅，马保国．混凝土矿物掺合料 [M]．北京：中国电力出版社，2015.
[44] 胡曙光．特种水泥.2版．[M]．武汉：武汉理工大学出版社，2010.
[45] 江见鲸，冯乃谦．混凝土力学 [M]．北京：中国铁道出版社，1991.

[46] 姜福田．混凝土力学性能与测试 [M]．北京：中国铁道出版社，1989.
[47] 蒋家奋，关祚．三向应力混凝土 [M]．北京：中国铁道出版社，1988.
[48] 蒋林华．混凝土材料学（上下册）[M]．南京：河海大学出版社，2006.
[49] 蒋林华．土木工程材料 [M]．北京：科学出版社，2014.
[50] 金伟良，赵羽习．混凝土结构耐久性 [M]．北京：中国建材工业出版社，2004.
[51] 李金玉，曹建国．水工混凝土耐久性的研究与应用 [M]．北京：中国电力出版社，2004.
[52] 李亚杰．建筑材料．6版 [M]．北京：中国水利电力出版社，2009.
[53] 林毓梅．混凝土的结构与变形 [M]．南京：河海大学讲义，1998.
[54] 林宗寿．胶凝材料学．2版．[M]．武汉：武汉理工大学出版社，2018.
[55] 林宗寿．无机非金属材料工学．5版．[M]．武汉：武汉理工大学出版社，2019.
[56] 刘加平，田倩．现代混凝土早期变形与收缩裂缝控制 [M]．北京：科学出版社，2021.
[57] 刘数华，冷发光，王军．混凝土辅助胶凝材料．2版．[M]．北京：人民交通出版社，2020.
[58] 牛荻涛．混凝土结构耐久性与寿命预测 [M]．北京：科学出版社，2003.
[59] 彭小芹，马铭彬．土木工程材料 [M]．重庆：重庆大学出版社，2002.
[60] 申爱琴，郭寅川．水泥与水泥混凝土．2版．[M]．北京：人民交通出版社，2019.
[61] 沈晓冬．水泥低能耗制备与高效应用·国家“973计划”项目成果专著 [M]．北京：中国建材工业出版社，2016.
[62] 侍克斌，吴福飞，努尔开力·依孜特罗甫，等．锂渣、粉煤灰替代部分水泥对混凝土性能的影响研究 [M]．北京：水利水电出版社，2019.
[63] 苏达根．水泥与混凝土工艺 [M]．北京：化学工业出版社，2005.
[64] 孙伟．现代结构混凝土耐久性评价与寿命预测 [M]．北京：中国建筑工业出版社，2015.
[65] 孙伟，缪昌文．现代混凝土理论与技术 [M]．北京：科学出版社，2012.
[66] 汪澜．水泥混凝土——组成·性能·应用 [M]．北京：中国建材工业出版社，2005.
[67] 王福元，吴正严．粉煤灰利用手册．2版．[M]．北京：中国电力出版社，2004.
[68] 王强，周予启，张增起，等．绿色混凝土用新型矿物掺合料 [M]．北京：中国建筑工业出版社，2018.
[69] 王燕谋，苏慕珍，路永华，等．中国特种水泥 [M]．北京：中国建材工业出版社，2012.
[70] 王迎春，苏英，周世华．水泥混合材和混凝土掺合料 [M]．北京：化学工业出版社，2011.
[71] 熊大玉，王小虹．混凝土外加剂 [M]．北京：化学工业出版社，2002.
[72] 徐定华，徐敏．混凝土材料学概论 [M]．北京：中国标准出版社，2002.
[73] 徐九华，谢玉玲，李建平，等．地质学．3版．[M]．北京：冶金工业出版社，2001.
[74] 杨杨，钱晓倩．土木工程材料 [M]．武汉：武汉大学出版社，2014.
[75] 姚武．绿色混凝土 [M]．北京：化学工业出版社，2006.
[76] 张承志．建筑混凝土 [M]．北京：化学工业出版社，2001.
[77] 张誉，蒋利学，张伟平，等．混凝土结构耐久性 [M]．上海：上海科学技术出版社，2003.
[78] 杨绍林，田加才，田丽，等．新编混凝土配合比实用手册 [M]．北京：中国建筑工业出版社，2002.
[79] 卓锦德．粉煤灰资源化利用 [M]．北京：中国建材工业出版社，2021.
[80] Karen Scrivener，Ruben Snellings，Barbara Lothenbach. 水泥基材料微结构分析方法 [M]．孔祥明，李克非，阎培渝，译．北京：科学出版社．2021.
[81] P·库马尔·梅塔，保罗·J·M·蒙蒂罗．混凝土微观结构、性能和材料 [M]．4版．欧阳东，译．北京：中国建筑工业出版社，2016.
[82] Sidney Mindess，J. Francis Young，David Darwin. 混凝土 [M]．2版．吴科如，张雄，姚武，译．北京：化学工业出版社，2004.
[83] 安玲．全级配混凝土大试件强度的统计分析 [D]．南京：河海大学，1994.
[84] 陈惠苏．水泥基复合材料集料-浆体界面过渡区微观结构的计算机模拟及相关问题研究 [D]．南京：东南大学，2003.
[85] 储洪强．电沉积方法修复混凝土裂缝技术研究 [D]．南京：河海大学，2005.
[86] 李同春．应力梯度对混凝土极限拉伸值的影响 [D]．南京：河海大学．

[87] 陆建民．全级配混凝土试件拉伸应变的统计分析 [D]．南京：河海大学，1996.
[88] 任朝军．基于细观层次混凝土静、动力学性能的数值模拟 [D]．南京：河海大学，2005.
[89] 孙立国．三级配（全级配）混凝土骨料形状数值模拟及其应用 [D]．南京：河海大学，2005.
[90] 邢有红．复合外加剂对石屑混凝土主要性能的影响研究 [D]．南京：河海大学，2005.
[91] 宣国良．混凝土劈裂试验中的尺寸效应和粒径效应 [D]．南京：河海大学，1986.
[92] 张亦涛．应力作用下水泥基材料碳化和渗透特性研究 [D]．南京：河海大学，2004.